天文地球动力学丛书

GNSS 高精度定位原理

董大南　陈俊平　王解先　著

科学出版社
北　京

内 容 简 介

本书分为10章，主要介绍了GNSS高精度定位的基本概况和基本原理。作为一种尝试，本书略写同类型书籍中常见的空间大地测量的基本原理和观测方程内容，避免与现有的教科书雷同。同时，本书从物理、通讯和地球物理的角度，以麦克斯韦电磁方程组为起点，推导并介绍GNSS电磁波信号的基本特征和传播介质的影响，阐述GNSS信号及系统误差的物理机制。同时介绍接收机内部捕获、跟踪和提取GNSS信号的系统设计，输出数据的压缩原理和数据传输方式，阐述GNSS高精度定位和定向测姿原理，以及数据分析中比较前沿的算法。

本书可作为GNSS定位研究领域教师和工程技术人员的参考书，也可作为研究生教材，特别适合勇于接受挑战、拓宽知识领域和开展交叉学科研究的学生和科研人员。

图书在版编目(CIP)数据

GNSS高精度定位原理／董大南，陈俊平，王解先著.
—北京：科学出版社，2018.10
(天文地球动力学丛书)
ISBN 978-7-03-059009-1

Ⅰ.①G… Ⅱ.①董… ②陈… ③王… Ⅲ.①卫星导航-全球定位系统 Ⅳ.①P228.4

中国版本图书馆CIP数据核字(2018)第227071号

责任编辑：徐杨峰／责任校对：谭宏宇
责任印制：黄晓鸣／封面设计：殷 靓

科学出版社 出版
北京东黄城根北街16号
邮政编码：100717
http://www.sciencep.com
南京展望文化发展有限公司排版
广东虎彩云印刷有限公司印刷
科学出版社发行 各地新华书店经销
*
2018年10月第 一 版 开本：B5(720×1000)
2023年 1 月第十三次印刷 印张：19 1/4
字数：377 000

定价：138.00元

(如有印装质量问题，我社负责调换)

丛书编委会

丛书序

FOREWORD

天文学是一门古老的科学，自有人类文明史以来，天文学就占据着重要的地位。从公元前2137年中国的最早日食记录、公元前2000年的木星运行周期测定、公元前14世纪的日食月食记录常规化、公元前11世纪黄赤交角测定、公元前722年干支记日法、公元前700年左右的彗星和天琴座流星群最早记载等，到公元后东汉张衡制作的浑象仪和提出的浑天说、古希腊托勒密编制当时较完备的星表、中国《宋史》的第一次超新星爆发记载、波兰哥白尼所著《天体运行论》、丹麦第谷·布拉赫发现仙后座超新星、德国开普勒提出行星运动三定律、意大利物理学家伽利略制造的第一台天文望远镜、中国明朝徐光启记录的当时中国较完备全天恒星图、荷兰惠更斯发现土星土卫六、法国卡西尼发现火星和木星自转、英国牛顿提出经典宇宙学说、法国拉普拉斯出版《宇宙体系解说》和《天体力学》、德国高斯提出行星轨道的计算方法等，再到现代河外星系射电的发现、人造卫星的出现、电子望远镜和光电成像技术的发明、月球探测器的发射等，天文学已经朝太空技术发展，朝高科技发展，朝计算科学发展，21世纪天文学已进入一个崭新的阶段，不再限制在地球上，而是望眼于太空，天文学家已可以通过发射航天探测器来了解某些太空信息。天文地球动力学就是在这样的背景环境下从诞生到发展，不断壮大，为我国卫星导航、深空探测、载人航天、大地测量、气象、地震、海洋探测等做出了卓越贡献，编此丛书就是希望读者可以系统掌握天文地球动力学的理论和研究方法，能够为我国天文学和地球科学的后续持续发展提供保障。

天文地球动力学是20世纪90年代新兴的一门学科，是天文学与地学（地球物理学、大地测量学、地质学等）、大气科学和海洋科学等的交叉学科。自20世纪70年代以来，现代空间对地观测技术（VLBI、SLR、LLR、GPS等）得到迅猛发展，使得测量地球的整体性和大尺度运动变化精度有了数量级的提高，也使得对地球各圈层(大气圈、水圈、岩石圈、地幔、地核)运动变化的单个研究发展到综合研究地球各圈层的相互作用和动力学过程成为可能,于是中国科学院上海天文台成立了天文地球动力学研究中心,把天文学的观测手段、数据处理方法、卫星摄动理论、行星结构理论等与地球物理学、大地测量学、地质学、地震学、大气科学和海洋科学等紧密结合,完整系统地研究我们所居住的行星“地球”,使得地球的各种活动研究越来越深,理解越来越透,预测也越来越准。

天文地球动力学是研究地球的整体和大尺度运动及其动力学过程的学科,它所包含的内容多样而丰富,包括地球的形状、板块运动和地壳形变、地球磁场和重力场研究;包括用天文手段高精度、高时空分辨率探测和研究地球整体和各圈层物质运动状态;包括建立和维持高精度地球和天球参考系;包括综合研究地球和其他行星的动力学特性及演化过程;包括空间飞行器的深空探测、精密定轨和导航定位等的理论、技术研究及其应用;包括现代空间大地测量技术数据处理的理论和方法及其应用研究;包括相应的大型软件系统的建立和应用等等。因此天文地球动力学是一门兼具基础理论和实际应用的综合性学科,“天文地球动力学丛书”即将从有关方面给予细致描述,每个研究方向不仅含有其基本发展过程、基础理论、研究方法、最新研究成果,还含有存在的问题和未来发展的方向,是从事天文地球动力学研究不可缺少的参考书和入门教材。

“天文地球动力学丛书”将系统讲述各个研究方向,有利于研究生和有关科研人员尽快掌握该研究方向和整体把握“天文地球动力学”这门学科,同时,该学科的研究和应用有利于我国卫星导航、深空探测、载人航天、时空基准建立、板块运动研究、地壳形变监测、大气科学、海洋科学、地质学、地震学、大地测量学、地球内部结构等的发展,可以成为相关方面研究人员的教科书和工具书。

中国科学院院士

2018 年 8 月

序　言

FOREWORD

GNSS 高精度导航定位技术是当今导航与位置服务界需求最大、挑战最多、应用最广、因而也是发展最快的技术之一。特别是以大数据、计算机技术和计算能力为基础的人工智能的快速发展推动了智能时代的到来,对广域高精度空间位置和广域高稳定度的时间同步和协同控制的需求越来越多。当前,无论是军用领域或是民用领域,GNSS 导航与位置服务的应用场景与环境的动态性、多变性和复杂性越来越高,因而对时空位置需求的高分辨率特性、高精准特性、高稳定特性、高可靠特性和智能性的要求也越来越高。这些挑战逼使 GNSS 高精度定位技术和数据处理技术从卫星大地测量与导航专业单一思维框架中跳出去,走跨学科、跨专业、跨界融合之道。这一多技术跨界融合趋势对当今教科书及专业技术参考书的编著写作也提出了根据需求应用和问题导向、跨学科、跨领域和跨专业跨界融合的新道路。而由董大南教授牵头,汇聚了华东师范大学、同济大学和中科院上海天文台的在卫星导航高精度定位及其多种应用方面富有经验和丰硕成果的三大团队科技人员,敏锐地顺应了这种新趋势和新需求,共同编著了这本以跨学科交叉为显著特色的《GNSS 高精度定位原理》。纵观全书,深感本书体现了以下几大值得借鉴弘扬的特色。

1) 体现了需求应用和问题导向的编写新原则。21 世纪高等教育提倡要面向需求、面向问题和面向未来。这样做既能激发学生的学习探索兴趣,又能帮助学生明确学习的目标和树立学习的社会责任意识。因而教科书的编写也希望是应用需求和问题导向,而不再提倡纯学科和专业导向的模式。本书在前言和绪论中,都花了不少篇幅描述 GNSS 高精度定位的广泛需求和应用,包括在地球科学、国防领域和经济建设中的应用,特别是在 GNSS 大气和海洋环境感知与探测方面以及在测站周边积雪深度和土壤湿度等前沿领域的应用方面的介绍，都将激发学生的责任感、探索欲和想象力。

2) 彰显了学科交叉和跨界融合的学术研究趋势。由于需求和应用问题的复杂性，欲满足当今社会经济需求，解决各类科学问题、技术问题和工程问题及社会问题，都不是单一学科和技术所能实现的。必须是多学科交叉、多领域跨界融合协同才能实现。因而学科交叉是当今国际学术研究，包括专著编写的潮流和大趋势。另外，学科间的融合衍生出新兴学科。例如本书阐述了 GNSS 和气象学、海洋学的交叉融合就衍生出 GNSS 气象学和 GNSS 反射遥感学(GNSS-R)。即使从高精度卫星定位本身来说，随着对卫星信号所包含的各种物理特性以及对传播过程中卫星信号所携带的各种信息物理特性变化的深入研究，高精度 GNSS 定位的应用已经从传统的纯几何关系的位置服务，拓展至与位置形变对应的物质负荷及构造运动、与信号的走时延迟及信噪比衰减对应的环境和介质变化监测和研究等崭新的领域。从事 GNSS 高精度定位的科研和工程技术人员除了要掌握空间大地测量的原理外，还必须熟知接收机硬件、通信、物理和地球物理等多学科知识。为此，本书简明清晰地讲解了麦克斯韦电磁波方程原理，从学科交叉出发，始终以电磁波方程的物理特性为依据，着重分析信号传播过程中与多种介质的相互作用后所发生的干涉衍射和折射散射等电磁波变化特征，来帮助读者从跨学科原理上理解 GNSS 在大气物理参数的三维探测和可降水汽探测、海洋波浪场和风场探测等跨界应用方式。我欣慰地体会到作者在本书的阐述中，自始至终都颇具匠心地坚持学科交叉和跨界融合的书写方式，这对读者的跨学科和跨界融合意识的培养提升是能起到潜移默化的作用的。

3) 富有创新性、前瞻性和启发性。本书并不局限于介绍国内外现有的研究，在此基础上提出了很多创新的观点和概念，例如广义实数自由度，广义约束和广义多路径效应等等。虽然这些新概念新观点还有待于时间的检验和国际上的进一步认可，但它的提出为本书注入了新的视点而富有启发性。此外，本书详细论证和讨论了目前成熟的理论，而且披露了当今国际上尚未解决的难题和亟须发展的理论，例如高度相关参数的解算理论。这些前沿的方向性的信息必将激励广大的科研人员，特别是年轻的学生去攻克难题，同样具有极强的启发作用。

综上所述，本书是作者应对这种迫切新需求和新趋势所做的一次可喜的尝试。作者根据自己多年在 GNSS 高精度定位和地球物理应用研究方面的心得和体会，在内容上略写了同类书籍中出现多次的 GNSS 定位的几何关系式内容，重点讲述了空间大地测量与物理、通讯和地球物理交叉的内容和信号的物理机制，给出了严谨的公式表达和推导，阐述了高精度GNSS定位定向原理和新的生长点，介绍了前沿的数据分析方法和挑战。相信本书的出版能够加深对GNSS信号本质和机制的认识，启发相关领域更多的原创性研究。基于此，我向感兴趣的科研工作者、学生及工程技术人员强烈推荐这本目前国内外不可多见的GNSS高精度定位原理、方法和应用方面的专著。

刘经南

中国工程院院士

2018年7月

前　言

PREFACE

GNSS 是 Global Navigation Satellite System(全球卫星导航系统)的简称,目前包括美国的 GPS、俄罗斯的 GLONASS、欧洲的 Galileo 和中国的北斗卫星导航系统,此外印度的 IRNSS、日本的 QZSS 区域卫星导航系统正在建设中。

1957 年,苏联成功地发射第一颗人造地球卫星,标志着人类进入了空间时代。空间时代的开启推动了导航、通讯、电子和固体半导体、时频元件和信号处理等一系列技术的全方位革命性的发展,同时无线电定位系统也开始由陆基转为星基。由于军事、交通、通信和航天等领域的需要,美国和苏联开始筹划构建一个高精度、全天候、全方位的连续实时定位系统,也就是在全球任何地点(包括近地空间)、任何时间都能得到精度为米级的三维位置信息。在太空竞赛第一回合中落后的美国在发展卫星定位系统中取得了领先,扳回一局。伴随着航天和电子通信技术的发展,1973 年美国在海军的子午仪(transit)卫星导航系统的基础上,整合了空军和陆军的伪随机码等技术,由国防部(Department of Defense,DoD)牵头研制并批准了第一期 NAVSTAR GPS 卫星的发射计划。1978 年,Block Ⅰ GPS 卫星开始发射,1989 年,Block Ⅱ GPS 卫星开始发射,真正实现了全球高精度全天候的连续定位和授时。苏联虽然早在 1968 年就开始筹划构建卫星导航系统,但是由于种种原因直到 1976 年才正式启动 GLONASS 项目。由于当时苏联的卫星和电子的设计、工艺水平还较为落后,早期的测试卫星寿命只有一年。直到 1987 年以后,GLONASS 卫星才正式成型,卫星的设计寿命提高到三年左右。苏联的解体使 GLONASS 的发展受到一些延误,20 世纪 90 年代起,俄罗斯延续了 GLONASS 的研发,并于 2007 年开始向大众提供定位服务。虽然它打破了美国在定位导航服务上的独家垄断,由于时间差,当时定位导航服务的市场还是 GPS 一枝独秀的局面。

在 GPS 投入使用的早期,定位是通过伪距码实现的。GPS 卫星发布两套伪距码：P 码也称精码，是军用码，目前它单点定位的精度在 1 m 以内；C/A 码也称粗码，是民用码，目前它单点定位的精度为 10 m。1978 年，麻省理工学院的 Counselman 教授的研究团队提出可用 GPS 的载波相位定位方案，其定位精度可达厘米级，紧接着他们在海斯塔克（Haystack）天文台停车场用宏米（Macrometer™）接收样机首次实现了载波相位定位，验证了厘米级精度，并进一步研发了载波相位定位特需的整数模糊度固定技术。从此，GPS 以厘米级至毫米级的高精度定位在科研、军事、测绘等领域得到了广泛的应用，并且进一步延拓到交通运输等大众化应用行业，走进了千家万户的日常生活。

20 世纪 90 年代海湾战争的“沙漠风暴”行动中，首次在战争中应用的 GPS 系统的表现让全世界大开眼界。在毫无参照物的茫茫沙海，夜间的美军士兵和直升机可以准确地知道自己的位置。此后的科索沃战争中装备 GPS 的远程导弹更显示了“千里穿杨”精准命中目标的神功。GPS 系统显示的巨大潜力、威胁和商业利益使得世界各国都在考虑建立自己的卫星导航系统。欧盟和欧洲太空局开始研发伽利略（Galileo）全球卫星导航系统，并于 2003 年发射了第一颗卫星。中国自 20 世纪 80 年代就开始筹划全球卫星导航系统，继 2000 年成功发射北斗一号卫星后，2007 年发射了第一颗北斗二号卫星。2012 年，北斗二代卫星已经覆盖了整个亚太地区。到 2020 年，北斗卫星将实现全球覆盖。自此确立了当今四足鼎立的世界格局，GNSS 成了这四个系统的总称。当然，这中间既有竞争也有合作。天空中同时出现这四个系统的卫星使得各地可见卫星的数目更多，分布更均匀，用四个系统卫星联合定位的精度更高，解的稳定性也更好，这对于科研和位置服务产业无疑是一大福音。

卫星导航系统的迅猛发展、利用高精度定位数据开展相应的理论和应用研究的深入、位置服务产业的日益丰富和完善，这三方面的综合因素扩大了对卫星导航定位人才的需求。全国许多高校开设了卫星导航和空间大地测量有关专业，招收和培养了一大批有志于该领域的本科生和研究生。读者对卫星导航和空间大地测量专业教材数量的需求和质量的要求也日益提高。目前已经出版了一批空间大地测量和导航定位专业的教材，但由于这个领域的发展和知识更新很快，仍然迫切需要涵盖最新发展所需知识的空间大地测量方面的教材，特别是具有一定深度且能够和地球物理机制交叉的学术专著。

鉴于这些方面的迫切需求，作者总结了自己多年来在 GNSS 定位原理和应用方面研究的体会和经验,编写了本书。在编写的过程中,我们着重增加了其他书籍中没有或较少出现的内容,特别是和物理、通信、地球物理学科交叉的内容。对其他书籍中已出现较多的内容,我们力求精简以减少雷同。例如在 GNSS 数据分析中非常重要的卫星轨道力学和卫星定轨理论,因为已经有很多书给出了详尽的推导和讨论(Xu and Xu, 2016;王小亚等,2017),本书不再赘述。因此,本书把重点放在高精度地面定位的原理部分,让读者不仅知道它的分析模型和解算步骤,而且了解它的物理机制和这么做的理由。本书要求读者具备一定的物理、通信和地球物理基础,适合愿意接受挑战、希望学到前沿知识的空间大地测量专业的学生和希望拓宽到交叉学科应用研究的教师和科研人员。

本书是华东师范大学空间信息与定位导航上海高校工程研究中心(董大南负责)和中国科学院上海天文台卫星导航实验室(陈俊平负责)、同济大学测绘学院(王解先负责)三个团队共同合作的结果,编写的内容总结了作者二十多年的研究成果和心得,同时也参照了国内外同行的研究成果和最新的发展。本书的宗旨是提供其他参考书籍较少涉及的内容并深入介绍,许多内容具有一定的前沿性和创新性,可作为同类型学术专著的一个补充。

本书在编写过程中得到了研究团队其他教师和研究生的大力支持和帮助:张雷老师编写了第 4 章;余超老师编写了 9.4 节;陈雯老师编写了 9.5 节;研究生彭宇、王梽人、王明华、颜君、陈一佳、夏宇飞、季翔、黄晨、曹洁、姚瑶、吕晶阳、于鹏伟、楼明明、董雅璇、赵甜甜、吕聪、董鑫媛、熊雅俊、李博等同学帮助整理了第 1 章、第 2 章、第 5 章和第 6 章的大部分内容,并且协助完成了整本书的图片和格式调整。在此对他们的无私帮助和奉献表示诚挚的感谢。

董大南

2018 年 5 月

目　录 CONTENTS

第1章 绪　论

人类生活在时空四维世界中,时间和空间的信息是人类社会发展和进步最基本的需求。从北斗星辰到指南磁针,从地图绘制到罗盘导航,漫长岁月中人类的位置信息服务基本上来自地面局域观测资料的积累。随着人类活动空间的全球化和信息需求的实时化,这种地基观测手段的积累周期、传输效率、覆盖范围、分析能力和定位精度越来越赶不上社会发展的步伐。从地基走向空基,从局域走向广域,从二维走向多维,是时空信息获取和服务的必然趋势。

1.1 GNSS 发展历史

1957 年 10 月 4 日,世界上第一颗人造地球卫星"火花号"(Sputnik)在苏联拜科努尔发射场发射,标志着人类航天时代来临。

1958 年,美国约翰·霍普金斯大学科研人员注意到卫星信号的多普勒频移(Doppler shift),发现可利用卫星信号多普勒频移精确定轨,并转而利用精确的卫星轨道确定地面观测点的位置,从而开启了多普勒定位的理论研究和多普勒卫星及接收机的研发。

1964 年,美国军方研制成功第一代多普勒卫星定位导航系统——子午卫星系统,又称海军导航卫星系统(Navy Navigation Satellite System,NNSS)。同期,苏联建立了用于船舶导航的"圣卡达"(CICADA)多普勒卫星导航系统。但是 NNSS 和 CICADA 系统存在卫星数目少、无线电信号经常间断、观测所需时间较长、精度低等缺陷。

1967~1974 年,美国海军研究实验室发射三颗"Timation"计划试验卫星,试验并实现了原子钟授时系统。同期美国空军在"621 - B"计划中成功研发了伪随机噪声码(pseudo random noise code, PRN)调制信号的现代通信手段。

1968 年,美国国防部成立导航卫星执行指导小组(Navigation Satellite Executive Group,NAVSEG),筹划下一代导航定位系统。

1973 年,美国国防部整合海陆空三军联合研制基于"时差测距导航"原理的第二代卫星导航全球定位系统(Navigation by Satellite Timing and Ranging/Global Positioning System, NAVSTAR/GPS)。

从 1974 年 7 月发射第一颗 GPS 试验卫星,1978 年卫星组网,到 1994 年 3 月完成卫星星座布设和地面监控系统的建设,历时 20 年,耗资 300 亿美元,经历了方案论证(1974~1978 年)、系统建设(1979~1987 年)、试验运行(1988~1993 年)三个阶段,GPS 成为覆盖全球的全天候高精度导航定位系统,它的应用扩展到军事、经济、大众生活和科学研究各行各业。

苏联在 1982 年启动了全球卫星导航系统(Global Navigation Satellite System, GLONASS)的建设,中间因苏联解体而耽搁,然后由俄罗斯继续投资于 1996 年建成,成为又一个基于时差测距的导航定位系统。

中国的北斗卫星导航系统(BeiDou Navigation Satellite System,BDS)自 1983 年开始筹划论证,2000~2003 年完成“北斗一代”系统构建。该系统属于主动型局域实时导航定位系统,其独特之处是同时具有导航定位与短报文通讯的功能。虽然它的覆盖区域和定位精度赶不上 GPS,但是它系统简单,投资少、周期短,满足了我国当时国防和建设的急需。从 2007 年开始的“北斗二代”系统则是和 GPS 相同的基于时差测距的导航定位系统,2012 年覆盖并服务整个亚太地区,计划 2020 年完成组网覆盖全球(北斗三代)并提供全球的高精度导航定位服务。同时,北斗系统沿袭了提供短报文服务的独特优势。

欧盟的伽利略卫星导航系统(Galileo Navigation Satellite System)也是基于“时差测距导航”原理的高精度导航定位系统。自 1994 年开始系统方案论证,2002 年启动,几经延迟至 2016 年底已具备初步运行能力,全部卫星计划于 2020 年发射完毕。

此外,正在建设的还有日本的准天顶卫星系统(Quasi-zenith Satellite System, QZSS)和印度的区域性卫星导航系统(Indian Regional Navigation Satellite System, IRNSS)。

为了促使全球卫星导航领域的发展和合作,特别是提供提高精度导航定位服务,支持大地测量和地球动力学研究,国际大地测量协会(International Association of Geodesy,IAG)于 1993 年组建了国际 GPS 服务组织(International GPS Service,IGS),并于 1994 年 1 月 1 日开始工作。随着世界上其他导航系统的出现,它于 1999 年改名为国际 GNSS 服务(International GNSS Service),简称仍为 IGS。

1.2 现代卫星导航系统

全球卫星导航系统主要由卫星星座、地面监控系统及用户设备三大独立部分组成,本节从这三个部分逐一介绍目前比较完善的 GPS、GLONASS、Galileo 和 BDS 四大卫星导航系统。

1.2.1 GPS 卫星导航系统

GPS 系统是世界上使用率最高、发展最成熟的全球卫星导航定位系统。

1. 卫星星座

目前,GPS 系统在轨服务卫星 40 颗,其中: GPS－ⅡA 卫星 8 颗、GPS－ⅡR 卫星 12 颗、GPS－ⅡRM 卫星 8 颗、GPS－ⅡF 卫星 12 颗。GPS－ⅡA 为 1990 年 11 月开始发射的 GPS 第二代卫星,设计寿命 7.5 年,GPS－ⅡR 和 GPS－ⅡRM 为 1997 年 7 月开始发射的第三代卫星,设计寿命 10 年,GPS－ⅡF 为性能最好第四代卫星,2010 年 5 月首发,设计寿命延长至 12 年。

2. 地面监控

GPS 的地面监控系统主要由分布在全球的五个地面站组成,按功能分为主控站、注入站和监测站三种。主控站一个,设在美国本土的科罗拉多空间中心,负责协调和管理所有地面监控系统。主控站根据所有地面监测站的观测资料推算编制各卫星的星历、卫星钟差和大气层修正参数等,并把这些数据及导航电文传送到注入站,同时提供全球定位系统的时间基准,调整卫星状态和启用备用卫星,同时还具有监测站功能。注入站现有三个,分别设在印度洋的迪戈加西亚岛、南太平洋的夸贾林环礁和南大西洋的阿松森群岛。其主要任务是将来自主控站的卫星星历、钟差、导航电文和其他控制指令注入相应卫星的存储系统,并监测注入信息的正确性,亦具有监测站功能。监测站现有六个(含上述四个地面站,另外两个设在夏威夷和卡纳维拉尔角)。监测站实时观测和接收所有 GPS 卫星发出的信号及当地气象资料,并监测卫星的工作状况,把初步处理后的结果传送到主控站。

3. 用户设备

用户接收部分的基本设备就是 GPS 信号接收机,其作用是接收、跟踪、变换和测量 GPS 卫星所发射的 GPS 信号,以达到导航和定位的目的。接收机主要由接收机硬件、数据处理软件、微处理机和终端设备组成,其中接收机硬件一般包括天线、主机和电源。接收机天线接收所有 GPS 卫星信号后,主机从这些卫星信号中得到卫星轨道参数,准确算出卫星的空间位置,并根据 GPS 定位原理(第 8 章)得到用户在某一空间坐标系的绝对位置。

4. GPS 现代化

20 世纪 90 年代末,为了提高 GPS 对美军现代化战争的有力支撑,并使其在全球民用导航领域中处于领导地位,美国政府提出了 GPS 的现代化计划。时任美国总统克林顿宣布 2000 年 5 月 2 日起美国停止了对 GPS 卫星实施选择可用性政策,标志着美国 GPS 现代化正式开始。GPS 现代化主要从调整卫星星座、调整卫星信号、改进地面控制部分这几个方面实施。

(1) 调整卫星星座

美国五角大楼计划购买和发射32颗Block-Ⅲ卫星,将已有的卫星系统进行全面升级。GPS-Ⅲ卫星包括3个型号,分别为GPS-ⅢA、GPS-ⅢB和GPS-ⅢC。GPS-Ⅲ的P码功率比现有功率提高20~30倍,频率由L波段上升到S、C波段,设立专门的军用M码,用铯原子钟代替铷原子钟,以提高定时精度,授时精度将达到1 ns。GPS-Ⅲ计划提高空间导航信号的可靠性和安全性,一旦卫星出现故障或信号超差,报警时间由30 min缩短为1 min。

2010年,第一颗搭载L5载波发射机的GPS-ⅡF型卫星发射成功。2012年8月24日,搭载第四个民用信号L1C的GPS-Ⅲ系列卫星发射成功。目前已有GPS-ⅡF型在轨卫星共计6颗,并计划发射GPS-ⅢA卫星8颗,以及更为先进的GPS-ⅢB卫星16颗、GPS-ⅢC卫星8~16颗。最先进的GPS-ⅢC的卫星信号采用点波束,改善了卫星之间的通信链路,并采用可控制的高功率点波束照射地球的某一区域,使该区域GPS接收机的信号功率大大增加,从而实现对未来导航战的支持。

(2) 调整卫星信号

卫星信号调整措施主要有:分离军民用户伪噪声所占频带;增强军用伪噪声码的发射功率;增加新的GPS信号。

GPS现代化改进增加了三种民用信号:第二个民用测距码L2C;第三个民用载波L5;第四个民用测距码L1C。传统的民用L1 C/A码将来还会继续广播发射,最终形成四种民用GPS信号共存的格局。

L2C是为满足商业用户及大众用户在复杂环境下高精度定位导航的需求而设计的。L2C目前由在轨使用的12颗GPS-ⅡR(M)和GPS-ⅡF卫星播发。L2C可以有效提高用户接收机的抗干扰能力,其信号采用前向纠错和时分复用技术,具有更低的载波跟踪门限和数据解调门限,使得L2C能够实现在室内、树荫遮蔽等微弱信号条件下的捕获。双频GPS用户可以利用L1C/A信号和L2C信号校正电离层传输延时来消除电离层误差和快速解算整周模糊度。另外由于采用更为紧凑的导航电文帧格式及有数据通道和无数据通道的分离,使得L2C信号比传统的L1C/A码信号具有更多的优势。

L5是为满足生命安全类及其他高精度应用的需求而设计的,设计频率为1 176.45 MHz。2009年,美国成功在GPS-ⅡR-20(M)卫星上播发实验L5载波信号。2010年第一颗搭载L5载波发射机的GPS-ⅡF型卫星发射成功。L5信号的结构进行了很大的改进,用户不需要依赖L1或L2民用信号便能实现对L5信号进行截获与跟踪。利用三个不同频率的载波(L1、L2、L5)进行两两组合,可基本消除电离层误差影响。

L1C 旨在增强 GPS 和其他卫星导航系统的互操作性。美国政府计划在 2018 年发射的 GPS－ⅢA 型卫星上播发此信号。其他卫星导航商采用 L1C 作为未来国际互操作性标准，日本的准天顶卫星系统（QZSS）、印度的区域卫星导航系统（IRNSS）和中国的北斗系统计划播放 L1C。

（3）改进地面控制部分

GPS 地面控制部分现代化主要有三个部分：精度改进计划（L－ALL）；体系进化计划（AEP）；新一代运行控制系统（OCX）。

2008 年完成 L－ALL 阶段，把监测点在从 6 个扩大到 16 个，可以获取三倍于原来的卫星轨道数据，从而将 GPS 广播星历精度提高 10%～15%。

AEP 内容包括：用现代信息技术取代原有的基于原始主机的主控站技术，大幅度提高 GPS 控制的灵活性和灵敏度，增强对现代化改进的 GPS 卫星的运行控制能力；GPS 主控站改造、新建 GPS 备用主控站，加强抗干扰、抗欺骗能力，并将原属美国国家地理空间情报局（National Geospatial－Intelligence Agency，NGA）的 10 个 GPS 监测站纳入到 GPS 地面控制段的体系中；利用美国空军卫星控制网（Air Force Satellite Control Network，AFSCN）的 8 副地面天线对 GPS 系统原有的 8 副地面天线进行补充，增强上行注入能力。该计划已经于 2007 年开始实施。

OCX 内容包括：增加 GPS 地面控制部分许多新的功能，其中包括对现代化民用信号（L2C、L5、L1C）完全的控制能力；增加对 GPS－Ⅲ卫星的管理与控制能力，例如灵活的信号功率配置、星对星和星对地链路及点波束能力等。OCX 第一阶段将实现对 L2C 和 L5 信号的监测，到第二阶段完成时，GPS 系统地面控制部分将具备管理 32 颗卫星组成的 GPS 星座的能力。

1.2.2　GLONASS 卫星导航系统

俄罗斯于 1996 年 1 月 18 日完成了 24 颗 GLONASS 卫星的布局，系统具备完全工作能力。

1. 卫星星座

GLONASS 卫星星座的轨道为三个等间隔椭圆轨道，轨道面间的夹角为 120°，轨道倾角为 64.8°，轨道的偏心率为 0.01。每个轨道上等间隔地分布 8 颗卫星，其中 7 颗为工作卫星，1 颗为备用卫星。卫星离地面高度 19 100 km，绕地运行周期约 11 小时 15 分。GLONASS 卫星的轨道倾角大于 GPS 卫星的 55°轨道倾角。

截至 2017 年 12 月底，俄罗斯在轨导航卫星 25 颗，即 GLONASS－M 卫星 23 颗，GLONASS－K 卫星 2 颗，提供定位、导航与授时服务的卫星 24 颗，其中 GLONASS－M 卫星 23 颗，GLONASS－K 卫星 1 颗。

2. 地面监控

GLONASS 地面支持系统由系统控制中心、中央同步器、遥测遥控站(含激光跟踪站)和外场导航控制设备组成,可遥测所有卫星,进行测距数据的采集和处理,并向各卫星发送控制指令和导航信息。地面支持系统的功能由苏联境内的多个场地共同完成。随着苏联的解体,GLONASS 系统由俄罗斯航天局管理,地面支持段已经减少到只剩俄罗斯境内的场地,系统控制中心和中央同步处理器位于莫斯科,遥测遥控站位于圣彼得堡、捷尔诺波尔、埃尼谢斯克和阿穆尔共青城。

3. 用户设备

GLONASS 接收机接收卫星发射的导航信号,得到其伪距和伪距变化率,同时从中提取并处理导航电文。接收机处理器通过对数据进行处理计算出用户所在的位置、速度和时间信息。

1.2.3 Galileo 卫星导航系统

Galileo 卫星导航定位系统是世界上第一个主要基于民用的高精度卫星定位系统,与 GPS 卫星相比,其卫星更小,时钟更精确,信号更强,带宽更大。Galileo 与 GPS 采取既合作又竞争的策略,采用与"GPS 完全兼容"的方式工作,提供比 GPS 更多、更好的服务。

1. 卫星星座

Galileo 星座由 3 个轨道上的 30 颗中等高度轨道卫星(MEO)构成,每个轨道面上有 10 颗卫星,其中 9 颗正常工作,1 颗运行备用,轨道高度为 23 616 km,轨道倾角为 56°,轨道升交点在赤道上相隔 120°,卫星运行周期为 14 小时 4 分。某颗工作星失效后,备份星将迅速进入工作位置替代其工作,失效星将被转移到高于正常轨道 300 km 的轨道上。这样的星座可为全球提供足够的覆盖范围。Galileo 系统的工作寿命为 20 年,中等高度轨道卫星星座工作寿命为 15 年。

Galileo 系统于 2016 年 12 月 15 日开始提供初始服务,截至 2017 年 12 月,该系统已经拥有 26 卫星,包括 4 颗"伽利略-在轨验证"(Galileo - IOV)卫星和 18 颗 Galileo - FOC 卫星,提供定位、导航与授时服务的卫星共 15 颗。

2. 地面控制部分、区域设施部分及局域设施部分

地面控制部分由两个控制中心、上行链路站、监测站网络及全球通信网络组成。两个控制中心分别位于法国和意大利,主要功能为控制星座、保证卫星原子钟的同步、完好性信号的处理、监控卫星及由它们提供的服务,还有内部及外部数据

的处理。监测站主要用于接收卫星导航信息，并且检测卫星导航信号的质量，以及气象和其他所要求的环境信息。这些站收到的信息将通过 Galileo 通信网中继传输至两个控制中心。

区域设施部分由完好性监测站网络、控制中心和注入站组成。区域内用户可使用 Galileo 系统提供的区域完好性数据，确保每个用户能够收到至少两颗仰角在 25°以上的卫星提供的完好性信号。

Galileo 局域设施部分将根据当地的需要，增强系统的性能，局域设备需要确保完好性检测、数据的处理和发射。将数据传输至用户接收机既可以通过特别的链路，也可以不通过 Galileo 系统，而采用如 GSM 或 UMTS 标准的移动通信网、Loran-C 海事导航系统等已存在的通信网。

3. 用户设备

用户接收机及终端具备直接接收 Galileo 的 SIS 信号，拥有与区域和局域设施部分所提供服务的接口，能与其他定位导航系统（例如 GPS）及通信系统（例如 UMTS）互操作的功能。

1.2.4 北斗卫星导航系统

2000 年，我国建成北斗卫星导航试验系统，成为世界上第三个拥有自主卫星导航系统的国家；2012 年我国形成覆盖亚太大部分地区的导航服务能力；2020 年前后，北斗导航系统将形成全球覆盖能力。

1. 卫星星座

北斗卫星导航系统计划由 35 颗卫星组成，包括 5 颗静止轨道卫星、27 颗中地球轨道卫星、3 颗倾斜同步轨道卫星。现阶段北斗导航系统是覆盖中国本土及亚太地区的区域导航系统，覆盖范围为东经 70°~140°，北纬 5°~55°。截至 2018 年 1 月，我国已成功发射第 26、27 颗北斗导航卫星。

2. 地面监控

北斗卫星导航系统地面监控中心站包括地面应用系统和测控系统，具有双向短报文通告和双向报时功能。地面监测站对北斗卫星进行实时连续观测，主控站根据各监测站传输来的跟踪数据，计算出卫星的轨道、电离层改正和时钟参数，然后将结果送到地面控制站并将计算和预报的信息传给卫星注入站，并对北斗卫星进行信息更新。

3. 用户设备

北斗用户设备有普通型、授时型、指挥型和多模型用户机。普通型适用于一般车辆、船舶及便携等用户的定位导航应用,可接收和发送定位及通信信息,与中心站及其他用户终端双向通信。通信型适用于野外作业、水文测量、环境检测等各类数据采集和数据传输用户,可接收和发送短信息、报文,与中心站和其他用户终端进行双向或单向通信。授时型适用于授时、校时、时间同步等用户,可提供数十纳秒级的时间同步精度。指挥型用户机是供拥有一定数量用户的上级集团管理部门所使用,除具有普通用户机所有功能外,还具有向下属用户通播信息功能。

1.3　GNSS 高精度定位应用

GNSS 定位技术具有全天候、高精度、覆盖全球、自动化程度高、实时服务能力强等优点,已经广泛应用于交通、军事、农业等领域,例如车辆自主导航、自然灾害监测、紧急事故安全救援、精确制导武器、精准农业、建筑物结构安全监测等(魏爽等,2017;吴玉苗等,2017;吴才聪等,2004;田力耕,2014)。在大众应用方面,GNSS 定位服务已经走进了千家万户,例如车载导航系统、GNSS 定位器、物流配送、电子导盲犬、植入式定位芯片等(徐丝雨和唐彪,2017;强恩芳,2009)。目前已经形成了从天线、芯片、基带、板卡、整机到后续位置服务一条完整的产业链。

随着 GNSS 定位精度的提高,高精度 GNSS 定位又衍生出一系列新的应用。这些新应用具有与其他学科和行业交叉、与大数据和人工智能交叉、与空间域的全球化和时间域的实时化相匹配等特点。

1.3.1　走向高频

随着软硬件设备的不断发展,GNSS 高频信号的捕获成为可能。高频 GNSS 观测数据可以获得传统观测设备无法直接获得的瞬时动态形变位移,因而能够广泛应用于地震学、地震工程学和气象学等领域(余加勇,2015;徐克科和伍吉仓,2014)。不少学者利用 GNSS 高频数据,反演得到了近期发生的较大地震的瞬时同震形变信息(如汶川 M8.0 级地震、日本东海 M9.0 级地震等)。高频 GNSS 观测数据为地震学研究提供一种新的数据来源(沈忱,2014;丁晓光等,2013)。还有学者利用高频 GNSS 结合加速度计数据建立的地震海啸预警系统,几秒内获得准确震级估计,并成功预测震后 30min 内第一次海啸的具体地理位置(Goldberg et al.,2015)。

1.3.2　从误差源到信息源

众所周知,电离层折射、对流层折射和多路径效应为 GNSS 传播途径中的主要误差,早期研究者为了提高 GNSS 的观测精度,总是竭尽所能地消除这些误差。然而,近年来利用上述误差源作为可应用的信息源逐渐成为 GNSS 应用研究的热点之一。例如,利用 GNSS 对流层延迟数据反演大气温度及水汽含量,监测气候变化

(陈磊等,2017;卢勇夺等,2016;徐韶光,2014);利用组合观测提取到的电离层延迟数据,建立高精度区域电离层模型,提高初始定位精度(蔡苗苗,2017;丁敏杰等,2017);利用 GNSS 反射信号,反演土壤湿度、积雪深度及植被变化,分析研究海面高度、粗糙度、盐度、风速、风向、海冰变化,用于洋流监测、海啸预警等(Rodriguez-Alvarez et al.,2010,2009;Ruffini et al.,2003)。

1.3.3 单天线扩展到多天线

传统 GNSS 区域多点监测一般采用每个测点配一个天线加一台接收机的 GNSS 接收机阵列方式,但是这种观测方式存在硬件设备费用支出大的缺点,因此丁晓利等采用一个特制天线转换开关来实现多个 GNSS 天线与一台接收机相连,用于大坝、海堤等建筑物的形变监测及滑坡区域的形变监测,提高了形变监测的自动化程度,节约监测费用(丁晓利等,2003;何秀凤等,2000)。

在 GNSS 技术由单天线向多天线的发展过程中,学者发现多天线 GNSS 技术具有为载体测姿的潜力(Kruczynski et al.,1988;Graas and Braasch,1991)。随着测姿技术的逐渐成熟,各大公司相继推出了多种 GPS 测姿产品和相关的数据处理软件,例如 Trimble 的 MS860 和 TansVector 系统、Javad 的 JNSGyro－2 和 JNSGyro－4 系统。国内许多高校和研究机构也相继加入 GNSS 多天线测姿研究,如上海交通大学研究团队构建了 GNSS 三维测姿系统,华东师范大学研究团队基于单差模糊度置换算法,研发了具有高精度高稳定性的单差测姿系统(蔡苗苗,2017;王永泉,2008)。

此外,一机多天线技术还在驾校、精准农业、精密制导等方面有着广泛的应用。多天线提供的高精度航向可以保证飞行器飞行方向及转向的精度,保证各农机设备之间距离和方向始终保持一致,满足精准农业在某一范围性内多机同时自动作业的需要(张小超,2004)。

1.3.4 多技术融合

GNSS 技术存在信号接收容易受到外界干扰或屏蔽、动态接收信号能力弱的缺陷。在高速运动、速度变化激烈的载体上,或山脉、高楼、树木遮挡严重的区域,接收机接收卫星信号的能力减弱,无法满足导航定位要求。近年来,如何融合 GNSS 及其他技术,弥补其技术上的缺陷,逐渐成为 GNSS 研究热点之一。

惯性导航系统(inertial navigation system, INS)通过自身系统输出,不易受外界干扰,载体的运动及周边环境对其精度影响很小,可以弥补 GNSS 信号受干扰和高动态的影响。但 INS 误差随时间快速积累,而 GNSS 每个时段输出相互独立,可以弥补 INS 误差随时间快速积累的缺陷。因此,这两种技术的融合可以很好地弥补单一技术的不足。

GNSS和INS融合主要有松耦合、紧耦合和深耦合三种方式，目前松耦合和紧耦合技术已经比较成熟且应用广泛，例如德国EMT公司“月神”(Luna)无人机上安装的集成INS/GPS空中数据传感器套件系统“导航星”111 m，美国“全球鹰”无人机上安装的美国Kearfott公司的KN4072INS/GPS组合导航系统，中国安装了和芯星通公司UB351－INS北斗高精度定位装置的无人车“军交猛狮”车队。

由于松耦合和紧耦合在高动态和射频干扰环境下都无法正常工作，为了满足高动态环境应用要求，Draper实验室在1996年首次提出深耦合概念(deep integration)(Philipser and Schmidt，1996)。目前，国外在深耦合方面的研究进展较快，有些导航公司和实验室已经开发了相关测试平台和原理样机，如Litton公司的LN25X和LN27X系列，霍尼韦尔公司与罗克韦尔公司联合研制的IGS系统等。国内，武汉大学2013年设计完成了一体化实时标量深组合系统(张提升，2013)，国防科技大学在2013年北斗卫星导航年会上展出了基于北斗和MEMS/IMU的深组合系统(牛小骥等，2016)。

除了GNSS与INS技术融合之外，GNSS还和其他感应器件融合以满足应用需要，例如谷歌公司的无人车，就是融合了GNSS、INS和激光雷达三种技术，其车轮的编码器可以通过对无人车运行速度的累加，实现对当前位置的定位，通过与GPS数据的融合，获得更为精确的位置，通过激光测距仪和四个雷达获取周边的障碍物和建筑物信息，建立周边障碍物的大致轮廓，则可以实现无人车的避障与自适应出口搜寻(杨森森，2013)。

1.3.5　高精度动态应用

近年，GNSS实时动态定位精度大幅度提高，载波相位差分技术(real-time kinematic, RTK)定位精度可以达到水平±1 cm，垂直±2 cm(10～50 Hz)，使得利用GNSS技术动态监测高层大楼和细长桥梁等建筑物结构健康成为可能(Ogaja et al., 2007)。2002年，Celebi等利用GPS和加速度计观测洛杉矶的两座44层高建筑和旧金山的一座34层高建筑的形变位移，结果表明GPS能够用于地震和风致变形期间建筑物的形变监测(Celebi and Sanli，2002)。黄丁发等利用采样率为10 Hz的双频GNSS接收机对地王大厦进行了为期两天的振动测量，发现1～2 mm的微小结构振动(黄丁发等，2001)。希腊佩特雷大学的Nickitopoulou等针对GNSS定位中的RTK与PPK模式，对其精度和粗差率进行了统计分析得出数据粗差水平为1.5%，水平与竖直方向定位精度分别为15 mm与35 mm，能确定的频率范围为0.1～2 Hz (Nickitopoulou et al., 2006)。熊春宝利用GNSS－RTK超高层结构动态变形监测系统监测强风下的天津电视塔，得到结构在风荷载下作不规则的弦函数振动，沿主振方向最大位移为2.24 cm(熊春宝等，2015)。

1.3.6 GNSS 无线电掩星探测

无线电掩星技术是指当无线电信号穿过行星大气层时,由于折射率梯度的存在,电波信号会弯曲,利用这种弯曲信息,可以反演大气折射率,并在一定的近似条件下可以进一步反演对应的大气物理参量包括密度、温度、水汽等。以 GNSS 为信号源的掩星探测称为 GNSS 无线电掩星探测。

1965 年,美国斯坦福大学和喷气推进实验室的科学家首次对火星大气层进行了掩星测量。1992 年,美国开始 GPS/MET 计划,基于 GNSS 的无线电掩星技术成为一种强大的近地空间环境探测手段。迄今已经有 20 多颗发射的低轨道卫星携带 GNSS 掩星接收机,其中 COSMIC 是首个专门用于掩星探测的卫星星座。许多学者利用 COSMIC 掩星反演的弯曲角、折射率、水汽梯度信息探测大气边界层高度(徐桂荣等,2016;Guo et al.,2011;Gong et al. , 2008),并分析出边界层结构(高度和锐度)的全球时空分布特征(Ao et al.,2012)。由于掩星资料具有良好的时空覆盖性、高垂直分辨率和高精度,学者利用掩星反演温度剖面监测研究厄尔尼诺/南方涛动(ENSO)的全三维结构(Scherllin-Pirscher et al.,2012)、赤道开尔文波的结构特征(Alexer et al.,2008)、周日迁移潮结构及随季节和纬度的变化(乐新安等,2016)以及对流层顶附近及下平流层重力波的全球分布特征。

第 2 章　GNSS 信号构成

2.1　GPS 信号构成

GPS 卫星所发射的信号由载波、伪码和数据码三个层次调制而成。伪码和数据码先通过调制而依附在正弦波形式的高频载波上，然后卫星再将调制后的载波信号播发出去。因此，载波可视为 GPS 卫星信号中的最底层。

2.1.1　载波

每颗 GPS 卫星用两个以上 L 波段频率（即 L1、L2）发射载波无线信号，其中 L1 的基准频率 f_1 为 1 575.42 MHz，L2 的基准频率 f_2 为 1 227.60 MHz。最新的 Block ⅡF 卫星将增加一个新的基准频率为 1 176.45 MHz 的载波 L5。这些载波频率均属于特高频（UHF）波段。对于任一载波，其频率 f 与波长 λ 存在以下关系：

$$\lambda = c/f \tag{2.1}$$

其中，c 为光在真空中的速度，其值约等于 3×10^8 m/s。根据这一关系，可计算出载波 L1 的波长 λ_1 约为 19 cm，而 L2 的波长 λ_2 约为 24.4 cm。

卫星中的钟频由原子钟产生，它所提供的基准频率 f_0 为 10.23 MHz。这个卫星时钟基准频率与上述两个载波在数值上存在如下关系：

$$f_1 = 154f_0 \tag{2.2}$$

$$f_2 = 120f_0 \tag{2.3}$$

卫星利用频率合成器在基准频率 f_0 的基础上产生 f_1 和 f_2 两个载波频率。

GPS 采用调相技术将测距码调制在两个载波上。L1 载波上调制了粗码 C/A 码和精码 P 码两种测距码。GPS 信号分类及详细信息如表 2.1 所示。现在 GPS 的高精度应用一般采用载波相位技术，这种技术在 1980 年首次投入使用。由于载波频率高、波长短，能满足各种高精度应用的需求。

表 2.1　GPS 信号分类

信　号	名　称	频率/MHz	波　长/cm	备　注
载波	L1	1 575.42	19.03	调制 C/A 码
			/	调制 P 码
	L2	1 227.60	24.42	调制 P 码
	L5	1 176.45	25.48	调制 P 码

续 表

信 号	名 称	频率/MHz	码 宽	备 注
伪码	C/A 码	1.023	977.5 ns 或 293 m	
	P 码	10.23	0.1 μs 或 29.3 m	
	Y 码	10.23	0.1 μs 或 29.3 m	P 码加密

2.1.2 伪码

GPS 信号是一个基于伪码的码分多址(CDMA)的扩频(SS)通信系统,伪码是 GPS 信号结构中位于载波之上的第二个层次。

1. 二进制数随机序列

伪码采用二进制数(即"0"和"1")来表示和传递信息。伪码中的一位二进制数称为一个码片(Chip)或者码元。一个码片的持续时间 T_c 称为码宽,而单位时间内所包含的码片数目称为码率。码率为 $1/T_c$,单位为码片/s(或 Hz)。

二进制数随机序列中每个值是随机的,出现 0 和 1 的概率均为 0.5。二进制数随机序列所具有的一个很重要的特点是良好自相关性。一个二进制数随机序列 $x(t)$ 的自相关函数 $R_x(\tau)$ 是一个偶函数,它关于原点左右对称。$R_x(\tau)$ 定义为

$$R_x(\tau)=\lim_{T\to\infty}\frac{1}{T}\int_0^T x(t)x(t-\tau)\mathrm{d}t \tag{2.4}$$

其中,因为 $x(t-\tau)$ 是信号 $x(t)$ 在时间上向右平移 τ 后得到的波形,所以自相关函数 $R_x(\tau)$ 检查 $x(t)$ 与它本身平移后的波形 $x(t-\tau)$ 两者之间的相似程度。自相关函数 $R_x(\tau)$ 为偶函数,关于 Y 轴左右对称。

二进制数随机序列的自相关函数 $R_x(\tau)$ 在原点中心呈一个三角形。当 $\tau=0$ 时,波形相同的 $x(t)$ 与 $x(t-\tau)$ 在时间上正好完全重叠,两者具有最大相关性,$R_x(\tau)=1$;当 $|\tau|\geqslant T_c$ 时,$x(t)$ 与 $x(t-\tau)$ 完全不相关,或者说两者正交,$R_x(\tau)=0$。

2. *m* 序列

码分多址系统需要具有良好自相关特性的二进制数序列作为码,即要求码与其本身的平移正交。码一般选用随机码,以便减少噪声和其他码对该码的自相关运算的干扰。虽然二进制数随机序列能满足这一个条件,但是由于它不能复制而很难在实际中加以利用。

伪随机噪声码(PRN)简称伪随机码或者伪码,它不但具有接近于二进制数随

机序列的良好自相关特性，而且是预知的、有周期性的二进制数序列。这种周期性的伪随机码，即 m 系列，可由一个多级反馈移位寄存器产生，能够满足码分多址系统需要。

3. Gold 码

一对周期 $P = 2^n - 1$ 的 m 序列优选对 $\{a_n\}$ 和 $\{b_n\}$，$\{a_n\}$ 与其后移 τ 位的 $\{b_{n+\tau}\}(\tau = 0, 1, 2, \cdots, p-1)$ 逐位模 2 加所得的序列 $\{a_n b_{n+\tau}\}$ 都是不同的 Gold 序列。

周期 $P = 2^n - 1$ 的序列 m 优选对生成的 Gold 序列，由于其中一个 m 序列不同的移位都产生新的 Gold 序列，共有 $P = 2^n - 1$ 个不同的相对移位，加上原来两个 m 序列本身，总共有 $2^n + 1$ 个 Gold 序列。随着 n 的增加，Gold 序列数以 2 的 n 次幂增长，因此 Gold 序列数比 m 序列数多得多，并且它们具有优良的自相关和互相关特性，完全可以满足实际工程的需要。

一个周期内“1”码元数比“0”码元数仅多一个时，称为平衡的 Gold 序列。n 是奇数时，$2^n + 1$ 个 Gold 序列中有 $2^{n-1} + 1$ 个 Gold 序列是平衡的，约占 50%；当 n 是偶数（不是 4 的倍数）时，有 $2^{n-1} + 2^{n-2} + 1$ 个 Gold 序列是平衡的，约占 75%，平衡的 Gold 序列作平衡调制时有较高的载波抑制度。

4. C/A 码

基于码分多址的 GPS 扩频通信系统需要其信号中的伪码具有良好的自相关和互相关性能。GPS 信号在载波 L1 上调制 C/A 码和 P(Y)码，而在载波 L2 上只调制有 P(Y)码。C/A 码和 P(Y)码都是伪码，被用作测距码。接收机把接收到的卫星信号与接收机内部复制的伪码进行相关运算，检测自相关函数的峰值来确定接收信号中伪码的相位并测量出从卫星到接收机的几何距离。

每星期日子夜零时，两个移位寄存器在置“1”脉冲作用下处于全“1”状态，同时在频率为 $f_1 = 1.023$ MHz 的时钟脉冲驱动下，两个移位寄存器分别产生码长为 $N = 2^{10} - 1 = 1\,023$，周期为 1 ms 的两个 m 序列 $G_1(t)$ 和 $G_2(t)$。这时 $G_2(t)$ 序列的输出选择两个存储单元进行二进制相加后输出，再将其与 $G_1(t)$ 进行模二相加，将可能产生 1 023 种不同结构的 C/A 码。C/A 码是周期为 1 023（即 $2^{10} - 1$）个码片的 Gold 码，即一个 C/A 码的长度为 1 023 个码片。它每毫秒重复一周，因而其码率为 1.023×10^6 码片/秒（即 1.023 Mcps），码宽 T_c 约等于 977.5 ns 或 293 m（通常将一个 C/A 码片近似地说成 300 m 长）。C/A 码的码率与载波 L1 的频率在数值上具有这样一种关系：在一个 C/A 码码片的时间内载波 L1 重复 1 540（即 1 575.42 M/1.023 M）周，或者说半个码片相当于 770 周载波。

C/A 码属于 Gold 码,每颗卫星所使用的 C/A 码皆不相同,且具有良好的自相关和互相关特性。对于级数 n 等于 10 的 C/A 码来讲, $\beta(n)$ 的值为 65,因而任何一个 C/A 码 x_i 的自相关函数 $R_{x_i}(\tau)$ 在 τ 为整数码片时的值只可能等于 1、63/1 023、-1/1 023 或 -65/1 023。当 τ 等于 0 或者等于 1 023 码片的整数倍时, $R_{x_i}(\tau)$ 出现值为 1 的主峰。主峰很窄,只占两码片,并且自相关函数在主峰左右两边附近都接近于零,其中左右两边的第一个侧峰远离主峰 9 码片。因为最大的侧峰绝对值为 65/1 023,所以得到最大侧峰值相对于主峰值的比率为

$$10 \times \lg\left(\frac{65/1\ 023}{1}\right)^2 \approx -24\ \text{dB} \tag{2.5}$$

即 C/A 码自相关函数的最大侧峰值比主峰低 24 dB。这些 C/A 码良好的自相关特性不但非常有助于 GPS 接收机快速地检测到自相关函数的主峰,避免锁定侧峰,而且又有助于精确测量主峰的位置,降低对码相位的测量误差。

假设 GPS 接收天线接收到功率一样强的 PRN 1 和 PRN 2 卫星信号成分,同时接收机为了跟踪 PRN1 卫星信号而内部复制 PRN1 的 C/A 码,那么复制 C/A 码与接收到的 PRN 1 卫星信号成分的最大(自)相关峰值,就会比复制 C/A 码与 PRN 2 卫星信号成分的最大(互)相关峰值高出 24 dB。不同 C/A 码之间这种互相关性很小、接近于正交的特性有助于减少不同 GPS 卫星信号之间的相互干扰,从而极大地避免发生接收机将互相关峰值误认为是自相关主峰值的错误。

5. P 码

P 码是 GPS 信号中的另一种伪码,它同时调制在 L1 和 L2 载波信号上。P 码的周期为 7 天,码率为 10.23 Mcps,码宽 T_p 约等于 0.1 μs 或 29.3 m。加密后的 P 码称为 Y 码,Y 码不再是一种 Gold 码,它只有特许用户才能破译。

如图 2.1 所示, P_i 是 PRN 为 i 的卫星上产生的 P 码,序列 x_i 的生成电路是由两个十二级反馈移位寄存器构成的,每个十二级反馈移位寄存器各能产生一个周期为 4 095 码片的 m 序列,而这两个 m 序列首先通过截短(循环期间提前重置反馈移位寄存器的状态,使其产生的序列周期变短),各自形成周期长为 4 092 码片的序列 X_{1A} 和周期长为 4 093 码片的序列 X_{1B}。接着,截短码 X_{1A} 和 X_{1B} 异或相加,生成周期为 4 092 × 4 093 的长码。最后,此长码再经过截短,变成周期为 1.5 s、长为 15 345 000(即 1.5 s×10.23 Mcps)码片的序列 X_1。与产生 X_1 序列的过程相类似,另外两个十二级反馈移位寄存器最后产生长为 15 345 037 码片的序列 X_2,而序列 X_{2i} 是 X_2 的平移等价码。对于 PRN_i,平移等价序列 X_{2i} 是由 X_2 向右平移(即延时) i 个码片后得到的,其中 i 是 1~37 的整数。

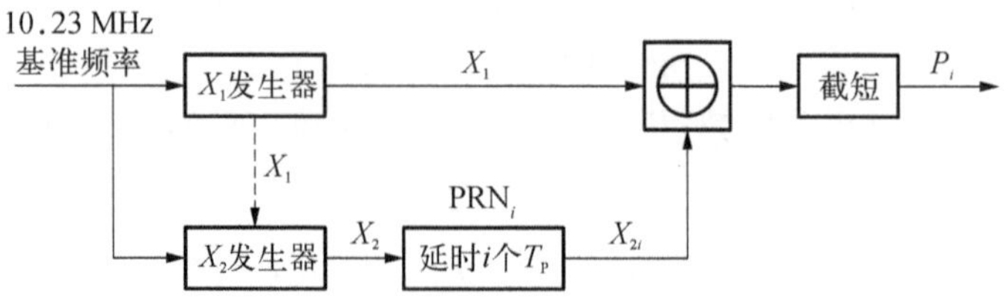

图 2.1　P 码发生器的逻辑图

由于 15 345 000 与 15 345 037 之间没有公约数,因而当序列 X_1 与 X_{2i} 异或相加后,所得序列的周期长度就等于

$$15\ 345\ 000 \times 15\ 345\ 037 \approx 235\ 469\ 592\ 765\ 000 \approx 2.35 \times 10^{14} \text{ 码片}$$

或者

$$235\ 469\ 592\ 765\ 000 \text{ 码片} / 10.23 \text{ Mcps} = 23\ 017\ 555.5 \text{ s} \approx 266.4 \text{ d} \approx 38 \text{ 星期}$$

对这一周期(约为 38 个星期)的序列进行截短,得到周期为一星期(即 7 天)长的 P 码 P_i。GPS 采用了 37 种不同的平移等价码 X_{2i},可获得 37 种结构不同、周期长均为一星期的 P 码 P_i。GPS 星座中的各颗卫星产生一个互不相同的 P 码,从而实现码分多址。

在每个 GPS 星历的开始时刻,P 码发生器的各个相关寄存器值均被初始化重置,并产生 P 码的第一个码片。在卫星的伪码生成电路控制下,它的第一个 P 码码片的产生与它的第一个 C/A 码码片的产生在时间上正好重合。

因为 C/A 码周期比 P 码周期短很多,所以接收机一般都是先搜索、捕获 C/A 码,然后从 C/A 码信号中获取当前时间,并以此估算出 P 码的相位,从而再较快地捕获 P 码。因此,C/A 码原称为粗捕获码(或粗搜索码),而 P 码则称为精码。与 C/A 码相位的测量精度相比,P 码相位的测量精度更高,这与 P 码相对较短的码宽和较长的周期相关。

2.1.3　数据码

数据码是一列二进制码,载有导航电文,位于 GPS 信号的第三层。其码率数据码的码率为 50 比特每秒(即 50 bps),对应码宽 T_D 为 20 ms,相当于 6 000 m 长。因为 C/A 码每 1 ms 重复一周,而数据码一个比特持续 20 ms,所以在每一数据比特期间 C/A 码重复 20 周,每个数据码比特发生沿时刻均与 C/A 码的第一个码片发生沿重合。数据码中包含一些重要的辅助信息,如辅助设备捕获新卫星、从 GPS 系统时转换到 UTC,以及改正影响测距的一系列误差等。

同一颗卫星在两个载波频段的 C/A 码和 P(Y)码信号上同时调制、播发相同的数据码。此外，GPS 卫星在载波 L2 上的 P(Y) 信号中不播发任何数据码，这是由 GPS 的地面监控部分决定和命令的。卫星按照一定格式将导航电文编成数据码。

2.1.4 导航电文

每颗 GPS 卫星以每秒 50 比特码率连续数据流形式发送导航电文，它包括以下信息：系统时间、时钟校正参数、自己的精确轨道参数、其他卫星的近似轨道信息、电离层延迟参数和世界协调时(UTC)数据等系统状态信息。GPS 接收机根据卫星轨道参数可算出卫星位置，由信号传播时间确定自身位置。

每颗卫星独自将数据流调制成高频信号，数据传输时按逻辑分成不同的帧，每一帧电文有 1 500 比特，播发时间需 30 s。每一帧可分为五个子帧，每子帧有 300 比特，播发时间为 6 s。每 25 帧构成一个主帧，播发一个完整的历书需要一个主帧，需要 12.5 min。子帧 1、2、3 每小时更新内容，子帧 4、5 在卫星注入新数据后才更新内容。

每一子帧的前两个字分别为遥测字与交接字，后八个字(即第 3~10 字)则组成数据块。第一子帧中的数据块(第 3~10 字)为第一数据块，又称为时钟数据块，提供该卫星的时钟校正参数星期编号和健康状态。第二子帧和第三子帧中的数据块合称为第二数据块，提供该卫星自身的星历参数(表 2.2)。第四子帧和第五子帧中的数据块则合称为第三数据块，主要提供所有(自身和其他)卫星的历书参数(表 2.3)、电离层延时校正参数、GPS 时间与 UTC 之间的关系以及卫星健康状况等数据信息。

表 2.2 GPS 卫星星历参数

t_{oe}	星历参考时间
$\sqrt{a_s}$	卫星轨道长半轴 a_s 的平方根
e_s	轨道偏心率
i_0	t_{oe} 时的轨道倾角
Ω_0	周内时等于 0 时的轨道升交点赤经
ω	轨道近地角距
M_0	t_{oe} 时的平近点角
Δn	平均运动角速度校正值
$\dot{i}$	轨道倾角对时间的变化率
$\dot{\Omega}$	轨道升交点赤经对时间的变化率
C_{uc}	升交点角距余弦调和校正振幅
C_{us}	升交点角距正弦调和校正振幅

续　表

C_{rc}	轨道半径余弦调和校正振幅
C_{rs}	轨道半径正弦调和校正振幅
C_{ic}	轨道倾角余弦调和校正振幅
C_{is}	轨道倾角正弦调和校正振幅

表 2.3　GPS 卫星历书参数

t_{oa}	历书参考时间
$\sqrt{a_s}$	卫星轨道长半轴 a_s 的平方根
e_s	轨道偏心率
δi	相对于 0.3π 的轨道倾角
Ω_0	周内时等于 0 时的轨道升交点赤经
ω	轨道近地角距
M_0	t_{oa} 时的平近点角
$\dot{\Omega}$	轨道升交点赤经对时间的变化率
a_{f0}	卫星时钟校正参数
a_{f1}	卫星时钟校正参数

2.2　其他导航系统的信号构成

2.2.1　GLONASS 卫星信号

GLONASS 的基本观测量与 GPS 很相似：L1 上的 C/A 码、L1 和 L2 上的 P 码及 L1 和 L2 的载波相位。GLONASS 使用频分多址技术来区别卫星天线上的信号，所有的 GLONASS 都发射相同的 C/A 码和 P 码，但是每个卫星的载波频率稍有不同，根据载波频率可以区分不同卫星。每颗 GLONASS 卫星发播的两种载波频率分别为 L1＝1 602+0.562 5k(MHz)和 L2＝1 246+0.437 5k(MHz)，其中，k(1～24)为每颗卫星的频率编号。GLONASS 卫星的载波上也调制了两种伪随机噪声码：S 码和 P 码。俄罗斯对 GLONASS 系统采用了军民合用、不加密的开放政策。

GLONASS 导航电文长度是 2.5 min 的超级帧，存储在 5 个长度为 30 s 的帧中。每一帧都包含即时数据(信号所属卫星上的数据)加上非即时数据(1～4 帧每帧包含5颗卫星的历书数据,第5帧包含剩余4颗卫星的历书数据)。GLONASS系统(名义上有24颗卫星)的星历信息以这种方式在一个超级帧中广播出去,在每一个超级帧中即时数据被重复5次。导航电文的更新频率为30 min。

即时数据由下面的内容组成:

① 相应于帧的开始的时间标记;

② 预报星历的参考时刻;

③ 信号所属卫星的健康标识;

④ 卫星钟面时刻和GLONASS时的差值;

⑤ 卫星的载波频率和标称频率的差值(预报);

⑥ 卫星的星历;

⑦ 星历数据的龄期。

非即时数据由下面的内容组成:

① 所有GLONASS卫星健康状态的信息;

② 在空间部分中所有GLONASS卫星的轨道参数(历书数据);

③ 所有GLONASS卫星的频道数;

④ GLONASS系统时间相对于UTC(SU)的改正数。

2.2.2 Galileo系统的信号构成

伽利略(Galileo)系统是由欧盟推出的目前规模最大的民用卫星导航定位系统,该系统由30颗卫星组成,其载波与频谱有一部分与GPS或GLONASS重合。伽利略系统的所有卫星采用相同的载频,并使用各颗卫星利用与GPS兼容的码分多址接入。

伽利略系统的频率与信号有10种右旋圆极化导航信号,占用4个频段,分别为1 164~1 214 MHz(E5a和E5b),1 260~1 300 MHz(E6)和1 559~1 591 MHz(E2-L1-E1)。10种导航信号中有6种供广大伽利略用户使用,它们是E5a、E5b和L1载频上的开放服务(OS)及生命安全服务(SOL)。其中3个频道的测距码没有数据调制,称为辅助频道。E6载频上的两个信号是加密测距码,其中一个是无数据信道,由商业服务供应商供专门用户使用。最后两个信号是E6和E2-L1-E1载频上的加密测距码和数据,只供公共管理服务的特许用户使用。

1. 调制方式

对不同的伽利略载波频率采用不同的调制方式。

(1) E5a和ESb载频调制

E5a载频和E5b载频的调制方式相似,先通过50 sps导航数据流来调制,经测距码CI(E5a)和CQ(E5b)扩频。只是E5b载频的数据率为250 sps。ESa和

E5b 载频的两个正交信道 I 信道和 Q 信道上的测距扩频码的码元速率均为 10.23 MHz。

(2) E6 载频调制

E6 载频信号包含 3 个信道，目前正在考虑采用修正 6 相调制，以时分多址接入方式在同一载频上发射。

(3) E2－L1－E1 载频调制

L1 载频信号也包含 3 个信道，调制方式与 E6 相同，同样用时分多址方式接入。

2. 伽利略系统扩频码

伽利略系统的导航信号也采用伪随机噪声码序列作为测距码。基本的测距码由长周期副码调制短周期主码构成，它的等效周期等于长周期副码的周期。主码采用传统的 Gold 码，寄存器最长达 25 级。副码预定序列长度可达 100 级。

2.2.3 北斗导航系统

"北斗二代"卫星开放了三个载波频率，分别为 B1、B2、B3 载波，其载波频率分别为 1 561.098 MHz、1 207.140 MHz 和 1 268.520 MHz。BDS 采用相移键控的调制方式将测距码调制到载波上，三个载波上均调制了北斗的粗码和精码。精码码波长为 29.3 m，粗码码波长为 293 m。北斗卫星信号如表 2.4 所示。

表 2.4　北斗卫星信号

载　波	频率/MHz	调制码	码波长/m
B1	1 575.42	C/A 码	293
		P 码	29.3
B2	1 191.79	C/A 码	293
		P 码	29.3
B3	1 268.52	C/A 码	293
		P 码	29.3

北斗卫星导航系统的数据码由包含基本导航信息的 D1 导航电文和包含基本导航信息及增强服务信息的 D2 导航电文。基本导航信息包括该卫星基本导航信息、全部卫星历书信息、与其他系统时间同步信息；增强服务信息主要包括北斗系统的差分及完好性信息和格网点电离层信息。北斗卫星导航系统发播信号特征如表 2.5 所示。

表 2.5 北斗卫星导航系统发播信号特征

信 号	中心频点/MHz	码速率/cps	带宽/MHz	调制方式	服务类型
B1(I)	1 561.098	2.046	4.092	QPSK	开放
B1(Q)	1 561.098	2.046	4.092	QPSK	授权
B2(I)	1 207.14	2.046	24	QPSK	开放
B2(Q)	1 207.14	10.23	24	QPSK	授权
B3(I)	1 268.52	10.23	20.46	BPSK	开放

第3章　GNSS 信号的基本特征和传播

3.1　电磁波信号的物理特征

GNSS 信号传播的载体是电磁波。GNSS 信号就是取 L 波段的无线电波作为载波,在载波上进行调制生成。GNSS 定位通过测定卫星信号从卫星发射天线到用户接收机天线的路径的传播时间(时间延迟),或者通过测定卫星载波相位在该路径上所耗费的周数(相位延迟)来实现。因此,了解电磁波及其传播的物理机制和基本特征是学习 GNSS 高精度定位原理及其系统误差改正的基础。

3.1.1　麦克斯韦方程组和平面电磁波

1820 年以前,科学家对自然界物理现象的认知基本上延续了牛顿的物理学思想,把引力和自然界的热、电、光、磁、化学反应都归结为一系列流体粒子间的瞬间(超距作用)吸引和排斥。1820 年以后,物理学家奥斯特、安培和法拉第等根据一系列物理实验总结的电磁实验定律对这种传统观念提出了挑战。詹姆斯·克拉克·麦克斯韦(James Clerk Maxwell)看到了这些新颖的实验和规律的价值,也看到了这些实验定律在理论严谨性上的缺陷,决心用严谨的数学理论来统一和规范这些实验定律。从 1855 年他的第一篇关于电磁学的论文《论法拉第的力线》问世,到 1865 年他发表的《电磁场的动力学理论》,麦克斯韦用一组优美的方程实现了统一的电磁场理论。这不仅是电磁学学科的一次飞跃,也是人类认知能力和方式的一次飞跃。麦克斯韦在 1865 年提出的方程组有 20 个等式和 20 个变量,1884 年奥利弗·希维赛德(Oliver Heaviside)和约西亚·威拉德·吉布斯(Josiah Willard Gibbs)给出了更简洁的用矢量分析形式表达的方程组,成为当今世界上普遍采用的数学表达形式。为纪念麦克斯韦的原创性贡献,这组电磁学方程组仍称为麦克斯韦方程组。

图 3.1　詹姆斯·克拉克·麦克斯韦

首先,引入矢量分析和场论的一些符号和基本公式。

哈密顿算符:∇,也叫梯度算符,它在直角坐标系中的表达式为

$$\nabla = \hat{\boldsymbol{e}}_x \frac{\partial}{\partial x} + \hat{\boldsymbol{e}}_y \frac{\partial}{\partial y} + \hat{\boldsymbol{e}}_z \frac{\partial}{\partial z} \tag{3.1}$$

其中，$\hat{\boldsymbol{e}}_x$、$\hat{\boldsymbol{e}}_y$、$\hat{\boldsymbol{e}}_z$ 为三个坐标方向的单位矢；∂ 为偏导算符。

散度 $\nabla\cdot$ 和旋度 $\nabla\times$ 在直角坐标系中的运算规则为

$$\nabla \cdot (l_x \hat{\boldsymbol{e}}_x + l_y \hat{\boldsymbol{e}}_y + l_z \hat{\boldsymbol{e}}_z) = \frac{\partial l_x}{\partial x} + \frac{\partial l_y}{\partial y} + \frac{\partial l_z}{\partial z} \tag{3.2}$$

$$\nabla \times (l_x \hat{\boldsymbol{e}}_x + l_y \hat{\boldsymbol{e}}_y + l_z \hat{\boldsymbol{e}}_z) = \left(\frac{\partial l_y}{\partial z} - \frac{\partial l_z}{\partial y}\right) \hat{\boldsymbol{e}}_x + \left(\frac{\partial l_z}{\partial x} - \frac{\partial l_x}{\partial z}\right) \hat{\boldsymbol{e}}_y + \left(\frac{\partial l_x}{\partial y} - \frac{\partial l_y}{\partial x}\right) \hat{\boldsymbol{e}}_z \tag{3.3}$$

拉普拉斯算符：

$$\nabla^2 = \nabla \cdot \nabla = \frac{\partial^2}{\partial x^2} + \frac{\partial^2}{\partial y^2} + \frac{\partial^2}{\partial z^2} \tag{3.4}$$

梯度算符作用于标量后结果为矢量，散度和旋度算符作用于矢量后结果分别为标量和矢量，拉普拉斯算符作用于标量后结果仍为标量，作用于矢量后结果仍为矢量。读者可查阅数学手册了解以上算符在柱面坐标系和球面坐标系中的表达式和运算公式。

下面直接给出场论的基本性质，不作推导。有兴趣的读者可以自行查阅场论书籍中的有关推导。

标量场的梯度为无旋场：

$$\nabla \times (\nabla \phi) = 0 \tag{3.5}$$

矢量场的旋度为无散场：

$$\nabla \cdot (\nabla \times \boldsymbol{A}) = 0 \tag{3.6}$$

$$\nabla \cdot \nabla = \nabla^2,\ \nabla \times (\nabla \times) = \nabla(\nabla \cdot) - \nabla^2 \tag{3.7}$$

$$\nabla(uv) = u \nabla v + v \nabla u \tag{3.8}$$

$$\nabla \cdot (u\boldsymbol{A}) = u \nabla \cdot \boldsymbol{A} + \nabla u \cdot \boldsymbol{A} \tag{3.9}$$

$$\nabla \times (u\boldsymbol{A}) = u \nabla \times \boldsymbol{A} + \nabla u \times \boldsymbol{A} \tag{3.10}$$

$$\nabla \cdot (\boldsymbol{A} \times \boldsymbol{B}) = \boldsymbol{A} \cdot (\nabla \times \boldsymbol{B}) - \boldsymbol{B} \cdot (\nabla \times \boldsymbol{A}) \tag{3.11}$$

$$\nabla \times (\boldsymbol{A} \times \boldsymbol{B}) = (\boldsymbol{B} \cdot \nabla)\boldsymbol{A} + (\nabla \cdot \boldsymbol{B})\boldsymbol{A} - (\boldsymbol{A} \cdot \nabla)\boldsymbol{B} - (\nabla \cdot \boldsymbol{A})\boldsymbol{B} \tag{3.12}$$

麦克斯韦方程组由 4 个方程组成，有微分形式和积分形式两种表达方式，本书取其微分表达式。电磁学的公式在不同的文献里采用不同的单位制，如高斯单位制和国际单位制，表达形式也相应不同。本书采用国际单位制。

$$\nabla \cdot \boldsymbol{D} = \rho \tag{3.13}$$

$$\nabla \times \boldsymbol{H} = \boldsymbol{J} + \frac{\partial \boldsymbol{D}}{\partial t} \tag{3.14}$$

$$\nabla \cdot \boldsymbol{B} = 0 \tag{3.15}$$

$$\nabla \times \boldsymbol{E} + \frac{\partial \boldsymbol{B}}{\partial t} = 0 \tag{3.16}$$

其中，$\boldsymbol{D}$ 为电位移矢量；$\boldsymbol{E}$ 为电场强度；$\boldsymbol{B}$ 为磁感应强度；$\boldsymbol{H}$ 为磁场强度；$\boldsymbol{J}$ 为电流密度；ρ 为自由电子密度；$\boldsymbol{M}$ 为磁化强度；$\boldsymbol{P}$ 为电极化强度；ε 为介电系数；μ 为磁导率。电位移矢和电场强度、磁场强度和磁感应强度的关系又可以表示为

$$\boldsymbol{D} = \varepsilon_0 \boldsymbol{E} + \boldsymbol{P} = \varepsilon \boldsymbol{E} \tag{3.17}$$

$$\boldsymbol{B} = \mu_0(\boldsymbol{H} + \boldsymbol{M}) = \mu \boldsymbol{H} \tag{3.18}$$

其中，ε_0 为真空中的介电系数；μ_0 为真空中的磁导率。介质和真空中的介电系数和磁导率的关系为

$$\varepsilon = \varepsilon_0 \varepsilon_{\mathrm{r}},\ \mu = \mu_0 \mu_{\mathrm{r}} \tag{3.19}$$

另外，对式(3.14)两边求散度，就得到电荷守恒定律为

$$\nabla \cdot \boldsymbol{J} + \frac{\partial \rho}{\partial t} = 0 \tag{3.20}$$

上述各物理量的定义和单位可以查看电磁学的教科书。

式(3.13)把静电场的库仑定律和场强叠加原理综合成描述静电场性质的高斯定理。它表明通过任何封闭曲面的电通量与该封闭曲面内的电荷量成正比，反映了静电场为有源场这一特性。式(3.15)把安培定理和场强叠加原理综合成描述静磁场性质的高斯定理，表明磁场是无源场和无散度场。

式(3.14)称为麦克斯韦-安培定律，引入了位移电流密度 $\mathrm{d}\boldsymbol{D}/\mathrm{d}t$，把该定律从稳恒电流推广到更普遍的非稳恒电流场合。该定律的物理意义表明了随时间变化的电场要激发磁场。式(3.16)又称为法拉第电磁感应定律，它的物理本质说明了随时间变化的磁场会在其周围激发涡旋电场。麦克斯韦创新地引入“位移电流”和“涡旋电场”概念是一场革命性的变革，确立了当时完整的电磁场理论，从此开辟了无线电时代的新纪元。

下面以麦克斯韦方程组为起点给出自由空间的电磁波方程。

在自由空间中的自由电子密度 ρ 和电流密度 $\boldsymbol{J}$ 都为零，考虑电介质为真空，对式(3.16)求旋度，得：$\nabla \times (\nabla \times \boldsymbol{E}) = -\nabla \times \left(\frac{\partial \boldsymbol{B}}{\partial t}\right) = -\frac{\partial}{\partial t}(\nabla \times \boldsymbol{B})$，该式右边代入式

(3.14),左边应用式(3.7)、式(3.12)和式(3.13),得

$$\nabla^2 \boldsymbol{E} = \varepsilon_0 \mu_0 \frac{\partial^2 \boldsymbol{E}}{\partial t^2} \tag{3.21}$$

同样,对式(3.14)求旋度,$\frac{1}{\mu_0}\nabla \times (\nabla \times \boldsymbol{B}) = \varepsilon_0 \nabla \times \left(\frac{\partial \boldsymbol{E}}{\partial t}\right) = \varepsilon_0 \frac{\partial}{\partial t}(\nabla \times \boldsymbol{E})$,该式右边代入式(3.16),左边应用式(3.7)、式(3.12)和式(3.15),得

$$\nabla^2 \boldsymbol{B} = \varepsilon_0 \mu_0 \frac{\partial^2 \boldsymbol{B}}{\partial t^2} \tag{3.22}$$

从式(3.21)和式(3.22)不难看出,$\boldsymbol{E}$ 和 $\boldsymbol{B}$ 都遵循同样的波动方程,因此波动方程的解适用于 $\boldsymbol{E}$ 和 $\boldsymbol{B}$ 的各个分量。给定波动方程:

$$\nabla^2 A = \frac{1}{\nu^2}\frac{\partial^2 A}{\partial t^2}$$

其通解为

$$c_1 A_1(\boldsymbol{k} \cdot \boldsymbol{r} - \omega t) + c_2 A_2(\boldsymbol{k} \cdot \boldsymbol{r} + \omega t) \tag{3.23}$$

其中,ω 为电磁波的圆频;A_1、A_2 为 $\boldsymbol{k} \cdot \boldsymbol{r} - \omega t$ 和 $\boldsymbol{k} \cdot \boldsymbol{r} + \omega t$ 的任意函数,满足 $\omega / |\boldsymbol{k}| = \nu$。

证明(以一维波动方程为例):

作变量替换: $\begin{cases} \xi = x - \nu t \\ \eta = x + \nu t \end{cases}$ $A(x, t) \Rightarrow A(\xi, \eta)$

$$\frac{\partial A}{\partial x} = \frac{\partial A}{\partial \xi} + \frac{\partial A}{\partial \eta} \quad \frac{\partial A}{\partial t} = -\nu\frac{\partial A}{\partial \xi} + \nu\frac{\partial A}{\partial \eta}$$

$$\frac{\partial^2 A}{\partial x^2} = \frac{\partial^2 A}{\partial \xi^2} + \frac{\partial^2 A}{\partial \eta^2} + 2\frac{\partial^2 A}{\partial \xi \partial \eta} \quad \frac{\partial^2 A}{\partial t^2} = \nu^2\left(\frac{\partial^2 A}{\partial \xi^2} + \frac{\partial^2 A}{\partial \eta^2} - 2\frac{\partial^2 A}{\partial \xi \partial \eta}\right)$$

得到 $\frac{\partial^2 A}{\partial \xi \partial \eta} = 0$,其通解为 $A(\xi, \eta) = A_1(\xi) + A_2(\eta)$,即 $A(x, t) = A_1(x - \nu t) + A_2(x + \nu t)$。

证毕。

式(3.23)第一个函数为前进解,第二个函数为后退解。此处涉及的现象只对应前进解。又因为各种复杂的波都可以分解为简谐波的叠加,因此只需考虑简谐波解。简谐球面波和平面波都可以满足波动方程,由于 GNSS 卫星距离地面 2 万

公里之遥,到达接收机的电磁波可以认为是平面波,因此只讨论自由空间的波动方程的平面波解 $\boldsymbol{E}(\boldsymbol{r}, t) = \boldsymbol{E}_0 e^{i(\omega t - \boldsymbol{k} \cdot \boldsymbol{r})}$, $\boldsymbol{B}(\boldsymbol{r}, t) = \boldsymbol{B}_0 e^{i(\omega t - \boldsymbol{k} \cdot \boldsymbol{r})}$。它们必须满足:

$$\boldsymbol{k} \cdot \boldsymbol{E}_0 = 0, \ \boldsymbol{k} \cdot \boldsymbol{B}_0 = 0, \ \boldsymbol{k} \times \boldsymbol{E}_0 = \omega \boldsymbol{B}_0, \ \boldsymbol{k} \times \boldsymbol{B}_0 = -\mu_0 \varepsilon_0 \omega \boldsymbol{E}_0$$

从而自由空间中沿 x 轴正方向传播的简谐平面电磁波可以表示为

$$\boldsymbol{E}(x, t) = \boldsymbol{E}_0 e^{i(\omega t - kx)} \hat{\boldsymbol{e}}_y, \ \boldsymbol{B}(x, t) = B_0 e^{i(\omega t - kx)} \hat{\boldsymbol{e}}_z \tag{3.24}$$

可以看出, ω 和 $\boldsymbol{k}$ 分别为简谐平面电磁波的圆频率和沿波传播方向的波矢量。在真空中电磁波的传播速度为 $1/\sqrt{\varepsilon_0 \mu_0} = c$ 恰为光速,从而预言了光波就是电磁波。这样,麦克斯韦方程组揭示了空间的电磁振源会产生变化的电场,它在周围激发出变化的磁场,变化的磁场又激发变化的电场,变化的电磁场 $\boldsymbol{E}$ 和 $\boldsymbol{B}$ 由近及远以波的形式传播。电磁波的主要性质有:

① 空间任一点 $\boldsymbol{E}$ 和 $\boldsymbol{B}$ 由互相垂直,并且垂直于波的传播方向 $\boldsymbol{k}$, $\boldsymbol{E}$、$\boldsymbol{B}$、$\boldsymbol{k}$ 构成右手系;

② $\boldsymbol{E}$ 和 $\boldsymbol{B}$ 在空间同一点同相位,并且 $B = \sqrt{\varepsilon_0 \mu_0} E$;

③ 真空中电磁波速与频率无关并等于光速;

④ 电磁波是横波。

3.1.2　电磁波的频率特征

1887 年,科学家海因里希 · 鲁道夫 · 赫兹(Heinrich Rudolf Hertz)首次用实验验证了麦克斯韦的电磁场理论后将这些成果总结发表,开启了电磁波谱研究和无线通信的时代。往后的一系列实验发现无线电波、红外线、可见光、紫外线、X 射线、γ 射线、宇宙射线都属于电磁波。真空中电磁波的波长 λ、波速 c 和频率 ν 的关系为

$$\lambda = \frac{c}{\nu} \tag{3.25}$$

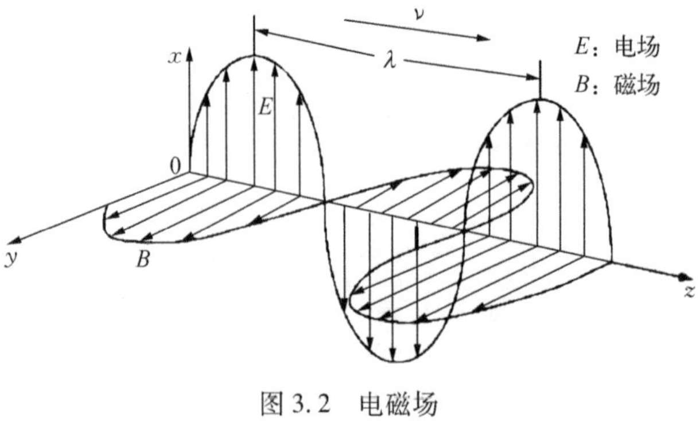

图 3.2　电磁场

为了对各种电磁波有个全面的了解，按照波长或频率、波数、能量的顺序把这些电磁波排列起来，这就是电磁波谱。

按照各类电磁波的辐射频率分成三类。

① 高频辐射：包括 X 射线、γ 射线和宇宙射线。这类辐射的特点是量子能量高，与物质相互作用时波动性弱而粒子性强，对生物的伤害很大。

② 中频辐射：包括红外辐射、可见光和紫外辐射，统称光辐射。这类辐射与物质相互作用时显示出波动和粒子双重效应。红外线会产生显著的热效应，紫外线有显著的化学效应和荧光效应。可见光是人类眼睛能直接察觉的电磁波谱中一条窄带，可见光谱中的不同波段代表不同的颜色，正是它们产生了五彩缤纷的世界。

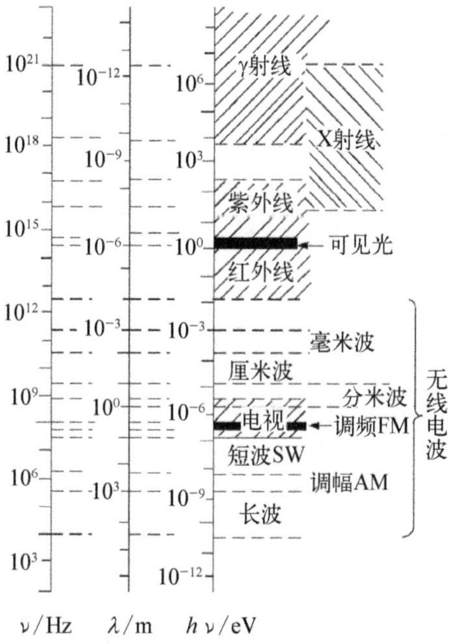

图 3.3 电磁波谱

③ 低频辐射：包括长波、无线电波和微波。这类辐射与物质相互作用时基本显示波动性，表现出反射、折射、衍射、干涉等波动特有的现象。其波长分布从一毫米到几十公里。通常把波长为几公里至几十公里的无线电波称为长波，中波的波长为 50 m~3 km，短波的波长为 10~50 m，微波的波长为 1 mm~10 m。射频表示可以辐射到空间的电磁频率，频率范围为 300 kHz~30 GHz。地球电离层大气层以外的电磁波只有处于可见光和微波波段可以穿透到地面，其他波段的电磁波基本被大气吸收或反射。GNSS 信号的载波取微波中的 L 波段，例如 GPS 的 L1、L2 和 L5 频道的载波频率为 1 575.43 MHz、1 227.60 MHz 和 1 176.45 MHz，波长分别为 19.03 cm、24.42 cm 和 25.48 cm。

3.1.3 电磁波的极化特征

电磁波电场强度的取向和幅值如果随时间变化，光学上称为偏振。如果偏振具有确定的规律，则称这种电磁波为极化电磁波，简称极化波。如果极化电磁波的电场强度始终在垂直于传播方向的平面内取向，其电场矢量的端点沿一闭合轨迹移动，则这一极化电磁波称为平面极化波。对于单一频率的平面极化波，极化曲线是椭圆，故称椭圆极化波。顺着波的传播方向看去，若电场矢量的旋转方向为顺时针，符合右螺旋法则，称为右旋极化波；若旋转方向为逆时针，符合左螺旋法则，称为左旋极化波。

任何一个椭圆极化波都可以分解成一个右旋圆极化波和一个左旋圆极化波。如果将线极化波分解成两个旋向相反的圆极化波，则两者的幅值相等，且初始取向对称于线极化波的取向。任何一个椭圆极化波还可以分解成两个取向正交的线极化波之和。通常，其中一个线极化波在水平面内取向（且垂直于传播方向），称为水平极化波；另一个线极化波的取向同时垂直于上述水平极化波的取向和传播方向，称为垂直极化波。

为了避免电磁波信号穿过电离层色散介质时产生的弥散，GNSS 信号的载波不是线偏振电磁波，而是右旋圆极化波。为了在收发天线之间实现最大的功率传输，必须采用极化性质相同的发射天线和接收天线，这种配置条件称为极化匹配。这样 GNSS 的卫星发射天线和接收机天线都是右旋圆极化天线。

虽然实际的天线复杂得多，发射的电磁波仍可以用一个电偶极振子组成的振荡电路来有效地模拟，这时电偶极振子周围的电磁场可以由麦克斯韦方程组严格地计算出来。电偶极振子的电偶极矩可表为按时间正弦或余弦规律变化，如

$$P = P_0 \cos \omega t \tag{3.26}$$

这样，发射右旋圆极化波的天线可用一对正交的电偶极振子来表达。它们发射同样频率的电磁波，按右旋次序第二个电偶极振子发射的电磁波的相位滞后 90°。

3.1.4　电磁波的干涉和衍射

麦克斯韦方程组表明电磁场遵循叠加原理，当两列以上电磁波同时存在时，空间的场强等于这些电磁波场强的矢量和。如果两列电磁波具有相近的振幅和相同频率的振动方向，并具有稳定的相位差时，空间的场强分布就会出现稳定的强弱分布图像，这种现象称为干涉，形成的空间分布图像称为干涉条纹，这两列电磁波称为相干波。为简化起见，取振幅相同的相干波加以证明。

$$\boldsymbol{E}_0\cos(kr_1 - \omega t) + \boldsymbol{E}_0\cos(kr_2 - \omega t) = 2\boldsymbol{E}_0\cos\frac{\pi\Delta}{\lambda}\cos\left[\omega t - \frac{\pi(r_1 + r_2)}{\lambda}\right] \tag{3.27}$$

其中，$\Delta = r_2 - r_1$ 称为光程差。不难看出，当 $\Delta/\lambda = n$ 时振幅最大，当 $\Delta/\lambda = (2n + 1)/2$ 时振幅为 0。

基于电磁波的干涉理论，通过检测空间的电磁波干涉条纹、频率、振幅、相位等属性，可以得到长度、厚度和空间距离及其变化量的精确测定，由此衍生出电磁波的干涉测量技术，例如空间大地测量中十分重要的甚长基线干涉（very long baseline interferometry, VLBI）和合成孔径雷达干涉（interferometric synthetic aperture radar, InSAR）技术，都应用了电磁波的干涉原理。此外，最近很受大众关注的引力

波的检测也借助了干涉技术。

当电磁波在传播过程中遇到障碍物或者透过屏幕上的小孔时,出射的电磁波会偏离原来的入射方向,这种现象称为衍射现象。衍射现象的研究对于光学和电磁波的传播都非常重要。衍射现象的数学表达通常基于基尔霍夫公式(Kirchhoff's formula):

$$\psi(\boldsymbol{x}) = -\frac{1}{4\pi}\oint_S \frac{\mathrm{e}^{ikr}}{r}\hat{\boldsymbol{n}} \cdot \left[\nabla'\psi(\boldsymbol{x}') + \left(ik - \frac{1}{r}\right)\frac{\boldsymbol{r}}{r}\psi(\boldsymbol{x}')\right]\mathrm{d}s' \tag{3.28}$$

其中,$\psi(\boldsymbol{x})$ 为满足无源波动方程的标量函数的空间函数;S 为积分体积的边界曲面;$\boldsymbol{n}$ 为指向体积内的法向单位矢量。基尔霍夫公式把体积内的任一点的场强表示为用边界面上的点 $\boldsymbol{x}'$ 的向内传播的波的积分,波源的强度由 $\psi(\boldsymbol{x}')$ 和 $\partial\psi(\boldsymbol{x}')/\partial n$ 确定。因此曲面上的每一点可看作一个次级电磁波源。衍射理论预示了电磁波经过障碍物、小孔和窄缝所产生的偏折和衍射图像。

衍射在光学和电磁学中有许多重要的应用,如光谱和物质结构分析所用的光学元件,衍射成像、天线设计和分析等。

3.1.5 电磁波的多普勒效应

当接收机和波源之间存在相对运动时,接收机所接收到的波的频率不同于发射端的发射频率,这种现象称为多普勒效应,用以纪念 1842 年首先提出这一理论的奥地利科学家克里斯蒂安·约翰·多普勒(Christian Johann Doppler)。任何波动过程都存在多普勒效应,包括电磁波。例如波源向接收机靠近运动时,接收机接收到的声音变尖,光线变"蓝",频率变高;波源远离接收机运动时,接收机接收到的声音变粗,光线变"红",频率变低。电磁波的多普勒效应公式为

$$f = f_0 \frac{\sqrt{1-\beta^2}}{1-\beta\cos\theta} \tag{3.29}$$

其中,f、f_0 分别为接收和发射频率;$\beta = v/c$,v 为波源相对接收机的运动速度,c 为电磁波传播速度即光速;θ 为接收机和波源连线与速度方向的夹角。纵向和横向多普勒效应分别对应 θ 等于 0 和 $\pi/2$ 的特殊情况。不难看出,当相对速度远小于光速时,横向多普勒效应是纵向多普勒效应的高阶小量。必须指出的是当波源和接收机存在相对运动时,虽然接收到的波的频率改变了,但波的相位是不变的。

电磁波的多普勒效应在卫星定位中的作用是非常独特且重要的。通过测定接收频率的变化就能知道卫星和接收机之间的相对速度,进而推算出卫星或接收机的位置。在 GNSS 之前的子午卫星定位系统,就是通过测定多普勒频移来定位的。在 GNSS 接收机中信号的多普勒频率的测定是捕获、锁定和跟踪卫星的基本观测

量,在大气无线电 GNSS 掩星观测和 GNSS－R 遥感观测中多普勒频移的测定也必不可少。

3.2　GNSS 信号的传播:从自由空间到地面

3.2.1　GNSS 信号在电离层中的传播

电离层在距离地面 80~700 km 高度,由于太阳的紫外辐射和高能粒子辐射形成电子、正负离子等组成的等离子体。实际距离地面 50 km 大气层就进入部分电离状态(图 3.4)。根据自由电子密度的分布,电离层又可由低到高分为 D、E、F_1、F_2 四层。电离层有周期性的重复变化,主要为一天中的昼夜变化、季节性变化、11 年准周期太阳活动性变化。它还有不规则反常变化,如骚扰、磁暴和闪烁。由于电离来源于太阳辐射,在电子和地磁场的相互作用下,电离层的电子密度的地理分布呈现低纬度地区较大、高纬度地区较小的特征。

1. 电离层延迟

GNSS 电磁波信号穿过电离层时由于折射率发生变化导致光程改变,同时传播路径也会略有弯曲,目前的分析模型忽略微小的信号弯曲效应,只考虑折射率引起的延迟效应(图 3.4)。

自由电子在电磁场中所受的力和运动方程为

$$m_e \ddot{\boldsymbol{x}}_e = -e_e \boldsymbol{E}_0 \mathrm{e}^{\mathrm{i}(kr-\omega t)} \tag{3.30}$$

其中,m_e、e_e 为电子的质量和电荷量。电位移为

$$\boldsymbol{x}_e = \frac{e_e}{m_e \omega^2} \boldsymbol{E}_0 \mathrm{e}^{-kr} \tag{3.31}$$

定义电极距为

$$\boldsymbol{p}_e = -e_e \boldsymbol{x}_e = -\frac{e_e^2}{m_e \omega^2} \boldsymbol{E}_0 \mathrm{e}^{-kr} = \chi_e \boldsymbol{E}_0 \mathrm{e}^{-kr} \tag{3.32}$$

这样,电离层的介电系数为

$$\varepsilon = (1 + N\chi_e)\varepsilon_0 = \left(1 - \frac{\omega_p^2}{\omega^2}\right)\varepsilon_0 \tag{3.33}$$

其中，N 为自由电子密度；$\omega_p = \sqrt{\dfrac{Ne_e^2}{m_e\varepsilon_0}}$ 为等离子体的圆频率，频率约为 8.9 MHz。由于介电系数为实数，这时的电离层具有理想电介质的特性。电磁波在电离层中传播的相速度和群速度对应的折射系数分别为

$$\eta_p = c\sqrt{\mu\varepsilon} = 1 - \frac{1}{2}\frac{\omega_p^2}{\omega^2} + O\left(\frac{\omega_p^4}{\omega^4}\right) \tag{3.34}$$

$$\eta_g = \eta_p + \omega\frac{d\eta_p}{d\omega} = 1 + \frac{1}{2}\frac{\omega_p^2}{\omega^2} + O\left(\frac{\omega_p^4}{\omega^4}\right) \tag{3.35}$$

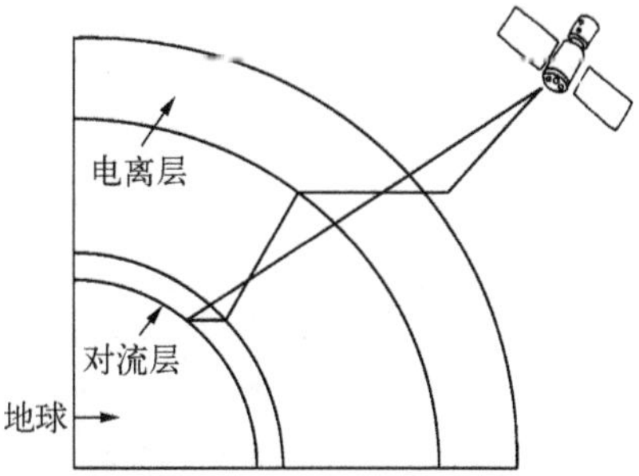

图 3.4　信号传播路径

对比式(3.34)和式(3.35)右边第二项，电离层对群速度和相速度的影响反号，相延迟超前，群延迟滞后，而且在一阶近似下与电磁波频率的平方成反比。

考虑电子和其他粒子的碰撞，假定单位时间的碰撞数为 γ，运动方程为

$$m_e\ddot{\boldsymbol{x}}_e + m_e\gamma\dot{\boldsymbol{x}}_e = -e_e\boldsymbol{E}_0 e^{i(kr-\omega t)} \tag{3.36}$$

其解为

$$\boldsymbol{x}_e = \frac{e_e}{m_e\omega^2 - im_e\gamma\omega}\boldsymbol{E}_0 e^{-kr} \tag{3.37}$$

这时电离层的介电系数为

$$\varepsilon' = \varepsilon - i60\lambda\sigma\varepsilon_0 \tag{3.38a}$$

其中，

$$\varepsilon = \left[1 - \frac{Ne^2}{m\varepsilon_0(\omega^2+\gamma^2)}\right]\varepsilon_0,\ \sigma = \frac{Ne^2\gamma}{m(\omega^2+\gamma^2)} \tag{3.38b}$$

由于 ε、σ 都与频率有关，因此电离层是一种色散介质。对于一般的无线电波，$\omega^2 \gg \gamma^2$，所以式(3.38b)的分母中的括号项可简化为 ω^2。

波长大于 19 m 的电磁波传播时被电离层反射，可以传播到地面很远的地方，波长小于 7.5 m 的电磁波可以穿透电离层，因此 GNSS 的信号可以穿过电离层到达地面。实际 GNSS 观测绝大多数在地面或近地面空间进行，观测到的是电磁信号穿过电离层时各层自由电子影响的累积效应，通常表为电离层延迟 Δ：

$$\Delta = \int (\eta - 1)\, dS_0 \tag{3.39}$$

其中，S_0 为信号路径。于是电离层对信号的相延迟和群延迟分别为

$$\Delta_p = \int (\eta_p - 1)\, dS_0 = -40.3082\, \frac{\text{STEC}}{f^2}$$

$$\Delta_g = \int (\eta_g - 1)\, dS_0 = 40.3082\, \frac{\text{STEC}}{f^2}$$

其中，STEC 为沿迹总电子量，单位为 1 TECU，它相当于每平方米 10^{16} 个自由电子数。单频 GPS 定位时每变化 1 个 TECU 对应约 16 cm 的定位误差。在电离层建模时，通常仅仅估计观测点垂直上空的电离层延迟对应的总电子量 VTEC，把 STEC 表达为 VTEC 和投影函数乘积的形式。

2. 地磁场对电磁波信号传播的扰动

地磁场由地球自转和液核产生的涡旋电流产生，其主项呈现为偶极子磁场。磁北极在地理北极附近，磁南极在地理南极附近，磁轴与地球自转轴成 11.3°倾斜。地磁场的方向和强度都是时变的。电子运动在平行于磁场方向的分量不受磁力作用，垂直于磁场方向的分量受垂直于运动方向和磁场方向的力共同作用做圆周运动，圆周运动的频率 f_H 称为磁旋频率，$\omega_H = 2\pi f_H$ 为磁旋圆频率。

$$f_H = \frac{e_e}{2\pi m_e} |\boldsymbol{B}| = 2.84 \times 10^8 |\boldsymbol{B}| \tag{3.40}$$

其中，$\boldsymbol{B}$ 为地磁场强度；e_e 为电子所载电荷量。

对于微波高频电磁波，考虑自由电子在地磁场下的运动方程为

$$m_e \ddot{\boldsymbol{x}}_e - \frac{e_e}{c} \boldsymbol{B} \times \dot{\boldsymbol{x}}_e = -e_e \boldsymbol{E}_0 e^{i(kr - \omega t)} \tag{3.41}$$

理论推导证明，考虑地磁场和电子碰撞综合影响下的复折射系数可由 A − H (Appleton − Hartree)公式表达为(Papas, 1965)

$$\eta^2 = 1 - \frac{X}{1 - iZ - \dfrac{Y_T^2}{2(1 - X - iZ)} \pm \sqrt{\dfrac{Y_T^4}{4(1 - X - iZ)^2} + Y_L^2}} \tag{3.42a}$$

其中，

$$X = \frac{\omega_p^2}{\omega^2},\ Y_L = \frac{\omega_H \cos\theta}{\omega},\ Y_T = \frac{\omega_H \sin\theta}{\omega},\ Z = \frac{\gamma}{\omega} \tag{3.42b}$$

其中，Y_T、Y_L 分别为 Y 与波矢量垂直和平行方向的分量；γ 为自由粒子的有效碰撞圆频率；θ 为电磁波传播方向和地磁场的夹角；±取决于电磁波的极化性质，+号对应左旋圆极化波，-号对应右旋圆极化波。

对于 L 波段的 GNSS 系统的电磁信号频率，有 $X \ll 1, Y_T \ll 1, Y_L \ll 1, Z \ll 1$，暂且忽略粒子碰撞造成的衰减[(3.42)式中的虚数部分]，并考虑波的传播方向基本上沿着地磁场方向($\theta \approx 0$)，式(3.42a)可简化为

$$\eta^2 = 1 - \frac{X}{1 - \dfrac{Y_T^2}{2(1-X)} \pm Y_L} \tag{3.43}$$

于是，相应的折射系数为

$$\eta \approx 1 - \frac{X}{2} \pm \frac{XY_L}{2} - \frac{X^2}{8} \tag{3.44}$$

这时对右旋信号的相速度和群速度对应的折射系数分别为

$$\eta_p \approx 1 - \frac{1}{2}\frac{\omega_p^2}{\omega^2} - \frac{\omega_p^2 \omega_H}{2\omega^3} \tag{3.45}$$

$$\eta_g = \eta_p + \omega\frac{d\eta_p}{d\omega} \approx 1 + \frac{1}{2}\frac{\omega_p^2}{\omega^2} + \frac{\omega_p^2 \omega_H}{\omega^3} \tag{3.46}$$

由于地磁场和电子的相互作用使得相速度和群速度对应的折射系数出现了一项与电磁波频率三次方成反比的项，在 GNSS 数据分析中这一项称为电离层延迟的二阶效应，它可以达到厘米级，主要影响定位的南北向分量和垂直向分量(Kedar et al.,2003)。此外，地磁场的作用使得进入电离层中垂直于磁场传播的电磁波分裂成寻常波和非寻常波，寻常波的频率 ω_o 和非寻常波的频率 ω_x 分别为

$$\omega_o = \sqrt{\omega(\omega + \omega_H)},\ \omega_x = \sqrt{\omega(\omega - \omega_H)} \tag{3.47}$$

由于非寻常波传播时比寻常波在电离层中的损耗大得多，接收机接收到的信号基本上是寻常波。地磁场的作用还使得电离层中平行于磁场传播的线极化电磁波分裂成左旋和右旋圆极化波，其效应接下来讨论。

3. 色散介质中的法拉第旋转

线极化的电磁波通过色散电介质时，会在电磁场的影响下产生极化面相对入射面的旋转，这种旋转称为法拉第旋转(Faraday rotation)。一个线极化电磁波总可以分解为一个左旋圆极化和一个右旋圆极化电磁波的叠加。色散介质对这两种圆极化电磁波的作用是不同的(严卫等，2011)。

为了说明这个现象，我们同时考虑电离层和地磁场的影响，在不影响结论的前提下作一些简化。首先，只考虑自由电子，因而电荷束缚恢复力产生的固有振荡可以忽略；其次，电离层和地磁场对入射电磁波的扰动在平衡态时不改变原有的时间依赖属性，电磁波依然保持 $\mathrm{e}^{-\mathrm{i}\omega t}$ 形式。现在考虑一个圆频率为 ω 的线极化简谐电磁波，它的传播方向和地磁场相同，都沿着 z 方向。由麦克斯韦电磁场理论，波的电场和磁场的方向在 $x-y$ 平面内。取电磁波的电场方向为 x 方向，电子的运动方程可表示为

$$m_{\mathrm{e}}\ddot{\boldsymbol{x}}_{\mathrm{e}} = \frac{e_{\mathrm{e}}}{c}B\hat{\boldsymbol{e}}_z \times \dot{\boldsymbol{x}}_{\mathrm{e}} - e_{\mathrm{e}}\boldsymbol{E}_0\mathrm{e}^{\mathrm{i}(kz-\omega t)} \tag{3.48}$$

得到

$$\omega^2\boldsymbol{x} - \frac{\mathrm{i}\omega e_{\mathrm{e}}B}{m_{\mathrm{e}}c}\hat{\boldsymbol{e}}_z \times \boldsymbol{x} = \frac{e_{\mathrm{e}}}{m_{\mathrm{e}}}\boldsymbol{E}_0 \tag{3.49}$$

作分解得

$$\boldsymbol{x} = x\hat{\boldsymbol{e}}_x + y\hat{\boldsymbol{e}}_y = x_-\hat{\boldsymbol{e}}_+ + x_+\hat{\boldsymbol{e}}_- \tag{3.50}$$

其中，

$$x_{\pm} = \frac{x \pm \mathrm{i}y}{\sqrt{2}},\ \boldsymbol{e}_{\pm} = \frac{\hat{\boldsymbol{e}}_x \pm \mathrm{i}\hat{\boldsymbol{e}}_y}{\sqrt{2}} \tag{3.51}$$

进行类似分解：

$$\boldsymbol{E}_0 = E_{0-}\hat{\boldsymbol{e}}_+ + E_{0+}\hat{\boldsymbol{e}}_- \tag{3.52}$$

代入式(3.49)，得

$$\omega^2x_{\mp}\boldsymbol{e}_{\pm} - \omega\omega_H(x_-\boldsymbol{e}_+ - x_+\boldsymbol{e}_-) = \frac{e_{\mathrm{e}}}{m_{\mathrm{e}}}E_{0\mp}\boldsymbol{e}_{\pm},\ \omega_{\mathrm{H}} = \frac{e_{\mathrm{e}}B}{m_{\mathrm{e}}c} \tag{3.53}$$

解为

$$x_{\pm}=\frac{e_{e}}{m_{e}}\frac{E_{0\pm}}{\omega^{2}\pm\omega\omega_{H}} \tag{3.54}$$

定义电极距为

$$\boldsymbol{p}=-Ne_{e}\boldsymbol{x}=-Ne_{e}(x_{-}\boldsymbol{e}_{+}+x_{+}\boldsymbol{e}_{-})=p_{-}\boldsymbol{e}_{+}+p_{+}\boldsymbol{e}_{-} \tag{3.55}$$

得到类似式(3.33)的介电系数表达式，即

$$\varepsilon_{\pm}=1-\frac{\omega_{p}^{2}}{\omega^{2}\pm\omega\omega_{H}} \tag{3.56}$$

于是，对应于右旋和左旋圆极化电磁波的折射率（假定磁化率不变）为

$$n_{\pm}=\sqrt{\mu_{r}\varepsilon_{\pm}}\approx1-\frac{\omega_{p}^{2}}{2(\omega^{2}\pm\omega\omega_{H})} \tag{3.57}$$

线极化电磁波经过电离层时成为

$$\boldsymbol{E}_{0}=E_{0-}\mathrm{e}^{\mathrm{i}(k_{-}z-\omega t)}\boldsymbol{e}_{+}+E_{0+}\mathrm{e}^{\mathrm{i}(k_{+}z-\omega t)}\boldsymbol{e}_{-},\ k_{\pm}=\frac{\omega n_{\pm}}{c} \tag{3.58}$$

不难看出，在电离层中左旋圆极化波（对应 $\boldsymbol{e}_{+}$）的波速小于右旋圆极化波（对应$\boldsymbol{e}_{-}$）的波速，导致电磁波的极化面产生旋转，即法拉第旋转。如果 GNSS 信号采用线极化电磁波传送，法拉第旋转会使得信号波形失真，相位不准。为了避免这种误差，GNSS 载波信号一律采用右旋圆极化波。此外，圆极化波还具有抗干扰性和保密性能好的优点。GNSS 的发射天线和接收机天线都是右旋圆极化天线。

4. 电离层的时空变化不规则性

电离层的状态呈现出在正常的太阳辐射影响下的时间域（周日、季节性和太阳黑子周期的多年性）和空间域（经度、纬度、高度）的规则性变化，其统计特性称为平静电离层特性。此外，地磁场的磁暴和太阳耀斑的激烈变化都会引起电离层的异常变化，即电离层暴，在电离层内产生从几千米到几十万米空间尺度的不均匀体和不规则移动变化。这时的电离层会对电磁信号的传播产生严重干扰，也造成了 GNSS 信号的畸变和误差。这些不规则的变化呈现很强的随机性，目前还不能准确地模拟和预报，GNSS 网的数据可以提供对电离层不规则变化的实时监测并播发准实时的经验改正模型。

在电离层的不规则变化中，电离层闪烁（scintillation）是一种重要的现象。它是指电磁波穿过电离层中不均匀体时产生的振幅、相位、极化状态和到达角度的异常变化，可以持续几分钟甚至几小时。电离层闪烁会引起小区域的折射指数波动，造成 GNSS 信号衰减和畸变，信号强度可以从正常的 45 dB/Hz 降到 25 dB/Hz，严

重的情况会使得接收机无法锁定和接收卫星信号,轻微的情况也会降低定位精度。这种效应主要发生在赤道和高纬地区,中纬地区相对较少发生。它同时也对无线电通讯、遥感和射电天文观测造成严重干扰。

另一方面,GNSS观测为实现电离层闪烁的实时监测提供了一种新手段。观测电离层闪烁不仅可以研究全球电离层不规则现象的空间结构和时间域变化,而且为提高全球尺度的空间导航和通讯系统的安全性和稳定性提供依据。当然,为了获取闪烁信息相应的GNSS接收机的硬件和内置程序要做一定的改动。首先,处理器不仅要能提取准确的相位信息,而且能提取准确的振幅和信噪比信息;其次,要求接收机配备频率稳定相噪低的晶振源以提高抗干扰能力。同时还要求支持至少50 Hz的高频输出。

5. 电离层延迟的数学模型

式(3.43)和式(3.44)表明,电离层折射对GNSS信号影响的主项是和电磁波频率的平方成反比的,因此利用两个不同频率的观测值就可以构成消电离层组合观测,例如双频相位观测的LC组合和伪距观测的PC组合就是常用的消电离层组合观测量。这种观测量可以消去幅度为几十米到上百米的电离层折射的主项影响,但还有和电磁波频率的三次方成反比的电离层折射二阶项的影响,幅度可达厘米级。目前的高精度定位软件已经估计或者用国际GNSS服务(IGS)分析中心提供的电子总含量(total electron content, TEC)模型扣除电离层二阶项的影响。需要指出的是消电离层组合观测量的观测噪声比单频观测噪声放大,波长缩短(如LC观测量的波长为5.7 cm),模糊度虽然仍为常数,但已不是整数。

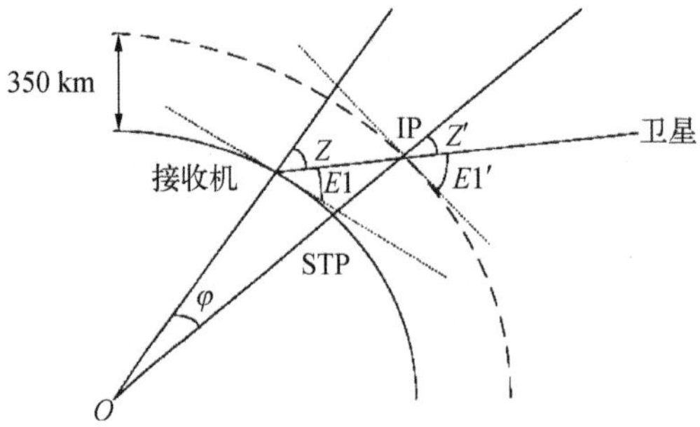

图3.5　Klobuchar模型示意图

对单频接收机等不具备双频观测组合的情况,电离层折射的影响靠模型消除。比较经典的全球电离层模型为Klobuchar模型(1987),如图3.5所示。该模型假定电离层折射延迟可用浓聚在350 km高度处一个薄层电子的折射延迟来表达。

对于任何观测时刻UTC,测站天顶方向的电离层延迟 T_g 可表为(单位为s)

$$T_g = 5\times 10^{-9} + \sum_{n=0}^{3}\alpha_n(\phi_m)^n \cdot \cos\frac{2\pi(t_1 - 50\,400)}{\sum_{n=0}^{3}\beta_n(\phi_m)^n} \tag{3.59}$$

其中，α_n、β_n($n=0, 1, 2, 3$)为电离层延迟改正系数，通过广播星历给出这 8 个系数值；ϕ_m 为测站的地磁纬度；t_I 为穿刺点 IP 对应的地方时，单位为 s。

计算的步骤为：根据星历求得该观测时刻卫星相对于测站的高度角 E 和方位角 A。取 350 km 高度得到信号穿刺点的高度。令 λ_p 和 ϕ_P 为测站的地理经度和纬度，λ_g 和纬度 ϕ_g 为卫星的地理经度和纬度，计算公式为

$$E = \arctan\left[\frac{\cos(\lambda_S - \lambda_P)\cos\varphi_S - 0.1512}{\sqrt{1 - \cos^2(\lambda_S - \lambda_P)\cos^2\varphi_S}}\right]$$

$$A = 180^\circ + \arctan\left[\frac{\tan(\lambda_S - \lambda_P)}{\sin\varphi_S}\right]$$

计算测站和卫星的地心夹角 ψ，此处所有的角度都转换成以半周为单位，$\psi = \dfrac{0.0137}{E + 0.11} - 0.022$。

然后，计算穿刺点(pierce point)的地理经度 λ_I 和纬度 ϕ_I，得 $\varphi_I = \varphi_P + \psi\cos A$，当$\varphi_I > +0.416$时，$\varphi_I = +0.416$；$\varphi_I < -0.416$时，$\varphi_I = -0.416$，$\lambda_I = \lambda_P + \dfrac{\psi\sin A}{\cos\varphi_I}$。

第三步是计算穿刺点的地磁纬度，$\varphi_m = \varphi_I + 0.064\cos(\lambda_I - 1.617)$。

第四步是计算穿刺点对应的地方时 t_I，$t_I = 43\,200 \times \lambda_I + \text{UTC}$，式中 UTC 为协调时，单位为 s。

然后，由式(3.59)求出天顶的电离层延迟。根据卫星高度角可以算出倾斜因子 $F = 1.0 + 16.0 \times (0.53 - E)^3$，就得到卫星方向的电离层延迟 $\tilde{T}_g = F \times T_g$。这个公式是用于计算 L1 载波的，对于 L2 载波，电离层延迟要再乘上因子 1.647。由电离层延迟可以归算出传播路径上的电子总含量，$\text{TEC} = \dfrac{\tilde{T}_g \cdot f^2}{40.28}$，单位为 $10^{16}/\text{m}^2$。

Klobuchar 模型是全球电离层延迟模型，重点关注大尺度的变化规律，不能兼顾区域性的小尺度变化和不规则变化。实验数据表明该模型只能扣除 50%左右的实际电离层效应。为了提高电离层改正的效果，经常采用区域网的 GNSS 载波观测拟合求出各接收机和卫星间传播路径的电子总含量 TEC，由电子总含量得到垂直向的电子总含量 VTEC，$\text{VTEC} = \text{TEC} \cdot \cos Z$，$Z$ 为射线的天顶角。然后，直接把 VTEC 看作纬度差($\varphi_I - \varphi_0$)和太阳时角差($S_I - S_0$)的函数拟合单层电离层模型，得

$$\text{VTEC} = \sum_i \sum_j E_{ij}(\varphi_I - \varphi_0)^i (S_I - S_0)^j \tag{3.60}$$

其中，λ_0、φ_0 为区域网中心的地理经度和纬度；S_0 为该中心在观测时段中心时刻 t_0 的太阳时角；$S_I - S_0 = (\lambda_I - \lambda_0) + (t - t_0)$；$i$、$j$ 为模型的泰勒级数的阶数，由时段长度和区域范围凭经验确定；E_{ij} 即为拟合得到的模型的系数。(λ_I, ϕ_I) 为穿刺点的地理经纬度，通常采用更精细的公式确定。

$$\varphi_I = \sin^{-1}(\sin\varphi_P \cos\psi + \cos\varphi_P \sin\psi \cos A)$$

$$\lambda_I = \lambda_P + \sin^{-1}\left(\frac{\sin\psi \sin A}{\cos\varphi_I}\right)$$

其中，地心夹角 $\psi = \frac{\pi}{2} - E - \sin^{-1}\left(\frac{R_e}{R_e + H}\cos E\right)$，$R_e$ 为地球半径，H 为电离层模型高度。

作区域电离层模型改正时只要求出射线的穿刺点经纬度就可以由式(3.60)得到 VTEC。具体操作中还有很多经验细节，如格点间内插、加权，考虑单层模型的厚度等等，可以参阅有关文献(张小红等，2001)。

3.2.2　GNSS 信号在对流层中的传播

从地面到 60 km 左右高度为地球的大气层。其中，地面以上 8 km 这一层大气称为对流层，对流层以上为平流层。对频率低于 30 GHz 的电磁波，大气是非色散介质。电磁波通过大气层时由于介质密度的增加使得传播速度降低和传播路径弯折，导致传播时间延迟。大气延迟包括传播速度降低和传播路径增加引起的两部分，是 GNSS 精密定位中的主要误差源之一。

80%左右的大气延迟发生在密度较大的对流层。大气的成分绝大部分为氮气、氧气和氢气，还有少量水蒸气、二氧化碳、二氧化硫等。按照它们的极化性质又可以划分为中性分子气体和极化分子气体。因为空气中的极化分子气体主要为水蒸气，文献中常以干空气和湿空气划分。干空气虽然占大气体积的 99%以上，它们产生的大气延迟很稳定。水蒸气的体积比从 0.1%(极地)到 3%(热带)，虽然只占大气体积的 1%左右，但是它们非常活跃，大气延迟变动的绝大部分来自湿空气。

大气中各种中性分子虽然分子量和电荷数不同，它们对电磁波产生的延迟效应却是相同的，因此可以用同一个数学表达式来描述。水分子由一个氧原子和两个氢原子组成，两个氢原子相对氧原子的位置并不对称，而是以 120°的夹角偏于一侧。这样，氢原子和氧原子之间构成一对电偶极子，和电磁波能起相互作用，产生的延迟效应不同于中性原子，干空气和湿空气产生的延迟要采用不同的天顶距延迟和映射函数表达式。

1. 大气折射和大气延迟

介质的折射率定义为

$$n = \frac{v}{c} \tag{3.61}$$

其中，c 为光速，即电磁波在真空中的传播速度；v 为电磁波在介质中的传播速度。大气延迟通常用折射率差 N 来表征。定义为

$$N = (n-1) \times 10^6 \tag{3.62}$$

N 的组成的一般表达式为

$$N = k_1 \frac{P_d}{T} Z_d^{-1} + k_2 \frac{P_w}{T} Z_w^{-1} + k_3 \frac{P_w}{T^2} Z_w^{-1} \tag{3.63}$$

其中，Z_d^{-1}、Z_w^{-1} 分别代表干空气和湿空气的可压缩系数；P_d、P_w 为相应的气体分压；T 为绝对温度；k_i（$i = 1, 2, 3$）为折射常数，Thayer（1974）给出：$k_1 = 77.604$ Kh/Pa，$k_2 = 64.79$ Kh/Pa，$k_3 = 3.776 \times 10^5$ $\mathrm{K^2h/Pa}$。

式(3.63)中没有包括液态水的影响，它引起的大气延迟最大可达 0.75 cm。

大气延迟可表为长度量纲形式：

$$\Delta L = \int N \times 10^{-6} \mathrm{d}s + (S - L) \tag{3.64}$$

其中，S 为电磁波穿过大气经过的实际路径；L 为直线路径。右边第一项为折射率差产生的延迟，第二项为路径弯折对应的额外路径产生的延迟。一般的分析可以忽略第二项或者把第二项放进映射函数中考虑，把第一项分为大气的干分量和湿分量两部分贡献：

$$\mathrm{STD} = \mathrm{HD} + \mathrm{WD} \tag{3.65}$$

即总延迟（slant total delay，STD）等于流体静力学延迟（hydrostatic delay，HD）和湿延迟（wet delay，WD）之和。注意右边第一项严格地讲不应叫干延迟，因为它包括干空气延迟和湿空气中满足流体静力学平衡态部分的延迟，约占总延迟的 90%，而第二项仅包括水汽中不满足流体静力学平衡态那部分的延迟。HD 和 WD 进一步表示为天顶距延迟和映射函数之乘积：

$$\mathrm{HD} = \mathrm{ZHD} \times m_H,\quad \mathrm{WD} = \mathrm{ZWD} \times m_w \tag{3.66}$$

天顶距延迟的计算不再沿着实际路径积分，而是沿天顶距离积分。Davis 等

(1985)对式(3.63)前二项用气态方程进行了变换,得到

$$N = k_1 R_d(\rho_d + \rho_w) + \left(k'_2 \frac{P_w}{T} + k_3 \frac{P_w}{T^2}\right) Z_w^{-1} \tag{3.67}$$

其中, R_d、R_w 为干空气和湿空气的气体常数; ρ_d、ρ_w 为干空气和湿空气的密度,且有

$$k'_2 = k_2 - k_1 \frac{R_d}{R_w} \tag{3.68}$$

这样,在球对称大气模型假设下,利用天顶距方向的大气密度剖面进行积分,可以建立天顶距方向大气折射的经验模型。目前,常用的天顶距干延迟计算有以下三个经验模型。

(1) Hopfield 模型

该模型 1969 年提出,采用全球 18 个气象台一年的平均资料得到。在对流层中 ZHD 可表为

$$\begin{aligned} \mathrm{ZHD} &= \frac{77.6 \times 10^{-6} P_s}{5T_s}(h_d - h_s) \\ h_d &= 40.136 + 148.72 \times (T_s - 273.16) \end{aligned} \tag{3.69}$$

其中, P_s 为测站气压; h_d 为大气层顶部高于大地水准面的高度(单位为 m); T_s 为测站的绝对温度; h_s 为测站的海拔高程(单位为 m)。

(2) Saastamoinen 模型

Saastamoinen 模型(Saastamoinen, 1972)把大气分成从地面到 12 km 高度的对流层和 12~50 km 的平流层,在满足流体静力学平衡态的条件下对 ZHD 进行积分,得到

$$\begin{aligned} \mathrm{ZHD} &= 2.2768 \times \frac{P_s}{f(\varphi, H)} \\ f(\varphi, H) &= (1 - 0.00266\cos 2\varphi - 0.00028H) \end{aligned} \tag{3.70}$$

其中, P_s 为测站气压(单位为 mbar); ϕ 为测站地理纬度; H 为测站大地高(单位为 km); ZHD 单位为 mm。

(3) Black 模型

$$\mathrm{ZHD} = 0.002312 \times (T_s - 3.96) \frac{P_s}{T_s}$$

其中, P_s、T_s 为测站的气压和绝对温度。

此外，由(3.67)可得湿延迟为

$$\mathrm{ZWD} = 10^{-6} Z_{\mathrm{w}}^{-1} \left(k_2' + \frac{k_3}{T_{\mathrm{m}}} \right) \int_h \frac{P_{\mathrm{w}}}{T} \mathrm{d}h \tag{3.71a}$$

加权平均温度表示为

$$T_{\mathrm{m}} = \int_h \frac{P_{\mathrm{w}}}{T} \mathrm{d}h \Big/ \int_h \frac{P_{\mathrm{w}}}{T^2} \mathrm{d}h \tag{3.71b}$$

2. 大气折射映射函数

把大气延迟表达成天顶距延迟和映射函数的乘积可以简化计算。第一，天顶距延迟积分不需要考虑实际的弯折路径，可以直接沿着直线天顶距离积分；第二，映射函数可以根据实际观测建立数学表达式，从而把路径弯曲引起的那一部分延迟包括在内；第三，把大气延迟作为估计参数时，只需要估计天顶距延迟一个参数就可以覆盖所有高度角。

映射函数定义为电磁波经过大气的实际延迟和天顶距延迟之比，在球对称地球假定下，映射函数只与入射电波的高度角 E(或天顶角)有关。对各向同性的均匀大气而言，映射函数相当于

$$m = \frac{\mathrm{d}r}{\mathrm{d}h} = \frac{1}{\sin E} \tag{3.72}$$

其中，r 为电磁波在大气层中的斜距；h 为大气层厚度。

实际大气可以认为是分层均匀的，因此各种映射函数都是以此基本形式衍生出。这里给出部分常见的映射函数。

(1) Hopfield 映射函数

$$m_{\mathrm{H}} = \frac{1}{\sqrt{\sin E^2 + 6.25^\circ}},\ m_{\mathrm{w}} = \frac{1}{\sqrt{\sin E^2 + 2.25^\circ}} \tag{3.73}$$

(2) Saastamoinen 映射函数

$$m = \sum_0^\infty (-1)^k \alpha^k \left(\frac{1}{\sin E} \right)^{2k+1} \tag{3.74}$$

映射函数以级数形式表示，式(3.74)中 α 为系数，其主要缺陷是当高度角趋于 0 时，映射函数发散。

后来发展出一系列连分数形式的映射函数，以弥补这一缺陷，使得映射函数的

适用范围延伸到低高度角。

(3) Marini 映射函数

$$m = \cfrac{1}{\sin E + \cfrac{0.000\,855\,99}{\sin E + \cfrac{0.002\,172\,2}{\sin E + \cfrac{0.006\,078\,8}{\sin E + 0.115\,71}}}} \tag{3.75}$$

(4) Chao 映射函数

Marini 映射函数的一个问题是当高度角趋于 90°时,映射函数并不趋于 1。为了弥补这一缺陷,后期的函数模型作了改进。Chao 模型的分母中用一个正切取代正弦弥补了这一缺陷。

$$\begin{aligned} m_{\mathrm{H}} &= \cfrac{1}{\sin E + \cfrac{0.004\,3}{\tan E + 0.045\,5}} \\ m_{\mathrm{w}} &= \cfrac{1}{\sin E + \cfrac{0.000\,35}{\tan E + 0.017}} \end{aligned} \tag{3.76}$$

(5) CfA2. 2 映射函数

$$m = \cfrac{1}{\sin E + \cfrac{a}{\tan E + \cfrac{b}{\sin E + c}}} \tag{3.77}$$

其中,

$$\begin{aligned} a =\ & 0.001\,85 \times [1 + 0.607\,1 \times 10^{-4}(P - 1\,000) - 0.147\,1 \times 10^{-3} e] \\ & + 0.307\,2 \times 10^{-2}(T - 293.15) + 0.019\,65(-\beta + 6.5) \\ & - 0.564\,5 \times 10^{-2}(H - 11.231) \\ b =\ & 0.001\,133 \times [1 + 0.116\,4 \times 10^{-4}(P - 1\,000) + 0.279\,5 \times 10^{-3} e] \\ & + 0.310\,9 \times 10^{-2}(T - 293.15) + 0.003\,038(-\beta + 6.5) \\ & - 0.001\,217(H - 11.231) \\ c =\ & -0.009\,0 \end{aligned}$$

其中,P、T、H、β、e 为测站的总气压、绝对温度、对流层顶高度、对流层中温度递减率和水汽分压，单位分别为 1 000 Pa、K、km、K/km、Pa。注意 CFA2.2 模型中的高度角是真高度角，已不同于 Marini 模型中的视高度角。

（6）Niell 映射函数

Niell 模型用另一种形式解决了高度角趋于 90°的归一问题（Niell, 1996）。

$$m = \frac{1 + \dfrac{a}{1 + \dfrac{b}{1 + c}}}{\sin E + \dfrac{a}{\sin E + \dfrac{b}{\sin E + c}}} \tag{3.78}$$

其中，系数 a、b、c 由纬度和年积日来计算出。

（7）维也纳映射函数

维也纳模型也是连分式模型，式中的系数要根据表格插值得到，精度比 Niell 模型进一步提高。

（8）全球映射函数（GMF）和 VMF1 映射函数

这两种映射函数是目前精度比较高的，在 GNSS 分析软件中大量采用。GMF 是在维也纳映射函数的基础上，建立事后 34 h 经验网格列表文件来调整系数，因此适用于实时定位。VMF1 用 6 h 间隔的天气模型解得到映射函数的系数值，是垂直精度名列前茅的模型。

3. 大气延迟的数学模型

GNSS 精密定位数据处理中，大气延迟量必须准确扣除才能得到纯粹的几何延迟量。在正常大气状态下，大气延迟在天顶方向为 2.3 m 左右，当卫星高度角为 20°时可达 13 m。数据分析表明，ZTD 的 1 mm 误差可以引起 2~6 mm 测站垂直高度估计误差。目前大气延迟模型还达不到毫米级精度，一方面是因为真实的地球大气并不是球对称的，大气的不均匀性或地域性可产生 5 cm 误差（Bock et al., 2001）；另一方面是因为真实大气尤其是大气的湿分量随时间不断变化，大气的时变性可达分米级。因此，精密定位中必须把天顶距延迟的改正数作为估计参数和其他参数联合估计（张捍卫等，2006）。

大气的干分量和湿分量的天顶距延迟和映射函数的表达式虽然不同，但是非常接近。同时估计天顶距干延迟和湿延迟改正数将会引起估计参数的高度相关，使得法矩阵接近病态，造成解的不稳定。在实际的数据处理中通常假定大气的天顶距干延迟模型比较准确，只需要估计天顶距湿延迟的改正数即可。为了拟合真实大气延迟在一天内的时变性，GNSS 周日解的分析模型中要估计若干个分时段天顶距延迟改正数参数。各个分析中心根据自己的经验设定估计的天顶距延迟改正数个数,从每 5 分钟一个参数到几小时一个参数不等,常见的是一小时一个参数。在网平差中每个台站必须估计自己的天顶距延迟改正数参数以体现天顶距延迟的地域性差别。用卡尔曼滤波(Kalman filter)实现的 GNSS 分析软件中,采用分阶段常数(piecewise constant)模型来估计天顶距延迟,也就是每过一定时间对估计的天顶距参数作一次扰动。

天顶距延迟的地域性还体现在每个台站上空的大气折射延迟与方位角有关。例如上海的东边是海洋,西边是内陆,空气中大气的温度、湿度和气压存在东西方向的梯度,而且白天和晚上的梯度是反向的。大气折射存在水平梯度的现象早在 1977 年就被注意到,Bar-Sever 等(1998)验证了在 GNSS 精密定位分析处理中加入大气延迟梯度参数和降低截止高度角可以提高台站垂直和水平位置解的重复性,分别为 19.5%和 15%。大气延迟的线性化估计模型可以表为

$$\mathrm{STD} = \mathrm{ZHD} \times m_{\mathrm{H}} + \mathrm{ZWD} \times m_{\mathrm{w}} + (G_{\mathrm{N}}\cos\varphi + G_{\mathrm{E}}\sin\varphi)\cot\theta \times m_{\Delta} \tag{3.79}$$

其中,ϕ、θ 为卫星的高度角和方位角;m 为大气延迟的映射函数;G_{N}、G_{E} 为估计的南北向和东西向大气折射梯度参数。GIPSY 软件采用上述公式。GAMIT 软件采用简化的大气延迟梯度公式:

$$\mathrm{STD} = \mathrm{ZHD} \times m_{\mathrm{H}} + \mathrm{ZWD} \times m_{\mathrm{w}} + (G_{\mathrm{N}}\cos\varphi + G_{\mathrm{E}}\sin\varphi) \times \frac{1}{\sin\theta\tan\theta + 0.003} \tag{3.80}$$

Bernese 软件则采用同时估计天顶距延迟 ZWD、映射函数 m_{w} 和梯度参数 G_{N}、G_{E} 的方案:

$$\mathrm{STD} = \mathrm{ZHD} \times m_{\mathrm{H}} + \mathrm{ZWD} \times m_{\mathrm{w}} + (G_{\mathrm{N}}\cos\varphi + G_{\mathrm{E}}\sin\varphi) \times \frac{\partial m_{\mathrm{w}}}{\partial z} \tag{3.81}$$

为了体现大气梯度的时变性,GNSS 的周日解通常对每个台站按 12 小时间隔估计两对大气延迟梯度参数。这样每个台站每天估计早晚南北向和东西向共 4 个大气延迟梯度参数。过多地引入大气延迟梯度参数会引起估计参数的高度相关,同样会破坏解的稳定性。

4. 地基 GNSS 气象学

随着 GNSS 观测和分析处理水平的提高,实验证明了 GNSS 求得的大气水分量的精度几乎同水汽辐射计、无线电探空仪相当。1992 年 Bevis 等提出了用 GNSS 技

术探测大气水汽含量的方法(Bevis et al., 1992),由此开启了一种实时高精度覆盖全球的探测大气水汽含量的新技术。日本利用 1998~2003 年的 GEONET 的 1200 个 GPS 连续台站资料进行试验,获得的实时大气水汽含量的精度达到 1~2 mm 水平。GNSS 气象学是由空间大地测量高精度定位消除大气延迟干扰的“去噪”的逆问题,即把大气延迟看作研究信号,从而衍生出一种崭新的大气遥感观测手段,形成了一门新学科。估计流程如图 3.6 所示。

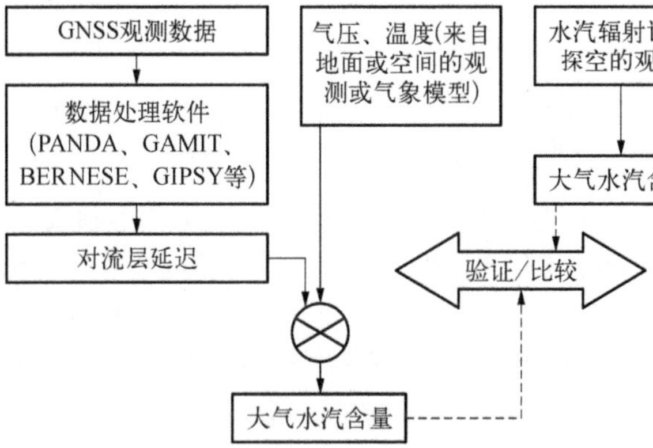

图 3.6 估计流程

根据气态方程：

$$\int_h \frac{P_w}{T} dh = R_w \int_h \rho_w dh = R_w \cdot \text{IWV} \tag{3.82}$$

其中,IWV(integrated water vapor)代表测站天顶方向对流层一个柱体累积的水汽含量,单位为 kg/m^2 或 g/cm^2。于是式(3.71)可表为

$$\text{ZWD} = 10^{-6} Z_w^{-1} \left(k_2' + \frac{k_3}{T_m} \right) R_w \cdot \text{IWV} \tag{3.83}$$

令 $\frac{1}{K} = 10^{-6} \left(k_2' + \frac{k_3}{T_m} \right) R_w$，得到

$$\text{IWV} = \text{ZWD} \cdot \frac{K}{Z_w^{-1}} \tag{3.84}$$

设水密度为 ρ^{ω},则累积的水汽含量可表为可降水 PW(precipitable water)的等效水柱高：

$$PW = \frac{IWV}{\rho^{\omega}} = ZWD \cdot \frac{K}{\rho^{\omega} Z_{w}^{-1}} \tag{3.85}$$

式(3.84)和式(3.85)为由地基 GNSS 气象观测得到的 ZWD 估计归算到大气水汽含量的基本公式。

式(3.83)中的加权平均温度 T_m 通常由探空资料作回归分析获得。例如,美国北纬 27°~65°地区的关系式就是由 8 718 次探空资料作回归分析得出

$$T_m = 70.2° + 0.72T_s \tag{3.86}$$

T_m 得到后可由上式计算出 K。然后由式(3.84)或式(3.85)得到水汽含量,其中 Z_w^{-1} 可取近似值为 1。

地基 GNSS 气象学已经在气象预报、全球气候变化监测等领域得到实际应用(宋淑丽等,2004),但它有两点不足:① 只能得到地面各点正上空的对流层的水汽含量的积分值,不能得到对流层中各层的水汽分布信息;② 只能得到陆地和岛屿上的天顶距延迟,缺少大洋上空的数据。为此,科学家们继续开发了空基 GNSS 气象学(Hajj and Zuffada, 2003; Kursinski, 1997; Kursinski et al.,1997; Martín－Neira, 1993)。

5. Snell 定律、Abel 积分变换和路径弯曲

Snell 定律表明光线和电磁波入射到不同介质界面时会发生反射和折射,如图 3.7 所示,其入射波和折射波位于同一平面上,并且与界面法线的夹角满足如下关系:

$$n_1 \sin\theta_1 = n_2 \sin\theta_2 \tag{3.87}$$

当折射率 $n_1 = n_2$ 时,就得到反射定律。若把地球大气看作分层均匀的介质,则每二层交界面就可以看作不同介质界面,电磁波穿过各层的路径必须满足 Snell 定律。不难看出,当电磁波从真空进入电离层和大气层后,由于介质的折射率发生连续变化,电磁波的路径会发生弯曲。路径的弯曲携带了介质的折射率信息,以大气为例,大气的折射率又跟大气的温度、压强和密度有关,因此,可以由观测路径弯曲得到大气的特性参数(温度、压强或密度,约束其中两者就可以得到另一个参数)。反演的过程涉及积分变换。

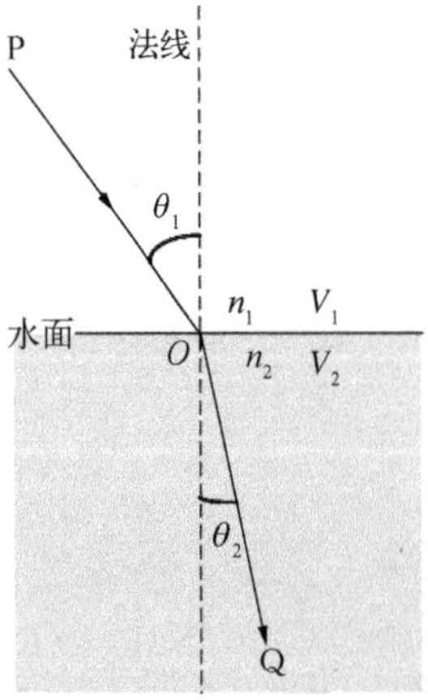

图 3.7　折射现象

积分变换是一种非常有用的数学工具,它通过参变量积分,把一个已知函数 $f(x)$ 用一个已知的二元核函数 $K(s, x)$ 与之积分运算,变换为另一个函数 $F(s)$:

$$F(s)=\int_a^b f(x)K(s,x)\mathrm{d}x \tag{3.88}$$

式(3.88)中 a、b 可取无穷。$F(s)$ 也称 $f(x)$ 的象函数。常见的积分变换有傅里叶变换和拉普拉斯变换等，大气观测反演常用的是 Abel 积分变换。

Abel 变换是把一个轴对称分布的函数变换为沿某个弦方向的弦积分函数，其逆变换则把沿某个方向的弦积分函数变换成一个轴对称分布的函数。Abel 积分变换按如下定义，假如 $f(r)$、$f'(r)$ 比 $1/r$ 更快收敛于 0，函数 $f(r)$ 的 Abel 变换为

$$F(y)=2\int_y^{\infty}\frac{f(r)r}{\sqrt{r^2-y^2}}\mathrm{d}r \tag{3.89a}$$

其 Abel 逆变换为

$$f(r)=-\frac{1}{\pi}\int_r^{\infty}\frac{\mathrm{d}F(y)}{\mathrm{d}y}\frac{\mathrm{d}y}{\sqrt{y^2-r^2}} \tag{3.89b}$$

证明：

作变量替换，$u=f(r)$，$v=\sqrt{r^2-y^2}$，由分部积分得

$$F(y)=2\int_y^{\infty}\frac{f(r)r}{\sqrt{r^2-y^2}}\mathrm{d}r=2\int_0^{\infty}u\mathrm{d}v=2\left[uv\Big|_{r=y}^{\infty}-\int_{f(y)}^{f(\infty)}v\mathrm{d}u\right]$$

因为 u 比 $1/r$ 在 r 趋向无穷大时更快趋于 0，上式右边的第一项为 0，于是

$$F(y)=-2\int_y^{\infty}f'(r)\sqrt{r^2-y^2}\mathrm{d}r$$

上式对 y 求导得

$$F'(y)=2y\int_y^{\infty}\frac{f'(r)}{\sqrt{r^2-y^2}}\mathrm{d}r$$

代入式(3.88)得

$$-\frac{1}{\pi}\int_r^{\infty}\frac{F'(y)}{\sqrt{y^2-r^2}}\mathrm{d}y=\int_r^{\infty}\int_y^{\infty}\frac{-2y}{\pi\sqrt{(y^2-r^2)(s^2-y^2)}}f'(s)\mathrm{d}s\mathrm{d}y$$

由 Fubini 定理，上面右边的积分可以表为

$$\int_r^{\infty}\int_r^{s}\frac{-2y}{\pi\sqrt{(y^2-r^2)(s^2-y^2)}}\mathrm{d}yf'(s)\mathrm{d}s=\int_r^{\infty}(-1)f'(s)\mathrm{d}s=f(r)$$

证毕。

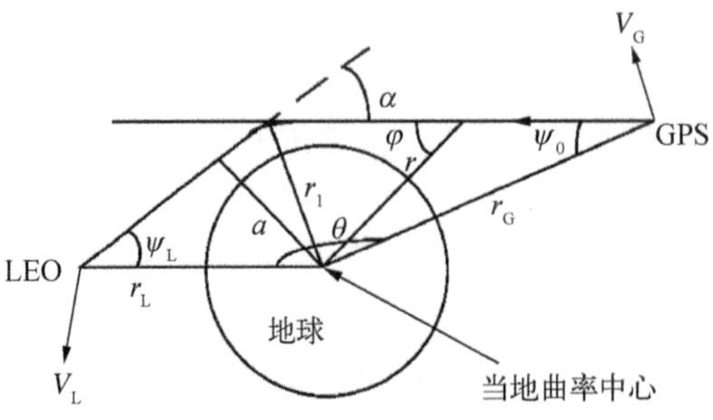

图 3.8　路径弯曲示意图

图 3.8 地球低轨轨道(low-earth orbit, LEO)卫星在大气层以外,它接收到 GPS 卫星的电磁波信号穿过大气层而发生弯曲,弯曲角为 α,LEO 卫星到地心的距离为 r,卫星的轨迹线和卫星与地心连线的夹角为 ϕ。取球对称假设,大气的折射率 n 只与 r 有关。为简化问题,暂且忽略电离层的影响,假定大气层外就是真空。射线的轨迹方程为

$$r \cdot n \cdot \sin\varphi = a \tag{3.90}$$

对某一条射线而言,a 为常数。式(3.90)代表由 Snell 定理发展出来的在球对称介质中折射的 Bouguer 定理。a 称为碰撞参数(asymptotic miss distance),从图上可看出,如果射线为直线,a 相当于地心到射线的垂直距离。电波信号接收和发射的位置都位于大气层以外($n=1$),得

$$a = r_L \sin\varphi_L = r_G \sin\varphi_G \tag{3.91}$$

给出射线的弯曲角 α 的函数表示式为

$$\alpha(a) = -2a\int_a^{\infty} \frac{\mathrm{d}\ln n(b)}{\mathrm{d}b} \frac{1}{\sqrt{b^2 - a^2}}\mathrm{d}b \tag{3.92}$$

其中,$b = \boldsymbol{r} \cdot \boldsymbol{n}$。该式假定地球大气层的折射指数是局部球对称分布的,局部圆弧的中心并不是椭球地球的中心,反演时需要作局部圆弧中心的改正。射线弯曲部分顶点(称为正切点)a_0 处 $a = na_0$,它是射线离地心距离最近的点。不难看出,式(3.92)就是 Abel 逆积分。由 Abel 积分变换可以得到折射率以 a 表达的函数关系式:

$$n(a) = \exp\left[\frac{1}{\pi}\int_a^{\infty} \frac{\alpha(b)}{\sqrt{b^2 - a^2}}\mathrm{d}b\right] \tag{3.93}$$

证明:对比式(3.89b),若取 $F(y) = \ln n(y)$,则

$$f(b) = -\frac{1}{\pi}\int_b^{\infty} \frac{\mathrm{d}\ln n(y)}{\mathrm{d}y} \frac{\mathrm{d}y}{\sqrt{y^2 - b^2}} = \frac{\alpha(b)}{2b\pi}$$

代入式(3.89a),得

$$F(a)=\ln n(a)=2\int_a^{\infty}\frac{f(b)\cdot b}{\sqrt{b^2-a^2}}\mathrm{d}b=2\int_a^{\infty}\frac{\alpha(b)\cdot b}{2b\pi\sqrt{b^2-a^2}}\mathrm{d}b=\frac{1}{\pi}\int_a^{\infty}\frac{\alpha(b)}{\sqrt{b^2-a^2}}\mathrm{d}b$$

证毕。

这样,由 LEO 卫星上的接收机收到来自 GNSS 卫星的载波相位数据求出电波的弯曲角和碰撞参数,就可以由式(3.93)作数值积分算出在 a_0 位置的大气折射率。注意式(3.89b)数值积分在 a 点奇异,要作变换避开奇点。

6. 空基 GNSS 气象学

近地卫星接收来自遥远发射源发射的穿过地球大气层的电磁波的观测称为掩星观测。LEO 卫星相对 GNSS 卫星从地球的大气层边缘升起或降落时,载波信号穿越大气发生延迟和弯曲,形成掩星事件,如图 3.9 所示。由掩星观测数据可以反演出正切点的大气折射率,在 LEO 卫星移动过程中正切点从大气顶层降至地面,卫星信号的延迟从 1 mm 增加到 1 km 左右,从而得到沿正切点剖面线的大气折射率。掩星事件的历时取决于 LEO 卫星相对于 GNSS 卫星运动速度的大小和方向,可多达 1 min。按接收机的输出频率为 20 Hz 计算,每次掩星事件可得到 1 000 个左右观测值,因此掩星观测具有很高的垂直分辨率。这种以掩星观测手段开展的对大气的研究称为空基 GNSS 气象学。

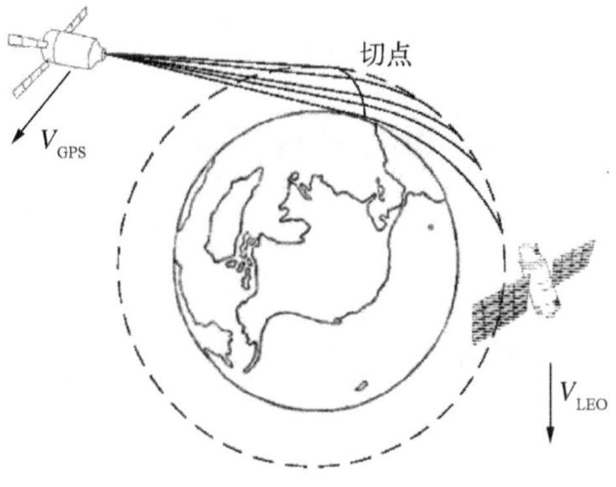

图 3.9　掩星观测

目前的 GNSS 卫星已接近 100 颗,经常有多颗 GNSS 卫星同时相对 LEO 卫星具备掩星条件,LEO 卫星每天能够观测的掩星事件数取决于接收机的通道数。例如星载的掩星观测软件 BLACKJACK 可以同时接收 8 个掩星事件,目前由于带宽容量等种种具体原因,软件只开通最多 2 个通道,因此每天只观测到 200 次左右掩星事件。一旦出现多颗 GNSS 卫星同时具备掩星条件时,软件就根据卫星运动轨迹预测每颗 GNSS 卫星对应的正切点的位置、正切点横切大气层可达到的深度、掩星事件延续的时间及卫星信号的强度和质量来进行评估,选择最优的 1~2 颗卫星进行观测。

具体的反演方法分为几何光学反演和物理光学反演。物理光学反演的方法包括 Fresnel 衍射、后向传播、无线电光学、正则变换和全谱反演法等。感兴趣的读者可阅读 GNSS 气象学的有关书籍。

本节简单介绍经典的几何光学方法(Sokolovskiy et al., 2010; Hajj and Zuffada, 2003; Kursinski, 1997a; Kursinski et al., 1997b; Martín－Neira, 1993)。假定 GNSS 卫星轨道和 LEO 卫星轨道通过若干地面 GNSS 基准站和 LEO 卫星同步观测,从而可以通过载波相位双差组合解算出实时的精确的卫星轨道,也就是实时的卫星位置 r_L、r_G 和速度 v_L、v_G 已经可以精确求解,只需要求出 ϕ_L、ϕ_G。

式(3.91)给出了第一个关系式,第二个关系式由多普勒观测给出。把 LEO 和 GNSS 卫星的速度按地心连线方向和垂直于地心连线方向分解,则两颗卫星沿射线轨迹(即信号传播)方向的相向速度 ΔV 为

$$\Delta V = v_L^r \cos\varphi_L + v_L^T \sin\varphi_L + v_G^r \cos\varphi_G + v_G^T \sin\varphi_G \tag{3.94}$$

由多普勒效应式(3.29),存在径向相对运动速度 ΔV 时接收到的电波频率 f_R 和发射频率 f_S 的一阶近似关系为

$$f_R = f_S\left(1 - \frac{\Delta V}{C}\right) \tag{3.95}$$

因此测定的多普勒频率差为

$$\Delta f = f_S - f_R = \frac{(v_L^r \cos\varphi_L + v_L^T \sin\varphi_L + v_G^r \cos\varphi_G + v_G^T \sin\varphi_G)}{C} \tag{3.96}$$

由式(3.91)和式(3.96)联合求解 ϕ_L、ϕ_G。再由关系式:

$$\alpha = \varphi_L + \varphi_G + \theta - \pi \tag{3.97}$$

求出弯曲角 α。

式(3.97)中 θ 角由 LEO 和 GNSS 卫星的位置求出。由弯曲角计算出大气的折射率,然后根据需要反演出大气的温度、密度和压强等气象参数。反演的细节可阅读空基 GNSS 气象学相关文献。

安装在 LEO 卫星上的接收机软件算法中,确定对哪颗 GNSS 卫星作掩星观测以及什么时刻打开通道是十分关键的。如果打开过早,射线还没有擦到大气层顶端,收到的只是射线在真空中作直线传播的观测,毫无价值,不仅浪费了有限的卫星存储带宽和内存资源,而且错过了可以作有效掩星观测的时间;如果打开过晚,则射线已经进入了大气层,缺失了大气层上层的掩星观测宝贵资料。软件算法要解决的不是计算射线进入大气层后弯曲角度的问题,而是预测射线什么时候会开始弯曲以及正切点会横切多深的大气层。预测正切点轨迹的挑战在于只能预估 LEO 卫星和 GNSS 卫星未来的位置和速度,而未来射线进入大气层后是弯曲的,而且其弯曲的那一小段并不是简单的圆弧状,弯曲段形状计算中一点小误差就可能产生估计延伸到 GNSS 卫星未来位置轨迹的巨大误差。

理论上 LEO 卫星下行和上行运动时都能够观测到掩星事件，但是目前的 LEO 卫星上只在其尾部安装作掩星观测的 GNSS 接收机，因此它只能在 LEO 卫星作下行运动时记录射线由大气层顶部开始横切到地面为止的掩星事件。不在 LEO 卫星头部安装掩星观测接收机的原因是：掩星观测事先要知道精确的 LEO 和 GNSS 卫星的相对位置和速度的信息。下行运动的 LEO 卫星在射线进入大气层之前有足够的时间收到 GNSS 卫星发来的在真空中传播的信号，从而可以精确地确定 LEO 和 GNSS 卫星的相对位置和速度。LEO 卫星上行运动时则不同，要到露头时才能收到来自有关 GNSS 卫星的信号，之前是收不到信号的(GNSS 卫星信号被地球挡住)，因此无法事先精确知道和这颗 GNSS 卫星间的相对位置和速度。更大的困难在于 LEO 卫星一露头收到的就是擦过地平面的射线，其弯曲的程度事先无法精确计算。常规的接收机采用闭环(close loop)算法来锁定信号，需要一定时间待信号收敛后才输出。对于上行的 LEO 卫星，待到这颗 GNSS 卫星的信号被锁定时其射线很可能已经部分或者完全穿出了大气层。因此，要实现上行时的掩星观测必须采用开环(open loop)算法以实现一旦露头立即收取和输出观测。开环无法像闭环那样降噪和去噪，挑战性很大，这是目前正在研究的热点。

3.2.3 GNSS 信号在地面的广义多路径效应

GNSS 电磁波信号经过长途跋涉，穿过电离层和大气层，终于抵达地面接收机天线。同时，信号电磁波接触到周围环境的物体，被这些物体反射和散射后也来到的地面接收机天线。这些额外的信号和直射信号是相干的，因此能和直射信号产生干涉，使接收到的直射信号波形产生畸变，相位产生偏移，这种误差称为多路径误差。多路径误差在伪距定位时可达到米级，在载波相位精密定位时达到厘米级。由于多路径误差难以给出普适的解析形式用参数求解，也无法通过差分消除，它成为当今 GNSS 高精度定位中尚未能有效消除的主要误差源之一。

深入研究表明多种机制均能产生和直射信号相干的干扰信号，统称为广义多路径。广义多路径效应定义为直射信号以外的来自其他主动或被动激发源的相干信号对直射信号干扰产生的效应，包括入射信号的镜面反射、漫反射、衍射和仿制信号的效应。这几种效应对直射信号的干扰都属于相干干扰范畴。它们的几何特征都可表达为额外的光程，因此可用类似的几何光学方法(如射线追踪)进行研究。从广义多路径更全面深入的角度对这些现象进行研究，既可以利用它们的共性相互借鉴各自现象的研究成果，也可以综合几种效应机制的研究拓宽多路径信号的应用领域。

1. 镜面反射和漫反射

光波和电磁波遇到阻挡体时，会产生反射。反射定律即为式(3.87)取折射率

$n_1 = n_2$ 的特例。它表明反射波矢和入射波矢位于同一平面，反射角等于入射角并且位于界面法线两侧。反射率 ρ 定义为反射波能量 P_r 与入射波 P_i 能量之百分比：

$$\rho = \frac{P_r}{P_i} \times 100\%, \ \rho \leqslant 100\% \tag{3.98}$$

不同的物体性质，同一物体不同的表面粗糙度反射率都会不同。此外，入射波的波长和角度也会对反射率产生影响。根据反射状况的差别，讨论两种极端情况：镜面反射和漫反射。实际物体表面的反射通常是这两种极端状况的组合。

镜面反射是指反射完全满足反射定律的状况。这时对于入射的平面波，只有在反射角方向上才能探测到反射波，其他方向则探测不到。自然界完全的镜面反射很少，平静的水面和玻璃面反射可近似认为是镜面反射。

漫反射是指不管入射波来自什么方向，反射方向总是四面八方都有且均匀分布。这种反射面称为朗伯面。同样，自然界中真正的朗伯面很少。一般说来当入射波的波长比反射界面的粗糙起伏或颗粒尺寸小得多时，界面的反射可近似看作漫反射，反之就可以近似看作镜面反射。

反射波的另一个特征是极性变化。GNSS 的载波通常为右旋圆极化波，入射的载波方向与反射面的夹角称为掠射角(grazing angle)。入射波电矢量可以分解为垂直于入射面和平行于入射面两个分量。反射界面对这两个分量的衰减程度是不一样的，因而反射波产生极性变化。物体对电磁波反射的这种特征通常用起偏振角(brewster angle)来表示，当掠射角小于起偏振角时，反射波电矢量的水平分量相位改变 180°，垂直分量的相位不变，入射的右旋圆极化波反射后成为右旋椭圆极化波。当掠射角大于起偏振角时，反射波电矢量的水平分量和垂直方向的相位都改变 180°，入射的右旋圆极化波反射后变为左旋椭圆极化波，如图 3.10 所示。因为每一个椭圆极化波都可以分解为左旋和右旋圆极化波的组合，因此反射波同时包含左旋和右旋圆极化波，只不过随着掠射角不同反射波中左右旋圆极化波的比例不同而已。由于 GNSS 接收机天线也是右旋圆极化天线，对左旋圆极化波有抑制作用，这就部分解释了为什么来自低高度角的卫星信号的多路径干扰比较强烈。另一部分原因是多路径反射波尤其是地面反射波大多是从下方传到接收机天线的，天线的增益分布图对来自下方的信号(负高度角)明显变小，尤其在 -90° 处增益几乎为 0。

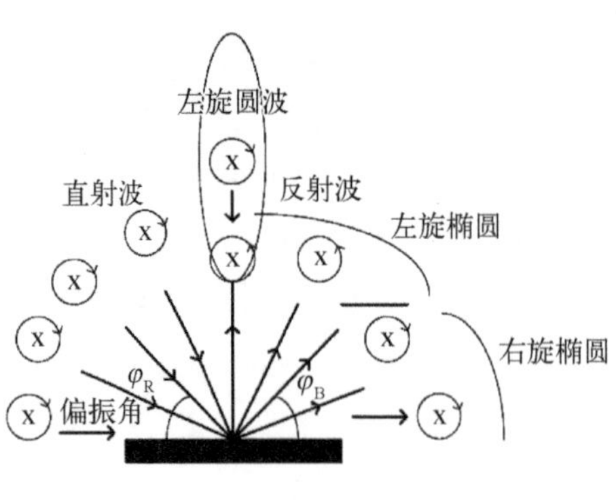

图 3.10　反射波的极性变化

反射波和直射波是相干的，由相干干

涉造成的直射波波形、相位、振幅、信噪比的畸变统称为多路径误差。多路径误差将在第 5 章详细讨论，这里仅简单地给出结论性要点。如载波直射信号为 $A\cos\varphi$，多路径信号为 $\alpha A\cos(\varphi+\psi)$，则

合成信号：
$$\beta A\cos(\varphi+\Delta\varphi) \tag{3.99}$$

相位畸变：
$$\Delta\varphi=\tan^{-1}\left(\frac{\sin\psi}{\alpha^{-1}+\cos\psi}\right) \tag{3.100}$$

振幅畸变：
$$\beta=\sqrt{1+2\alpha\cos\psi+\alpha^{2}} \tag{3.101}$$

其中，α 为多路径信号振幅比。

伪距的多路径效应的表述比较复杂，因为接收机中破解伪距码时实际上产生“即时”(prompt)、“超前”(early)、“滞后”(late)三个尝试解。超前和滞后解相对于即时解分别早晚了一个采样间隔时间。如果用 $2T$（T 为伪距码间隔对应长度）为边长构成一个等边三角形，如图 3.11 所示。没有误差时接收机里的码相关函数曲线应为等边三角形的上两边（细线所示），多路径误差（虚线所示）会使实际的码相关函数曲线畸变（粗线所示）。多路径误差相对于直射信号是同相(in-phase)还是异相(out-of-phase)，采样间隔和多路径时延的关系，超前和滞后解相对于即时解的大小构成不同的组合对应不同的伪距多路径误差影响的表述式(Byun et al., 2002)。

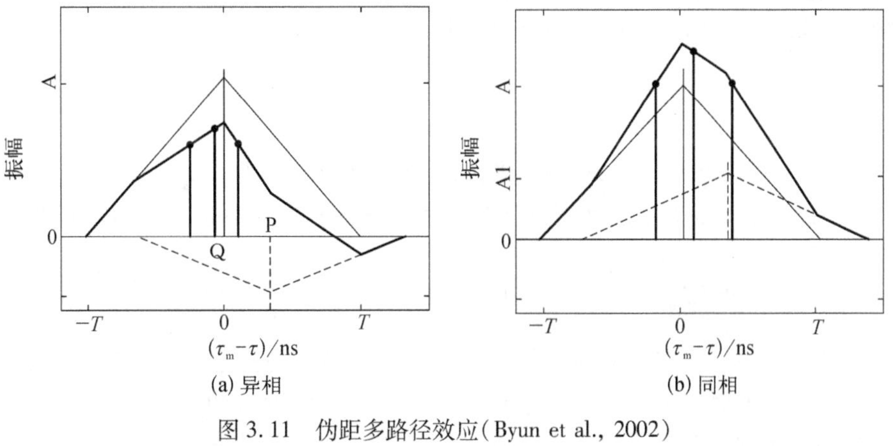

图 3.11　伪距多路径效应(Byun et al., 2002)

载波相位的多路径误差的理论最大值为波长的 1/4，但伪距的多路径误差更复杂，最大值可达 3/2 码元宽度，对 GPS 的 CA 码可达 450m。在实际观测中绝大多数的伪距多路径误差在 15 m 之内(Sanz et al., 2010)。它们都具有时间域（如 GPS 卫星的重复周期为一个恒星日）和空间域（卫星在天上同一格点位置产生的地面多路径效应相同）的重复性。这里的时空重复性都假定地面多路径环境不变

和多路径的振幅衰减因子 α 不随时间变化，也不随卫星变化。严格来说应该考虑振幅衰减因子的差别，但它的影响较小，目前阶段可以暂不考虑。载波相位和伪距的多路径误差的不同点在于载波相位多路径误差的时间均值为 0，也就是说长时间观测平均的影响是无偏的。但是，伪距的多路径误差的均值不为 0，是有偏的（Byun et al., 2002）。

因为载波的波长只为伪距的 1/1 000，载波相位观测的多路径误差比伪距的多路径误差要小得多，处理伪距多路径误差时可以忽略载波相位的多路径误差，利用载波相位和伪距观测的组合来消除几何路径项、钟差项、大气和电离层项，可以得到伪距观测的多路径（包括载波相位的模糊度）。如果载波相位观测已经作了整数模糊度固定，就可以直接估算出伪距观测的多路径误差值加以扣除（李晓光等，2017）。

2. 多路径的信噪比及地基 GNSS－R

多路径效应影响直射信号的信噪比，在许多不太复杂的静态环境下多路径对信噪比的扰动呈现规律性的变化，因此利用信噪比来分离和剔除多路径效应成为消除多路径效应的重要方法之一。很快，科学家发现多路径引起的信噪比变化可以用来研究和反演周围环境的分布和变化（Bilich et al., 2008; Bilich and Larson, 2007），从而衍生出一种新的用多路径信噪比来反演环境参数的方法，称为反射遥感法（Larson et al., 2013, 2008）。“化腐朽为神奇”，误差变成了信号，这在科学界屡见不鲜。

假定卫星电磁波信号在近地面区域可以看作平面波，地面反射可以看作镜面反射，多路径产生的额外光程差对应的相位角为

$$\psi = \frac{2\pi}{\lambda} 2h\sin(|\theta - \gamma|) \tag{3.102}$$

其中，θ 为卫星高度角；γ 为地面倾斜角；λ 为波长；h 为接收机地面高度。式（3.102）右边项除了卫星高度角以外其他量都是时不变量，因此上式对时间求导得

$$\omega = \frac{\mathrm{d}\psi}{\mathrm{d}t} = \frac{2\pi}{\lambda} 2h\cos(|\theta - \gamma|)\left|\frac{\mathrm{d}\theta}{\mathrm{d}t}\right| \approx \frac{4\pi h}{\lambda}\cos\theta \frac{\mathrm{d}\theta}{\mathrm{d}t} \tag{3.103}$$

此处取近似又假定了地面倾斜角相较于卫星高度角是小量，去掉绝对值号是因为对平坦的地面和平稳变化的卫星高度角，多路径光程差的相位角变化和卫星高度角的变化的关系是明确和唯一的。信噪比定义为信号振幅与噪声振幅之比，无干扰情况下呈现与卫星在天空图上的轨迹变化相关的平滑曲线。在多路径存在的环境下，信噪比曲线呈现为对原先的平滑曲线叠加了一个振荡扰动，称为信噪比扰动，表达为（Larson et al., 2010）

$$\mathrm{SNR} = 2\alpha\cos(\psi + \varphi) = 2\alpha\cos\left(\frac{4\pi h}{\lambda}\sin\theta + \varphi\right) \tag{3.104}$$

不难看出，δSNR 扰动具有振荡形式而且在低高度角时振荡幅度加大。式(3.104)中的 φ 为偏移相位，研究表明它与周围环境对 GNSS 信号的反射面深度有关。当周围土壤潮湿时反射面接近地表；当土壤干燥时反射面在地表下若干厘米深。δSNR 的精度在若干毫米，因而反射面的厘米级深度变化可以被检测出来。注意这里的 h 不是天线的地面高度，而是从天线的相位中心到地下反射面的高度，称为反射高度。因此，对 δSNR 扰动通过最小二乘拟合可以求出 h，再通过经验公式或者经验曲线就可以估计出土壤湿度。除了土壤湿度，由信噪比扰动求出的 h 还能够反演周围的积雪深度变化、植被生长、海浪高度等信息（Small et al., 2010; Larson et al., 2009）。由式(3.103)可知，用多普勒扰动观测（扣除直射多普勒信号后）也可以拟合估计反射高度，然后再反演求出感兴趣的地面参数。

实际操作中还有很多技巧。首先，SNR 序列来自接收机的输出。许多公司在接收机内部安置了多路径抑制的硬件和算法，输出的 SNR 序列已经不满足上面的公式，要事先对接收机输出的 SNR 序列作检验和标定。其次，输出的 SNR 还与接收机天线的增益分布有关，通常天线对天顶位置的增益最高，对天底位置的增益为 0。地面观测绝大多数只收到地平线以上的信号，增益按高度角的分布呈现为一曲线，把观测到的 SNR 曲线的低频变化的主分量作为直射信号的 SNR，把直射信号的 SNR 和多路径产生的对 SNR 序列的扰动分离时，作多项式曲线拟合，把低频光滑的主分量看作直射信号扣除。同时，接收机对高的高度角卫星信号的 δSNR 输出会受到一些其他干扰出现异常，如天线的罩盖影响。考虑到卫星高度角高时多路径扰动本来就很小，通常只截取高度角在 30～40°以下的 δSNR 扰动序列作分析。在观测弧段的端部，通常多路径的额外光程最长，信息量最大，但是滤波造成的多路径振幅的衰减也最严重。为了弥补这个端部效应并最大限度地保存和利用多路径信息，在端部区域采用 Kijewski 和 Kareem(2002)的 padding 方法作外推，然后对此区域作小波分析。反射点水平距离可由估计出的 h 得到

$$d = h\cot(\theta - \gamma) \tag{3.105}$$

不难看出，反演的距离取决于天线高度 h 和卫星高度角 θ，即使天线架到 5 米高，卫星的高度角截止到 2°，反演的距离也只到 143 m。反演的空间距离有限是这种方法的主要局限性。

3. 空基 GNSS－R

GNSS－R 是 GNSS reflectometry（GNSS 反射遥感）的简称，利用接收 GNSS 卫星信号的反射波信号来研究地面区域场的几何分布和物理特性，是一种新型的遥感手段。与前文的信噪比方法不同的是它不通过信噪比作间接反演，而是直接得到反射信号作反演。1988 年，欧洲太空局首先提出了用 GPS 载波讯号作海洋散射计

的构想，Martín－Neira 在 1993 年对 GNSS－R 的理论和算法作了系统的总结并提出了用它建立监测海面高度系统(passive reflectometry and interferometry system, PARIS)(Martín-Neira, 1993)，1994 年 Auber 首次报告了用常规的 GNSS 接收机收到了来自地面反射信号，验证了其可行性(Auber et al., 1994)。

GNSS－R 接收机需要连接两个天线，一个右旋圆极化天线朝上接收直射信号，另一个左旋圆极化天线朝下接收反射信号。这种接收机采用对伪距码的锁延迟环(delay lock loop, DLL)和对载波的锁相环(phase lock loop, PLL)相结合的方法锁定反射信号。DLL 对反射信号作延迟相关分析得

$$\lambda(\tau) = \frac{1}{T}\int_{-T/2}^{T/2} c_{\mathrm{f}}^{*}(t-\tau)c(t)\,\mathrm{d}t \tag{3.106}$$

其中，$c(t)$ 为接收机里的复制 C/A 码；$c_{\mathrm{f}}(t)$ 为接收的反射波码信号；T 为搜索的时间区间；星号表示复共轭。由此确定直射信号对应的反射信号和延迟时间以及延迟的相位，再由式(3.102)求出反射高度。

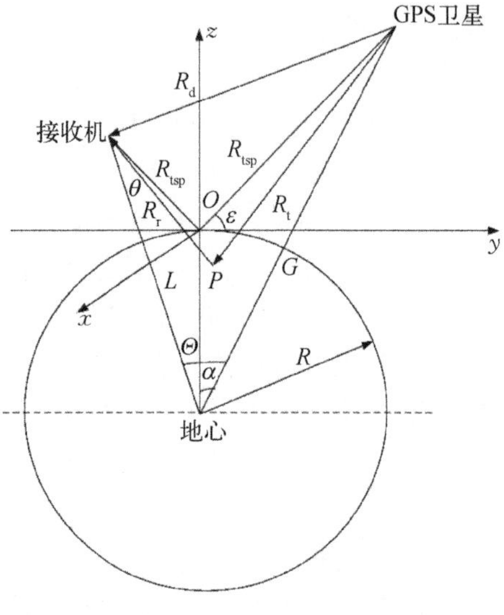

图 3.12　海面 GNSS－R 观测的几何关系

式(3.102)是基于平面地球近似的关系式。对于 LEO 卫星和大范围的地面要用更严谨的球面关系式。图 3.12 简单地示意了用 GPS 和 LEO 卫星实现海面 GNSS－R 观测的几何关系，各个角度和边长的定义见图中。

这些变量存在如下关系：

$$d^2 + L^2 - 2dL\cos\theta = R^2 \Rightarrow d = L\cos\theta - \sqrt{R^2 - L^2\sin^2\theta} \tag{3.107}$$

$$d^2 + R^2 + 2dR\sin\varepsilon = L^2 \tag{3.108}$$

$$D^2 + R^2 + 2DR\sin\varepsilon = G^2 \Rightarrow D = -R\sin\varepsilon + \sqrt{G^2 - R^2\cos^2\varepsilon} \tag{3.109}$$

$$R^2 + G^2 - 2RG\cos\alpha = D^2 \tag{3.110}$$

$$\Theta = \frac{\pi}{2} + \alpha - \theta - \varepsilon \tag{3.111}$$

其中，R 为地球半径。已知 L、G 和 θ，其他的量就可以由这 5 个关系式求出。

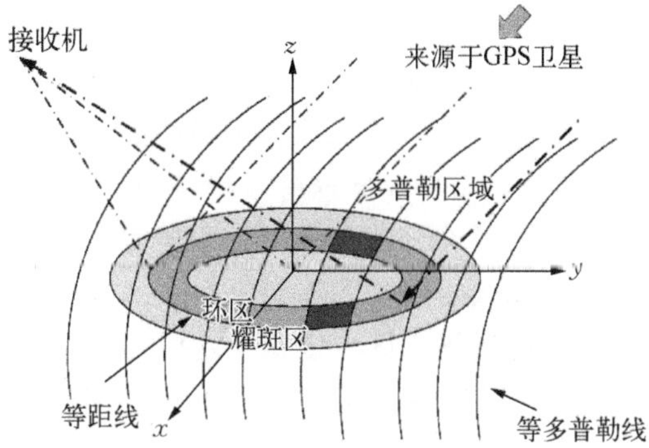

图 3.13 GNSS－R 等延迟和等多普勒面示意图

由于地表面尤其是海面的粗糙度(如海浪起伏),LEO 卫星接收到的反射信号更接近于漫反射而不是镜面反射,这时的反射点不是一点而是一个区域。为说明这问题,把反射区域用和地球相切点的平面表示(图 3.13),因为反射区域与地球曲率半径相比是个很小的量,平面近似是可以接受的。这个平面与以接收机和切点为焦点的椭球体的交界线上所有的反射点都产生相同的延迟时间(Hajj and Zuffada 2003),这个交界椭圆称为等时延椭圆环(Fresnel zone),它的长短半轴为

$$a = \frac{\sqrt{2h\Delta\rho\sin\theta}}{(\sin\theta)^2},\ b = \frac{\sqrt{2h\Delta\rho\sin\theta}}{\sin\theta} \tag{3.112}$$

其中,$\Delta\rho$ 为椭圆环的宽度,定义 $\Delta\rho \leqslant 0.5\lambda$ 时为第一条 Fresnel 带。如果还有多普勒观测数据,可以表示为

$$f_D = \frac{1}{\lambda}[\boldsymbol{V}_T \cdot \hat{\boldsymbol{k}}_i(x,\ y) - \boldsymbol{V}_R \cdot \hat{\boldsymbol{k}}_s(x,\ y)] \tag{3.113}$$

其中,$\boldsymbol{V}_T$、$\boldsymbol{V}_R$ 为 GNSS 卫星和 LEO 卫星的速度矢;$\hat{\boldsymbol{k}}_i$、$\hat{\boldsymbol{k}}_s$ 为入射波和反射波的方向矢。按定义它是一个对称轴为接收机速度方向的锥形双曲面,和该地平面的交界线为双曲线。每条双曲线上的点都对应相同大小的多普勒观测。用延时和多普勒联合反演,其反演不唯一性就由一个圆环缩减为圆环上的两个格点。

GNSS－R 是一个崭新的研究领域,虽然有待完善,但已经显示出在海面风场、有效波高、粗糙度、海水盐度、海冰高度的测量及陆面遥感测土壤水分、积雪厚度等一系列潜在应用价值,甚至还有望实现海面目标识别(白伟华,2008)。

实现 GNSS－R 还有许多技术难点有待克服。从 GNSS－R 搭载平台看,主要有岸基、船载、机载和星载等,由于反射信号微弱,机载和星载的 GNSS－R 天线口径必须相当大才能保证有足够的信噪比收到反射信号。另外,由于反射点的位置时变而且未知,因此每个时刻反射信号相对于直射信号的时延无法预知。GNSS－R 是在已实现直射信号定位的基础上,利用反射通道的数据,估算反射通道的本地码相位和本地载波相位,通过码片滑动改变时延和多普勒频移滑动,在时延和多普勒两个方向上作相关分析,得到反射信号的相关功率波形。这一过程运算量极大,

因此极为耗时。目前的做法是在接收机设置 128 个通道，每个通道顺序增加 250 ns 的延迟，对应大约 75 m 的空间分辨率。每次接收到信号后各个通道分别和直射信号作相关分析，取相关最高的通道为实际延迟来做反演(Lowe et al., 2002)。软件接收机有望克服这些缺点，按此方案 GNSS－R 的硬件接收机只需实现信号的基带输出，其余任务由软件接收机完成。它的优点是：

① 降低硬件的体积和成本；

② 通过优化算法提高延迟相关的空间分辨率；

③ 有望突破目前实时性差的瓶颈。

此外，由于反射信号源的几何位置的未知性，硬件必须采用开环设计，如何降低开环带来的接收信号噪声大的影响也是一项挑战。

4. 衍射与绕射

衍射和绕射是同一现象的两种叫法。电磁信号的衍射效应是指直射信号经障碍物边缘或孔隙时所发生的次生辐射效应，该次生波和直射波是相干的。从射线角度描述，衍射效应将导致无线电波传播路径经障碍物边缘时发生弯曲，使得处于直射信号无法直接到达的“阴影区”接收机也能接收到电波信号，产生由衍射所引起的非视距(non line of sight, NLOS)传播(Hartinger and Brunner, 1998)。目前，对于无线信号衍射效应影响的研究主要是利用射线追踪法对无线信号的衍射途径进行分析。射线跟踪方法基于几何光学理论，通过模拟射线的传播路径来确定反射、折射和阴影区等。射线跟踪技术适用于高频电磁波段，即当媒质特性和散射体几何参数等在一个波长距离的变化非常缓慢时，电磁波的传播和散射可以不需要由整个初始表面上的场来求得，只需由该表面的某一局部区域的场来求解。这种高频场就可以利用几何光学的分析方法来处理电磁波的传播、散射和衍射问题。

GNSS 的衍射是相当普遍的现象，最典型的就是灌木和树丛对电磁波的衍射。对于基于基站和移动终端的定位技术而言，在信道中障碍物比较多的环境存在着大量的 NLOS 传播。研究表明在高密度城市中心的“城市峡谷”(urban canyon)区域的天空可视率可少到不足总面积的 30%(Tongleamnak and Nagai, 2017)，衍射效应的影响非常可观，在特定环境下可以远远超过多路径误差的理论极限(对载波 1/4 波长，对伪距 3/2 码元)。此外，城市峡谷区域的可见卫星通常只分布在沿街上空区域，使得车辆前行方向(纵向)的定位精度较好。而街道两侧上空的卫星被建筑物阻挡，严重影响了车辆定位的横向精度，成为“车道级定位”和行人定位的主要误差源。因此，亟须研发针对 GNSS 衍射信号误差的识别、建模和消除方法。

GNSS 衍射的研究起步于基于费马原理的几何光学，采用几何绕射理论(geometrical theory of diffraction, GTD)作射线追踪仿真验证，掌握衍射信号的拓扑结构和干扰模式，进而探索衍射干扰的改正模型和利用衍射信号的可行性。本书对 GTD 只作简单介绍，详情请参阅相关文献(汪茂光，1994)。

GTD 是从几何光学引申和发展起来的，而几何光学是以电磁场传播的射线理论为基础的。对高频电磁波，如果介质的变化远大于电磁波的波长，那么在局部区域的电磁场可采用均匀介质和平面波近似，电磁场可表为

$$\begin{aligned}\boldsymbol{E}(x,\ y,\ z) &= \boldsymbol{E}_0(x,\ y,\ z)\mathrm{e}^{-\mathrm{i}k_0\psi(x,\ y,\ z)}\\ \boldsymbol{H}(x,\ y,\ z) &= \boldsymbol{H}_0(x,\ y,\ z)\mathrm{e}^{-\mathrm{i}k_0\psi(x,\ y,\ z)}\end{aligned} \tag{3.114}$$

其中，$k_0 = \omega/c = 2\pi/\lambda_0$ 为真空中的传播常数或波数，λ_0 为真空中波长；$\psi(x,\ y,\ z)$ 为相位函数，$\psi(x,\ y,\ z)$ = 常数，代表电磁波在介质中以速度为 $v = 1/\sqrt{\mu\varepsilon} = c/n$ 传播的等相位面，n 为介质的折射率。

将式(3.114)代入麦克斯韦方程组式(3.13)~式(3.16)，取无源(自由空间)，注意方程组中的散度和旋度算子都只涉及物理量在区域空间的变化，根据假设只有波相位的区域性变化是显著的，也就是 $\nabla\cdot\boldsymbol{E}_0$、$\nabla\times\boldsymbol{E}_0$、$\nabla\cdot\boldsymbol{H}_0$、$\nabla\times\boldsymbol{H}_0$ 均为小量，且 $\frac{1}{\varepsilon}|\nabla\varepsilon|\lambda_0 \ll 2\pi$，$\frac{1}{\mu}|\nabla\mu|\lambda_0 \ll 2\pi$，得到几何光学近似的场方程为

$$\boldsymbol{E}_0\cdot\nabla\psi = 0 \tag{3.115}$$

$$\boldsymbol{H}_0\cdot\nabla\psi = 0 \tag{3.116}$$

$$\nabla\psi\times\boldsymbol{E}_0 - c\mu\boldsymbol{H}_0 = 0 \tag{3.117}$$

$$\nabla\psi\times\boldsymbol{H}_0 + c\varepsilon\boldsymbol{E}_0 = 0 \tag{3.118}$$

为了进一步理解物理量之间关系，引入代表能流的坡印廷矢量 $\boldsymbol{W}$，由上述方程，得

$$\boldsymbol{W} = \frac{1}{2}\boldsymbol{E}\times\boldsymbol{H}^* = \frac{1}{2}\boldsymbol{E}_0\times\boldsymbol{H}_0 = \frac{E_0^2}{2Z_0}\frac{\nabla\psi}{n} \tag{3.119}$$

其中，$Z_0 = \sqrt{\mu/\varepsilon}$ 代表介质的特征阻抗；* 号代表复共轭。式(3.119)表示能流方向与相位面的梯度方向即射线方向平行，即能流沿射线方向流动。在几何光学的极限下 $\nabla\psi\cdot\boldsymbol{E}_0 = 0$，略去高阶小量，由上述场方程可导出几何光学的一个基本方程即程函方程：

$$|\nabla\psi|^2 = n^2 \tag{3.120}$$

假设射线可表为沿射线的参量 s 的方程，得

$$x = x(s)\,,\ y = y(s)\,,\ z = z(s) \tag{3.121}$$

该曲线的切向矢 $\boldsymbol{t}$ 为

$$\boldsymbol{t} = \frac{\partial x}{\partial s}\hat{\boldsymbol{x}} + \frac{\partial x}{\partial s}\hat{\boldsymbol{y}} + \frac{\partial x}{\partial s}\hat{\boldsymbol{z}} = \sigma \nabla \psi \tag{3.122}$$

其中,中 σ 为一个任意比例系数,可取 $1/n$。根据式(3.120)和式(3.122),略去推导细节,可得射线基本方程(Born and Wolf, 1980)为

$$\frac{\mathrm{d}}{\mathrm{d}s}\left(n\frac{\mathrm{d}\boldsymbol{s}}{\mathrm{d}s}\right) = \nabla n,\text{其中 } \mathrm{d}\boldsymbol{s} = \hat{\boldsymbol{s}}\mathrm{d}s \tag{3.123}$$

不难看出式中 $\boldsymbol{s}$ 为沿射线的位置矢,$\hat{\boldsymbol{s}}$ 为射线方向的单位矢,s 为沿射线的距离。由式(3.123)可以推出射线轨迹方程式(3.90)(Bouguer 定理)。在均匀介质中,射线为直线。在一般介质中定义光程为沿曲线 C 的介质折射率的积分:

$$\Delta = \int_c n\mathrm{d}s \tag{3.124}$$

那么,如果 C 为从波阵面 p_0 到 p 的某一射线,得

$$\Delta = \int_c n\mathrm{d}s = \psi(p) - \psi(p_0) \tag{3.125}$$

式(3.125)表明两个波阵面之间任意一条射线的光程是相等的。而固定的值必然是极值,不是最大就是最小,这就引申出费马原理。费马原理指出,从 p_0 到 p 两点的射线轨迹就是使光程取极值的曲线。在绝大多数情况下是取极小值的曲线。由费马原理立即可推断出在均匀介质中的射线为直线,也可推出在两种介质交界面上的光线和电磁波的反射和折射定律。需要说明的是,由于界面两侧介质的电参数突变,几何光学中关于介质变化是缓慢变化的假设不再成立,所以上面的结果只代表电磁波距界面有一段距离后的场,不代表界面附近的场。

当射线接触到任意一种表面不连续的边界,如边缘、尖顶,或者向曲面掠射时,按照经典几何光学理论阴影区的场强为零,射线是不可能进入阴影区的。实际由于衍射效应,阴影区的场强并不为零。凯勒(Keller)在 1951 年前后提出了一种计算高频电磁场的新方法,1962 年他推广了经典几何光学的理论,引入了衍射射线(diffracted rays)这一概念,消除了几何光学在阴影边界上场的不连续性,他的方法发展为 GTD(Keller, 1962)。按照 GTD,绕射射线既可进入照明区,也可进入阴影区,克服了几何光学在阴影区的缺陷,也改进了照明区的几何光学解。几何绕射理论的主要结论为以下三点:

① 绕射场是沿绕射射线传播的,根据包括绕射射线在内的广义费马原理,绕

射射线的轨迹也是沿最短路程传播的；

② 在高频极限的前提下，绕射场只取决于入射场和散射体表面的局部性质，由它们的几何构型导出绕射系数，这也称作场的局部性原理；

③ 离开绕射点后的绕射射线仍遵循几何光学的定律，沿射线路程的相位延迟等于介质的波数和距离的乘积。

此处简单介绍在 GNSS 观测中最常见的建筑物直线边缘绕射射线求法，更普遍的几何体的绕射问题解法请参阅有关文献。由于绕射射线满足广义费马原理，可以方便地用射线追踪确定射线的传播路径。设绕射射线从源点 $S(x_1, y_1, z_1)$ 经过边缘某一点 $Q(x, y, z)$ 到达场点 $P(x_2, y_2, z_2)$。边缘可写为参量 t 表示的参量方程：

$$\begin{cases} x = f(t) \\ y = g(t) \\ z = h(t) \end{cases} \tag{3.126}$$

总的路程为 $\boldsymbol{s}_1 = SQ$、$\boldsymbol{s}_2 = QP$ 两段距离之和：

$$s = \sqrt{(x - x_1)^2 + (y - y_1)^2 + (z - z_1)^2} + \sqrt{(x_2 - x)^2 + (y_2 - y)^2 + (z_2 - z)^2} \tag{3.127}$$

Q 点的坐标由总路程取极值求出：

$$\begin{aligned} \frac{\partial s}{\partial t} = & \frac{1}{s_1}\sqrt{(x - x_1)\dot{x} + (y - y_1)\dot{y} + (z - z_1)\dot{z}} \\ & - \frac{1}{s_2}\sqrt{(x_2 - x)\dot{x} + (y_2 - y)\dot{y} + (z_2 - z)\dot{z}} = 0 \end{aligned} \tag{3.128}$$

Q 点与边缘相切的矢量为 $\boldsymbol{t} = (\dot{x}, \dot{y}, \dot{z})$，由式(3.126)和式(3.128)得

$$\hat{\boldsymbol{s}}_1 \cdot \boldsymbol{t} + \hat{\boldsymbol{s}}_2 \cdot \boldsymbol{t} = 0 \tag{3.129}$$

式(3.129)式表明入射射线和边缘切线的夹角等于绕射射线和边缘切线的夹角，所有的自该绕射点发出的绕射线组成以该绕射点为顶点，以边缘线为对称轴，与对称轴夹角为入射夹角的一个圆锥，称为凯勒圆锥，如图 3.14 所示。根据此性质，就可以由入射点、接收点和边缘线的几何位置求出绕射点。因为 GNSS 卫星十分遥远，所有

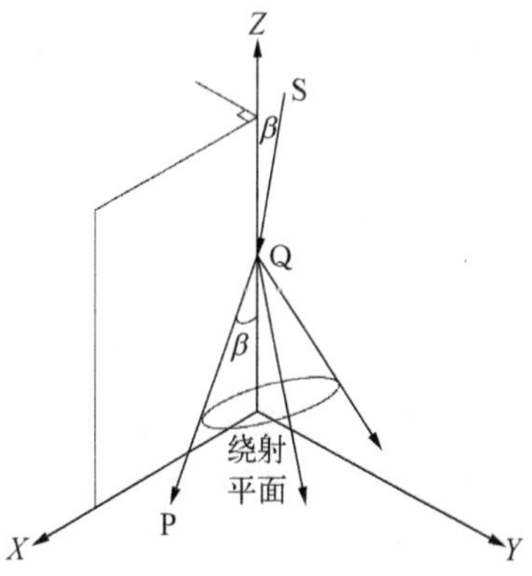

图 3.14　凯勒圆锥角

的入射线可以看作是平行的，这样问题变得比较简单。由接收机和卫星的位置可求出直射信号的天顶角，就是入射线和垂直建筑物边缘线的夹角。同样，直射信号和过接收机与建筑物顶部边缘平行的直线的夹角就是入射线和建筑物顶部边缘线的夹角。

几何绕射理论用简洁的方法给出了衍射射线的几何轨迹，但是没有直接给出衍射场的场强分布。对衍射现象进行深入研究需要考虑其场强分布时，几何光学就不够了，这时要采用更复杂的物理光学方法或电磁学模拟（Fan and Ding, 2006; Brunner et al., 1999）。

5. 欺骗干扰

随着反恐斗争的深入和国家安全的战略性需求，GNSS 定位导航的脆弱性和抗干扰研究提上了议事日程。GNSS 的应用虽然非常广泛，但它的系统实际上很脆弱。脆弱性来自两方面：首先，GNSS 卫星在地面上方 2 万公里之遥，信号很微弱，很容易被地面附近发出的相干信号所屏蔽；其次，为了方便大众应用，GNSS 系统执行码信息公开政策，恶意攻击者很容易仿制码信号（边少锋等，2017）。这种相干的干扰分为恶意和无意的干扰。无意干扰包括多径干扰、射频干扰、脉冲干扰和电离层闪烁干扰，出处不再赘述。GNSS 信号的恶意干扰分为压制性干扰（jamming）和欺骗干扰（spoofing）两种。压制性干扰是用大功率的信号发生器发出 GNSS 频带的噪声电磁波压制 GNSS 卫星的信号，使得接收机难以过滤并输出信号甚至失锁。对这种干扰的研究相对比较成熟，并且已开发出一些相应的抗噪技术和设备。欺骗干扰则利用 GNSS 民用信号的公开透明政策，收取 GNSS 信号并发布高度相似的虚假干扰信号，误导用户的接收机，输出错误的定位结果，甚至控制目标接收机到达他们预定的地点。俗话说“明枪易躲，暗箭难防”，欺骗干扰具有更大的隐蔽性，因此具有更大的危害性（Humphreys et al., 2008）。2011 年 11 月，伊朗利用压制性干扰切断了美国军方基地和无人侦察机的通讯链路，迫使无人机进入自动驾驶模式，并利用欺骗干扰控制了无人侦察机，将其诱导到伊朗境内降落。这一震惊世界的事件敲响了欺骗干扰威胁的警钟。

欺骗干扰的信号是和直射信号相干的，因此也属于广义多路径的范畴。这方面的研究虽然取得一些成果，但因为起步较晚，现在还未成熟，本书只作简单介绍。欺骗干扰的形式多种多样，根据欺骗信号的复杂程度可分为简单干扰、中等干扰和高级干扰三种。简单干扰由信号模拟器产生，因为没有和真实卫星信号同步，容易引起接收机警觉而易于识别；中等干扰先接收真实的 GNSS 卫星信号，计算出卫星参数，然后根据欺骗的预期目标重构并发布欺骗干扰信号；高级干扰则使用多个中等干扰源协同发布并带有人工智能抗定向角度反干扰的设计。根据欺骗信号产生的机制也可分为基于模拟信号发生器的自主生产式、基于接收机的接受生产式和基于信号转发器的转发式。

欺骗干扰的基本步骤大致如下：首先接收 4 颗以上真实卫星信号，得到伪距和卫星轨道参数；其次根据预定目标改造各通道卫星信号，主要修改时延信息，实现后通过天线发布；接收机收到这些欺骗干扰信号后根据得到的仿制伪距信息解算出被误导的错误的接收机位置。

抗欺骗干扰的措施来自硬件和算法两方面。硬件方面的首要考虑是天线，定向天线可以滤去指向角度所在空间之外的干扰信号，多天线或阵列天线可以由天线间接收到信号的相位差鉴别欺骗信号（Magiera and Katulski, 2015），其次是对 GNSS 发布的信号提出改进加密论证的设想（Wesson et al., 2012），根据欺骗信号和真实信号造成的噪声功率、信噪比、多普勒频移量比方面的差别改造接收机内部硬件结构等。抗欺骗干扰算法研究起步较晚，主要根据欺骗信号相对真实信号的偏差特征鉴别，例如双天线载波信号差分及互相关（Psiaki et al., 2013）、最大似然代价函数（Wang et al., 2017）。此外，利用多频点、多系统、惯导等外部辅助信息抗欺骗干扰，也是最近的研究热点（Lee et al.,2015; Liang et al., 2014）。

计算和思考

1. 电偶极子天线如图 3.15 所示。

假定在电偶极子中的电流分布为

$$I(z,\ t) = I_0\left(1 - \frac{2|z|}{d}\right) e^{-i\omega t}$$

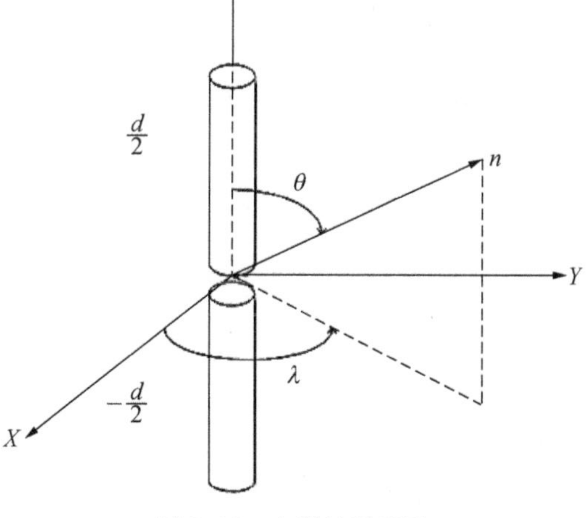

图 3.15 电偶极子天线

① 计算它所产生的远场($r \gg d$)电场强度 E 和磁场强度 H。

② 假定它的辐射图像可以看作它对入射平面电磁波的空间响应图像,它可以用作 GPS 接收机的天线吗? 如果可以,那么这电偶极子相对于地面的取向应当如何放置比较合理?

③ 假如这电偶极子水平放置,请计算它放在无限大平面上部(假定这个平面是完全导体)的辐射图像(提示:对完全导体的边界条件是 E 场平行于该平面的分量为 0, H 场垂直于该平面的分量为 0),你认为这电偶极子放在平面上方多高比较合理? 为什么?

2. 由 Snell 定律式(3.90):

$$r \cdot n \cdot \sin\theta = a$$

式中,r 为地心距;n 为折射率;a 为碰撞参数;θ 为射线与地心距的夹角。图 3.16 为对应的几何关系及变量示意图。请推导给出射线的弯曲角 α 作为 a 的函数的表示式(3.92):

$$\alpha(a) = -2a\int_a^{\infty} \frac{\mathrm{dln}\ n(b)}{\mathrm{d}b} \frac{1}{\sqrt{b^2 - a^2}}\mathrm{d}b$$

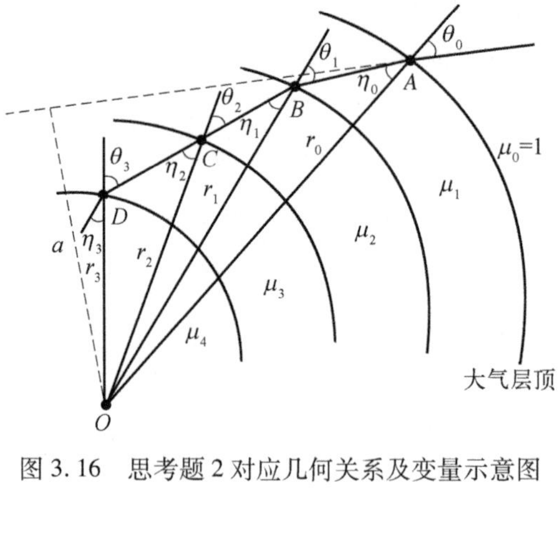

图 3.16　思考题 2 对应几何关系及变量示意图

第 4 章　卫星信号处理

4.1　GNSS 接收机捕获原理

GNSS 卫星接收机对卫星信号的捕获就是一个时频二维搜索的过程,因为每颗卫星的伪随机码(C/A 码)不同,若加上对不同卫星(以 GPS 信号处理为例)的搜索就可以看成是一个三维搜索的过程,如图 4.1 所示。

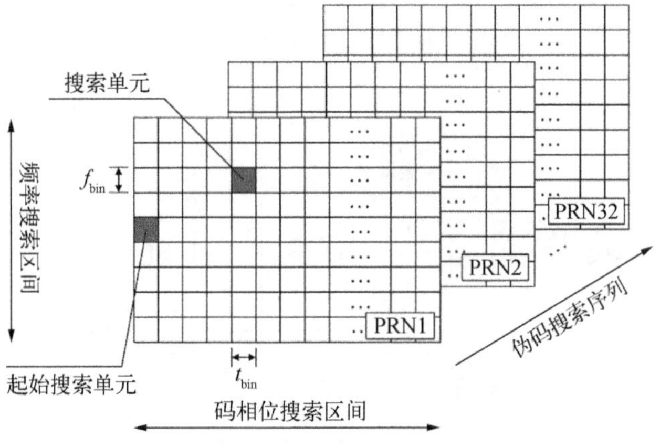

图 4.1　GNSS 卫星三维搜索示意图

图 4.1 中,f_{bin} 为频率搜索间隔,一般情况下 f_{bin} 取 500 Hz;t_{bin} 为码相位搜索间隔,考虑到码相位偏差对相关结果造成的影响,一般情况下 t_{bin} 不超过 0.5 个码片。频率搜索区间是由卫星载波的多普勒频移的大小决定的,静态情况下一般为 ±5 kHz 之间,动态情况下则需要根据具体情况加大搜索范围;码相位搜索区间就是在 1 023 个码片之间。

对 GNSS 卫星信号的捕获就是识别不同卫星的 PRN 号,捕获不同卫星的 C/A 码码相位和信号载波的多普勒频移的粗略值,然后利用这些估计量进一步跟踪 GNSS 卫星信号,得到更加精确的 C/A 码码相位以及载波频率和相位。捕获系统分别由相关器、检测器和控制逻辑三部分组成。其中相关器是捕获电路的核心,由于 C/A 码本身具有很好的自相关和互相关特性,当接收到的信号和本地信号完全同步时,会得到一个较大的输出值;当两者不同步时,相关器的输出值会很小。

捕获电路的性能指标包括系统检测概率、系统漏检概率、系统虚警概率及搜索量(捕获速度)等,系统通常情况下希望有较高的检测概率,较低的漏检概率,较低的虚警概率和较小的搜索量(较快的捕获速度)。在这些性能指标中,检测概率和虚警概率是对立的，较小的判决门限对应较大的检测概率和虚警概率，而对于较大的判决门限则反之；漏检概率和虚警概率也是互相矛盾的，对于较小的判决门限，漏检概率较小，但是虚警概率较大，而对于较大的判决门限则反之。搜索量通常可以用捕获速度来代替，搜索量小，捕获速度就快。捕获速度常采用平均捕获时间来衡量，平均捕获时间是指在 GNSS 接收机从开始捕获到第一次声明捕获到第一颗卫星所用的平均时间。在设计捕获算法的时候需要根据自己的工程目标来权衡各个性能指标，得到高性能的捕获算法。

4.1.1　串行捕获算法

串行捕获算法是最简单的一种捕获算法，对于单个 GNSS 卫星就是对搜索单元按序进行搜索，为了方便快速地搜索，在频率搜索时可以从中间频率向两边进行逐个搜索，如图 4.2 所示。

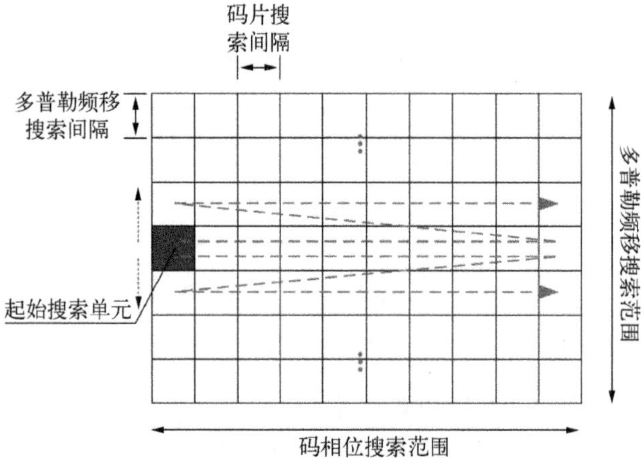

图 4.2　串行搜索示意图

串行捕获算法的具体实现结构如图 4.3 所示，这里采用对输入信号进行移位，这样本地 C/A 码就可以保持不变，实现容易。

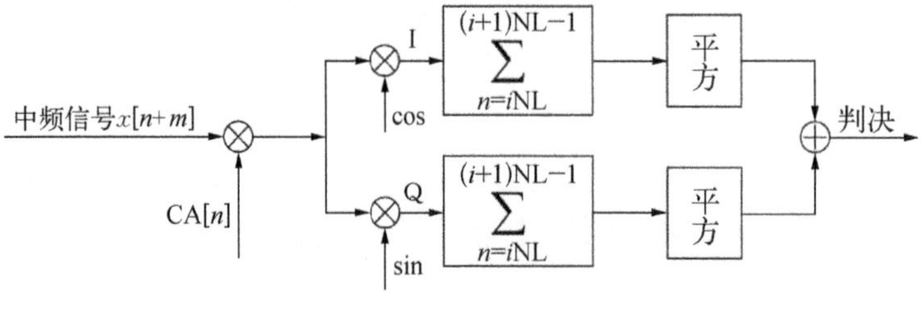

图 4.3　串行捕获结构

GNSS 导航中频信号的模型为

$$x(nT_s) = A \cdot D(nT_s)C(nT_s)\cos[2\pi(f_{IF} + f_d)nT_s + \theta] \tag{4.1}$$

其中,$D(nT_s)$为导航电文;$C(nT_s)$为 C/A 码;f_{IF} 为中频;f_d 为多普勒频移;T_s 为抽样间隔, $F_s = 1/T_s$ 为抽样频率。

与本地 C/A 码相乘之后的信号模型为

$$z(mT_s, nT_s) = A \cdot D(nT_s)C(nT_s)C_L[(n+m)T_s]\cos[2\pi(f_{IF} + f_d)nT_s + \theta] \tag{4.2}$$

其中,$C_L(nT_s)$为本地 C/A 码以 F_s 的抽样频率进行抽样后的信号。

然后分成 I、Q 两路进行去中频,I 路信号为

$$\begin{aligned} z_I(mT_s, nT_s) = A \cdot D(nT_s)C(nT_s)C_L[(n+m)T_s] \cdot \\ \cos[2\pi(f_{IF} + f_d)nT_s + \theta] \cdot \cos[2\pi(f_{IF} + \hat{f}_d)nT_s + \hat{\theta}] \end{aligned} \tag{4.3}$$

Q 路信号为

$$\begin{aligned} z_Q(mT_s, nT_s) = A \cdot D(nT_s)C(nT_s)C_L[(n+m)T_s] \cdot \\ \cos[2\pi(f_{IF} + f_d)nT_s + \theta] \cdot \{-\sin[2\pi(f_{IF} + \hat{f}_d)nT_s + \theta]\} \end{aligned} \tag{4.4}$$

经过 LPF 然后再对 n 求和得到 I、Q 两路的相关值为

$$\begin{aligned} R_I(m) &= \frac{1}{2L}\sum_{n=0}^{L-1} A \cdot D(nT_s)C(nT_s)C_L[(n+m)T_s]\cos(2\pi\delta_{f_d} nT_s + \delta_\theta) \\ &= \frac{1}{2L}\sum_{n=0}^{L-1} A \cdot D(nT_s)C(nT_s)C_L[(n+m)T_s]\cos(\delta_\varphi) \end{aligned} \tag{4.5}$$

$$\begin{aligned} R_Q(m) &= \frac{1}{2L}\sum_{n=0}^{L-1} A \cdot D(nT_s)C(nT_s)C_L[(n+m)T_s]\sin(2\pi\delta_{f_d} nT_s + \delta_\theta) \\ &= \frac{1}{2L}\sum_{n=0}^{L-1} A \cdot D(nT_s)C(nT_s)C_L[(n+m)T_s]\sin(\delta_\varphi) \end{aligned} \tag{4.6}$$

其中,L 为一个 C/A 码周期内的采样点数; $\delta_\varphi = 2\pi\delta_{f_d} nT_s + \delta_\theta$; $\delta_{f_d} = f_d - \hat{f}_d$; $\delta_\theta = \theta - \hat{\theta}$。

然后对 I、Q 两路的计算结果进行平方后输出,即得到相关函数中的一个样点值的平方

$$R^2(m)=\left[\frac{1}{2L}\sum_{n=0}^{L-1}A\cdot D(nT_s)C(nT_s)C_L[(n+m)T_s]\cos(\delta_\varphi)\right]^2+\left[\frac{1}{2L}\sum_{n=0}^{L-1}A\cdot D(nT_s)C(nT_s)C_L[(n+m)T_s]\sin(\delta_\varphi)\right]^2 \quad (4.7)$$

综上所述,串行捕获的过程为:在一次本地 C/A 码和接收信号相乘以后,将电路分成 I、Q 两路去除中频载波,再对 C/A 码周期(1 ms)内的采样点累加,结果取模的平方输出,将该输出结果 $R^2(m)$ 与判决门限对比,若小于判决门限则说明信号不在此搜索单元内,这时改变 m 的值,再次循环以上步骤对每一个搜索单元按序进行此操作,直到找到相关值大于判决门限的搜索单元,则可得到此搜索单元所对应的码相位和多普勒频移的粗略值。如果在一个 C/A 码周期都没有找到大于判决门限的相关值,那么可以认为接收信号不在这个载波多普勒频移搜索间隔内,对本地载波频率进行一个多普勒频移搜索间隔的移动,再次循环以上步骤,将结果与判决门限对比,直到找到相关值最大的搜索单元。若对所有的搜索单元都进行了一次搜索之后,还是没有找到相关值大于判决门限的结果,则说明捕获不到这个 C/A 码所对应的那颗卫星。一般情况下为了增加捕获的可靠性,系统会通过多次测量的方法来降低虚警概率,提高检测概率。

由式(4.5)和式(4.6)可知,当多普勒频移和载波相位估计值与真实值相差不大时,即 $\delta_\varphi=0$ 时, $\cos(\delta_\varphi)\approx 1$, $\sin(\delta_\varphi)\approx 0$, 由此可以得到 I 路信号是由信号和噪声构成的,Q 路信号基本只含有噪声。此外,由于对一个 C/A 码周期的乘积进行求和,因此式中的 $D(nT_s)$ 在求和的这段时间内若发生翻转,则会造成严重的后果,这会严重影响 GNSS 接收机的灵敏度,就需要采取其他方法提高灵敏度,这部分内容将在 4.1.3 小节中讲述。

串行搜索算法所占硬件资源很少,结构简单,易于实现,但是缺点就是计算速度慢,实时性差。如果在±10 kHz 的频率搜索范围内以 500 Hz 为频率间隔进行搜索,在 1 023 个码片搜索范围内中以 0.5 码片为码相位搜索间隔,那么就要进行 41×2 046=83 886 次搜索,假设一次搜索的时间为 4 ms,那么对一颗卫星的搜索时间就为 83 886×4 ms=335.544 s,约为 5.59 min。

4.1.2　基于 FFT/IFFT 的并行捕获算法

基于 FFT/IFFT 的并行捕获算法可以大大减少运算时间,通过一次离散傅里叶变换实现 N 个码相位的搜索,离散傅里叶变换 DFT 可以用快速傅里叶变换 FFT 来实现,速度更快,计算量更小。

下面分析利用 FFT/IFFT 的方法实现并行捕获算法。

设 $x[n]$ 为射频前端输出的数字中频信号,$c[n]$ 为本地产生的 C/A 码,$z[n]$ 为

两者相关运算的结果,有

$$z[n] = \sum_{m=0}^{N-1} x[m+n]c[m] \tag{4.8}$$

对 $z[n]$ 进行离散傅里叶变换,得

$$\begin{aligned} Z[k] &= \sum_{n=0}^{N-1} z[n]\mathrm{e}^{-2\pi \mathrm{j}kn/N} = \sum_{n=0}^{N-1}\sum_{m=0}^{N-1} x[m+n]c[m]\mathrm{e}^{-2\pi \mathrm{j}kn/N} \\ &= \sum_{m=0}^{N-1} c[m]\left\{\sum_{n=0}^{N-1} x[m+n]\mathrm{e}^{-2\pi \mathrm{j}k(m+n)/N}\right\} \cdot \mathrm{e}^{2\pi \mathrm{j}km/N} \\ &= X[k]\sum_{m=0}^{N-1} c[m]\mathrm{e}^{2\pi \mathrm{j}km/N} = X[k]\overline{C[k]} \end{aligned} \tag{4.9}$$

其中,$X[k]$ 和 $C[k]$ 分别为 $x[n]$ 和 $c[n]$ 的离散傅里叶变换; $\overline{C[k]}$ 为 $C[k]$ 的复数共轭。

以上分析表明,射频前端输出的数字中频信号与本地 C/A 码的时域卷积运算可以转化为频域乘积,再做傅里叶逆变换,就可以得到这两者的相关运算结果,大大降低了计算复杂度,并且电路易于实现。基于 FFT/IFFT 的并行捕获算法结构如图 4.4 所示。

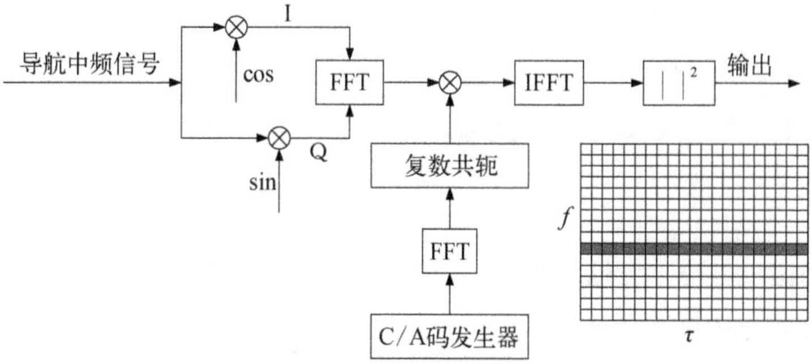

图 4.4 基于 FFT/IFFT 的并行捕获结构

这种方法本质上就是利用循环卷积来计算线性卷积。假设 FFT 的点数为 M, M 为 2 的整数幂,$x[n]$ 和 $c[n]$ 的长度都为 N,那么当 $M=N$ 时,循环卷积和线性卷积完全相等,IFFT 的计算结果就是所要求的相关运算结果。但是,实际情况下 N 不一定为 2 的整数幂,这种情况下 IFFT 的运算结果就不等于相关运算结果。这就需要在进入并行捕获电路之前对信号进行处理,有以下两种方法。

① 对输入导航中频信号进行变采样处理。变采样处理就是将原来 N 点的序列 $a(n)$ 平滑成 $M(M<N)$ 点的序列 $b(m)$,其中 $M=2^k$ 满足 FFT 对点数的要求。可以分为三个步骤: 分段;段内累加;段内求均值。分段时一般采用 $n=[m \cdot N/M]$,

其中$[x]$表示不大于 x 的最大整数。

② 对采样之后输入的 N 点序列补零至 M 点，M 为 2 的整数幂，然后进行 M 点的 FFT。这种情况下 IFFT 的计算结果就不再完全等于想要求的相关运算结果，需要进行叠加才能得到正确的相关运算结果。那么在叠加时，就会遇到“是否混叠”的问题。当 $M \geqslant 2N-1$ 时，不会发生混叠；当 $M < 2N-1$ 时，就会发生混叠，分别如图 4.5(a)、(b)所示。

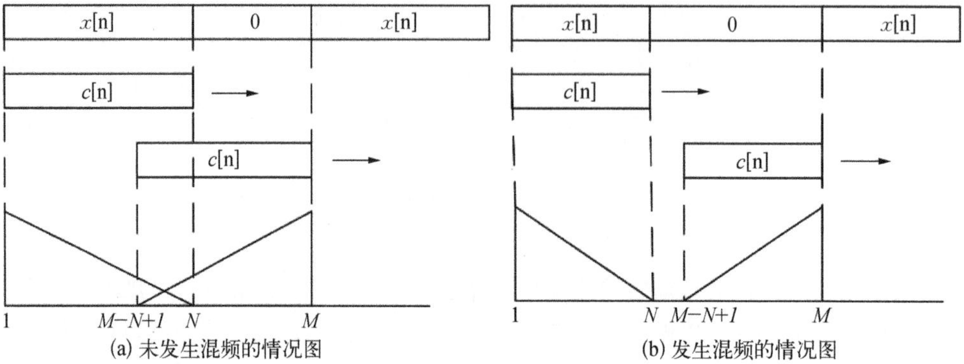

图 4.5　叠加混叠情况图

4.1.3　弱信号的捕获算法

在室内、森林等环境中，GNSS 导航信号通常在−135 dBm 以下，因此需要研究弱信号的捕获算法以提高接收机的捕获灵敏度。常用的方法就是累积，对多个周期的相关运算结果进行累积求和，可以明显地提高灵敏度，常用的累积算法有相干累积、非相干累积和差分相干累积。由于导航数据比特翻转、载波多普勒、码多普勒和晶振相位噪声等多方面的影响，累积时间是需要着重考虑的一个参数，过长的相干时间可能会导致捕获灵敏度的下降，甚至可能出现漏检。

1. 影响累积时间的因素

下面着重介绍载波残余多普勒频偏和导航数据比特翻转对累积时间的影响。

残余多普勒频偏是本地多普勒频偏估计值与真实值之间的差值。在频率搜索范围确定，减小频率搜索间隔会导致搜索单元增加，每个搜索单元的积分时间也会增加，进一步导致每个搜索单元上滞留的时间增加，因此总的捕获时间以平方的速率增长，而判决变量信噪比或者捕获灵敏度却是线性增长的。

导航数据的宽度是 20 ms，导航数据比特翻转会造成前后计算的相关值符号相反，如果这个时候再直接进行累积，会使判决变量的信噪比下降，造成灵敏度的损失。最坏的情况是在一次 20 ms 的累积时间内，前 10 ms 导航电文数据为 1，后

10 ms 导航电文数据为 0(即-1),此时直接进行累积的结果几乎为 0。

2. 相干累积

相干累积是对 I、Q 两路的相关结果进行多个周期的累加,然后再平方输出的一种累积方式,以此来获得高信噪比的判决变量,如图 4.6 所示。

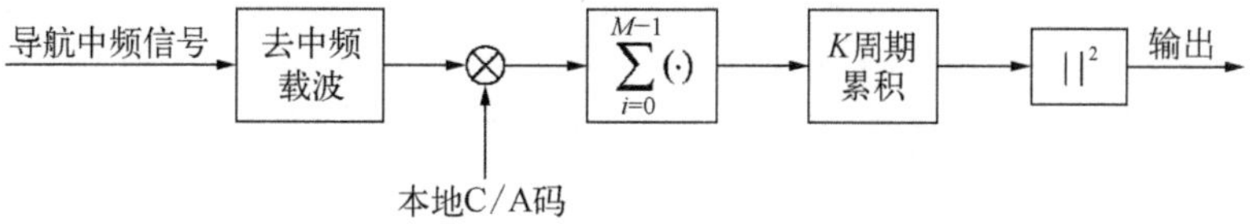

图 4.6 相干累积捕获框图

在相关累积过程中,不同周期的信号间是相关的,因此累积后的功率呈平方倍的增长,然而不同周期的噪声的相干累积过程相当于平均作用,功率只是线性增加。因此,经过 K 个周期的相干累积之后,判决变量的信噪比变为原来的 K 倍,相干累积增益为 $10\times\lg K$(dB)。

K 个周期的相干累积会使系统的多普勒频移搜索间隔变为原来的 $1/K$,下面分析造成此现象的原因。

经过 K 次相干累积后的 I、Q 两路运算结果分别为 I_{sum} 和 Q_{sum},利用 I、Q 两路的运算结果构造捕获函数,得

$$S_{\text{sum}} = I_{\text{sum}} + \mathrm{j}Q_{\text{sum}} \tag{4.10}$$

经过 K 次相干累积的输出为

$$S_{\text{sum}} = \frac{1}{K}\sum_{k=0}^{K-1} S_k \tag{4.11}$$

其中,

$$S_k = \frac{1}{L}\sum_{n=0}^{L-1} x[n]c[n+m]\mathrm{e}^{\mathrm{j}(2\pi\delta_{f_{\mathrm{d}}} nT_{\mathrm{s}}+\theta)} \tag{4.12}$$

其中,$x[n]$为接收到的去中频后的导航信号。

由式(4.11)和式(4.12)可得到残余载波多普勒对相干累积输出的影响的函数为

$$\begin{aligned} Y(f_{\mathrm{d}}) &= \sum_{n=0}^{KL-1} \mathrm{e}^{\mathrm{j}(2\pi\delta_{f_{\mathrm{d}}} nT_{\mathrm{s}}+\theta)} \\ &= \mathrm{e}^{\mathrm{j}\theta}\sum_{n=0}^{KL-1} \mathrm{e}^{\mathrm{j}(2\pi\delta_{f_{\mathrm{d}}} nT_{\mathrm{s}})} \end{aligned}$$

$$= e^{j\theta}\frac{1-e^{j2\pi\delta_{f_d}T_sKL}}{1-e^{j2\pi\delta_{f_d}T_s}} \tag{4.13}$$

其中，δ_{f_d} 为残余载波多普勒，即载波多普勒估计值与真实值之间的差值。

化简式(4.13)后得到在只考虑载波多普勒的影响时的关系式为

$$Y(f_d)=\frac{\sin(\pi\delta_{f_d}T_sKL)}{\sin(\pi\delta_{f_d}T_s)}\cdot\exp\{j[\theta+\pi\delta_{f_d}T_s(KL-1)]\} \tag{4.14}$$

累积时间 $T_{total}=KLT_s$。

因此，残余载波多普勒对相干累积时间的影响为

$$\mathrm{dop}(f_d)=|Y|^2=\left|\frac{\sin(\pi\delta_{f_d}T_sKL)}{\sin(\pi\delta_{f_d}T_s)}\right|^2=\left|\frac{\sin(\pi\delta_{f_d}T_{total})}{\sin(\pi\delta_{f_d}T_s)}\right|^2 \tag{4.15}$$

由式(4.15)可知，相干累积时间越长，归一化影响系数曲线的主瓣越窄，即要求更加精确的频率估计，也就是要求频率搜索间隔越小，就会导致搜索单元成倍增加，捕获速度下降。

另外，由于导航电文的码率为 50 bit/s，宽度为 20 ms，那么在 20 ms 内导航电文比特肯定发生一次翻转，翻转之后再求得的相关函数与原来的相反，这可能会导致灵敏度降低。

分析给出了在没有多普勒频偏时仅由导航数据比特翻转造成的平均衰减 d_m 的近似公式为

$$d_m\approx\begin{cases}1-\dfrac{K}{3D}, & K\leqslant D\\ \dfrac{D}{K}\left(1-\dfrac{D}{3K}\right), & K>D\end{cases} \tag{4.16}$$

其中，D 根据不同的导航系统具有不同的值，对于 GNSS 系统 L1 波段来讲，$D=20$。由于残余多普勒和导航电文比特翻转的影响，相干累积的时间不能过长。

3. 非相干累积

非相干累积是对 I、Q 两路的输出结果先进行平方，再进行多个周期累加的一种累积方式，以此获得高信噪比的判决变量，如图 4.7 所示。

非相干累积的输出判决变量为

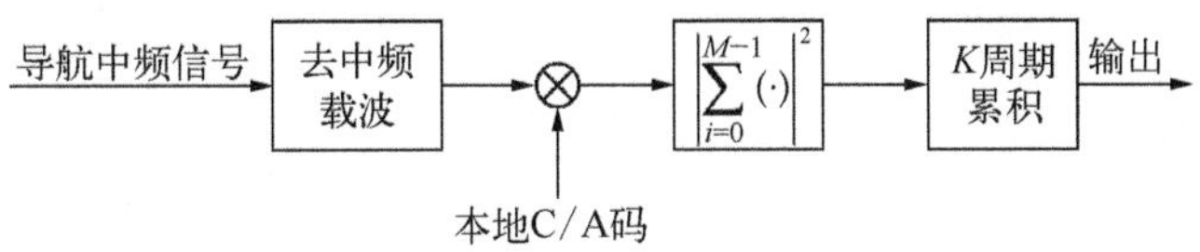

图 4.7 非相干累积捕获框图

$$S_{sum} = \sum_{k=0}^{K-1} |S_k|^2 \tag{4.17}$$

其中,

$$S_k = \frac{1}{L}\sum_{n=0}^{L-1} x[n]c[n+m]e^{j(2\pi\delta_{f_d} nT_s+\theta)} \tag{4.18}$$

非相干累积与相干累积最大的不同就是它没有利用不同周期的信号间的相关性,因此避免了导航数据比特翻转带来的影响,使得非相干累积的累积时间更长。但是,也带来了另外一个缺点,由于非相干累积先进行了平方运算,后进行线性累加,就会引入平方损失。

用 S 表示信号能量,N 表示噪声能量,则非相干累积时会有

$$(S+N)^2 = S^2 + N^2 + 2SN \tag{4.19}$$

由于在平方的过程中,信号和噪声同时平方,在最后的判决变量输出时引入了信号和噪声的交叉项 $2SN$,因此相对于相干累积造成了一定的信噪比的损失,并且随着非相干累积时间的增长,平方损失也会增大,所以非相干累积时间也不能无限增长。

非相干累积的增益等于相干累积的增益减去平方损失,即

$$G_{NCH}(K) = 10\lg K - L_{NCH} \tag{4.20}$$

$$L_{NCH} = 10\lg\left[\frac{1+\sqrt{1+9.2K/[\mathrm{erf}^{-1}(1-2P_f)-\mathrm{erf}^{-1}(1-2P_d)]^2}}{1+\sqrt{1+9.2/[\mathrm{erf}^{-1}(1-2P_f)-\mathrm{erf}^{-1}(1-2P_d)]^2}}\right] \tag{4.21}$$

其中,L_{NCH} 为平方损失。

另外,非相干累积时间的增长不会使捕获系统的多普勒频移搜索间隔变窄,即相同的累积时间,非相干累积的搜索量比相干累积的搜索量少很多。

4. 差分相干累积

差分相干累积通过对相邻两次计算的结果进行延迟共轭相乘,以一个恒定的

差分相位来降低多普勒频偏与导航电文对累积时间的影响,如图 4.8 所示。

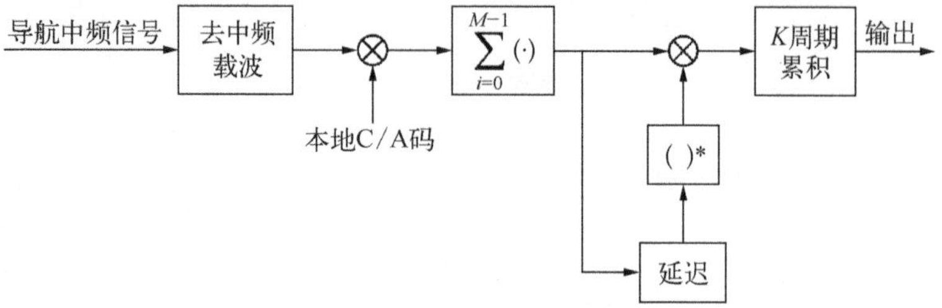

图 4.8　差分相干累积捕获框图

差分相干累积的输出判决变量为

$$S_{\text{sum}} = \sum_{k=0}^{K-1} S_k \times S_{k+1} \tag{4.22}$$

对于导航信号来说,相邻两个周期的相位可以认为近似不变。差分相干累积有效地去除随机相位的影响,其改善效果优于非相干累积。

4.2　GNSS 接收机跟踪原理

在 GNSS 接收机(以 GPS 信号处理为例)的天线接收到卫星信号之后,经过射频前端的处理变成数字中频信号,经过捕获模块粗同步后,接收机将信号送入跟踪模块。由于在捕获阶段只是粗略得到了载波多普勒频移和 C/A 码相位,并且卫星是不断运动的,载波多普勒频移和 C/A 码相位也随时间变化,因此需要对载波多普勒频移和 C/A 码相位进行精跟踪,以便获得连续且稳定的 GNSS 信号,从而获得精确的载波频率、相位及 C/A 码相位。可采用锁相环或锁频环传统方法跟踪载波;采用延迟锁定环路(DLL)跟踪 C/A 码。

4.2.1　载波跟踪算法

载波跟踪环路是为了使本地载波 NCO 产生的振荡信号尽可能与接收到的卫星信号的载波频率和相位一致,并随时根据接收到的 GNSS 导航信号作出调整,使两者的频率和相位在任何时刻都保持一致,从而通过相关运算去掉卫星导航信号中的载波部分,对导航数据信息进行相应的解调。为了实现载波跟踪环路的目标,通过构成闭环反馈的形式来对本地载波 NCO 进行控制和调整。载波跟踪环的跟踪灵敏度是衡量 GNSS 接收机的性能的重要指标。

传统 GNSS 接收机的载波跟踪环路由鉴别器、环路滤波器(低通滤波器)和压控振荡器三部分组成。鉴别器的类型决定了载波跟踪环路的类型,以此为依据,载波跟踪环路可分为：锁相环和锁频环。

1. 锁相环

PLL 由鉴相器、环路滤波器和压控振荡器构成，其结构如图 4.9 所示。

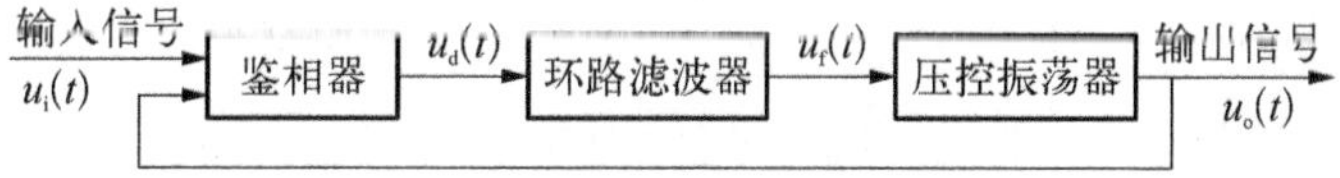

图 4.9 锁相环结构示意图

当输入信号与输出信号之间存在一个相位差时，鉴相器的低频输出就不为 0，环路滤波器的输出结果也不为 0，就会相应地调整压控振荡器的输出频率。锁相环通过重复鉴别输入输出信号之间的相位差异和调整输出信号的频率，最终使输出信号和输入信号同频同相。

PLL 的 s 域数学模型如图 4.10 所示。

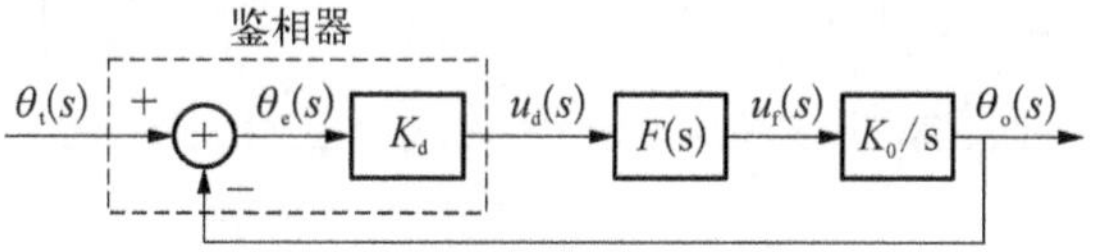

图 4.10 锁相环的 s 域数学模型

对于相位，鉴相器就相当于一个减法器和一个乘法器的级联，鉴相器的输出为

$$u_d(t) = K_d[\theta_i(t) - \theta_o(t)] \tag{4.23}$$

式(4.1)在 $\theta_e(t)$ 较小的情况下是成立的，原因是对于实际的输入信号 $u_i(t)$ 和输出信号 $u_o(t)$ 以及鉴相器的具体实现而言，鉴相器具体实现时就是一个乘法器，实际鉴相器的输出为

$$u_d(t) = K_d\{\sin[(\omega_i + \omega_o)t + \theta_i + \theta_o] + \sin\theta_e(t)\} \tag{4.24}$$

经过环路滤波以后的输出为

$$u_f(t) = u_d(t) \cdot h(t) \tag{4.25}$$

其中，$h(t)$ 为环路滤波器的单位冲击响应。

环路滤波器的输出用来控制压控振荡器，压控振荡器的频率变化量与输入控制信号 $u_f(t)$ 成正比，即

$$\frac{d\omega_o}{dt} = K_0 u_f(t) \tag{4.26}$$

其中，ω_o 为压控振荡器连续输出的信号的角频率。

相位变化量可以由角频率对时间的积分得到，因此角频率的时间变化率对时间的积分就得到初相位的变化量，即

$$\theta_o(t)=\int_0^t \frac{d\omega_o}{dt}dt = K_0\int_0^t u_f(t)\,dt \tag{4.27}$$

式(4.27)假设在 $t=0$ 时刻的初始相位为 0。

普通的锁相环有较好的跟踪灵敏度，但是对相位翻转较为敏感，下面介绍一种对相位翻转不敏感的锁相环——Costas 环。

Costas 环的原理结构如图 4.11 所示。

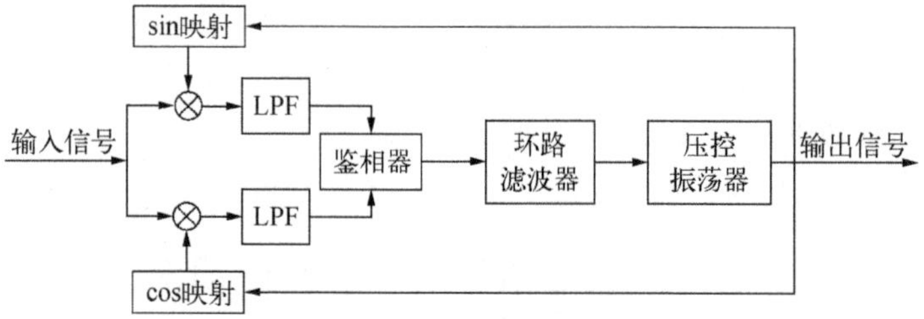

图 4.11　Costas 环原理框图

Costas 环是将信号分成同相和正交两支路，经过低通滤波之后进入鉴相器进行相位鉴别，随后将鉴别的结果滤除噪声用来控制载波 NCO 产生频率和相位发生了相应改变的信号，只要鉴相器的输出不为 0，就会一直不断地进行调整，直到输入输出信号同频同相。

Costas 环最常用的鉴相器的鉴相算法有四种：$Q_p \times I_p$、$Q_p \mathrm{sign}(I_p)$、Q_p/I_p、$\mathrm{ATAN}(Q_p/I_p)$，这四种鉴相算法的鉴相误差分别为 $\sin 2\phi$、$\sin\phi$、$\tan\phi$、ϕ，如图 4.12 所示。

Costas 环的四种鉴相算法特性如表 4.1 所示。

表 4.1　Costas 环鉴别器

鉴相算法	鉴相误差	特　　性
$Q_p \times I_p$	$\sin 2\phi$	高信噪比时接近最佳，斜率与信号幅度成正比，运算量较低
$Q_p \mathrm{sign}(I_p)$	$\sin\phi$	低信噪比时接近最佳，斜率与信号幅度平方成正比，运算量中等
Q_p/I_p	$\tan\phi$	在高、低信噪比时性能良好，斜率与信号幅度无关。运算量要求较高，但是必须检查是否除 0
$\mathrm{ATAN}(Q_p/I_p)$	ϕ	在高、低信噪比时最佳(最大似然估计器)，斜率与信号幅度无关，运算量要求最高

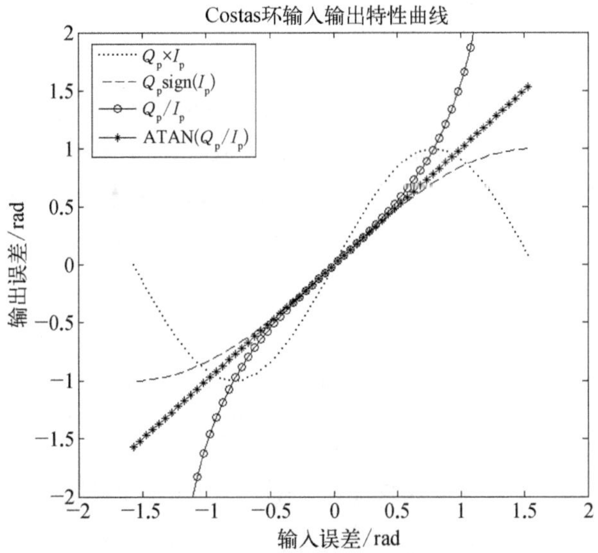

图 4.12 无噪声时 Costas 环的输入输出特性

由图 4.12 可知，普通的锁相环鉴别器具有比 Costas 环更大的鉴相范围，但是 Costas 环对相位翻转不敏感。如果鉴相前消除了比特翻转，就可以采用普通的锁相环鉴别器鉴相。

锁相环的系统函数为

$$H(s)=\frac{\theta_o(s)}{\theta_i(s)}=\frac{K_d K_0 F(s)}{1+K_d K_0 F(s)} \tag{4.28}$$

相位差异信号和输入信号之间的传递函数为

$$H_{ei}(s)=\frac{\theta_e(s)}{\theta_i(s)}=\frac{s}{s+K_d K_0 F(s)} \tag{4.29}$$

锁相环中除了鉴相器之外，环路滤波器也是一个很重要的器件，由式(4.28)和式(4.29)可知环路滤波器的系统函数 $F(s)$决定了锁相环整体的功能特性。环路滤波器本质上就是一个低通滤波器，可以过滤掉鉴相器输出误差信号中含有的噪声和高频成分，以便对频率进行精确估计，并对整个反馈环路的矫正速度进行适当的调节。环路滤波器的阶数和噪声带宽决定了环路滤波器的动态适应能力，也决定了环路滤波器的复杂程度。

GNSS 接收机中环路滤波器常采用的是数字滤波器，它和模拟环路滤波器具有对应关系，需要对模拟的环路滤波器进行数字离散化，常采用双线性变换法：

$$s = \frac{2}{T_s}\frac{1 - z^{-1}}{1 + z^{-1}} \tag{4.30}$$

其中，T_s 为抽样速率，在锁相环中是指鉴相器的数据输出率。

双线性变换后的一阶数字滤波器在 z 域的数学模型分别如图 4.13 所示，其中 C_1、C_2 分别为数字环路滤波器的系数，与环路的固有频率 ω_n、阻尼系数 ζ 和采样时间 T 有关。

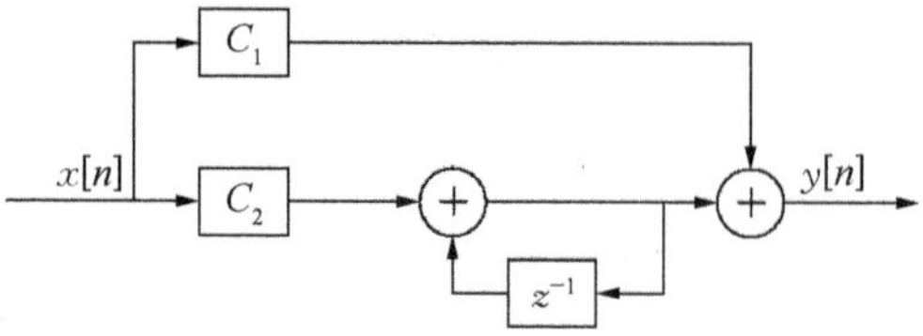

图 4.13　一阶数字环路滤波器的 z 域数学模型

一阶数字环路滤波器的 z 域系统函数为

$$F(z) = \frac{(C_1 + C_2) - C_1 z^{-1}}{1 - z^{-1}} \tag{4.31}$$

压控振荡器的系统函数为

$$N(z) = \frac{K_0 z^{-1}}{1 - z^{-1}} \tag{4.32}$$

锁相环的阶数一般比环路滤波器的阶数高一阶，因此二阶数字锁相环的 z 域系统函数为

$$H(z) = \frac{K_d K_0 (C_1 + C_2) z^{-1} - K_d K_0 C_1 z^{-1}}{1 + [K_d K_0 (C_1 + C_2) - 2] z^{-1} + (1 - K_d K_0 C_1) z^{-2}} \tag{4.33}$$

其中，C_1、C_2 计算公式为

$$C_1 = \frac{1}{K_d K_0}\frac{8\zeta\omega_n T}{4 + 4\zeta\omega_n T + (\omega_n T)^2} \tag{4.34}$$

$$C_2 = \frac{1}{K_d K_0}\frac{4(\omega_n T)^2}{4 + 4\zeta\omega_n T + (\omega_n T)^2} \tag{4.35}$$

其中，K_d、K_0 为环路增益；ω_n 为系统固有角频率；ζ 为阻尼系数；T 为采样时间。

锁相环的噪声带宽为

$$B_L=\int_0^{\infty}|H(jf)|^2\mathrm{d}f=\frac{\omega_n}{2}\left(\zeta+\frac{1}{4\zeta}\right) \tag{4.36}$$

固有频率 ω_n 和阻尼系数 ζ 之间的关系为

$$\omega_n=\frac{8\zeta B_L}{4\zeta^2+1} \tag{4.37}$$

不同阶数的数字锁相环具有不同的特性，二阶锁相环只能跟踪相位斜升信号，三阶锁相环可以跟踪频率斜升信号，即相位与时间的平方成正比。

三阶数字锁相环中环路滤波器的 z 域数学模型如图 4.14 所示，其中 ω_n 为系统固有频率，T_s 为数据输入速率，a_3、b_3 为环路滤波参数。

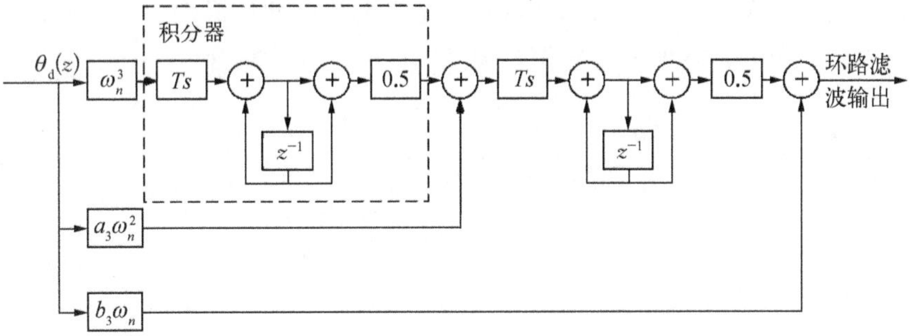

图 4.14　三阶锁相环中环路滤波器的 z 域数学模型

一阶锁相环和二阶锁相环理论上是无条件稳定的，三阶锁相环的环路滤波参数如果设计不当，就会存在不稳定的问题。一般来说，对于环路滤波参数最重要的是系统固有角频率 ω_n 和系统阻尼系数 ζ。ω_n 越大，系统达到稳态需要的时间越短，系统会有较快的动态跟踪性能。在欠阻尼（$0<\zeta<1$）情况下，系统在达到稳态前会发生激烈的震荡，但是系统比较灵活；在过阻尼（$\zeta>1$）的情况下，系统会快速达到稳态，稳定性高，但是系统反应比较迟缓。阻尼系数 ζ 通常取 0.707。

锁相环的优点是噪声带宽小，跟踪信号紧密，输出的载波相位精度高，因此 GNSS 导航接收机大都使用锁相环进行载波跟踪和码跟踪，然而实际中锁相环工作时的跟踪性能和精度经常受到噪声、动态应力和阿仑方差等引起的相位误差的影响，因此，有必要研究锁相环的性能指标。锁相环有两个重要的性能指标：跟踪误差和跟踪门限。锁相环是一个非线性系统，实际工作的性能指标需要通过仿真才能获得,也可以采用经验公式粗略估计。

相位抖动和动态应力误差是锁相环跟踪的主要误差源,传统的估计方法是 3σ 颤动不能超过锁相环跟踪范围的 1/4。经典的 Costas 环的跟踪门限要满足如下条件:

$$3\sigma_{PLL} = 3\sigma_j + \theta_e \leqslant 45^\circ \tag{4.38}$$

其中,σ_j 表示除了动态应力误差之外其他所有误差源造成的 1σ 相位颤动;θ_e 表示锁相环载波跟踪环路的动态应力误差。

相位颤动为互不相关的相位跟踪误差源造成的误差的平方和的平方根,互不相关的相位误差源包括热噪声和本地振荡器相位噪声,那么在有数据调制的情况下,锁相环跟踪环路的 1σ 经验门限为

$$\sigma_{PLL} = \sqrt{\sigma_{tPLL}^2 + \sigma_c^2} + \frac{\theta_e}{3} \leqslant 15^\circ \tag{4.39}$$

其中,σ_{tPLL} 为 1σ 热噪声;σ_c 表示接收机本地振荡器的相位颤动。

锁相环热噪声和本地振荡器相位颤动的经验计算公式为

$$\sigma_{tPLL} = \frac{360}{2\pi}\sqrt{\frac{B_L}{C/N_0(1 - 2B_L T_{coh})}\left(1 + \frac{1}{2T_{coh} C/N_0}\right)} \tag{4.40}$$

$$\sigma_c = \frac{360}{2\pi}\sqrt{\frac{0.9048(2\pi)^3 h_{-4}}{B_L^3} + \frac{0.8076(2\pi)^2 h_{-3}}{B_L^2} + \frac{1.2566(2\pi) h_{-2}}{B_L}} \tag{4.41}$$

其中,B_L 为锁相环路的噪声带宽;C/N_0 为载噪比;T_{coh} 为相干积分时间,对于一般的 TCXO 而言,$h_{-4} = 6\times10^{-4}$, $h_{-3} = 6\times10^{-3}$, $h_{-2} = 9.6\times10^{-4}$。

由式(4.38)可知锁相环的热噪声与噪声带宽、载噪比和相干积分时间有关,在载噪比越大、噪声带宽越小的情况下热噪声一定越小,但是与此同时,噪声带宽的减小就意味着环路的动态适应能力降低,另外,本地振荡器相位颤动引起的噪声会随着环路带宽的减小而增大,这就进一步限制了环路带宽的减小。上述热噪声计算公式成立的条件是 $B_L T_{coh} = 1$。

在相同载噪比和环路带宽下,三阶锁相环具有较小的总跟踪误差。随着载噪比的增大,总跟踪误差减小,这是因为锁相环的热噪声误差与载噪比成反比,与此同时,环路总跟踪误差先减小后增大,即存在一个最优环路噪声带宽使总跟踪误差最小。二阶锁相环和三阶锁相环在不同载噪比下与环路带宽的关系如图 4.15 所示。

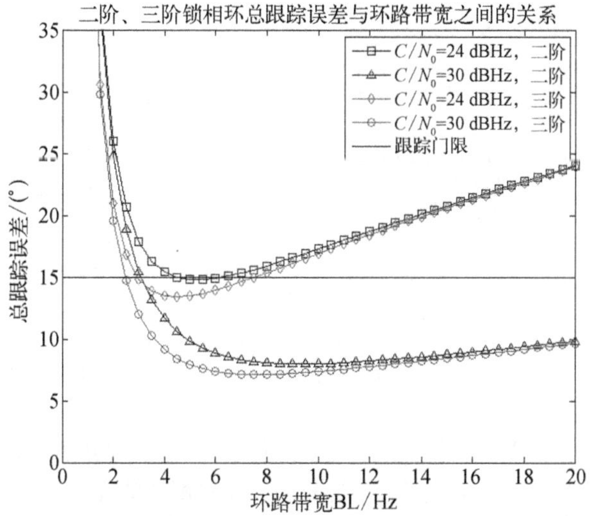

图 4.15 不同载噪比下二阶和三阶锁相环环路总跟踪误差

由图 4.15 可以看出，在载噪比为 30 dBHz 时，三阶锁相环的最优环路带宽为 8 Hz；在载噪比为 24 dBHz 时，三阶锁相环的最优环路带宽为 5 Hz。

2. 锁频环

FLL 由鉴频器、环路滤波器和压控振荡器构成，其结构如图 4.16 所示。

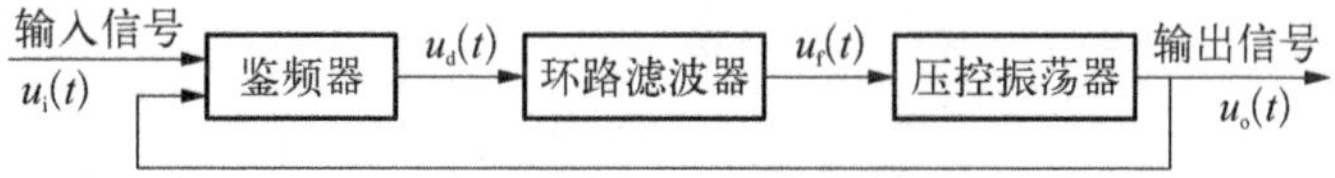

图 4.16 锁频环结构示意图

FLL 的基本原理与 PLL 相同，只是 FLL 采用鉴频器来确定输入输出信号之间的频率差，而非相位差。FLL 的目的是使输出信号的频率和输入信号的频率保持一致，但是不要求两者的相位保持一致。鉴频器输出的频率误差鉴别结果经环路滤波之后，作为控制信号来控制压控振荡器，从而调节压控振荡器的输出信号的载波频率，使输出信号的频率与输入信号的频率一致，进一步可以推断出接收信号的多普勒频移。除了多普勒频移测量值外，锁频环也可以得到载波相位值，但是由于此相位值没有经过反馈校正，因此载波相位测量值不如锁相环测量得到的相位值精确。

FLL 的理论分析与 PLL 基本相似，此处不再赘述。

表 4.2　不同鉴频算法的特点

鉴频算法	鉴频误差	特　　点
$\dfrac{Q\times I}{t_2-t_1}$	$\dfrac{\sin(\phi_2-\phi_1)}{t_2-t_1}$	在低信噪比时近似最佳鉴频,斜率与信号幅度的平方有关,运算量要求很低
$\dfrac{Q\text{sign}(I)}{t_2-t_1}$	$\dfrac{\sin[2(\phi_2-\phi_1)]}{t_2-t_1}$	在高信噪比时近似最佳鉴频,斜率与信号幅度有关,运算量要求适中
$\dfrac{\text{ATAN}(Q/I)}{t_2-t_1}$	$\dfrac{\phi_2-\phi_1}{t_2-t_1}$	二象限反正切法(最大似然估计),最佳鉴频算法,斜率与信号幅度无关,但是运算量要求高

注:$Q=I_{t_1}\times Q_{t_2}-I_{t_2}\times Q_{t_1}$, $I=I_{t_1}\times I_{t_2}+Q_{t_1}\times Q_{t_2}$, t_1、t_2 为两个不同的采样时刻。

由表4.2可知,三种鉴频算法中 $Q\times I$ 和 ATAN(Q/I)的鉴频范围为[$-1/2T$, $1/2T$],但是 ATAN(Q/I)的鉴频曲线在一个周期内是完全线性的,而 IQ 只在[$-1/4T$,$1/4T$]范围内近似线性,超出这个范围就会有较大的误差,Qsign(I)的鉴频范围为[$-1/4T$,$1/4T$]。T 为相干积分时间。

与锁相环一样,锁频环在实际运用中也采用数字锁频环,同样采用双线性变换法将模拟锁频环变成数字锁频环。二阶锁频环的 z 域数学模型如图4.17所示,K_d 为鉴相器增益,K 为环路滤波增益,ω_n 为系统固有角频率,T_s 为输入数据速率,a_2 为环路滤波器参数,$N(z)$为压控振荡器系统函数。

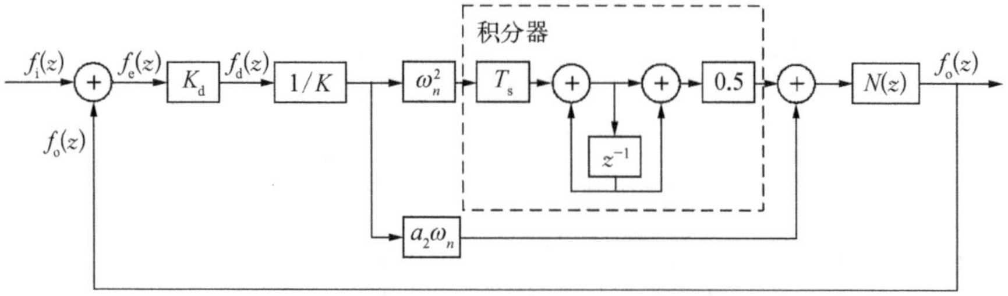

图4.17　二阶数字锁频环的 z 域数学模型

锁频环的误差来源主要为频率抖动和动态应力误差,其中频率抖动主要由热噪声引起,时钟频率的抖动可以忽略不计。

$$3\sigma_{\text{FLL}}=3\sigma_{\text{tFLL}}+f_\text{e}\leqslant\frac{1}{4T_{\text{coh}}}\tag{4.42}$$

其中,σ_{tFLL} 为热噪声造成的频率抖动;f_e 为动态应力误差。

$$\sigma_{\mathrm{tFLL}} = \frac{1}{2\pi T_{\mathrm{coh}}}\sqrt{\frac{4FB_{\mathrm{L}}}{C/N_0}\left(1 + \frac{1}{T_{\mathrm{coh}}C/N_0}\right)} \tag{4.43}$$

其中，B_{L} 为环路噪声带宽；C/N_0 为载噪比；T_{coh} 为相干积分时间；高载噪比时 F 为 1，在接近跟踪门限时 F 为 2。

4.2.2 码跟踪算法

码跟踪环路通过其内部的本地 C/A 码发生器产生一个与接收信号中的 C/A 码一致的 C/A 码，然后让两者进行相关运算，再根据运算结果，码环检测本地产生的 C/A 码与接收信号中的 C/A 码的一致程度，以此调整本地 C/A 码码元的相位，使得在之后的时刻两者的相位也始终保持一致。传统的码跟踪环路常用延迟锁定环路(DLL)，如图 4.18 所示。

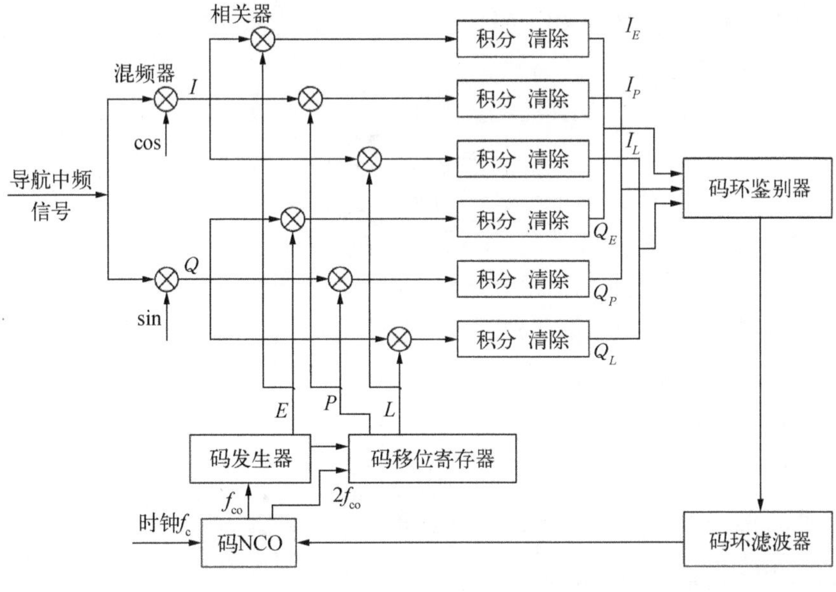

图 4.18 延迟锁定环路结构示意图

导航信号 C/A 码采用具有良好的自相关和互相关特性的伪随机码，只有当两个 C/A 码和相位完全相同时，输出的相关运算结果达到最大，否则相关运算结果基本为 0。基于 C/A 码这样的特性，DLL 产生超前码、即时码和滞后码，分别用 E、P、L 表示。GNSS 接收机射频前端接收到的卫星信号，经过下变频和 A/D 采样变成数字中频信号，数字中频信号乘以载波跟踪环路跟踪得到的载波信号变成数字基带信号，然后再分别与 E、P、L 三路 C/A 码相乘，得到 E、P、L 三路的相关值，根据超前支路和滞后支路的相干积分结果，码环鉴别器可以估算出即时码和输入的 C/A 码之间的相位差异 δ_{cp}，再经过环路滤波器进行滤波之后作为码 NCO 的控制输入来调节码 NCO 的数控振荡器的输出频率 f_{co}，在 f_{co} 的驱动下本地 C/A 码发生器输出相位和频率得到调整的 C/A 码，以使本地 C/A 码与收到的 C/A 码频率和相位一致。

码发生器产生的三路 E、P、L 码分别为

$$\begin{aligned} E(t) &= c(t-\tau_r+\delta) \\ P(t) &= c(t-\tau_r+\delta) \\ L(t) &= c(t-\tau_r-\delta) \end{aligned} \tag{4.44}$$

其中，τ_r 为信号捕获时估计的码相位；δ 为码延迟宽度，一般为 0.5 码片。

在信号进入 I、Q 两路去载波之后，与 E、P、L 三路本地 C/A 码进行相关运算后累积得到 E、P、L 三支路的相干积分结果，得到相干积分结果之后，码环鉴别器常利用以下计算公式进行非相干积分：

$$\begin{aligned} E &= \sqrt{I_E^2+Q_E^2} \\ P &= \sqrt{I_P^2+Q_P^2} \\ L &= \sqrt{I_L^2+Q_L^2} \end{aligned} \tag{4.45}$$

利用相干积分值或非相干积分值作为码环鉴别器的输入，得到相位误差输出 δ_{cp}，常见的码环鉴别器有以下四种。

① 非相干超前减滞后幅值法。

单位化之后的鉴别公式为

$$\delta_{cp} = \frac{1}{2}\frac{E-L}{E+L} \tag{4.46a}$$

② 非相干超前减滞后功率法。

单位化之后的鉴别公式为

$$\delta_{cp} = \frac{1}{2}\frac{E^2-L^2}{E^2+L^2} \tag{4.46b}$$

③ 似相干点积功率法。

这种鉴别方法直接采用的是相干积分的积分结果，相比之下，计算量低于前两种鉴别方法，但是在硬件实现方面却需要采用三对相关器，单位化之后的鉴别公式为

$$\delta_{cp}=\frac{1}{4}\left(\frac{I_E-I_L}{I_P}+\frac{Q_E-Q_L}{Q_P}\right) \tag{4.46c}$$

④ 相干点积功率法。

当载波跟踪环路采用 PLL 并且 PLL 处于稳定工作状态时，接收到的信号所有功率都集中在 I 支路上，Q 之路上的信号功率几乎接近 0，单位化之后的鉴别公式为

$$\delta_{cp}=\frac{1}{4}\frac{I_E-I_L}{I_P} \tag{4.46d}$$

四种码环鉴别器的特点如表 4.3 所示。

表 4.3　四种码环鉴别器的特点

码环鉴别因子	特　　点
$\delta_{cp}=\frac{1}{2}\frac{E-L}{E+L}$	具有最大运算量，再输入误差小于±1.5 码片的范围内都有良好的跟踪性能，另外只需要两对相关器
$\delta_{cp}=\frac{1}{2}\frac{E^2-L^2}{E^2+L^2}$	运算量很大，在±1/2 码片的输入误差范围内性能与非相干超前减滞后幅值法相似
$\delta_{cp}=\frac{1}{4}\left(\frac{I_E-I_L}{I_P}+\frac{Q_E-Q_L}{Q_P}\right)$	具有较小的计算量，在±1/2 码片的输入误差范围内有近似真实的输出，但是至少需要三对相关器
$\delta_{cp}=\frac{1}{4}\frac{I_E-I_L}{I_P}$	计算量最小，但是只能在锁相环工作在锁定状态时才能用，即要求信号功率集中在 I 路上

超前码(E)、即时码(P)和滞后码(L)与输入信号之间的关系如图 4.19 所示。

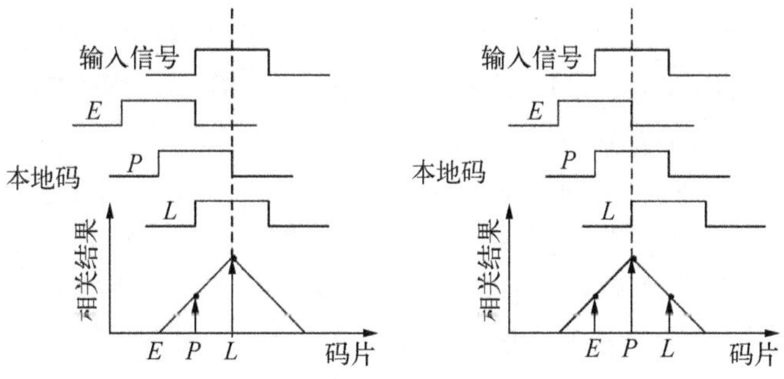

图 4.19　超前码、即时码和滞后码与输入信号之间的关系

由图 4.19 可知，三路信号中与输入信号相位相差最小的那一路信号在相关之后具有最大的相关值，当此相位差为 0 时，得到相关峰值；相位差半个码片时，相关

值为相关峰值的一半；相位差为一个码片时，相关值为 0。

延迟锁定环路的跟踪误差主要有热噪声距离误差颤动和动态应力误差。DLL 的经验跟踪门限由码跟踪环路的所有误差源造成的颤动的 3σ 值决定，要求此值不能大于码环鉴别器跟踪范围的一半，即

$$3\sigma_{\mathrm{DLL}} = 3\sigma_{\mathrm{tDLL}} + R_{\mathrm{e}} \leqslant \frac{D}{2} \tag{4.47}$$

其中，σ_{tDLL} 为 1σ 的热噪声跟踪颤动；R_{e} 为延迟锁定环路的动态应力误差；D 为超前滞后相关器的码片间距。

对于非相干延迟锁定环路的码环鉴别器，热噪声误差颤动的表达式为

$$\sigma_{\mathrm{tDLL}} \approx \frac{1}{T_{\mathrm{c}}}\sqrt{\frac{B_{\mathrm{n}}\int_{-B_{\mathrm{fe}}/2}^{B_{\mathrm{fe}}/2} S_{\mathrm{s}}(f)\sin^2(\pi f D T_{\mathrm{c}})\,\mathrm{d}f}{(2\pi)^2 C/N_0\left[\int_{-B_{\mathrm{fe}}/2}^{B_{\mathrm{fe}}/2} f S_{\mathrm{s}}(f)\sin(\pi f D T_{\mathrm{c}})\,\mathrm{d}f\right]^2}} \times \sqrt{1+\frac{\int_{-B_{\mathrm{fe}}/2}^{B_{\mathrm{fe}}/2} S_{\mathrm{s}}(f)\cos^2(\pi f D T_{\mathrm{c}})\,\mathrm{d}f}{T_{\mathrm{c}}/N_0\left[\int_{-B_{\mathrm{fe}}/2}^{B_{\mathrm{fe}}/2} S_{\mathrm{s}}(f)\cos(\pi f D T_{\mathrm{c}})\,\mathrm{d}f\right]^2}} \tag{4.48}$$

其中，B_{n} 为码跟踪环路的噪声带宽；$S_{\mathrm{s}}(f)$ 为信号的功率谱密度；B_{fe} 为双边前端带宽；T_{c} 为码片宽度。

4.3　软件接收机系统设计与分析

目前大部分的定位信号接收处理系统是数字式的，对定位信号的处理通过专用集成电路（application specific integrated circuit，ASIC）芯片来实现，系统具有低功耗和高速度的优点，但是灵活性、兼容性和可扩展性都不强。由于 ASIC 芯片一旦定型就不能更改，在面对新的导航定位信号时，现有系统将无法进行处理，需要重新设计 ASIC 芯片以兼容新的导航定位信号。而基于软件无线电思想的定位信号接收处理系统使用可编程数字电路，如通用处理器、DSP 器件或 FPGA 等构成通用硬件平台，对定位信号的处理通过软件编程来实现。系统功能的改变或者增加只需要对软件作一定的调整或增加一些功能模块，而不需要重新设计系统，具有很强的灵活性。因此软件无线电技术是 GNSS 定位信号（以 GPS 信号处理为例）接收处理系统设计的良好解决方案，本节基于软件无线电思想，设计了 GNSS 定位信号接收处理系统，并对系统的性能进行了分析。

4.3.1 系统总体架构

基于软件无线电思想的 GNSS 定位信号接收处理系统结构如图 4.20 所示，系统由射频信号接收硬件和中频数字信号处理软件两部分组成。

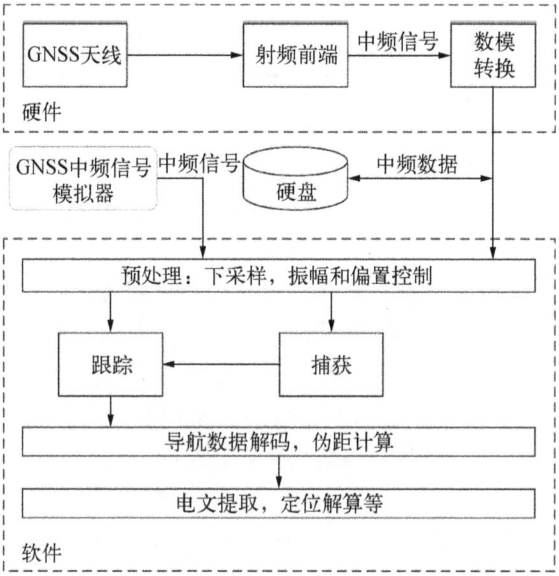

图 4.20 GNSS 定位信号接收处理系统结构

GNSS 信号通过同一个天线进入射频前端，在射频前端中经过放大、滤波和下变频等一系列处理后转换为中频信号，中频信号通过 ADC 转换为数字信号。在定位信号数字化以后，所有的处理交由软件实现。定位信号的处理主要包括相关运算、捕获/跟踪、导航数据位/帧同步、导航数据解码、伪距计算、电文提取和定位解算等。

中频信号处理软件运行于可编程通用处理平台。而根据编程语言的不同，处理平台可分为两类：第一类是使用 C/C++等软件语言进行编程的处理平台，如 CPU、DSP、ARM 等，这类平台由于可使用高级软件语言进行编程，因此开发起来更加容易和灵活；第二类是使用硬件语言（HDL）进行编程的处理平台，如 FPGA，这类平台在特性上很接近 ASIC，具有很高的运行速度，但由于采用硬件语言编程，因此开发难度比第一类大得多。在 PC 平台上可以使用多种软件开发语言及开发工具，十分灵活方便，适用于各种定位信号处理算法的开发和研究，使用 PC 作为定位信号处理软件的运行平台。

4.3.2 射频信号接收硬件设计与分析

射频信号接收硬件的主要功能是通过天线接收 GNSS 射频信号，并将接收到的射频信号转换为中频数字信号,最后将中频数字信号打包传输给 PC。射频信号接收硬件主要由接收天线、射频前端和数据采集卡三部分组成。

1. 接收天线

接收天线负责接收空间中传播的 GNSS 信号,将电磁波信号变换为接收硬件可以处理的电流信号。由于天线是信号输入的第一级,因此天线性能的好坏关系着整个信号接收和处理系统的性能。描述天线性能的主要参数有:频率/带宽、极化方式和增益场型(gain pattern)。

① 天线的频率/带宽是指天线接收的信号的频率范围。为了接收 GPS L1 信号,天线的中心频率应该为 1 575.42 MHz,带宽则不应小于 2.046 MHz(2.046 MHz 的带宽是 GPS L1 信号的主瓣零点带宽,90%以上的信号能量包含在这一范围内),但带宽也不宜过大,过大的带宽将会增加带外信号的潜在干扰。

② 天线的极化是指天线辐射时形成的电场强度方向。由于 GPS L1 信号都采用右旋圆极化(RHCP)方式进行发射,因此接收天线也必须设计为同样的极化方式。使用 RHCP 方式可以在一定程度上减弱多路径效应的影响。多路径效应是信号经过其他物体反射后间接到达天线的现象引起的,多路径效应会造成伪距计算的误差。一个 RHCP 信号经过反射后将变为左旋圆极化(LHCP)信号。而 RHCP 天线对 LHCP 信号的接收具有较低的增益,因此 RHCP 天线对多路径效应具有一定的抑制作用。

③ 天线增益场型描述了天线的方向性,是指天线对不同方向信号收发的增益。由于 GPS 卫星信号具有较高的仰角,而反射的多径信号则具有较低的仰角或者负仰角,因此天线需要设计为对高仰角信号具有较好的增益,而对于低仰角或负仰角具有较低的增益或负增益。

此外电压驻波比(voltage starding wave ratio, VSWR)也是描述天线性能的一个重要参数。VSWR 指出信号传输时由于阻抗的不匹配而造成信号反射的大小。VSWR 越大则信号反射越大,如果 VSWR 值为 2,则有 11.11%的信号会被反射。因此要求 VSWR 越小越好,在移动通信系统中,一般要求驻波比小于 1.5,此时信号的反射率仅为 4%。

在天线参数确定后,天线类型的选取也十分重要。常用的接收圆极化信号的天线是螺旋天线和微带天线。螺旋天线具有全向接收性能,但天线由于陶瓷基片及铜片面积小,接收信号的能力不强,比普通的 25 mm×25 mm×4 mm 的 GPS 微带天线平均要少 3 dBm。微带天线的优点是结构简单、尺寸小、价格便宜。

最后根据天线内部是否带放大器,还可以分为有源天线和无源天线。有源天线是指在天线之后紧跟一个低噪声放大器(low-noise amplifier, LNA),天线输出的信号在经过 LNA 后再由电缆输出;无源天线则指天线输出的信号直接由电缆输出,无源天线不需要提供电压,结构相对简单。有源、无源天线对接收电路性能的影响分析如下。整个接收电路的噪声系数可表达为

$$F = F_1 + \frac{F_2 - 1}{G_1} + \frac{F_3 - 1}{G_1 G_2} + \cdots + \frac{F_N - 1}{G_1 G_2 \cdots G_N} \tag{4.49}$$

其中,F_i 和 $G_i(i = 1, 2, \cdots, N)$ 表示电路中射频链中各个独立器件的噪声系数和增益。如果使用有源天线,则天线之后是 LNA,整个电路的噪声系数将会比较低,基本等于第一个放大器的噪声系数。如果使用无源天线,则天线之后是一段电缆,电缆具有一定的噪声系数而无增益,整个电路的性能会受到一定影响,因此选用有源天线可获得较好的接收性能。

2. 射频前端

射频前端负责将天线接收到的射频信号变换为中频数字信号,是射频信号接收硬件的核心部分。在射频前端设计时需要明确五个方面的需求:射频前端结构选择、信号放大倍数、ADC 采样频率和 ADC 量化位数。

(1) 射频前端结构

根据采样方式的不同,射频前端具有两种不同的结构:射频采样数字化结构和中频采样数字化结构,如图 4.21 所示。

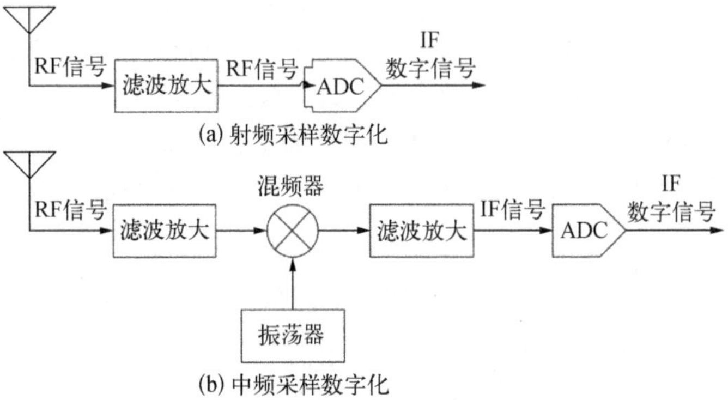

图 4.21　射频前端的两种结构

射频采样数字化的射频前端结构非常简单,从天线进来的信号经过滤波和放大后直接由 ADC 进行采样变为数字信号,使用这种结构的射频前端具有非常少的射频元器件,设计十分方便。但是这种结构要求 ADC 具有很高的带宽,针对 GPS L1 和 SBAS 伪卫星信号,要求 ADC 的带宽不少于 1.575 GHz。虽然目前市面上的 ADC 器件都不具备如此高的工作带宽,但是随着半导体器件技术的发展,这种结

构将会得到广泛的应用。

中频采样数字化的射频前端结构相对比较复杂,从天线进来的信号经过滤波和放大后进行下变频,下变频的信号再经过滤波和放大后由 ADC 进行采样变为数字信号。这种结构由于在中频进行数字化采样,而中频的频率范围通常从零到几十 MHz,因此对 ADC 器件的要求大大降低,目前大部分射频前端都使用这种结构。

(2) 信号放大倍数

由于天线接收到的射频信号非常微弱,因此在对信号进行采样之前必须进行放大,以满足 ADC 器件的采样要求。GNSS 信号的接收功率约大概在-130 dBm 附近且变化不大,为了确保能够接收到 GPS L1 信号,因此信号的增益设计以接收 GPS L1 信号为标准。

接收天线的输出包含信号和噪声两部分。噪声分为外部干扰噪声和接收电路本身的热噪声。外部干扰噪声是指随着信号一起进入天线的噪声,跟天线所处的环境有密切关系,具有不可预测性;而热噪声是指由导体中自由电子的布朗运动引起的噪声,它存在于任何工作在绝对零度以上的电子器件和传输介质中,并随着温度的变化而变化。本节仅讨论接收电路本身的热噪声的影响。热噪声的功率 N_T 计算如下:

$$N_{\mathrm{T}} = kTB(W) \tag{4.50}$$

其中, k 是玻尔兹曼常数(1.38×10^{-23} J/K); T 是绝对温度; B 是噪声带宽,单位为 Hz;在室温 $T=300$ K 时,热噪声为 $N_{\mathrm{T}}=-113.8$ dBm/MHz。

对于 GNSS 信号,带宽为 2.046 MHz,对应的热噪声约为-110.7 dBm。GPS L1 信号功率低于热噪声约 19 dB,因此在采集到的数据中看不到信号。GPS 信号通常低于噪声,如果将信号电平放大到 ADC 的最大量程则噪声将会使 ADC 饱和。因此在设计中将噪声电平放大到接近 ADC 的最大量程。射频前端对信号的放大倍数可计算如下:

$$G = 10\lg P + 111 \tag{4.51}$$

其中, G 为对信号所需的放大倍数,单位为 dB; P 表示 ADC 的最大量程电压对应的功率值,以 dBm 表示;如果 ADC 器件的最大量程电平为 100 mV,考虑到射频电路的标准阻抗为 50 Ω,则对应的功率为 $P=(0.1)^2/(2\times50)=0.0001\ \mathrm{W}=-10$ dBm,因此射频前端电路的净增益需要达到 101 dB。由于在射频链路中的滤波器、混频器和线路的插入损耗,因此实际射频前端电路所需的增益要大于 101 dB。

在 GNSS 信号中,如果有地基 GPS 伪卫星信号的存在,且 GPS 伪卫星信号的功率动态范围很大,若是射频电路采用固定的增益,则增益的选取难以在 GPS 信号和 GPS 伪卫星信号之间达到最优。解决这一问题的方法是在 ADC 之前加入一级自动增益控制(automatic gain control, AGC)。AGC 由一个可控增益放大器、比较器和增益控制器组成,原理如图 4.22 所示。

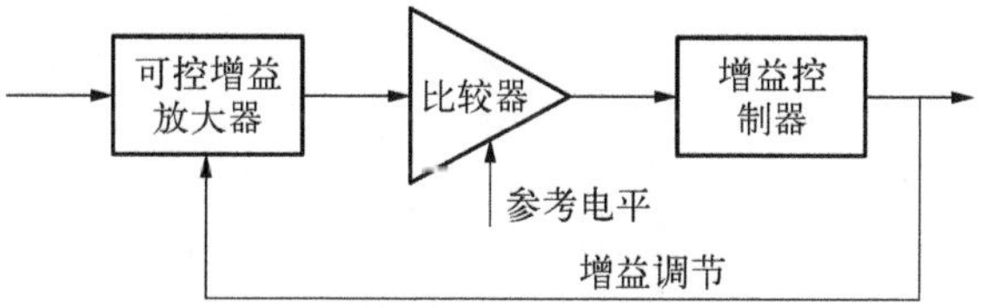

图 4.22 自动增益控制原理框图

比较器的参考电平可以设定为 ADC 器件的最大量程电平附近,增益控制器根据比较器的输出结果对可控增益放大器进行增益调节,从而实现自动增益控制的功能。AGC 的动态范围由可变增益放大器的动态范围决定,通常如果单个可变增益放大器的动态范围不够,则可以使用多个可变增益放大器进行串联,以提高 AGC 的动态范围。

(3) ADC 的采样频率

ADC 的采样频率受输入信号的带宽和频率两方面的影响。奈奎斯特采样定理指出,为了无失真恢复采样信号,要求采样频率至少为信号带宽的两倍。对于一个带通信号,如果带宽为 B, 中心频率为 f_i, 采样频率为 f_s。采样后输入信号将折叠到基带,输出频率 f_0 为

$$f_0 = f_i - \frac{nf_s}{2} \text{ 且 } f_0 < \frac{f_s}{2} \tag{4.52}$$

其中, n 为整数。当输入频率为 $nf_s \sim (2n+1)f_s/2$ 时,频率将折叠到 $0 \sim f_s$; 当输入频率为 $(2n+1)f_s/2 \sim (n+1)f_s$ 时,频率将以反转的方式折叠到 $0 \sim f_s$, 靠近 $(2n+1)f_s/2$ 的输入频率将变为输出中的高频率。

信号的最低采样频率 f_s 为 2 B, 通常比 2 B 大(≥2.5 B),这是因为理想的带宽为 B 的矩形带通滤波器无法实现。对于 GPS L1 信号而言,信号的带宽为 2.046 MHz,因此采样频率 f_s 应该在 5 MHz 以上。此外采样频率的实际值还需要根据输入 ADC 的信号频率选取,以避免发生信号混叠。图 4.23 给出了采样后信号的正确折叠和不正确折叠的两种情况。图 4.23(a)表示的是信号在采样后正确地折叠到 $0 \sim f_s$; 而图 4.23(b)则表示信号没有正确折叠到 $0 \sim f_s$, 其中频率在 $(2n+1)f_s/2$ 左右的部分信号发生了混叠,采样后的信号带宽比输入信号的带宽要窄,信号发生失真。因此为了使采样后的信号正确的折叠到 $0 \sim f_s$, f_i 和 f_s 之间的关系应该满足:

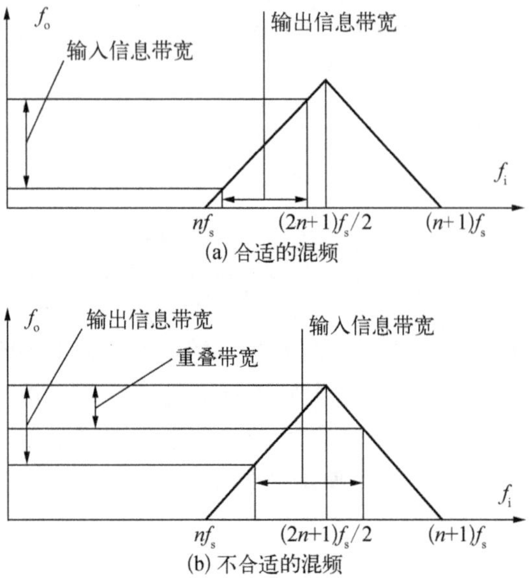

图 4.23　采样后信号的折叠情况

$$nf_s + \frac{B}{2} \leqslant f_i \leqslant (2n+1)f_s - \frac{B}{2} \tag{4.53}$$

或者

$$(2n+1)f_s + \frac{B}{2} \leqslant f_i \leqslant (n+1)f_s - \frac{B}{2} \tag{4.54}$$

ADC 的采样频率选择除了满足以上要求以外，还受到精度需求等方面的因素影响。由于中频信号采样频率直接影响最后的定位精度，采样频率越高相应的伪距分辨率越高，定位的精度也就越高。因此为了获得较高的定位精度，可以使用较高的采样频率。

(4) ADC 的量化位数

ADC 的量化位数影响接收信号的动态范围。如果量化位数为 N，则 N 位量化能够表示的最高信号值和最低信号值之比为输入信号的动态范围。对于线性量化，动态范围为

$$DR = 20\lg(2^N - 1) \tag{4.55}$$

由式(4.55)可看出，量化位数越多输入信号的动态范围越大，量化位数增加 1，位动态范围提高约 6 dB。另外 ADC 的量化操作中会引入量化噪声，从而造成一定的信噪比损耗，ADC 量化位数越多，量化噪声就越小，造成的信噪比损耗越小。

由于 GPS 信号的动态范围很低，一般只有几个 dB，因此低量化位数的 ADC 即可满足 GPS 信号动态范围的要求。一般的 GPS 信号接收处理系统使用 1 bit 或 2 bit 量化的 ADC 即可满足要求。

(5) 射频前端的实现

射频前端的设计方法主要有两种。一种方法是使用滤波器、放大器、混频器和 ADC 等独立功能的芯片进行设计。这种方法的优点是自主性高，通过选择不同性能的独立功能芯片进行组合，可以满足不同的应用要求；缺点是设计烦琐、花费高、电路的体积和功耗比较大。另一种方法是使用专用芯片进行设计，专用芯片通常在内部集成了滤波、放大、混频和 AD 等功能，芯片外围仅需要很少的辅助电路便可实现完整的射频前端功能。这种方法的优点是设计简单、价格便宜、电路体积小和功耗小；缺点是自主性不高，不能根据需要对芯片的性能进行修改。

第 5 章　地面接收端产生的误差

5.1　卫星和接收机天线相位中心偏差

GNSS 观测中,实际测定的量是卫星天线相位中心到接收机天线相位中心的距离,但在数据处理中的结果表达是以卫星和接收机天线的几何中心为基准的。天线相位中心与几何中心不一致。况且,波束空间中天线的相位中心并不是固定的,它在接收不同方向信号时天线相位中心会发生变化。卫星天线的相位中心偏差改正值通常在卫星发射前标定并在发射后公布,地面接收机天线的相位中心偏差与信号方位角、仰角、信号频率、天线本身特性和机械加工等因素相关。这种偏差将造成水平方向毫米级、垂直方向厘米级的误差,对诸如形变监测、滑坡监测等高精度应用带来极为不利的影响。

天线相位中心通常由中心偏差和相对于中心偏差的相位中心变化来表达。如图 5.1 所示,其中天线参考点一般为天线的几何中心;天线平均相位定义为在整个天线波束内远场的实际相位响应拟合的平均值;天线相位中心偏差(phase center offset, PCO)定义为天线参考点到平均相位中心的偏移量;天线相位中心变化(phase center variation, PCV)定义为 PCO 到天线实际相位响应的偏移量。

自 1996 年 6 月 30 日起,多数 IGS 的分析中心开始在数据处理中加入接收机天线相位中心改正(Dow et al., 2005)。最初的改正称为相对相位中心改正,也就是以 AOAD/M_T 型号天线为参考天线,给出其 PCO 值,并假定 PCV 为零,IGS 给出其他型号天线相对于该天线的 PCO 和 PCV 改正值。相对相位中心改正模型在使用过程中暴露出一系列缺点,例如卫星在天空不是均匀分布或者接收机天线没有垂直时会出现明显偏差,参考天线的 PCV 为零的假设本身不成立,该模型对高度角低于 10° 的卫星很不精确,观测天线得到的 PCV 改正值包含当地多路径误差的影响等(Schmid et al., 2005)。为了实现毫米级高精度定位,从 2006 年 11 月 5 日(GPS 周 1 400)起相对相位中心偏差改正模型被绝对相位中心偏差改正模型所

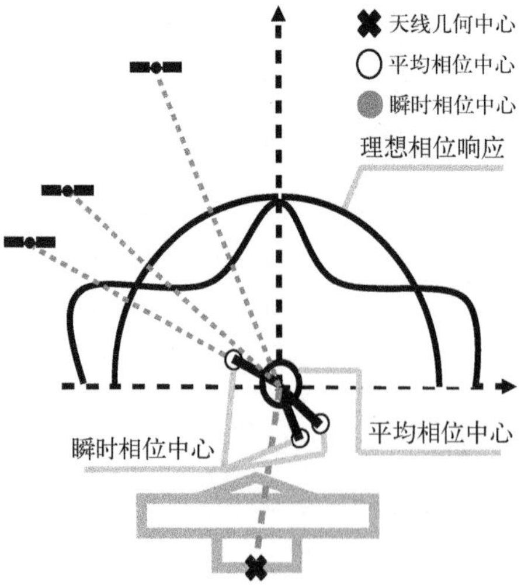

图 5.1　天线相位中心表示图

取代。

绝对相位中心偏差改正模型不再依赖参考天线，而是直接给出每种型号的接收机天线的 PCO 和 PCV 改正值。然而初期的试验却出现了意想不到的后果，PCV 模型只有几毫米到一厘米量级，改正后的台站高度解却跳跃了 10 cm，相当于尺度因子变化了 15 ppb*（Springer，2000；Menge et al.，1998）！这个所谓的“15 ppb dilemma”使世界各国科学家困惑不已，后来的研究表明问题出在卫星天线的 PCV 没有正确标定（Steigenberger et al.，2009；Schmid et al.，2007；Rothacher，2001）。研究者把卫星天线的相位中心偏差重新标定后建立的接收机天线绝对相位中心改正模型才解决了这一难题（Schmid et al.，2007）。总的天线相位改正（APC）可表为

$$APC(\alpha, \theta) = PCO + PCV(\alpha, \theta) \tag{5.1}$$

其中，α 为方位角；θ 为高度角。

卫星天线相位中心在 z 方向的偏差（Δz）和地面台站径向（高度）变化（Δr）之间存在如下关系（Zhu et al.，2003）：

$$\Delta r \approx -0.05\Delta z \tag{5.2}$$

式（5.2）表明两者高度相关。通过 GNSS 观测直接拟合求卫星天线相位中心偏差值会出现奇异，因为天线相位中心偏差参数和台站高度（对应尺度因子）、大气参数及模糊度参数高度相关。Schmid 和 Rothacher（2003）通过固定尺度因子（取 ITRF2000 的尺度因子值）克服了这个奇异性问题，此外，PCO 和 PCV 同时估计也会出现奇异，通常是固定 PCO 后再估计 PCV。早期的卫星天线相位中心模型是针对每一类卫星建立的，深入的比较表明即使是同一类型，不同的卫星其天线相位中心偏差也不同，必须针对每一颗卫星建立各自的天线相位中心偏差模型（Ge and Gendt，2005；Ge et al.，2005）。Schmid 等（2007）采用了绝对天线相位中心改正模型后，原先的与卫星高度角相关的系统误差大大减少，GPS 求得的大气参数和 VLBI 求得的大气参数的一致性也大大改善。

目前常见的天线相位中心位置测定方法有三种：① 微波暗室测定（anechoic chamber calibration）；② 室外机器人测定（robot calibration）；③ 室外短基线测定。

5.1.1 微波暗室测定

微波暗室是一间密封的房间，暗室的内墙和地面用可吸收电磁波的材料制成一个个尖锥状零件铺成，以减少电磁波反射、散射和绕射等形成的干扰。暗室一侧装有发射中心位置确定的定向微波发射器，另一侧接收机是一个旋转台，待测的接收天线安装在载台上，使天线的几何中心与旋转台中心一致作为参考点（零点），

---

* ppb：parts per billion，即 10^{-9}。

接收机连接自动纪录分析仪器。取旋转台中心为坐标框架原点，定义待测天线的“北”标记为 X 轴，待测天线的“东”标记为 Y 轴，Z 轴垂直于待测天线底座平面。相当于把坐标框架“绑”在旋转载体上，转台带动待测天线绕 Z 轴旋转改变方位角 α 和绕 Y 轴旋转改变天顶角 θ。通过测量接收相位和发射相位的之差，可以得到从发射中心到接收点的距离 r。依此不断地旋转待测天线，每次得到的相位中心点的坐标为(Akrour et al., 2005)

$$\begin{cases} X_i = r_i \sin\theta_i \cos\alpha_i \\ Y_i = r_i \sin\theta_i \sin\alpha_i \\ Z_i = r_i \cos\theta_i \end{cases} \tag{5.3}$$

初始时把待测天线的天顶方向对准发射点，“北”向也对准发射方向。注意式(5.3)的方位角和天顶角对应入射线在旋转坐标框架下的角度，和旋转台旋转的角度恰好反向。所有观测完成后，用最小二乘拟合一个球面，其球心(x_0, y_0, z_0)即为 PCO 的直角坐标(Akrour et al., 2005)，其观测残差即为 PCV。

$$(X_i - x_0)^2 + (Y_i - y_0)^2 + (Z_i - z_0)^2 = R_0^2 \tag{5.4}$$

其中，R_0 为最佳拟合球面的半径。PCV 可表示为对应不同俯仰角和方位角的格点形式，也可以进一步拟合成球谐展开系数表达。

微波暗室测定法排除了其他因素影响，旋转角度和响应中心位置可以精确测定，这是它的优点。但是该方法对设备环境要求高，所需资金昂贵，更重要的是测定的天线样本尤其是卫星发射天线样本不是真实在天上的天线，因此可能有差别。而且真实环境中天线相位中心和其他因素高度相关，实地测定的结果可能更贴近真实情况，这又是微波暗室法的缺点(马德强，2014；Zeimetz and Kuhlmann, 2010; 张勇虎，2006)。

5.1.2　室外机器人测定

用于自动测量的机器人由几个直动轴和旋转轴构成，可以实现较大幅度的旋转、俯仰甚至翻滚的动作，也可以作小幅度精细的姿态调整，所有动作由伺服电机驱动。它可以连续运行，也可以短暂停留，能获得高采样率数据。由于测量机器人测定的高精度、高效率、半天球全覆盖、机动灵活，可以实地作地面观测，它在绝对天线相位中心偏差改正的建模中起了主力军作用(Rothacher et al., 1995)。

为了排除其他误差的干扰，通常在测量机器人附近很短距离处设一个参考台站同步观测作差分，这样可消除电离层、大气、卫星轨道的误差。如果使用同一钟源，单差观测可以消除卫星和接收机的钟差，因此，该方法主要的误差源来自多路径。好在机器人本身就可以对本地多路径进行测定建模，目前机器人测定的内符精度为 0.2 mm(对 L1)和 0.4 mm(对 L2)(Wübbena et al., 2006)。

在共用时钟和基线矢已知的情况下,测试台站和参考台站间单差相位观测方程为(Bilich and Mader, 2010)

$$\Delta\phi = \phi_{测试} - \phi_{参考} = APC_{测试} - APC_{参考} + MP_{测试} - MP_{参考} + \Delta UPD + \Delta N + \varepsilon \tag{5.5}$$

其中,MP 代表多路径;UPD 代表硬件和初始相位延迟;N 为整数模糊度。

$$APC(\theta, \alpha) = \mathbf{PCO} \times \mathbf{LOS}(\theta, \alpha) + PCV(\theta, \alpha) \tag{5.6}$$

其中,**LOS** 代表卫星到接收机天线的方向矢。

式(5.5)可直接求相对天线相位中心偏差,如果要求绝对天线相位中心偏差,参考站天线的相位中心偏差必须已知。此外,除相位中心偏差以外的参数必须确定或消除,如整数模糊度必须确定。如果放置两个测量机器人在同一个参考站附近,共用同一个钟源,测同一种型号天线但处于不同的天顶角和方位角位置,那么,ΔUPD 可消除,多路径项为小量可忽略。式(5.5)变为(模糊度已固定)(Bilich and Mader,2010)

$$\begin{aligned}\Delta\phi_{AB} &= (\phi_A - \phi_{参考}) - (\phi_B - \phi_{参考}) \\ &= \mathbf{PCO} \cdot [\mathbf{LOS}(\theta_A, \alpha_A) - \mathbf{LOS}(\theta_B, \alpha_B)] \\ &\quad + PCV(\theta_A, \alpha_A) - PCV(\theta_B, \alpha_B)\end{aligned} \tag{5.7}$$

拟合分两部走,对于全覆盖的观测数据,可先忽略 PCV 拟合求 **PCO**,然后固定 **PCO**, 拟合求解 PCV。

5.1.3 室外短基线测定

室外机器人测定法需要购置特制的自动测量机器人。另一种简便的方案就是利用短基线两端安置同一种型号天线,同步观测,利用它们不同的倾斜角度差别来测定天线相位中心偏差(Menge et al., 1998)。其测定的方法主要有水平旋转法、天线交换法、相对参考天线的双差相位观测法。

1. 水平旋转法

水平旋转法(陈逸群和刘大杰,2000)用于测定 **PCO** 的水平分量。在空旷的场地上长度为 L 的短基线杆两端放置两个相同的天线 A 和 B,使其等高并均指向正北。定义 X 轴向东,Y 轴向北。**PCO** 的水平分量为(b_x, b_y),假定短基线杆的初始位置分量为(L_x, L_y)。固定天线 A 端,水平旋转基线杆至某一角度 θ_i, 观测一段时间(1~2 h)得到基线矢量解,再旋转一个角度,以此类推。注意旋转点是天线 A 的几何中心,基线解是连接天线 A 和 B 的相位中心基线矢。每一次的基线矢解可

表为

$$\begin{cases} dx_i = L_x\cos\theta_i - L_y\sin\theta - b_x(1-\cos\theta_i) - b_y\sin\theta_i \\ dy_i = L_x\sin\theta_i + L_y\cos\theta_i + b_x\sin\theta_i - b_y(1-\cos\theta_i) \end{cases} \tag{5.8}$$

估计参数为 b_x、b_y、L_x、L_y，只要观测多个旋转角度，就可以用最小二乘拟合求解。通常取 4 个旋转角度 0°、90°、180°、270°即可得到解。如果认为天线 A 和 B 的 PCO 不一样，这时的观测方程为

$$\begin{cases} dx_i = L_x\cos\theta_i - L_y\sin\theta + b_{Bx}\cos\theta_i - b_{By}\sin\theta_i - b_{Ax} \\ dy_i = L_x\sin\theta_i + L_y\cos\theta_i + b_{Bx}\sin\theta_i + b_{By}\cos\theta_i - b_{Ay} \end{cases} \tag{5.9}$$

然后交换天线 A 和 B，观测方程为

$$\begin{cases} dx_i = L_x\cos\theta_i - L_y\sin\theta + b_{Ax}\cos\theta_i - b_{Ay}\sin\theta_i - b_{Bx} \\ dy_i = L_x\sin\theta_i + L_y\cos\theta_i + b_{Ax}\sin\theta_i + b_{Ay}\cos\theta_i - b_{By} \end{cases} \tag{5.10}$$

这时的估计参数为 b_{Ax}、b_{Ay}、b_{Bx}、b_{By}、L_x、L_y，用式(5.9)和式(5.10)联立最小二乘拟合。郭金运等(2003)把该方法推广到 PCO 的三维分量求解。Akrour 等(2005)把旋转轴取在短基线杆(calibration beam)的中央，测定三维 PCO，他的观测方程表达式更简洁。

2. 交换天线法

交换天线法(李晓波，2013)用于测 PCO 的高程分量。空旷的场地上短基线的两端安装天线甲和乙。观测一段时间得到基线高度解，然后交换两个天线进行第二时间段的观测。假定 U_A、U_B 为短基线两端的天线大地高观测值，H_A、H_B 为短基线两端的大地高真实值，h_A 和 h_B 为 A 和 B 端天线三脚架高，$\delta h_甲$ 和 $\delta h_乙$ 分别为甲和乙天线相位中心偏差垂直方向分量。两次观测方程为

$$\begin{aligned} (U_B - U_A)^1 &= [H_B + h_B + \delta h_乙] - [H_A + h_A + \delta h_甲] \\ (U_B - U_A)^2 &= [H_B + h_B + \delta h_甲] - [H_A + h_A + \delta h_乙] \end{aligned} \tag{5.11}$$

$$\Delta U_{AB} = (U_B - U_A)^2 - (U_B - U_A)^1 = 2(\delta h_甲 - \delta h_乙) \tag{5.12}$$

重复几次以上交换过程，可以得到两天线 PCO 垂直分量差的平均值。只要其中一个天线的 PCO 垂直分量已知，就可以得到另一个天线 PCO 的垂直分量值。这个方法的好处是不必测定大地高和天线架高，也不存在系统误差。

3. 相对参考天线双差相位观测

在空旷场地上有两个距离和高度都确定的基墩，因此两天线几何中心基线矢

已知,记为 $\boldsymbol{a}$, 在 L1、L2 波段和 LC 组合观测 24 h 所得天线相位中心的基线矢量记为 $\boldsymbol{b}$, 那么矢量 $\boldsymbol{a}$ 与 $\boldsymbol{b}$ 之差即为对应频率的相对天线相位中心。如果参考天线 A 和待测天线 B 的 PCO 已用前面的方法确定了,就可以求 PCV(李晓波,2013)。但是实际观测中还有许多系统误差,必须把它们消除后才能测定 PCV。用短基线载波双差观测,可以消除接收机和卫星钟差,此外,卫星轨道误差、大气电离层误差都因短基线可以忽略。这样,A 和 B 的载波相位的双差观测方程为

$$\mathrm{DD}\phi_{\mathrm{A-B}}^{i-j} = N_{\mathrm{A-B}}^{i-j} + [\mathrm{PCV}_{\mathrm{A-B}}(\theta^{i}, \alpha^{i}) - \mathrm{PCV}_{\mathrm{A-B}}(\theta^{j}, \alpha^{j})] \tag{5.13}$$

其中,i、j 为卫星标号; α、θ 为方位角和高度角。

再作一次时间差分得到三差方程:

$$\mathrm{TD}_{\mathrm{A-B}}^{i-j} = \mathrm{PCV}_{\mathrm{A-B}}[\theta^{i-j}(t_{2-1}), \alpha^{i-j}(t_{2-1})] \tag{5.14}$$

早期的 PCV 改正模型忽略方位角的变化,这样式(5.14)仅为高度角的函数。把该函数表示为高度角的四阶多项式展开:

$$\begin{aligned}\mathrm{PCV}_{\mathrm{A-B}}[\theta^{i-j}(t_{2-1})] = &\alpha_1 \cdot A_1^{i-j}(t_{2-1}) + \alpha_2 \cdot A_2^{i-j}(t_{2-1}) \\ &+ \alpha_3 \cdot A_3^{i-j}(t_{2-1}) + \alpha_4 \cdot A_2^{i-j}(t_{2-1})\end{aligned} \tag{5.15}$$

其中,

$$\begin{cases} A_1^{i-j}(t_{2-1}) = \{[\theta^i(t_2)] - [\theta^j(t_2)]\} - \{[\theta^i(t_1)] - [\theta^j(t_1)]\} \\ A_2^{i-j}(t_{2-1}) = \{[\theta^i(t_2)]^2 - [\theta^j(t_2)]^2\} - \{[\theta^i(t_1)]^2 - [\theta^j(t_1)]^2\} \\ A_3^{i-j}(t_{2-1}) = \{[\theta^i(t_2)]^3 - [\theta^j(t_2)]^3\} - \{[\theta^i(t_1)]^3 - [\theta^j(t_1)]^3\} \\ A_4^{i-j}(t_{2-1}) = \{[\theta^i(t_2)]^4 - [\theta^j(t_2)]^4\} - \{[\theta^i(t_1)]^4 - [\theta^j(t_1)]^4\} \end{cases} \tag{5.16}$$

这样,仅与高度角相关的 PCV 可用 4 个参数表达,这 4 个参数可用最小二乘拟合得到。但是,该模型有几个弱点:首先,这是个相对模型,如果假设参考天线的 PCV 为 0,会带来误差;其次,PCV 与方位角的变化关系被忽略了;第三,该模型仅代表 PCV 与高度角之差的关系,必须加一个约束(如所有 PCV 之和为 0 或者以某一个高度角为参考)才能得到 PCV 与高度角之间关系;第四,多路径误差没有消除,会带来误差。

Wübbena(2001)提出把观测的时间间隔设为恒星日,该方法有效地消除了多路径误差的影响。使用共用时钟的一机双天线接收机,只需要双差就可以消除原先三差才能消除的误差(华一飞,2015),这时的观测方程为

$$\mathrm{DD}_{\mathrm{A-B}}^{i} = \mathrm{PCV}_{\mathrm{A-B}}[\theta^{i}(t_{2-1}), \alpha^{i}(t_{2-1})] \tag{5.17}$$

这时的 PCV 直接和高度角建立关系(仍假定忽略方位角),而不是建立和高度

角之差的关系,消除了额外约束带来的误差。

5.2 多路径误差

5.2.1 多路径误差定义

本节所指的多路径误差仅指第 3 章广义多路径效应中由于镜面反射所引起的误差。GNSS 接收机采集数据时,不仅接收直接来自卫星的信号(直射信号),而且还接收一个或多个经过测站周围反射体,如地面、水面、建筑物、树及山坡等反射的信号(反射信号),因此接收机所获得的信号是一个混合信号。由于反射信号的"污染",使得伪距和载波相位观测值偏离其真实值,由此造成的误差称为多路径误差。

若将以上所提的多路径称为接收机端多路径,那么在卫星端同样存在多路径,不同的是卫星端多路径误差可以通过观测值站间单差方式消除,而接收机端的多路径误差与各测站具体环境密切相关,无法通过差分方式消除,已成为高精度定位的主要误差源,并且在严重时将直接导致观测信号失锁。本节只讨论接收机端多路径误差,在无特指的情况下,"多路径误差"均指接收机端多路径误差。

5.2.2 多路径特征

反射信号与直射信号间存在相位延迟 φ,同时经过反射后,信号能量会有所衰减,衰减的程度与反射体的反射能力有关,通常用反射系数 α 表示,$0 \leqslant \alpha \leqslant 1$。假设直射信号为

$$S_{\mathrm{D}} = A\cos(\omega t) \tag{5.18}$$

其中,A 为振幅;ω 为角频率。

反射信号为

$$S_{\mathrm{R}} = \alpha A\cos(\omega t + \varphi) \tag{5.19}$$

其中,α 为反射系数;φ 为相位延迟。

接收机所接收的混合信号为

$$S_{\mathrm{M}} = S_{\mathrm{D}} + S_{\mathrm{R}} = \beta A\cos(\omega t + \varphi_{\mathrm{M}}) \tag{5.20}$$

其中,

$$\beta = \sqrt{1 + 2\alpha\cos\varphi + \alpha^2} \tag{5.21}$$

$$\varphi_M = \arctan \frac{\alpha \sin \varphi}{1 + \alpha \cos \varphi} \tag{5.22}$$

φ_M 即为载波相位测量中的多路径误差。

为了求得 φ_M 的极大值,可对式(5.22)进行求导,并令导数值等于0,有

$$\frac{d\varphi_M}{d\varphi} = \left(\arctan \frac{\alpha \sin \varphi}{1 + \alpha \cos \varphi}\right)'_{\varphi} = \frac{\alpha \cos \varphi + \alpha^2}{(1 + \alpha \cos \varphi)(1 + \alpha \cos \varphi + \alpha \sin \varphi)} = 0 \tag{5.23}$$

令

$$\alpha \cos \varphi + \alpha^2 = 0 \tag{5.24}$$

得

$$\varphi = \pm \arccos(-\alpha) \tag{5.25}$$

即当满足式(5.23)时, φ_M 取得极大值为

$$\varphi_{M\,max} = \pm \arcsin \alpha \tag{5.26}$$

$\varphi_{M\,max}$ 与 α 有关,当 $\alpha = 1$ 时(即完全反射,信号经反射后没有能量损失), $\varphi_{M\,max} = \pi/2$, 即对于载波相位观测值,多路径误差最大将达1/4的载波波长,对于GPS L1和L2载波,该最大值分别为4.8 cm和6.1 cm。在实际观测中, α 一般小于1,因此,多路径误差值通常不会达到1/4的载波波长。

以上是根据一个反射信号进行分析,实际观测中,可能有多个反射信号同时混入直射信号,此时的情况更为复杂,多个反射信号所造成的多路径误差可表示如下:

$$\varphi_M = \arctan \frac{\sum_{i=1}^{n} \alpha_i \sin \varphi_i}{1 + \sum_{i=1}^{n} \alpha_i \cos \varphi_i} \tag{5.27}$$

相比于载波相位观测值,多路径误差对码伪距观测值的影响更加严重,其数值能达到十几米至数十米。

测站周围环境影响着多路径效应的强弱和多路径的频率,为简化分析,以下分别从水平面和垂直面产生的多路径为例,推导多路径频率与仪器高或者仪器与垂直面距离的关系。

如图5.2所示,反射信号与直射信号的波程差为

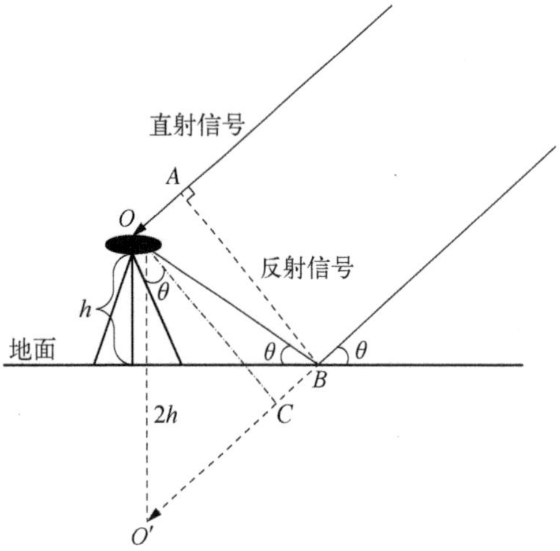

图 5.2　水平面反射的多路径

$$\Delta d = OB - OA = O'B - BC = 2h\sin\theta \tag{5.28}$$

其中,h 为仪器高;θ 为入射角或高度角。将波程差转化为反射信号的相位延迟,表示为

$$\varphi = \frac{\Delta d}{\lambda}\cdot 2\pi = \frac{4\pi h\sin\theta}{\lambda} \tag{5.29}$$

多路径频率可由相位延迟 φ 对时间 t 求导得到

$$f = \left|\frac{\mathrm{d}\varphi}{\mathrm{d}t}\right| = \frac{4\pi h\cos\theta}{\lambda}\cdot\left|\frac{\mathrm{d}\theta}{\mathrm{d}t}\right| \tag{5.30}$$

从式(5.30)可知,当高度角 θ 及其变化率确定时,多路径频率取决于仪器高 h,仪器高越大,则越可能产生高频多路径。基于式(5.30),也可以根据已知多路径频率、卫星高度角 θ 及其变化率,估算仪器高。

对于由垂直面产生的多路径,如图 5.3 所示,反射信号与直射信号的波程差为

$$\Delta d = OB + AB = O'B + AB = O'A = 2L\cos\theta \tag{5.31}$$

波程差转换成反射信号的相位延迟为

$$\varphi = \frac{\Delta d}{\lambda}\cdot 2\pi = \frac{4\pi L\cos\theta}{\lambda} \tag{5.32}$$

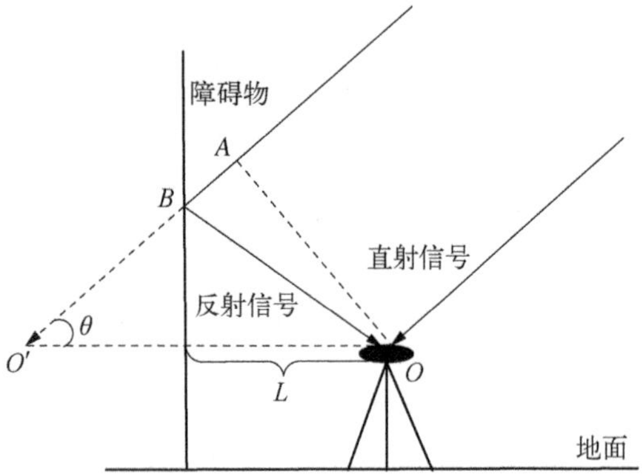

图 5.3　垂直面反射的多路径

多路径频率为

$$f = \left|\frac{\mathrm{d}\varphi}{\mathrm{d}t}\right| = \frac{4\pi L\cos\theta}{\lambda}\cdot\left|\frac{\mathrm{d}\theta}{\mathrm{d}t}\right| \tag{5.33}$$

从式(5.33)可知,当高度角 θ 及其变化率确定时,多路径频率取决于仪器至垂直面的距离 L,距离 L 越大,则越可能产生高频多路径。

5.2.3 多路径消除方法概述

多路径的存在降低了码伪距和载波相位观测值的测量精度,进而影响 GNSS 导航与定位的精度。进行静态 GNSS 观测时,通常会选择低多路径环境作为测站位置,但是完全无多路径的作业环境是不存在的,并且有时可供选择的场地并不多,不一定能选择低多路径的场址。而动态 GNSS 测量观测环境可能随时在变,根本无法保证在低多路径环境下作业。因此,有必要对多路径进行抑制和消除。目前抑制与消除多路径的方法主要可分为两大类:一类是通过对接收机硬件或内部算法的设计与改进;另一类是通过对观测数据的后处理。以下对两大类的方法分别举例介绍。

基于改进接收机硬件或内部算法抑制或消除多路径的方法如下。

① 设计右旋圆极化接收天线。GPS 信号为右旋圆极化信号,主要的多路径信号来自直接反射和少数次多重反射信号。高度角大于起偏振角的直接反射信号变为左旋圆极化信号,接收天线极化方式与 GPS 信号极化方式一致,可以有效抑制高仰角水平面直接反射和低仰角垂直面直接反射的多路径信号。多重反射的信号能量衰减程度一般较大,即使被接收,其影响也相对较小。

② 设计扼流圈天线。该设计减小了天线对地平线以下空间方向上和低仰角区的增益,因此能有效减轻来自地面及低仰角散射体的多路径信号。

③ 窄距相关(narrow correlation spacing)。在其他条件相同的情况下,若减小码伪距测量时的相关器间距,将有利于码环抵制多路径效应,减小由多路径造成的码伪距测量误差。

④ 多路径消除技术(multipath elimination technology, MET)。利用对称分布在自相关函数主峰两侧的四个相关器(每侧各两个),根据两侧计算的斜率推导出多路径信号情况,然后进行消除。

⑤ 多路径估计延迟锁定环路(multipath estimation delay lock loop, MEDLL)。这种方法是通过一组相关器采样和测量自相关函数主峰来分离直射信号与反射信号。测试表明,该方法能消除高达 90%的多路径误差。

基于数据后处理的消除或抑制多路径误差方法如下。

① SNR 定权。SNR 能反映信号质量,一般认为多路径误差大时,SNR 值较小,而当多路径误差小时,SNR 值较大。因此,在 GNSS 定位解算时,根据 SNR 对观测值进行定权,可以有效地减弱多路径对定位结果的影响。

② 载波相位平滑码伪距。从前述可知,多路径对码伪距观测值的影响远大于对载波相位观测值的影响,因此,通过载波相位平滑码伪距可以有效地降低伪距中的多路径误差。

③ 恒星日滤波(sidereal filtering, SF)。GPS 卫星的运行周期约为 11 小时 58 分钟,考虑到地球的自转,对于地面上固定的某一测站,GPS 卫星每隔约一个恒星

日(23 小时 56 分 04 秒)的时间将重现在测站上空同一位置,或者说卫星每天提前约 4 分钟出现在同一位置。对于固定的测站,假设测站周边环境不变,多路径误差跟卫星相对于测站的几何位置相关,因此,多路径也是以恒星日为周期,利用这一规律,可以用前一天或几天的多路径值来修正当前观测值,这一方法称为恒星日滤波。前一天或几天的多路径值可通过计算后的观测值残差或坐标残差获取(分别对应观测值域和坐标域的恒星日滤波),其中残差包含多路径误差与接收机噪声,一般通过各种滤波手段,例如巴特沃斯滤波、Vondrak 滤波和小波分解等分离多路径误差与接收机噪声。当利用多天数据时,可以通过多天对应时刻残差值取平均的方法降低噪声对多路径估值的影响。

④ 多路径半天球图法(multipath hemisphere map, MHM)。在③中提到,对于周边环境保持不变的固定测站,多路径跟卫星相对于测站的几何关系相关,若两颗不同的卫星,它们在经过同一高度角和方位角的半天球位置时,所产生的多路径是否相同呢?经过实验证实,不同卫星经过同一半天球位置时,所产生的多路径误差值相当接近。基于这一事实,多路径半天球图法根据测站位置,将测站上空半天球按高度角和方位角以一定的间隔(一般取 1°×1°)划分成网格,将落入每一格的所有卫星的残差值取平均值,作为这一格点的多路径改正值。这一方法突破了改正时卫星号必须对应的限制(例如改正某卫星的观测数据,不仅仅可依据该卫星前一天或前几天在同一个格点的数据,还可以依据经过该格点的其他卫星的多路径数据),相对简单。值得一提的是,对于我国北斗系统,其星座由多类卫星组成,MEO 与 IGSO 或 GEO 的重复周期并不相同,使用恒星日滤波(北斗卫星不是以恒星日周期重复,这里指的是采用恒星日滤波思想,根据实际的重复周期滤波)相对复杂,而采用多路径半天球图法相对易于实现。

对于伪距观测,比较简便的方法是利用伪距(P)和载波相位(L)观测的组合直接求出伪距的多路径 M,公式为

$$
\begin{aligned}
M_{P_1} &\approx P_1 - \frac{f_1^2 + f_2^2}{f_1^2 - f_2^2}(L_1 - \lambda_1 N_1) + \frac{2f_2^2}{f_1^2 - f_2^2}(L_2 - \lambda_2 N_2) \\
M_{P_2} &\approx P_2 + \frac{f_1^2 + f_2^2}{f_1^2 - f_2^2}(L_2 - \lambda_2 N_2) - \frac{2f_1^2}{f_1^2 - f_2^2}(L_1 - \lambda_1 N_1)
\end{aligned}
\tag{5.34}
$$

其中,下标为频道标识;f 为载波频率;λ 为载波波长;N 为整数模糊度。该式忽略了载波相位观测的多路径效应,因为载波相位多路径远小于伪距多路径。式(5.34)的困难之处是存在整数模糊度项。一种方法是预先固定载波相位观测的整数模糊度,另一种近似的方法是取一段时间窗的式(5.34)平均值作为模糊度值扣去(李晓光等,2017)。这里假定了伪距多路径的均值为 0,实际并不为 0(Byun et al., 2002),它会产生一常数系统误差,但相比之下比较小。

5.3 接收机钟差和周跳

5.3.1 接收机钟误差

GNSS 接收机采集数据时显示的时刻为名义时刻(nominal time),记为 t_r, 若对应的真实时刻(true time)为 t_0, 则

$$t_r = t_0 + \Delta t_r \tag{5.35}$$

其中, Δt_r 为接收机钟误差。

考虑成本等因素,接收机钟不需要如安装在卫星上的原子钟那么高的精度,一般采用石英钟,其钟差数值大,变化快,并且变化的规律性弱,很难模型化。对于接收机钟误差,一般将其作为未知参数与位置参数一并在解算过程中估计,并且由于每个观测时刻接收机钟误差不同,在各历元分别使用不同的钟差参数。若仅从定位角度考虑,可以通过星间单差将接收机钟误差消除,然后进行定位解算。当钟差累积到一定的数值时,有的接收机会自动调整,产生所谓的“钟跳”。图 5.4 所示的为由天宝 BD982 接收机采集的数据计算的接收机钟误差,对于该接收机,当钟差达到-0.5 ms 时,接收机钟会自动调整 1 ms,以使钟误差始终保持在-0.5~0.5 ms 以内。值得注意的是,钟跳时测码伪距观测值将突变约 300 km,因此,较为容易探测出钟跳发生时刻。

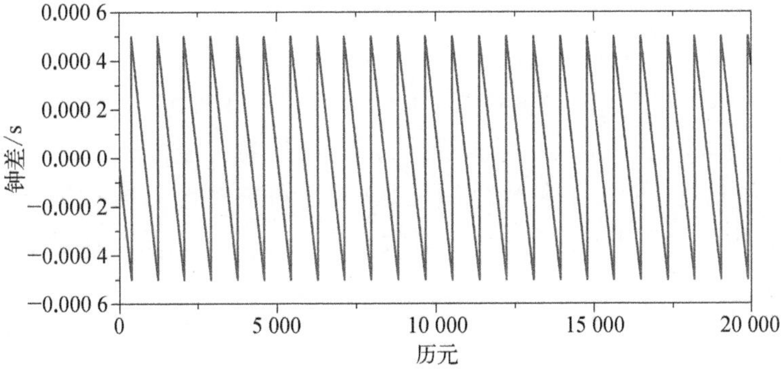

图 5.4 接收机钟跳

5.3.2 接收机周跳

由接收机短时信号失锁引起载波相位观测值整周的不连续或者跳变称为周跳。接收机工作时,卫星端发射的载波信号和接收机端的复制信号生成的差频信

号不足一整周的部分 Fr(φ)能被瞬时测量,而差频信号中的整波段数 Int(φ)是在信号连续跟踪过程中通过计数器逐渐累积的。因此,载波相位实际观测值为

$$\varphi = \mathrm{Fr}(\varphi) + \mathrm{Int}(\varphi) \tag{5.36}$$

当由于某种原因造成信号短时失锁,然后又恢复跟踪,则载波相位观测值的小数部分 Fr(φ)仍能被正确观测,然而,在失锁期间差频信号所产生的整波段数未被计数器记录下来,造成整周计数 Int(φ)比应有值少,即产生了周跳。若周跳值为 n 周,则在周跳前后的连续跟踪段内载波相位观测值间有一个 n 周的系统偏差,如图 5.5 所示。

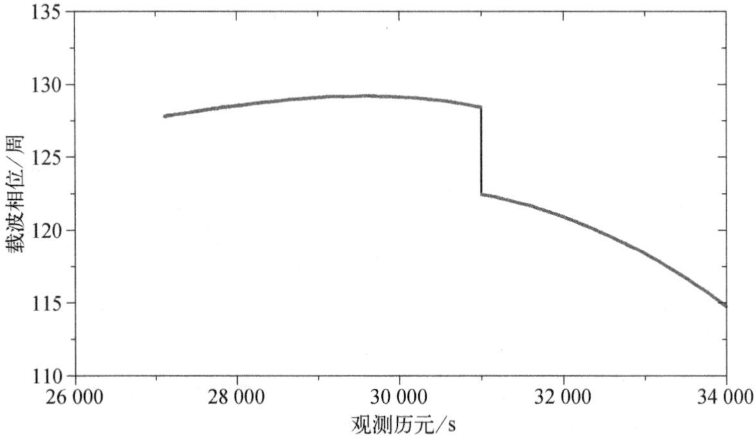

图 5.5　周跳示意图(为消除接收机钟差和卫星钟差,使周跳更明显,图中采用的是载波相位观测值间的差分值)

引起周跳的原因有很多,主要可以归纳为以下三类:第一类为树木、建筑物和构筑物等对 GPS 卫星信号的遮挡;第二类为由于多路径、严重电离层干扰及接收机的高动态等引起接收信号信噪比过低;第三类为接收机自身(包括硬件和软件)。信号失锁可能发生在两个历元之间,也可能持续几分钟甚至更长的时间,因此,周跳可能为小至一周,也可能大至数百万周。在采用载波相位观测值进行高精度定位时,必须有效的探测和修复周跳。有关周跳探测与修复的方法参见 8.6 节。

5.4　空基和地基相位缠绕

5.4.1　相位缠绕效应

GNSS 卫星天线发射的信号为右旋圆极化电磁波信号,无论卫星或者接收机的

天线方位发生变化时,都会导致载波相位观测值中出现由天线旋转产生的附加相位值,这种影响称为相位缠绕效应(phase wind-up effect, PWU)。该效应可根据发生旋转的主体不同分为两类:由卫星发射天线的旋转引起的空基相位缠绕效应(space-based carrier phase wind-up, SPWU)和由地面接收机天线旋转引起的地基相位缠绕效应(ground-based carrier phase wind-up, GPWU)(Beyerle, 2009)。对于上百公里长的基线解,两端与卫星的连线角度很接近,空基相位缠绕效应差别较小,差分相位观测的误差只有若干毫米。但对上千公里的长基线观测,其差分相位观测误差可达 1/4 波长。地基相位缠绕对所有卫星的相位观测都相同,可通过差分消除或者钟差参数吸收。但伪距观测没有相位缠绕误差,当非差观测对伪距和载波相位采用同一个钟差参数时,就会产生误差。因此,相位缠绕效应是高精度 GNSS 定位测姿需要考虑的关键问题。

5.4.2 空基相位缠绕

卫星发射天线为了保证其太阳能翼板指向太阳,会相应地缓慢旋转产生空基相位缠绕(Wu et al., 1993)。空基相位缠绕效应与卫星地心连线和卫星接收机连线的夹角有关,在短基线情况下可以通过差分消除,而非差和长基线差分需要建立模型对其进行估算和改正。Wu 等在 1993 年提出了空基相位缠绕误差改正公式。

相位缠绕误差改正量 $\nabla\varphi$ 取决于该历元的改正值以及之前的量值,即

$$\nabla\varphi = \mathrm{sign}(\xi)\arccos\left[\frac{D'\cdot D}{|D'|\cdot|D|}\right]\cdot \tag{5.37}$$

其中,

$$\begin{cases}\xi = \hat{\boldsymbol{k}}\cdot(\boldsymbol{D}'\times\boldsymbol{D}) \\ \boldsymbol{D}' = \hat{\boldsymbol{x}}' - \hat{\boldsymbol{k}}\cdot(\hat{\boldsymbol{k}}\cdot\hat{\boldsymbol{x}}') - \hat{\boldsymbol{k}}\times\hat{\boldsymbol{y}}' \\ \boldsymbol{D} = \hat{\boldsymbol{x}} - \hat{\boldsymbol{k}}\cdot(\hat{\boldsymbol{k}}\cdot\hat{\boldsymbol{x}}) + \hat{\boldsymbol{k}}\times\hat{\boldsymbol{y}}\end{cases} \tag{5.38}$$

其中,$\hat{\boldsymbol{k}}$ 是卫星到接收机的单位向量;$(\hat{\boldsymbol{x}}, \hat{\boldsymbol{y}}, \hat{\boldsymbol{z}})$ 是测站坐标系的单位向量;$(\hat{\boldsymbol{x}}', \hat{\boldsymbol{y}}', \hat{\boldsymbol{z}}')$ 是星固坐标系下的单位向量;$\boldsymbol{D}'$ 是由 $(\hat{\boldsymbol{x}}', \hat{\boldsymbol{y}}', \hat{\boldsymbol{z}}')$ 坐标系计算得到的卫星天线有效偶极矩向量;$\boldsymbol{D}$ 是由 $(\hat{\boldsymbol{x}}, \hat{\boldsymbol{y}}, \hat{\boldsymbol{z}})$ 坐标系计算得到的接收机天线有效偶极矩向量。

5.4.3 地基相位缠绕

地基相位缠绕效应相关研究相对较少,其原因是在接收机天线的极化方向与天线的旋转轴一致的情况下,地基相位缠绕效应与卫星无关,与卫星高度角也无

关,并且与接收机钟差完全相关,因而它在双差观测中被消除,完全看不到。在常规的单差和非差的情况下又和估计的接收机钟差参数完全耦合,无法分离出其中的相位缠绕值,容易被人忽略。

在运动过程中,接收机天线的旋转会产生两种效应:多普勒效应和相位缠绕效应。为得到地基相位缠绕的解析表达式,作如下假定:

① GNSS 卫星离地面很远,载波可看作平面波,接收机天线作运动时载波信号的传播方向和极化方向可看作不变;

② 接收机天线中的电偶极子可看作无限小,实际电偶极子中的电流密度变化可以忽略;

③ 不考虑运动的相对论效应;

④ 不考虑电离层和大气层的传播介质影响;

⑤ 不考虑控制杆臂的影响。

1. 右旋圆极化天线和信号模型

圆极化波通常可以分为两个空间上和时间上均正交的等幅线极化波,因而圆极化天线通常会采用一对固定角度的正交偶极子来建模。两个偶极子固定于原点,其中一个的极化方向平行于 x 轴,另一个平行于 y 轴,y 轴相比较 x 轴信号相位延迟 90°,产生的信号即为右旋圆极化信号,沿着 z 轴正方向传播,从原点沿传播方向看,信号呈顺时针。右旋天线的极化矢量表达如下:

$$\boldsymbol{m} = (\hat{\boldsymbol{x}} - \mathrm{i}\hat{\boldsymbol{y}}) \tag{5.39}$$

式(5.39)采用天线载体坐标系,原点为天线偶极子中心,$\hat{\boldsymbol{x}}$ 和 $\hat{\boldsymbol{y}}$ 分别为 x 轴和 y 轴偶极子方向的单位向量,由于信号强度并不影响结果的分析,忽略该参数,右旋天线的极化矢量仅与偶极子的几何分布和相位有关。

GNSS 卫星右旋天线发射的载波信号为

$$\boldsymbol{E} = (\hat{\boldsymbol{x}}' - \mathrm{i}\hat{\boldsymbol{y}}')\mathrm{e}^{\mathrm{i}\omega t} \tag{5.40}$$

其中,$\mathrm{e}^{\mathrm{i}\omega t}$ 表示信号的频率调制;ω 表示载波信号的圆频,$\omega = \dfrac{2\pi}{\lambda}$,$\lambda$ 为载波波长;$\hat{\boldsymbol{x}}'$、$\hat{\boldsymbol{y}}'$ 分别为卫星天线坐标系的单位矢。

2. 入射信号在接收机天线坐标系下表示

卫星发射的右旋信号传至接收机端,如图 5.6 所示(Tetewsky and Mullen, 1997)。$(\hat{\boldsymbol{x}}' - \mathrm{i}\hat{\boldsymbol{y}}')\mathrm{e}^{\mathrm{i}\omega t}$ 采用的是卫星天线坐标系。其中,S 为卫星天线的坐标系原点,x'、y' 轴分别为正交偶极子的方向,z' 轴与 x'、y' 轴垂直,为卫星天线与接收机

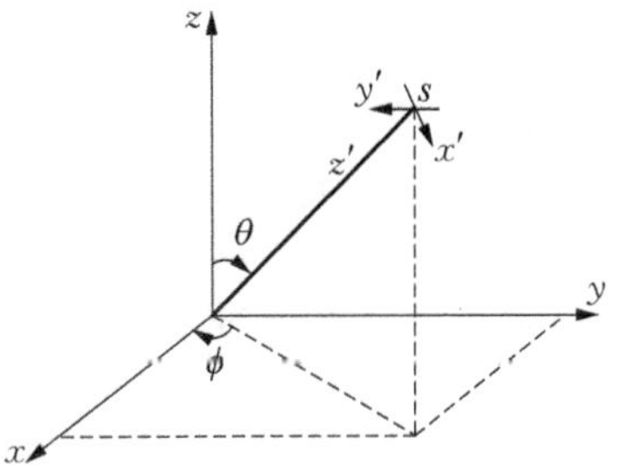

图 5.6 卫星天线坐标系下入射右旋信号模型

天线的连线方向(los,区别于极化方向)。

接收机天线的位置为 xyz 坐标系原点，x、y 轴分别为接收机天线正交偶极子的方向，z 轴与 x、y 轴垂直,为接收天线的旋转方向。θ、ϕ 分别为卫星 S 的俯仰角和方位角。接收机天线绕 z 轴旋转时,旋转方向与极化方向一致，θ 保持不变，ϕ 发生变化；当两者不一致时，θ、ϕ 都发生变化。

两个坐标系之间的转换关系表示如下:

$$\hat{\boldsymbol{x}}' = \hat{\boldsymbol{x}}\cos\theta\cos\phi + \hat{\boldsymbol{y}}\cos\theta\sin\phi - \hat{\boldsymbol{z}}\sin\theta \tag{5.41}$$

$$\hat{\boldsymbol{y}}' = \hat{\boldsymbol{x}}\sin\phi - \hat{\boldsymbol{y}}\cos\phi \tag{5.42}$$

入射信号在接收机天线坐标系下表示如下:

$$\boldsymbol{E}(\theta, \phi, t) = [\hat{\boldsymbol{x}}(\cos\theta\cos\phi - \mathrm{i}\sin\phi) + \hat{\boldsymbol{y}}(\cos\theta\sin\phi + \mathrm{i}\cos\phi) - \hat{\boldsymbol{z}}\sin\theta]\mathrm{e}^{\mathrm{i}\omega t} \tag{5.43}$$

3. 接收机天线输出信号

接收机天线的输出信号可以表示为正交偶极子矢量(极化方向) $\boldsymbol{m}$ 与输入电场的点积:

$$\begin{aligned}\boldsymbol{B}(\theta, \phi, t) &= \boldsymbol{E}(\theta, \phi, t)\cdot\boldsymbol{m}\\ &= \mathrm{e}^{\mathrm{i}\omega t}[(\cos\theta\cos\phi - \mathrm{i}\sin\phi) - \mathrm{i}(\cos\theta\sin\phi + \mathrm{i}\cos\phi)]\\ &= \mathrm{e}^{\mathrm{i}\omega t}(1+\cos\theta)(\cos\phi - \mathrm{i}\sin\phi)\\ &= (1+\cos\theta)\mathrm{e}^{\mathrm{i}(\omega t - kR - \phi)}\end{aligned} \tag{5.44}$$

当接收机天线绕 Z 轴(即接收机天线的极化方向)旋转时,输出的载波相位中所包含的地基相位缠绕效应仅仅与卫星的方位角有关,而卫星的俯仰角仅影响天线输出信号的振幅,并不影响相位。

假设接收机天线做匀速旋转,即

$$\phi = \phi_0 + \sigma t \tag{5.45}$$

其中，ϕ_0 表示交叉偶极子与入射波方向的初始方位角,当卫星的移动相对于地面在短时间内可以忽略时，ϕ_0 可视为常数,输出载波信号为

$$B(\theta, \phi, t) = (1+\cos\theta)\mathrm{e}^{\mathrm{i}[(\omega-\alpha)t - kR + \phi_0]} \tag{5.46}$$

式(5.46)表示当天线旋转轴与视轴对准时,载波相位的附加改变率等于接收天线的负旋转速率。如果 α 为正,由 GPWU 产生的附加相位将线性减小。如果 α 为负,GPWU 产生的附加相位将线性增加。另外,GPWU 造成的多普勒频移是独立的载波频率,不影响群延迟,和常规的多普勒不同。

接收机天线的极化方向与天线的旋转轴不一致,即旋转方向为任意情况时,天线的极化方向与天线的三维姿态角有关,具体表达如下:

$$\boldsymbol{m}^* = \boldsymbol{R}(-\sigma_x)\boldsymbol{R}(-\sigma_y)\boldsymbol{R}(-\sigma_z)\left[\begin{pmatrix}1\\0\\0\end{pmatrix} + \mathrm{i}\begin{pmatrix}0\\-1\\0\end{pmatrix}\right]\begin{pmatrix}\hat{\boldsymbol{x}}\\\hat{\boldsymbol{y}}\\\hat{\boldsymbol{z}}\end{pmatrix} \tag{5.47}$$

三个旋转角 (σ_x, σ_y, σ_z) 的旋转矩阵可以表示为

$$\boldsymbol{R}(\sigma_x) = \begin{bmatrix}1 & 0 & 0\\ 0 & \cos\sigma_x & \sin\sigma_x\\ 0 & -\sin\sigma x & \cos\sigma_x\end{bmatrix}$$

$$\boldsymbol{R}(\sigma_y) = \begin{bmatrix}\cos\sigma_y & 0 & -\sin\sigma_y\\ 0 & 1 & 0\\ \sin\sigma_y & 0 & \cos\sigma_y\end{bmatrix}$$

$$\boldsymbol{R}(\sigma_z) = \begin{bmatrix}\cos\sigma_z & \sin\sigma_z & 0\\ -\sin\sigma_z & \cos\sigma_z & 0\\ 0 & 0 & 1\end{bmatrix}$$

如果天线不绕 z 轴旋转,不失一般性,令 $\sigma_z = 0$, 则

$$\boldsymbol{m}^* = (\cos\sigma_y\hat{\boldsymbol{x}} + \sin\sigma_x\sin\sigma_y\,\hat{\boldsymbol{y}} - \cos\sigma_x\sin\sigma_y\hat{\boldsymbol{z}}) - \mathrm{i}(\cos\sigma_x\,\hat{\boldsymbol{y}} + \sin\sigma_x\hat{\boldsymbol{z}}) \tag{5.48}$$

此时,输出的载波信号记为(Cai et al., 2016)

$$\begin{aligned}\boldsymbol{B}(\theta,\phi,t) &= \boldsymbol{E}(\theta,\phi,t)\cdot\boldsymbol{m}^*\\ &= \mathrm{e}^{\mathrm{i}(\omega t-kR)}[(\cos\theta\cos\phi\cos\sigma_y - \cos\theta\sin\phi\sin\sigma_x\sin\sigma_y - \cos\phi\cos\sigma_x\\ &\quad + \sin\theta\cos\sigma_x\sin\sigma_y) - \mathrm{i}(\sin\phi\cos\sigma_y - \cos\theta\sin\phi\cos\sigma_x\\ &\quad + \cos\phi\sin\sigma_x\sin\sigma_y - \sin\theta\sin\sigma_x)]\end{aligned} \tag{5.49}$$

当地面天线电偶极子在此载体坐标系内的坐标为 $\hat{\boldsymbol{x}} + \mathrm{i}\hat{\boldsymbol{z}}$ 时(实际上 z 方向的电偶极子是滞后的,因此上面的坐标表示此电偶极子是对准 $-z$ 方向的),天线对入射电磁波的感应电场为

$$\boldsymbol{B}(\theta,\ \phi,\ t) = \boldsymbol{E}(\theta,\ \phi,\ t) \cdot (\hat{\boldsymbol{x}} + \mathrm{i}\hat{z}) = \mathrm{e}^{\mathrm{i}(\omega t - kR)}[\cos\theta\sin\varphi - \mathrm{i}(\sin\theta + \sin\varphi)] \tag{5.50}$$

这时接收机收到的地基相位缠绕效应为

$$\tan^{-1}\left[\frac{-(\sin\theta + \sin\varphi)}{\cos\theta\cos\varphi}\right] \tag{5.51}$$

当地面天线电偶极子在此载体坐标系内的坐标为 $\hat{\boldsymbol{y}} + \mathrm{i}\hat{z}$ 时,天线对入射电磁波的感应电场为

$$\boldsymbol{B}(\theta,\ \phi,\ t) = \boldsymbol{E}(\theta,\ \phi,\ t) \cdot (\hat{\boldsymbol{y}} + \mathrm{i}\hat{z}) = \mathrm{e}^{\mathrm{i}(\omega t - kR)}[\cos\theta\sin\varphi - \mathrm{i}(\sin\theta - \cos\varphi)] \tag{5.52}$$

此时振幅和相位都受调制,不可分离。地基相位缠绕为

$$-\tan^{-1}\left(\frac{\sin\theta - \cos\varphi}{\cos\theta\sin\varphi}\right) \tag{5.53}$$

第 6 章　卫星数据压缩与传输

高精度 GNSS 定位的迅猛发展对数据的传输和通信提出了更高的要求。全球和区域性的台站网的建立,对定位解实时性的迫切需求,数据采样率向高频的延伸,都要求长距离海量数据的快速、可靠、保真传输,数据的压缩和通信是实现这一任务的重要环节。

需要传输的广义的信息包括视频、图像、音频和文字,GNSS 信息的传输主要涉及文字和数据。

6.1　数据压缩基本原理与信息熵

信息的应用和传递早在人类社会的初期就出现了,例如中国古代的烽火台,但是把它当作一门科学来研究则一直延迟到 20 世纪 40 年代末期。1948 年 10 月, Shannon 总结了长期通讯的实践,发表了论文《通信的数学原理》,文中用概率论对信息作了定量的描述,首次为通讯过程建立了严谨的数学模型,从此奠定了现代信息论基础。

6.1.1　数据压缩的信息论基础

在信息论中,信息的传输可用图 6.1 表示(赵耀等,2000)。

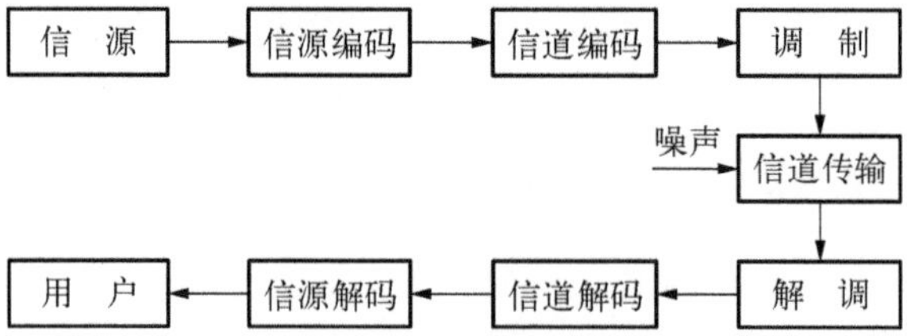

图 6.1　信息传输系统模型

真实世界中的信息五花八门,信息量浩瀚无边。图 6.1 中的信源指的是产生待传送信息的实体,只有经过筛选的确实需要传递的信息才进入编码和传输。信源编码包括对信源进行压缩、扰乱、加密等处理,其中的压缩确保用最少的编码表示来有效地传递最大的数据量。而信道编码保证了处理过的信号在传输过程中不出错或少出错,即便出错也可以修正(赵耀等,2000)。

从信息论视角来看,数据压缩是信源编码的主要部分,在不损失信源发出的信息前提下,它压缩了冗余信息,有效地减少数据的存储空间及传输时间。数据压缩

的对象包含数据的物理容积、时间间隔、传输指定数据集合所需的频带宽度 B，这三个对象之间相互关系为

$$\text{物理容积} = f(\text{时间} \times \text{带宽}) \tag{6.1}$$

其中，f 表示函数关系。

数据的物理容积（GNSS 数据所占存储空间）是 GNSS 数据压缩的关键参数。常见的 GNSS 数据包括：观测数据（OBServation 简写 OBS，为接收机记录的伪距、相位观测值）、导航数据（NAVavigation data，简写 NAV，为卫星发布的导航电文）和气象数据（METerological data，简写 MET，为测站处的气象记录），以下简称卫星数据。目前各类数据都以 RINEX 格式存储，卫星数据的压缩通常针对 RINEX 格式。

RINEX（receiver independent exchange format）最早在 1989 年由伯尔尼大学的 Gurtner 提出，是一种与接收机无关的数据交换格式。该格式使用文本文件形式存储数据，是 GNSS 测量中普遍采用的标准数据格式。

图 6.2 展示了卫星数据压缩的基本流程。其中，RINEX 格式的原始卫星数据（即源数据）经过数据压缩处理后，以 CRINEX 为基本格式存储。在完成这些压缩卫星数据的传输后，只要经过还原（或称释放）处理便可以得到原始的卫星数据。这种卫星数据压缩、还原模块可以在用户硬件上通过软件方式实现，也可以通过专业硬件设备实现。

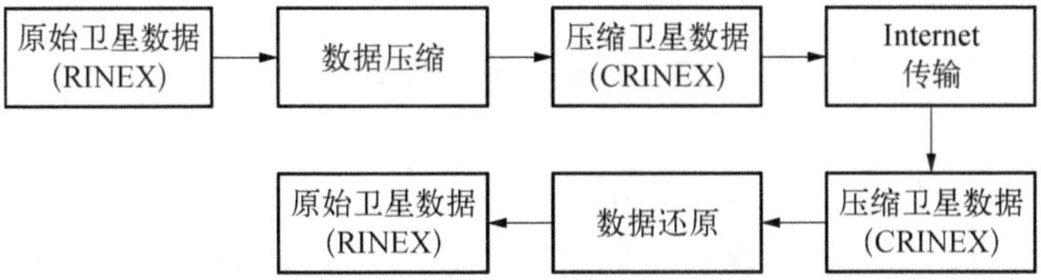

图 6.2　卫星数据压缩流程图

卫星数据压缩技术就是在不丧失数据精度的条件下，使存储空间尽可能小，以提高数据的传输速度，同时也增加了卫星数据传输过程中的安全性。

6.1.2　信息熵与冗余度

信息的两大特性——不确定性（已确定的事物均不含有信息）和可量度性使其成为重要的研究对象。设 n 个符号的离散信源 X 表为集合 $A = \{x_1, x_2, \cdots, x_n\}$，每个符号出现的概率是确定的，表为概率分布表 $\{p_1, p_2, \cdots, p_n\}$，且满足 $\sum_{k=1}^{N} P_k = 1$。如果各符号 x_i 的出现是各不相干的（或独立的），称信源 X

是无记忆的。定义 $P(x_i)$ 为 X 在某时刻发出符号 x_i 的概率，则 x_i 的信息量 $I(x_i)$ 为

$$I(x_i) = -\log_b P(x_i) \tag{6.2}$$

其中，$i = 1, 2, \cdots, n$。

$I(x_i)$ 的单位由对数的底来决定。$b = 2$ 时，单位为比特(bit)；$b = e$（自然常数）时，其单位为奈特(nat)。由式(6.2)可见，信息量函数是一个减函数，即一个随机事件发生的可能性越大，信息量越少。

当 X 代表信源输出的全部符号集合时，将 X 的各符号 x_i 的信息量 $I(x_i)$ 按概率 $P(x_i)$ 进行平均，可得 X 的各符号的平均信息量为

$$H(X) = \sum_{i=1}^{n} P(x_i) I(x_i) = -\sum_{i=1}^{n} P(x_i) \log_b P(x_i) \tag{6.3}$$

在信息论中，定义 $H(X)$ 为信源 X 的熵。信息论的原理表明，如果知道一个无记忆信源 X 的熵 $H(X)$，那么总能找到一种压缩编码方法，使每个符号所需的比特数尽量接近 $H(X)$。根据信息论，信源的平均信息量（熵）就是无失真编码的理论极限。

对于所有的信息符号以等概率输出的离散无记忆信源[即 $P(x_i) = 1/n$]，可求得信源的熵为

$$H(X) = -\sum_{i=1}^{n} \frac{1}{n} \log_b \frac{1}{n} = -\log_b \frac{1}{n} = \log_b n \tag{6.4}$$

该值为熵的最大值，定义为最大熵 $H_0(X)$。

信息冗余度（又称剩余度），表示给定信源在实际发出消息时所包含的多余信息，去掉这些多余信息将减少消息占用的空间。信息论认为自然冗余度是客观存在的，一方面来源于信源的自相关性，相关程度越大，自身的熵越小，另一方面由于实际信源概率分布不均匀，使得实际的熵小于等概率时的熵。

定义扩展信息熵：

$$H_m(X) = \frac{1}{m} H(x_1, x_2, \cdots, x_m) \tag{6.5a}$$

其极限熵为

$$H_\infty(X) = \lim_{m \to \infty} H_m(X) \tag{6.5b}$$

定义 η 为信息效率，则

$$\eta = \frac{H_{\infty}(X)}{H_{m}(X)} \tag{6.5c}$$

其中，$0 \leqslant \eta \leqslant 1$，表示不确定性的程度，对应的 $1-\eta$ 表示确定性的程度。由于确定性不含有信息量，可以依据确定性定义冗余度：

$$\gamma = 1 - \eta = 1 - \frac{H_{\infty}(X)}{H_{m}(X)} \tag{6.6}$$

6.1.3 数据压缩的性能指标和标准

数据压缩的主要性能指标常用于评估压缩方法的效率和质量。它包括：① 压缩能力，含压缩比、压缩系数、压缩效率、压缩速度等；② 比特率，指压缩器输出数据的比特率；③ 系统复杂度，包括算法的运算量和所需要的存储量；④ 信号质量（李顺山等，2001）。

1. 压缩能力

（1）压缩比

压缩比（compression ratio）R 为压缩数据长度 L_{C}（比特数）与原始数据长度 L_{R}（比特数）之比。

$$R = \frac{L_{\mathrm{C}}}{L_{\mathrm{R}}} \tag{6.7}$$

压缩比能准确地反映压缩前后数据量的变化，但 R 的大小受原始信号数据采样速率、量化精度等影响较大。

（2）压缩因子

压缩因子（compression factor）就是压缩比的倒数，用 K 表示，其定义为

$$K = \frac{1}{R} = \frac{L_{\mathrm{R}}}{L_{\mathrm{C}}} \tag{6.8}$$

通常 $K > 1$，压缩因子衡量了压缩能力的强弱，数值越大，表示压缩能力越强。

（3）压缩效率

压缩效率 η 定义为

$$\eta = 100(1 - R) \tag{6.9}$$

η 的单位为百分比，用于衡量压缩后数据空间的节省程度，若 η 的数值为 80，表示压缩后的数据节省了原数据 80%的空间。

(4) 压缩速度

压缩速度 v 表示每压缩一字节所需设备的周期平均数。该指标用于衡量专用硬件的压缩能力。

2. 比特率

比特率又称为平均码率(average bitrate, ABR):

$$\mathrm{ABR} = \frac{\mathrm{bits}}{t}$$

即压缩后的每秒平均数据量,目前该指标作为压缩效率的最重要的评价指标。

在设计数据压缩系统时,压低比特率等价于压缩其码率,同时必须从通信角度考虑,确保最终的比特率符合现行的数字传输体制。

3. 系统复杂度

数据压缩系统的复杂度是指压缩和解压缩的编译码算法所需要的设备的运算量和所需的存储量,也就是衡量算法的时间复杂度和空间复杂度。算法的复杂程度与硬件设备关系十分密切。衡量算法时,必须考虑硬件能力。

4. 信号的质量

信号的质量指解压缩器输出的信号质量,实质是波形失真的量度,可分为客观质量评价和主观质量评价。

客观质量评价是通过客观测量的方法(建立在测量均方根误差基础上)来评价数据压缩系统的信号质量,其优点在于简单、省时省力、成本较低,但无法反映人的主观感觉。主观质量评价比较符合人类视觉和听觉对信号质量的主观感受,缺点在于评判过程缓慢费时,结果因人而异。

6.2　卫星信号压缩技术

6.2.1　有损压缩

人类的视觉和听觉分辨率是有局限的,因此在许多只需要主观质量评价的应用中,如音频、图像和视频压缩,不仅可以压缩时间和空间冗余,而且可以压缩视觉和听觉冗余而不影响主观感受质量。这种有损压缩允许压缩过程中损失一些信息,且不能完全恢复原始数据,但是压缩比大,损失的部分对原始数据的影响较小,不影响主观质量。

常见的有损压缩技术包括:预测编码、变换编码、基于模型编码。

预测编码主要基于离散信号之间时域关联性,可以利用前面的信号预测下一个信号,将实际值与预测值作差即可进行编码,同等精度下只需用较少的比特。典型的预测编码压缩方法有脉冲编码调制、差分脉冲编码调制和自适应差分脉冲编码调制。

变换编码采用函数变换方法,变换函数空间后再进行编码。声音、图像等大多为低频信号,将时域换到频域后信号更为集中,便于编码。变换编码系统中主要有变换、变换域采样和量化三个步骤。变换并不进行数据压缩,它仅通过函数域映射,使信号更易于压缩。

基于模型图像编码的方法在发送端通过图像分析模块形成模型参数,在接收端利用模型参数重建原图。

有损压缩的优点是压缩比大,有损的音频能够实现 10∶1 的压缩比,视频能够实现 300∶1 的压缩比。但它无法用于卫星数据的压缩,因为高精度卫星定位不允许数据在压缩后产生畸变。

6.2.2 无损压缩

无损压缩技术中不存在信息损失,可以从压缩数据准确地复原出原数据,主要用在一些不允许原数据与重构数据之间存在任何差别的应用中,如科学研究,包括卫星数据压缩。

无失真压缩编码也称信息保持编码或熵保持编码,主要包括霍夫曼编码、游程编码、二进制信源编码、LZW 编码、算术编码等。其中,霍夫曼(Huffman)编码依据字符出现概率来构造异字头的平均长度最短的码字,又称为最佳编码。它按出现概率大、小的符号编以短字长、长字长的码,用霍夫曼编码可以实现对信息源的最大限度的无损压缩。游程编码适用于字符少的信息源或某几个字符重复出现概率很高的情况。它也可实现无损压缩图像,适合二值图像编码,但大多数情况下,其压缩率较低。算术编码的效率介于前面两种之间,但算术编码不需用概率统计的样本集,其输出的码字是代表字符串出现概率的小数。它不存在输入数据流与输出数据流速率匹配的问题。其劣势在于工作量远大于前两者。LZW 编码由 Lempel-Ziv-Welch 创造,是一种先进的串表压缩算法,它的压缩效率较高,压缩速度较快。但当原始图像数据值中带有随机变化的"噪声图像",则很难使用该方法。目前,GIF、TIFF 等图像文件格式都采用这种压缩算法。

由于卫星数据为纯数字数据,采用常规的无损压缩方法压缩比极低,甚至会出现压缩后的文件体积大于原始文件的反效果。因此卫星数据压缩除了压缩空格等常规方式外,还要采用特殊的方式。一方面要压缩精度冗余,目前 GNSS 高精度定位精度只能达到亚毫米级,观测数据超过 0.01 毫米后的数字皆为精度冗余,可去掉;另一方面 GNSS 伪距观测中的主量为卫星至地面接收机的距离(接近常数)和钟差(对不同频道观测相同),载波相位观测的主量为模糊度(常数)和钟差(对不同频道观测相同),可通过差分方式压缩主量冗余。目前 IGS 数据中心采用的 Hatanaka 压缩 RINEX 格式文件(后缀字母为 d),压缩比为 0.7~0.75,就属于这种特殊的无损压缩。

6.2.3　GNSS 数据的 Hatanaka 压缩

随着 GNSS 台站网的全球化、实时化,对各个分析中心提供服务的精度和传输速度的要求日益提高,如何快速高效地把全球台站网的数据及时安全地传输到分析中心成了首要任务,GNSS 数据压缩问题提上了议事日程。传输数据的途径通常有三条: ① 专用光纤或电缆;② 通信卫星;③ 互联网。对全球台站网通过专用光纤或电缆传输基本是不可能的。由于 GNSS 庞大的数据量和卫星通信有限的带宽,长期使用通信卫星传输数据是不现实的,只能在紧急情况下临时使用。利用互联网是一个合理的选择。即使使用互联网,浩瀚的数据量不但抬高了费用,而且增加了传输时间。数据压缩技术的优点包括: 一是加快了传输速度,提高实时性;二是节省了开支;三是缩小了数据存储的空间;四是提高了安全性,黑客即使拿到了数据,如果不知道解压缩格式还是无可奈何。GNSS 数据的压缩要求必须是无损压缩,不能因为数据压缩而降低了定位精度。

GNSS 台站网的全球化,卫星导航定位多系统的出现,要求数据采用共同的格式以利于系统兼容和数据融合。另外,许多 GNSS 接收机公司的产品输出各自的数据格式,给用户带来不便,特别是大型的 GNSS 台站网用了多种不同型号的接收机,迫切需要一种统一的不依赖于接收机的数据格式。RINEX(riceiver independent exchange format)就是当前国际上通用的与接收机无关的标准数据格式。几乎所有的 GNSS 接收机厂商都提供将其产品的格式文件转换成 RINEX 格式文件的工具,GNSS 数据分析软件能够直接读取 RINEX 数据文件。RINEX 格式自诞生以来,经过不断地修改完善,版本不断更新,以适应不断扩展的 GNSS 应用和不断增加的 GNSS 系统的需求。当前普遍使用的是 RINEX 3.02 版本(Gurtner and Estey, 2006),它支持包括 GPS、GLONASS、Galileo、北斗等多系统卫星和广域差分 SBAS 修正的数据,能用于静态和动态 GNSS 测量的不同模式。RINEX 文件格式分为观测文件、导航文件和气象文件三种,其编码采用可以直接阅读的 ASCII 字符。RINEX 文件名的命名方式采用如下约定。

<SITE><RN><CRC><S><YEARDOYHRMN><LEN><FRQ><ST><FMT>。

<SITE>: 四字符,台站名。

<RN>: 二字符,接收机编号。

<CRC>：三字符，国家和地区代码。

<S>：一字符，表示数据源来自接收机(R)还是数据流(S)。

<YEARDOYHRMN>：十一字符，代表观测时刻年、年积日、小时、分。

<LEN>：三字符，观测时段长度。

<FRE>：三字符，采样间隔或频率。

<ST>：二字符，第一位表示卫星系统(M,G,R,C,E,J,I)，第二位表示数据类型(观测文件 O,导航文件 N,气象文件 M)。

<FMT>：三字符，扩展名(rnx 或 crx)。

文件内部包括两部分：头信息部分和数据部分。细节请参阅相关说明。

RINEX 格式文件的信息十分完备，文件数据量大不利于传输，必须通过压缩。但是 RINEX 文件中的绝大部分是纯数字的数据，且很少重复，在文字和图像处理中的无损压缩技术(如霍夫曼编码、游程编码)完全用不上，必须研究针对 GNSS 的特有的数据压缩技术。

Hatanaka 压缩格式(Hatanaka, 2008)是目前许多机构(包括 IGS、UNAVCO)使用的格式。Hatanaka 压缩是 20 世纪 90 年代日本 GSI 的 Yuri Hatanaka 博士开发出来的，他把接收机输出的 RINEX obs 数据格式文件压缩成非常紧凑的 crx 压缩格式文件(也叫 CRINEX,即 Compact RINEX)，结合 UNIX 的 compress、zip、gzip 等压缩工具生成小尺寸文件通过互联网传输。压缩文件的程序为 rnx2 crx，解压缩的程序为 crx2rnx，它把 crx 文件还原成 RINEX obs 文件。差分压缩只针对数据部分，对头信息部分的重复词汇采用代码置换减少体积。压缩的基本原理是差分，通过差分把数据由大量变成小量，减少数据的字符数。

GNSS 卫星在距离地表 2 万公里的上空，因此伪距观测的主项为轨道高度加上卫星和接收机的钟差。同样，载波相位观测的主项为轨道高度、模糊度加上卫星和接收机钟差，这些主项接近常数或者就是常数(如模糊度)。因此，对同一卫星和同型号观测量保留第一个历元观测，后面历元的观测量采用和前一历元的历元间差分，得到差分观测量。由于差分将原始观测量的主项绝大部分消除，差分观测量的有效数字比原始观测量大大减少，有效缩小了观测文件的尺寸。收到压缩文件后，从第二个历元开始把上一个历元观察量加上本历元的差分观测量，就恢复了原始观测量。若进一步采用二次差分或高次差分，可进一步减少高次差分观测量的有效数字。表 6.1 给出了某台站某日所有卫星载波和伪距的原始观测量(即各次差分观测量)的有效数字的平均值。可以看到，对 30 s 采样间隔数据，一次差分能够把载波相位有效数字降低 24%，把伪距有效数字降低 35%。二次差分和三次差分能够进一步降低有效数字。可是到了四次差分，有效数字不但不降低反而略有提高。这是因为差分能够压缩时间序列中缓慢变化的部分，对随机变化部分(观测误差和钟差中的随机变化量)不但不能压缩，反而会增加。对 1 s

采样间隔数据，一次和二次差分有效数字降低得更显著，但三次差分有效数字就开始增加。

表 6.1a　原始数据和各次差分数据的有效数字平均值
（30 s 采样间隔数据，Hatanaka，2008）

	L1	L2	C1	P2	P1
原始数据	10.1	10.0	10.4	10.4	10.4
一次差分	7.7	7.6	7.0	7.0	7.0
二次差分	5.5	5.4	4.8	4.8	4.8
三次差分	4.1	4.0	3.7	3.6	3.6
四次差分	4.3	4.2	4.0	3.9	3.9

表 6.1b　原始数据和各次差分数据的有效数字平均值
（1 s 采样间隔数据，Hatanaka，2008）

	L1	L2	C1	P2	P1
原始数据	10.1	10.0	10.4	10.4	10.4
一次差分	6.2	6.1	5.5	5.5	5.5
二次差分	2.5	2.4	2.0	2.6	2.6
三次差分	2.5	2.4	2.1	2.9	2.9
四次差分	2.7	2.6	2.3	3.1	3.1

有几点需要说明。第一，卫星轨道弧段中断时，差分运算结束。新弧段开始时重启差分压缩运算。此外，卫星或接收机的钟跳和接收机的载波相位周跳产生数据跳变，这些事件发生时也需要重启差分压缩运算。所有的弧段变动和跳变信息作为标签存储在头信息部分。第二，有时卫星弧段并没有结束，由于种种原因接收机在某个历元没能收到该颗卫星的观测数据，对此空白不作差分压缩运算，仅留下一个“&”符号作为标记，待重新收到该颗卫星信号时继续对前个有效历元数据作差分压缩运算。第三，观测数据是实型量。实型量的差分运算会引入计算机的舍入误差，同时，实型量的传输过程中也会引入舍入误差，因此在无损压缩中实型量数据必须化为整型量，对整型量的运算和传输是没有误差的，在对整型量差分观测作解压缩后再恢复到实型量；第四，通常在 Hatanaka 压缩后还要进一步作常规压缩以去掉不必要的空格，并把 ASCII 码转换成二进制以 bit 为单位的紧凑排序，进一步减小文件尺寸。进一步压缩后的效率见表 6.2。不难看出，压缩效果是非常显著的。需要说明的是该观测文件样本中观测比较稀疏，有利于产生较高的压缩比。

表 6.2 30 s 采样间隔 GNSS 单日解数据文件的尺寸比较(取自 Hatanaka, 2008)

	文件尺寸/kb	百分比/%
RINEX	3 833	100
常规压缩	903	23.6
C-RINEX	1 010	26.4
C-RINEX+常规压缩	346	9.0

必须指出,Hatanaka 压缩是历元间递归差分压缩,虽然在压缩过程中卫星轨道弧段的变化和历元观测缺失事件都已经加了标签和标记,但如果在数据传递过程中某个数据出现意外而丢失,其后果是灾难性的。因为在该历元后所有的差分观测量将因为有一环节意外缺失而全部出现错误因而无法恢复。因此 Hatanaka 压缩文件不适合用波包封装形式传递数据然后拆封拼装复原的 UDP(6.3 节)协议。因为波包在传输过程中虽然 95%以上能够安全到达终点,少量的缺失几乎是不可避免的,特别是黑客拦击波包很难彻底阻止。用 UDP 协议传输数据作实时运算服务时,要采用另外的压缩方式,如同一历元不同种类观测量的差分压缩(Estey and Meertens, 1999)。对于其他如 ftp 协议传输,通常在传输后进行校验,发现差错会发出请求重新传输。限于篇幅不在本书中细述。

6.3 接收机输出的数据传输

接收机收到卫星发布的信号后,需要通过一定的途径传输出去,数据的传输需要遵循一定的传输协议。本节主要介绍基于 TCP/IP 和 UDP 协议的数据传输,并结合卫星定位的不同需要对其用途进行概述。

6.3.1 TCP/IP 协议的层次结构

TCP/IP (transmission control protocol/internet protocol)即传输控制协议/网际协议,是国际互联网络的基本协议之一,用于网络传输卫星数据。TCP/IP 实际上是一个如图 6.3 所示的五层模型(谢希仁,2008)协议簇。通信协议分层的好处是:灵活性好、各层之间相互独立、结构上可以分割开、易于实现和维护及标准化。模型中由下到上各层的主要功能和包含的主要协议如下。

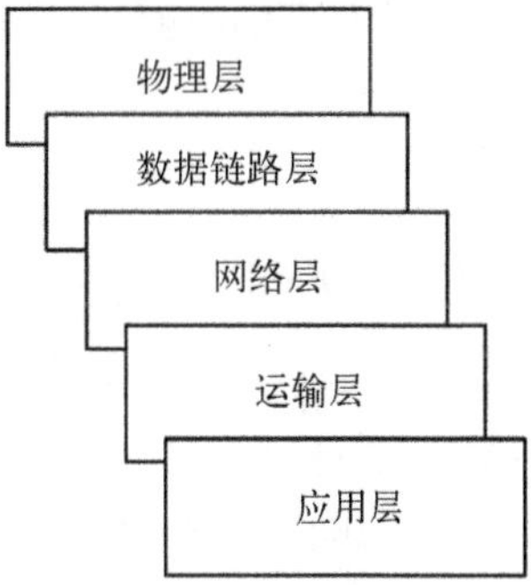

图 6.3 TCP/IP 协议的五层模型

① 物理层。物理层实现通过物理媒体传输比特流所需的各种功能,包括接口和媒体的物理特性、比特

的表示、传输速率、比特同步、线路配置、物理拓扑、传输方式。

② 数据链路层。数据链路层将物理层转换为可靠的链路，使得物理层对上层是无差别的，主要任务是组帧、物理编址、流量控制、差错控制及接入控制，主要协议为 PPP(point to point protocol)，即点对点通信协议。

③ 网络层。网络层的主要功能是辨识所有网络上的地址，提供数据传输的路由选择，对不同的网络提供最大分组长度限制以做分组处理，并且对分组做切割与合并。

本层主要协议如下：

IP(internet protocol)：因特网协议，主要是将数据报(datagram)切割成分组(pocket)并通过不同路由发送到目的地。

ICMP(internet control message protocol)：因特网控制消息协议，提供在网络中数据传输错误时的错误信息。

ARP(address resolution message protocol)：地址解析协议，将 32 位的 IP 地址映射到网络物理地址上。

RARP(reverse address resolution message protocol)：反向地址解析协议，将网络物理地址映射到 32 位 IP 地址上。

④ 运输层。运输层提供传送端与接收端之间的连接。主要包含以下两种协议：

TCP(transmission control protocol)：传输控制协议，提供面向连接的，可靠的通信；

UDP(user datagram protocol)：用户数据报协议，提供非链接的、不可靠的通信。

⑤ 应用层。应用层为用户的应用进程提供服务。主要协议有：

FTP(file transfer protocol)：文件传输协议，一般上传下载用 FTP 服务；

SMTP(simple mail transfer protocol)：简单电子邮件传输协议，控制信件的发送、中转；

HTTP(hypertext transfer protocol)：超文本传输协议，用于实现互联网中的 WWW 服务；

DNS(domain name service)：域名解析服务，提供域名到 IP 地址之间的转换。

6.3.2　IP 协议

鉴于计算机网络的端系统是智能的，且具有很强的差错处理能力，因此网络层向上(运输层)只提供简单灵活的、无连接的、尽最大努力的数据报服务(谢希仁，2008)。网络发送的每一个分组(IP 数据包)不进行编号，各分组之间不相干，独立发送。可靠传输服务(包括差错处理、流量控制等)则由网络中主机的运输层负责。

标准化的 IP 协议使得互连以后的计算机网络相当于一个虚拟互联网络，屏蔽了各个网络在物理层面上的异构性。网络层中主机通信像是在一个单个网络上通信，无须关注互连的各网络的异构细节（如编址方案、路由选择协议等）。

1. IP 数据报的格式

在 TCP/IP 标准中，常采用 32 位（4 字节）单位描述各数据格式，图 6.4 是 IP 数据报的完整格式（福罗赞，2011）。

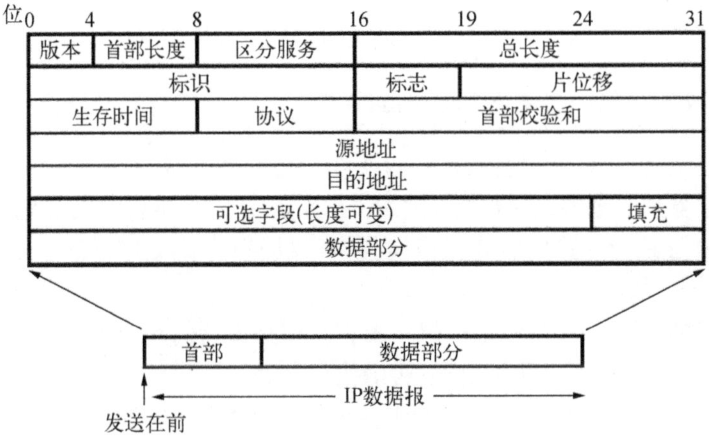

图 6.4 IP 数据报的格式

从图 6.4 可以看出，IP 数据报由首部和数据两部分组成，首部由固定长度（20 字节，必须具有）和可选字段（长度可变）两部分组成。

固定部分各字段的意义如下。

① 版本：占 4 位，指 IP 协议版本，分为 IPv4 和 IPv6。通信双方的 IP 协议版本必须一致。

② 首部长度：占 4 位，最大值是 15 个 4 字节长的字，即 60 字节。首部长度不到 4 字节的整数倍时，用最后的填充字段作填充。

③ 区分服务：占 8 位，只在使用区分服务时起作用。

④ 总长度：占 16 位，指首部和数据之和的长度，单位是字节。最小 IP 数据报长度为 576 字节，最大为 $2^{16}-1=65\ 535$ 字节。数据报长度大于网络所允许的最大传送单元 MTU 时必须对数据报进行分片。

⑤ 标识（identification）：占 16 位，在数据报进行分片时，这个标识字段被复制到所有的数据报片段中。

⑥ 标志（flag）：占 3 位，目前只有前两位有意义。最低位 MF（More Fragment）= 1，表示后面还有分片，否则为最后一个分片。DF（don't fragment）= 1 表示不能分片，DF = 0 时允许分片。

⑦ 片偏移：占 13 位，表示分组后该片在原分组中的相对位置。

⑧ 生存时间：占 8 位，即 TTL(time to live)，表示数据报在网络中的寿命，路由器在转发数据报之前 TTL 减 1，若 TTL 减到 0，就丢弃这个数据报。

⑨ 协议：占 8 位，指明数据报携带的数据所使用的协议。

⑩ 首部校验和：占 16 位，仅校验数据报首部，不包括数据部分。计算出的首部校验和为 0，则保留数据报，否则认为数据报出错，将数据报丢弃。

⑪ 源地址：占 32 位，源主机的 IP 地址。

⑫ 目的地址：占 32 位，目的主机的 IP 地址。

2. IP 数据报的分组转发流程(谢希仁，2008)

① 源主机将 IP 数据报直接发送给所在子网的路由器。

② 路由器从数据报的首部提取主机的 IP 地址 D，得出目的网络地址 N。

③ 如网络 N 与此路由器直接相连，则将数据报直接交付目的主机 D，否则是间接交付，执行④。

④ 如目的地址为 D 的特定主机路由在当前路由器的路由表中，则将数据报转发给路由表中指明的下一跳路由器；否则执行⑤。

⑤ 如当前路由器的路由表中有到达网络 N 的路由，则把数据报转发给路由表中所指明的下一跳路由器，否则执行⑥。

⑥ 如当前路由器的路由表中有一个默认路由，则把数据报转发给该默认路由器，否则执行⑦。

⑦ 报告转发分组出错。

6.3.3 TCP 协议

IP 协议必须配合传输服务协议——TCP 协议(连接性和可靠性)或 UDP 协议(非链接性和不可靠性)，以便提供传送端与接收端主机的连接。

1. TCP 最主要的特点(谢希仁，2008)

① TCP 是面向连接的运输层协议。在使用 TCP 协议之前，应用程序必须先建立 TCP 连接。数据传输完毕后，必须释放已建立的 TCP 连接。

② 每一条 TCP 连接必须是点对点的。

③ TCP 连接传输的数据要求无差错、不丢失、不重复且按序到达。

④ TCP 提供全双工通信。TCP 允许通信双方的应用进程在任何时候都可以发送数据。

⑤ TCP 是面向字节流的。TCP 将交互的数据块看成是一连串无结构的字节流，它不保证通信双方应用程序收发数据块的一致，但收发的字节流是一致的。收

方应用程序必须能识别收到的字节流，并把它还原成有意义的应用数据。

2. TCP 报文段的首部格式

图 6.5 是 TCP 报文段首部格式（福鲁赞，2011），它也是以 32 位（4 字节）为单位的。从图 6.5 可以看出 IP 数据报的数据部分包含 TCP 首部和 TCP 报文段的数据部分。TCP 首部由两部分组成：20 字节的固定部分和根据需要可变的 4*N*（*N* 是自然数）字节选项部分。固定部分各字段的意义见图 6.5。

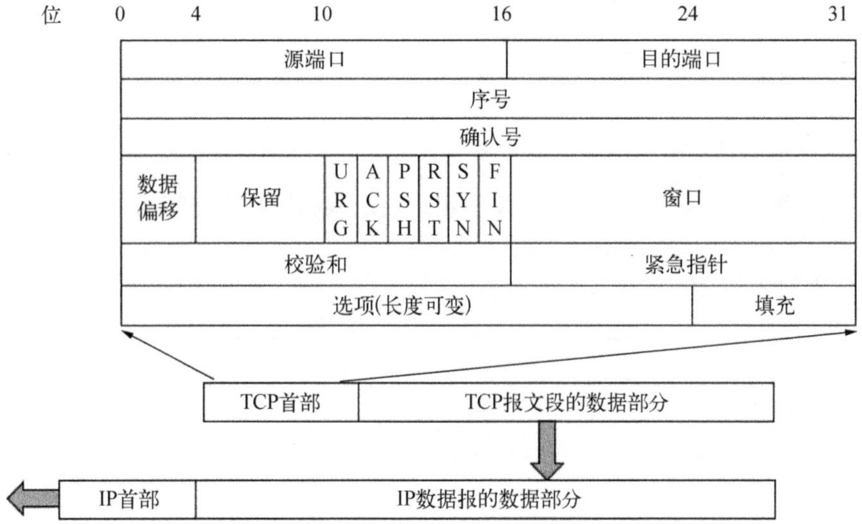

图 6.5 TCP 报文段的首部格式

① 源端口和目的端口：各占 16 位，分别写入源端口号（需要对方回信时选用，不需要时可全部设为 0）和目的端口号（终点交付报文时必须用到）。

② 序号：占 32 位，序号范围是 $[0,\ 2^{32}-1]$。传送的每一个字节都按顺序编号，起始序号必须在连接建立时设置。

③ 确认号：占 32 位，是期望收到下一个报文段的第一个数据字节的序号。确认号为 *N* 表明序号 *N*-1 之前的所有数据已正确收到。

④ 数据偏移：占 4 位，TCP 报文段数据部分开始处距起始处的距离，即 TCP 报文段首部的长度，最大为 60 字节。

⑤ 保留：占 6 位，目前未被使用。

⑥ URG：占 1 位，URG = 1 表明此报文段中有紧急数据，发送方 TCP 必须把紧急数据插入到本报文段数据的最前面。

⑦ ACK：占 1 位，仅当 ACK = 1 时确认号字段才有效。

⑧ PSH：占 1 位，交互式通信发生时，若发送方将 PSH 置为 1，即立即创建报

文段发送出去。接收方收到 PSH = 1 的报文段，就立即交付给应用进程。

⑨ RST：占 1 位，RST = 1 时表明 TCP 连接中出现严重差错，必须释放链接，然后再重建 TCP 连接。

⑩ SYN：占 1 位，用来同步序号。SYN = 1，ACK = 0 时表明是连接请求报文段。若同意连接则相应报文段为 SYN = 1，ACK = 1。

⑪ FIN：占 1 位，FIN = 1 表明发送方的数据已发送完毕，要求释放链接。

⑫ 窗口：占 16 位，范围为 $[0,\ 2^{16}-1]$ 之间的整数，窗口值是动态变化的。

⑬ 校验和：占 16 位，校验的范围包括首部和数据两部分。如果接收方检测到校验和有差错，则直接丢弃 TCP 段。

⑭ 紧急指针：占 16 位，仅在 URG = 1 时有效，为紧急数据的字节数。

3. TCP 连接的建立与拆除

TCP 协议在传输数据之前，必须先建立发送端和接收端之间的连接，称为三次握手法（萧文龙和林松儒，2010）。

三次握手的过程如图 6.6 所示。

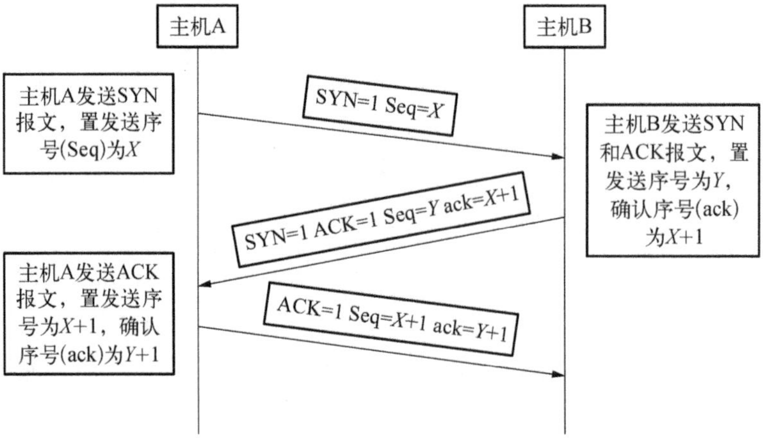

图 6.6　TCP 连接建立的三次握手过程

第一次握手，主机 A 发送连接请求报文段，报文段首部中同步位 SYN = 1，同时选择一个初始序号 Seq = X。SYN = 1 的报文段不能携带数据，但消耗掉一个序号。主机 A 进入 SYN - SENT（同步已发送）状态。

第二次握手，主机 B 收到连接请求报文后，若同意建立连接，则向主机 A 发送确认报文，首部中 SYN = 1，ACK = 1，确认号 ack = X+1，同时为自己选择一个初始序号。这个报文段也不能携带数据，但同样消耗一个序号。主机 B 进入 SYN - RCVD（同步收到）状态。

第三次握手,主机 A 收到检查确认序号 ack 是否正确,即主机 A 第一次发送的序号加 1 为 $X+1$,以及标志位 ACK 是否为 1。若正确,主机 A 需要再次发送确认包,ACK 标志位置为 1,SYN 标志位置为 0。确认序号 ack 为 $Y+1$,发送序号 Seq 为 $X+1=1$。TCP 规定 ACK 报文段(SYN=0)可以携带数据,如果不携带数据则不消耗序号,此时下一个数据报文段的序号还是 $X+1$。主机 A 进入 ESTABLISHED(已建立连接)状态。主机 B 收到主机 A 的确认后,也进入 ESTABLISHED。TCP 连接建立成功。

数据传送完成后,通信双方都可以释放连接,称为四次挥手法(图 6.7)(萧文龙和林松儒,2010)。

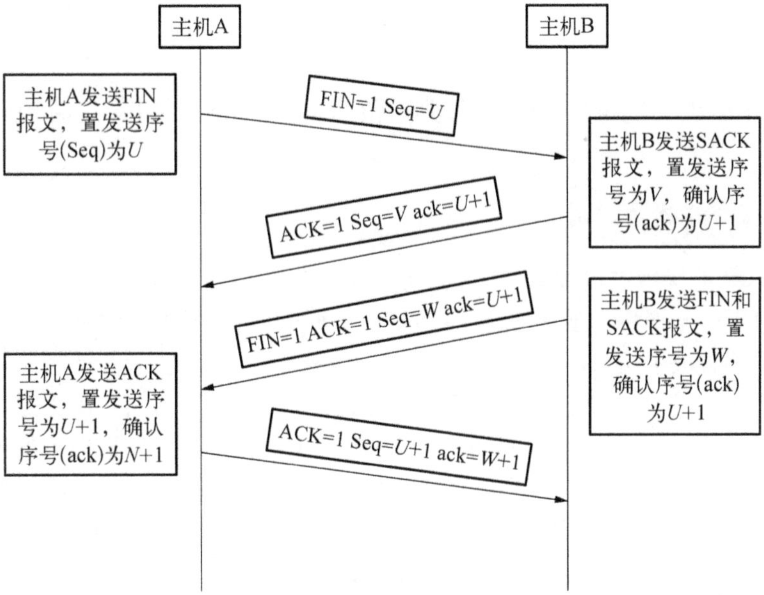

图 6.7 TCP 连接的释放过程

4. 确认与超时重传技术

在非理想状况下,并不能保证分组正确及时地传到目的地,有时会发生分组丢失,而 TCP 中超时重传技术便是用来解决这个问题。主机在发出请求时会同时启动一个定时器,在请求或响应丢失的情况下,定时器会超时溢出,这时主机会再次发送请求,重置定时器直到连接成功,当重传次数超过一定限制时,认为连接不可建立而放弃连接。

定时时间片即超时重传中的重法超时(retransmission time-out, RTO)的大小是影响确认超时重传的最关键因素,其计算采用著名的 Karn 算法(Karn and

Partridge, 2001)。无重传时的计算公式为

$$\text{Timeout} = b \times \text{RTT} \tag{6.10}$$

其中,b 是一个大于 1 的常数加权因子;RTT(round trip time)是一个加权平均值,计算公式如下:

$$\text{RTT} = a \times (\text{Old\_RTT}) + (1 - a) \times \text{New\_RTS} \tag{6.11}$$

其中,Old_RTT 是上一个往返时间的估值;New_RTS 实际测出的前一个段的往返时间样本(round trip sample); $a(0 < a < 1)$ 也是一个常数加权因子,a 越接近于 1,RTT 更新越快。

当发生重传时,用式(6.12)计算 RTO 计算:

$$\text{RTO} = c \times \text{Timeout} \tag{6.12}$$

其中,$c(c > 1)$ 是一个常数因子,典型值为 2,即每重传一次,定时时间片增加一倍。

5. 滑动窗口与流量控制

在 TCP 连接传输过程中,发送方每发送出一个分组都需要得到对方的确认,实际情况下由于网络传输的时延,等待确认的时间很长,导致传输效率低下。滑动窗口协议则解决了这一问题。

TCP 中用滑动窗口暂存通信双方要传送的数据分组。运行 TCP 协议的主机有两个滑动窗口,一个用于数据发送,另一个用于数据接收。发送端待发报文在缓冲区顺序排列等待送出。进入滑动窗口的报文,可以在未收到接收确认的情况下发送出去,这些报文有三种情况:已发送但尚未得到确认;未发送但可连续发送;已发送且已得到确认,但窗口中尚有未确认的报文。一旦窗口前面部分的报文得到确认,则窗口向前滑动相应位置。具体过程如图 6.8 所示。

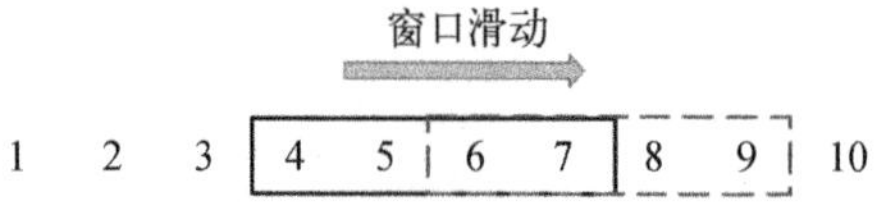

图 6.8　窗口滑动示意图

滑动窗口协议实现了流量控制,网关和接收端可以通过 ICMP 报文通知发送端改变其窗口大小,从而控制流量。

6. TCP 的拥塞控制

实际情况下,由于网关数据报超载会引起严重的延迟现象,称为“拥塞”。拥塞导致网关丢弃数据报而重传,大量重传又进一步加剧拥塞。这种恶性循环导致网络无法正常工作,即“拥塞崩溃”。

TCP 通过控制发送窗口的大小控制拥塞。发送方维持一个称为拥塞窗口

(congestion window)的状态变量,拥塞窗口的大小根据网络的拥塞程度动态地变化,由式(6.13)决定:

$$\text{sending window} = \mathrm{MIN}\{\text{rwnd},\ \text{cwnd}\} \tag{6.13}$$

其中,rwnd 为接收方确定通告的窗口大小;cwnd 为发送端的拥塞窗口限制大小。

在非拥塞状态下,拥塞窗口和接收方窗口相等。一旦拥塞发生,TCP 采取成倍递减拥塞窗口的策略来迅速抑制拥塞。

拥塞结束后,TCP 采用一种"慢启动"的策略来恢复窗口,以避免迅速增大窗口带来的震荡,具体细节请参阅有关文献。

6.3.4 TCP/IP 协议在卫星数据传输中的应用

TCP/IP 协议最突出的优点是可靠和稳定。TCP 的可靠体现在 TCP 在传递数据之前,会有三次握手来建立连接,而且在数据传递时,有确认、窗口、重传、拥塞控制机制,在数据传完后,还会断开连接以节约系统资源。

TCP/IP 协议也存在不少缺点,例如慢、效率低、占用系统资源高、易被攻击等。TCP 在传递数据前的建立连接,以及在数据传递时的确认机制、重传机制、拥塞控制机制等都会消耗大量的时间,同时维护传输连接会占用系统的 CPU、内存等资源。另外,TCP 的确认机制、三次握手机制使其容易被人利用,实现 DOS、DDOS 等攻击。

在卫星数据传输过程中,TCP/IP 常应用于点对点通信、对通信的质量、可靠性要求比较高而对通信效率要求不那么苛刻的场景中,例如卫星接收机与 PC 机之间通信、台站网之间的通信等,但对实时 GNSS 定位该方式的效率往往无法适应需求。

6.4 基于 UDP 的卫星数据传输

卫星数据传输过程中,标准的传输控制协议 TCP/IP 不能充分发挥网络的性能。特别对于实时性要求高的应用,如实时定轨、定时、定位服务和突发性灾害事件的应急通信,TCP 协议的传输效率低且限制吞吐量的局限性暴露了出来,使其难以适用。而 UDP 协议的传输是没有连接的,通信时直接发送数据报,不核查有没有收到该数据,因而节省了大量网络资源并提高了传输效率。这样,UPD 协议常用于实时性要求高、传输距离远、通信容量大,并允许双向传输的 GNSS 全球网和局域网的高精度定位服务。使用结果表明,由 UDP 协议通过互联网传输的全球 GNSS 台站网观测数据,其数据报的丢失率小于 5%,满足实时快速服务的要求(Muellerschoen et al., 2000)。

6.4.1　UDP 通信协议概述

UDP(user datagram protocol)全称是用户数据报协议,是一种无连接的传输层协议,最早的规范是 1980 年发布的 RFC768 (Postel, 1980)。它和 6.3.3 节介绍的 TCP 协议同样属于主机对主机层(host to host layer)的协议,处于 IP 协议的上一层。UDP 只在 IP 的数据报服务之上增加了复用和分用的功能以及差错检测的功能(Clark, 2003)。UDP 的主要特点如下。

① UDP 提供无连接服务,即发送数据之前不需要建立连接,因此减少了开销和发送数据之前的时延。

② UDP 尽最大努力交付数据,但并不保证可靠交付,传输的可靠性校验交给了应用层,因此主机不需要维持复杂的连接状态表。

③ UDP 是面向报文的。UDP 对应用层交下来的报文添加首部并封装后就向下交付给 IP 层,既不合并也不拆分,仅保留这些报文的边界。即原封不动地发送应用层交给的报文。

与此类似,接收方的 UDP 对 IP 层交来的 UDP 用户数据报,去除首部后就原封不动地交付给上层的应用进程,UDP 一次交付一个完整的报文。若报文太长,UDP 交给 IP 层后,IP 层在传输过程中需要进行分片,降低了 IP 层效率。反之,若报文太短,UDP 会使 IP 数据报的首部的相对长度太大,也降低了 IP 层的效率。

④ UDP 没有流量控制机制和确认机制,也没有拥塞控制机制,只提供简单的差错控制机制,也就是利用校检和校验数据的完整性。如果检验到收到的报文中有差错,则就默认丢掉这一报文,但不产生任何的差错报文。

⑤ UDP 除了能够实现正常的一对一通信以外,还能实现一对多、多对一和多对多的交互通信。

从以上特点可看出,UDP 协议不具备可靠性保证、顺序保证和流量控制字段,比 TCP 协议简单很多,因此,传输速率高是其主要的优点,适合用在需要量大、即时但对数据的无缺损性要求不高的数据传输。其缺点则是无法提供无缺省的数据传输。它可能会造成数据重复、数据未依序到达目的地或数据因接收端来不及处理而丢失等问题,这些问题必须由用户端解决。

6.4.2　UDP 数据报格式

1. UDP 用户数据报的基本结构

UDP 协议封装的数据单元称为用户数据报(user datagram)。UDP 协议将网络数据流量压缩成数据报。一个典型的数据报就是一个二进制数据的传输单位。每一个数据报的前 8 个字节包含报头信息,剩余字节包含具体的传输数据。图 6.9 给出了 UDP 用户数据报的格式。整个数据报由报头和数据两个部分组成。一个 UDP 数据报最多可以携带 65 527 个字节的数据,加上 8 个字节报头。

UDP 用户数据报有 8 个字节的固定的报头,非常简短。数据部分即为应用程序传输的数据,不限定长度,但是要求应用程序选择合适大小的数据长度。

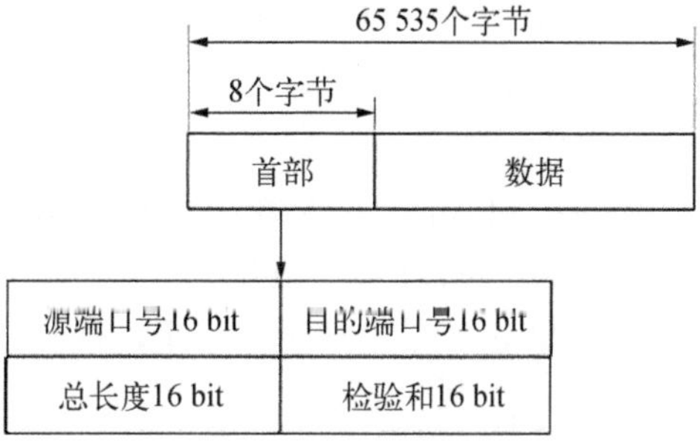

图 6.9 UDP 用户数据报的格式

2. UDP 用户数据报报头

UDP 协议报头由 4 个域组成,每个域各占用 2 个字节,4 个域具体如下。

① 源端口号:标识发送报文的计算机端口或进程。如果接收进程不需要知道发送数据报的进程字段可置为 0。

② 目的端口号:标识接收报文的目的主机端口或进程。

③ 数据报长度:定义整个用户数据报的总长度,包括报头,最大值为 65 535 字节。

④ UDP 检验和:是根据 UDP 数据报和伪报头计算得到的差错检测值,用于防止 UDP 数据报在传输过程中的错误。

3. 伪头部和检验和

UDP 只有检验和一种差错控制机,因而发送方并不知道报文是丢失了还是重复交付了。当接收方发现检验和出差错时,就丢弃这个用户数据报。

UDP 校验和涉及三个部分:伪头部、UDP 报头和从应用层来的数据,其计算细节请查阅相关文献(Clark, 2003)。当应用进程对通信效率的要求高于可靠性时,应用程序可以不计算校验和。图 6.10 给出了 UDP 伪头部的结构。

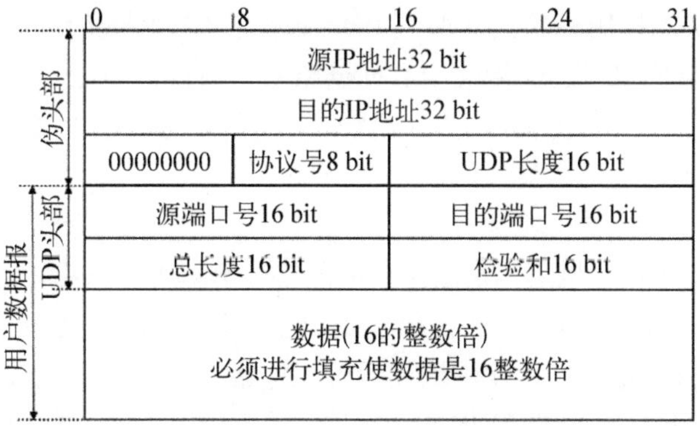

图 6.10 UDP 伪头部的结构

伪头部是封装用户数据报的 IP 分组报头的一部分，其中有些字段要填入 0，目的是使伪报头的长度为 16 的整数倍。

增加一个协议字段是为了确保这个分组属于 UDP，而不是属于 TCP。后文将会提到，若一进程既可使用 UDP 又可使用 TCP，则目的端口号可能是一样的。UDP 的协议字段值是 17。若在传输过程中这个值改变了，在接收端计算检验和时就可检测出来，UDP 就会丢弃该分组，避免交付给错误的协议。

6.4.3 UDP 基本工作过程

1. UDP 封装和拆封

要把用户数据从互联网一端的某个进程发送到另一端的某个进程，UDP 协议就要对该数据进行封装和拆封。UDP 用户数据报传输过程的封装和拆封的基本工作流程如图 6.11 所示。

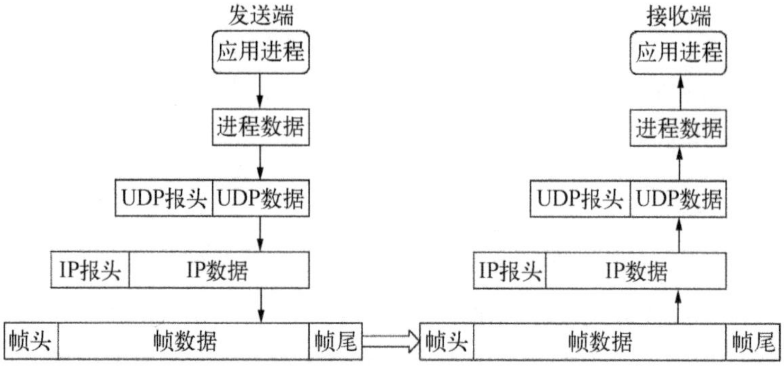

图 6.11　UDP 用户数据报传输过程的封装和拆封

(1) 封装

UDP 传输实体将用户的数据加上 UDP 报头首先封装成 UDP 用户数据报，再增加 IP 报头封装成 IP 报文，传输给数据链路层。数据链路层在 IP 报文上增加帧头和帧尾，组成了一个数据帧，再传递给物理层。物理层把比特编码成电信号或光信号，将其发送到远程的机器。

(2) 拆封

当报文到达目的主机后，物理层首先将信号解码变成比特，传递给数据链路层。数据链路层利用首部和尾部一起检查数据。若无差错，则剥去帧头和帧尾信息，并把数据报传递给 IP，IP 软件检查后若无差错，就剥去 IP 报头信息，把用户数据报连同发送方和接收方的 IP 地址一起传递给 UDP。然后 UDP 使用检验和对整个数据报进行检查，如果没有差错，就剥去 UDP 报头，按照目的端口号，将数据传送给接收端进程,从而完成源和目的进程之间的数据交换。

2. 端口与传输队列管理

TCP/IP 协议族中用端口号来标识进程。图 6.12 给出了 UDP 队列的工作原理。

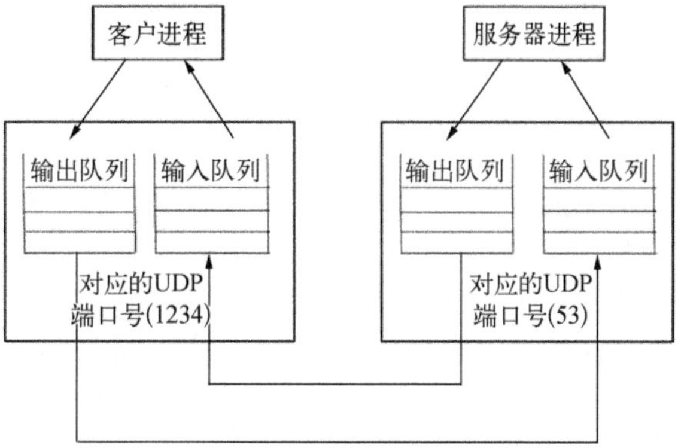

图 6.12 UDP 队列的工作原理

UDP 队列输入输出工作流程的细节请参阅相关文献。

3. UDP 的复用和分用

运行 TCP/IP 协议族的主机上只有一个 UDP,但可能同时存在多个进程希望使用 UDP。要处理这种情况,UDP 可以通过端口号提供多路复用和分用服务。

在发送端,多个进程需要发送用户数据报,UDP 通过多路复用技术接收来自不同的进程(端口)的报文,这些进程通过分配的不同的端口号来进行区分,通过封装后下传到网络层。

在接收端,多个进程都接收到用户数据报,UDP 通过多路分用技术接收来自网络层的用户数据报,经过差错检查并剥除报头后,UDP 根据端口号把每个报文交付给适当的进程。

UDP 这种多路复用和分用特色,使得 GNSS 分析中心可以同时接收来自各地台站的数据,大大提高效率,也使得 UDP 在网络多用户实时数据流方面得到广泛应用,如网络电话、微信、视频和 IPTV 等多媒体的数据传输。

第 7 章　坐标系统和时间系统

大千世界万事万物,所有的概念都由三个基本公理涵盖并演绎而生,它们是:时间无尽;空间无界;质量无限。时间、空间和物质是描述宇宙的基本元素,三者既相互独立又相互依存,用老子在《道德经》中的话来表达,就是"原生质,质生空,空生时,时生万物"。人类对时空质的本质和相互关系的认识也是在不断深化。在经典力学体系中,时间和空间是绝对的,惯性参考系之间的时空满足伽利略变换。狭义相对论体系中时间和空间不再绝对,而是通过运动相关联,高速运动的物体会呈现明显的"尺缩"和"钟慢"现象。在广义相对论体系中,引力场的存在使得空间弯曲、时间膨胀、光线偏折。但是在 GNSS 高精度定位的测量、分析和研究中,目前还是沿袭经典力学的时空观,时间和空间的概念是绝对的,仅仅采用了狭义相对论和广义相对论改正来弥补经典力学的局限和近似带来的偏差。

时空质概念的外延就涉及测度和数值表达问题。而要实现它们的测度必须要建立参考系并定义测度的基本单位,用这把基本单位的"尺子"去度量和表达相对于这个参考系的特定的事物或事件在时空四维空间中的位置。1967 年第 13 届国际度量衡大会定义的时间基准(1 s)为绝对零度时静止的铯原子 Cs133 基态的两个超精细能级间在零磁场环境下跃迁辐射震荡 9 192 631 770 周所持续的时间;长度基准为光在真空中 1/299 792 458 s 的时间间隔内所行进路程的长度。时间的参照系为国际上认定的时间起点,而空间的参考系则为各种坐标系和大地参考框架。

7.1　坐 标 系 统

坐标系用于量测物体的质心或质点在空间的相对位置,以及物体在空间的相对方位所使用的基准线组。引入坐标系的目的为:

① 确切地描述质心的运动状态;

② 研究质心运动的变化规律;

③ 便于与时间一起反映物理事件的顺序性和持续性。

常用的坐标系有惯性参考坐标系、地心坐标系、地理坐标系、地平坐标系(或测站坐标系)和载体坐标系。惯性坐标系又分为银河系中心—河外星系参考系、日心—恒星参考系和地心—恒星参考系。在 GNSS 高精度定位数据处理和分析模型中涉及的只是地心—恒星惯性参考系。

7.1.1 地心坐标系

地心坐标系分为惯性坐标系和地球坐标系(王解先,1997)。在 GNSS 卫星定轨过程中,使用牛顿定律建立运动方程,需要在惯性系下表示力的速度、加速度和位置矢量。地心惯性坐标系定义原点为地球质心,Z 轴沿地球自转轴,X 轴在赤道面上指向春分点,Y 轴与 X、Z 轴组成右手系。然而,地球质心围绕太阳并非做匀速运动,且日月及大行星对地球的非球形部分的吸引将引起地球扁率间接摄动和自转轴的空间摆动,即岁差章动,这将导致所定义的地心惯性坐标系并非严格意义上的惯性系(Seidelmann, 1982)。因此,国际天文学联合会(International Astronomical Union, IAU)和国际大地测量学与地球物理学联合会(International Union of Geodesy and Geophysics, IUGG)选取 2000 年 1 月 1 日 12^h UTC 为参考历元,定义协议惯性坐标系 J2000.0(Fricke, 1988),坐标原点为地球质心,参考平面为 J2000.0 平赤道面,Z 轴向北指向平赤道面北极,X 轴指向 J2000.0 平春分点,Y 轴与 X、Z 轴组成右手系。

地球坐标系也称地固系,是为了方便描述地面观测站位置。理想情况下地球坐标系定义原点为地球质心,Z 轴和地球自转轴重合,X 轴经过赤道面和格林尼治子午线交点,Y 轴与 X、Z 轴组成右手系。但由于极移的影响导致地球自转轴和所定义的地球坐标系一起运动。因此,IAU 和 IAG 于 1967 年建议将 1900~1905 年间的地极实际位置的平均值作为基准点,即协议平均地极(conventional terrestrial pole, CTP),相应的赤道面称为协议赤道面(谢钢,2009)。以协议地极建立的地球坐标系称为协议地球坐标系,原点为地球质心,Z 轴指向 CTP,X 轴通过 CTP 的赤道面和参考子午线,Y 轴在赤道面上与 X 和 Z 轴成右手系。

7.1.2 地理坐标系

地理坐标系以测站的经纬度和高程来表示测站位置。大地参考框架下的测站高程参考面为参考椭球面,测站经纬度以及大地高 $(B, L, H)^{\mathrm{T}}$ 可直接根据三维地心坐标 $(X, Y, Z)^{\mathrm{T}}$ 进行转换得到

$$\begin{bmatrix} X \\ Y \\ Z \end{bmatrix} = \begin{bmatrix} (N+H)\cos B\cos L \\ (N+H)\cos B\sin L \\ (N+H-Ne^2)\sin B \end{bmatrix} \tag{7.1}$$

N 为卯酉圈半径,表示为

$$N = \frac{a}{(1-e^2\sin^2 B)^{1/2}} \tag{7.2}$$

$$e^2 = \frac{a^2 - b^2}{a^2} = 2f - f^2,\ f = \frac{a - b}{a} \tag{7.3}$$

其中, e 为地球第一偏心率;a 为地球椭球长半径;b 为短半径;f 为扁率。

由地心坐标转为地理坐标的公式为

$$\begin{pmatrix} B \\ L \\ H \end{pmatrix} = \begin{pmatrix} \tan^{-1} \dfrac{y}{x} \\ \tan^{-1} \dfrac{z(N + H)}{\sqrt{x^2 + y^2}\,[N(1 - e^2) + H]} \\ \dfrac{\sqrt{x^2 + y^2}}{\cos B} - N \end{pmatrix} \tag{7.4}$$

不难看出,式(7.4)需要迭代算出。

7.1.3　测站坐标系

测站坐标系(图 7.1)(也叫地平坐标系)的坐标原点为测站中心 S, 即测量设备跟踪天线的旋转中心;参考平面为在观测处与地球参考椭球相切平面。X 轴(X_s)在参考平面中指向朝东方向,Z 轴(Z_s)为天顶方向,即地心至测站的连线方向,Y 轴(Y_s)与 X 轴和 Z 轴构成右手系。

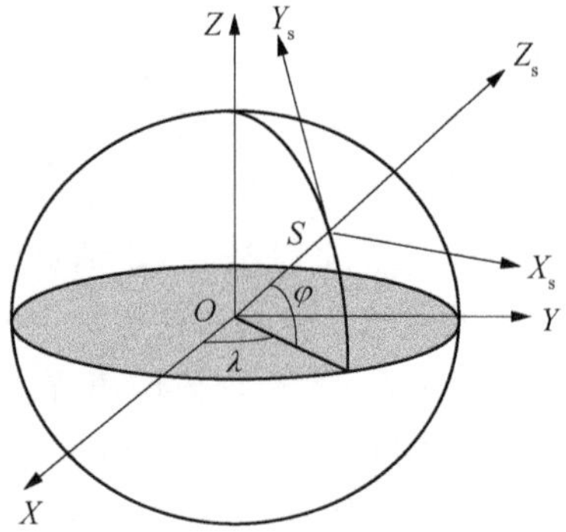

图 7.1　测站坐标系的定义

7.1.4　卫星固连坐标系

相对于地球,卫星可以视为一个质点,即为卫星的质量中心。接收机量测记录下来的相位和伪距值是以卫星天线的相位中心为起算点的,质量中心和相位中心之间的距离为 1 m 左右,目前轨道确定可达到厘米级精度,故在精密定轨中不能忽略该项的影响。

定义卫星固连坐标架为: 原点为卫星质量中心,z 轴指向地球中心,y 轴为太阳至卫星方向与卫星至地心方向的叉乘,x 轴与 y、z 轴组成右手系。由于 GPS 卫星两侧的太阳能翼板保持对准卫星,所以 y 轴方向实际上总是处在太阳能翼板平面内,y 轴的正负方向是当卫星处在地球阴影内时散热的方向,如图 7.2 所示。

卫星固联坐标架的 Z 轴指向地心,即其单位方向 e_Z 为

$$e_Z = \frac{-r_{\mathrm{SAT}}}{|r_{\mathrm{SAT}}|} \tag{7.5}$$

其中,的 r_{SAT} 是卫星质量中心的坐标。

卫星固联坐标架的 Y 轴是太阳至卫星方向和卫星至地心方向的叉乘,即其单位方向 e_Y 为

$$e_Y = \frac{-(r_{SAT} - r_s) \times r_{SAT}}{|(r_{SAT} - r_s) \times r_{SAT}|} \tag{7.6}$$

其中, r_s 是太阳坐标。

卫星固联坐标架的 X 轴与另外两轴组成右手系,即其单位方向 e_X 为

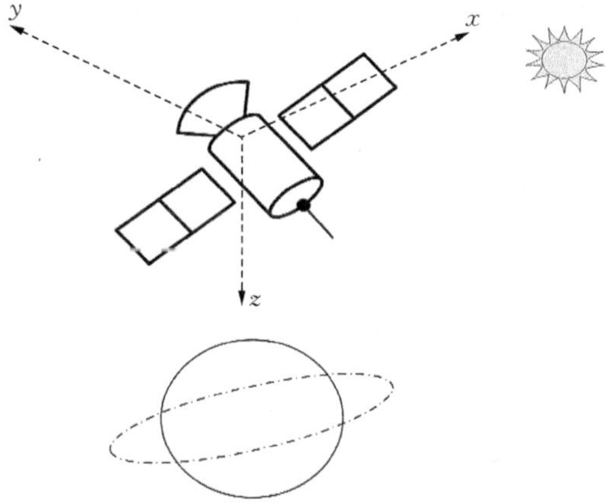

图 7.2　卫星固联坐标系的定义

$$e_X = \frac{e_Y \times e_Z}{|e_Y \times e_Z|} \tag{7.7}$$

因此,卫星坐标从质量中心到相位中心的改正值 ΔR_{SAT} 为

$$\Delta R_{SAT} = (e_X \quad e_Y \quad e_Z) \begin{pmatrix} \Delta X_{SAT} \\ \Delta Y_{SAT} \\ \Delta Z_{SAT} \end{pmatrix} \tag{7.8}$$

其中, $(\Delta X_{SAT}, \Delta Y_{SAT}, \Delta Z_{SAT})$ 表示卫星相位中心在星固坐标系中的值,该值在卫星天线模型中给出。

7.1.5 我国采用的高斯平面坐标系和高程系统

我国采用高斯投影建立国家或城市独立平面坐标系(图 7.3),高斯投影按正形投影将椭球面上的点投影至高斯平面,由大地经纬度计算高斯坐标,高斯投影正算公式为

$$\begin{aligned} x &= X + \frac{N}{2}\sin B\cos Bl^2 + \frac{N}{24}\sin B\cos^3 B(5 - t^2 + 9\eta^2 + 4\eta^4)l^4 \\ &\quad + \frac{N}{720}\sin B\cos^5 B(61 - 58t^2 + t^4 + 270\eta^2 - 330\eta^2 t^2)l^6 + \cdots \\ y &= N\cos Bl + \frac{N}{6}\cos^3 B(1 - t^2 + \eta^2)l^3 \\ &\quad + \frac{N}{120}\cos^5 B(5 - 18t^2 + t^4 + 14\eta^2 - 58t^2\eta^2)l^5 + \cdots \end{aligned} \tag{7.9}$$

其中，$t=\tan B$；$l=L-L_0$，L_0 为投影带中央子午线的精度；X 为从子午线起算的子午线弧长。

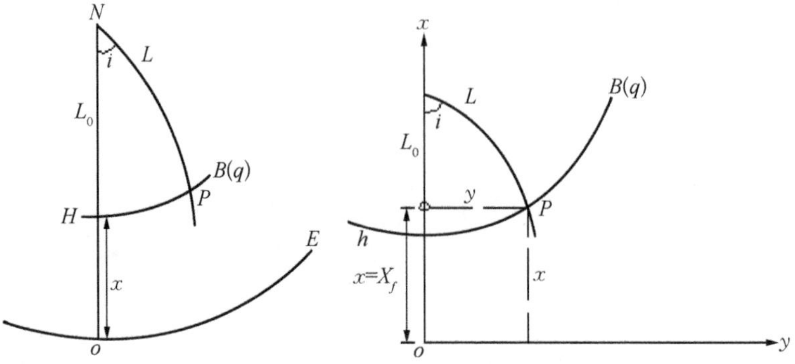

图 7.3　高斯投影正算示意图

由高斯坐标计算大地经纬度，即高斯投影反算公式：

$$
\begin{aligned}
B &= B_f - \frac{1}{2N_f^2}t_f(1+\eta_f^2)y^2 + \frac{1}{24N_f^4}t_f(5+3t_f^2+6\eta_f^2-6t_f^2\eta_f^2-3\eta_f^4+9t_f^4\eta_f^4)y^4 \\
&\quad - \frac{1}{720N_f^6}t_f(61+90t_f^2+45t_f^4+107\eta_f^2+162t_f^2\eta_f^2+45t_f^4\eta_f^2)y^6+\cdots \\
l &= \frac{1}{N_f\cos B_f}y - \frac{1}{6N_f^3\cos B_f}(1+2t_f^2+\eta_f^2)y^3 \\
&\quad + \frac{1}{120N_f^5\cos B_f}(5+28t_f^2+24t_f^4+6\eta_f^2+8\eta_f^2t_f^2)y^5+\cdots
\end{aligned}
\tag{7.10}
$$

其中，B_f 是底点 f 的大地纬度；$t_f=\mathrm{tg}^2 B_f$。

我国采用的高程系统以似大地水准面为基准，地面点至似大地水准面的距离为地面点的高程。

7.1.6　空间坐标与高斯平面坐标的转换

假设高斯投影采用椭球的中心和坐标轴方向与 GPS 采用的 WGS84 椭球相一致，可通过平面转换模型，将 GPS 定位得到的大地经纬度和大地高 $(B_{84}, L_{84}, h_{84})^{\mathrm{T}}$，通过以下过程转换成平面坐标 $(x_{\mathrm{g}}, y_{\mathrm{g}})^{\mathrm{T}}$（图 7.4）。

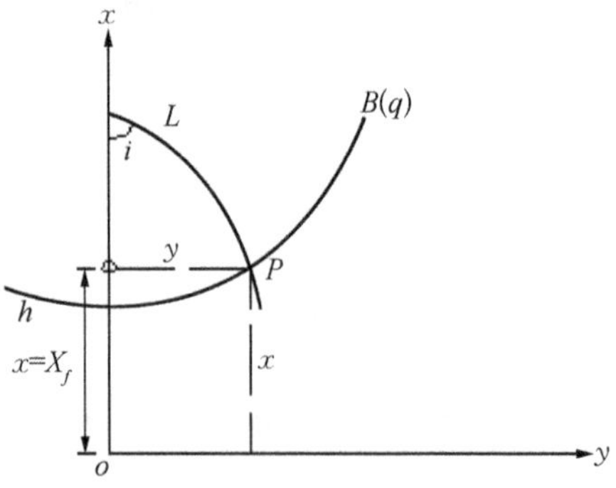

图 7.4　高斯投影反算示意图

① 由 WGS－84 的椭球参数，即椭球长半径和扁率，由式(7.11)将 $(B_{84}, L_{84}, h_{84})^{\mathrm{T}}$ 换算至空间直角坐标 $(X, Y, Z)^{\mathrm{T}}$：

$$\begin{cases} X = (N + h)\cos B\cos L \\ Y = (N + h)\cos B\sin L \\ Z = [N(1 - e^2) + h]\sin B \end{cases} \tag{7.11}$$

其中，$N = \dfrac{a}{\sqrt{1 - e^2\sin^2 B}}$。

② 由高斯投影采用椭球的椭球参数，由式(7.10)将 $(X, Y, Z)^{\mathrm{T}}$ 换算至大地坐标形式 $(B_{54}, L_{54}, h_{54})^{\mathrm{T}}$：

$$\begin{cases} L = \arctan(Y/X) \\ B = \arctan[(Z + Ne^2\sin B)/\sqrt{X^2 + Y^2}] \\ H = \sqrt{X^2 + Y^2}\sec B - N \end{cases} \tag{7.12}$$

③ 由高斯投影采用的中央子午线、投影面高程及北向东向平移量，将 $(B_{54}, L_{54})^{\mathrm{T}}$ 投影为 Gauss 坐标 $(x'_{\mathrm{g}}, y'_{\mathrm{g}})^{\mathrm{T}}$：

$$\begin{cases} x = X + \dfrac{N}{2}\sin B\cos Bl^2 + \dfrac{N}{24}\sin B\cos^3 B(5 - t^2 + 9\eta^2 + 4\eta\eta^4)l^4 \\ \qquad + \dfrac{N}{720}\sin B\cos^5 B(61 - 58t^2 + t^4 + 270\eta^2 - 330\eta^2 t^2)l^6 + \cdots \\ y = N\cos Bl + \dfrac{N}{6}\cos^3 B(1 - t^2 + \eta^2)l^3 \\ \qquad + \dfrac{N}{120}\cos B(5 - 18t^2 + t^4 + 14\eta^2 - 58t^2\eta^2)l^5 + \cdots \end{cases} \tag{7.13}$$

以上步骤是在假定高斯投影椭球与 WGS－84 椭球的中心与坐标轴相同的前提下进行的，但实际中还应考虑旋转平移缩放的问题。若 GPS 测定的大量点中，已知部分点的平面坐标为 $(x_{\mathrm{g}}, y_{\mathrm{g}})^{\mathrm{T}}$，则可得到这些点的平面坐标 $(x'_{\mathrm{g}}, y'_{\mathrm{g}})^{\mathrm{T}}$ 与已知坐标 $(x_{\mathrm{g}}, y_{\mathrm{g}})^{\mathrm{T}}$ 之间的关系：

$$\begin{pmatrix} x_{\mathrm{g}} \\ y_{\mathrm{g}} \end{pmatrix} = \begin{pmatrix} x_0 \\ y_0 \end{pmatrix} + (1 + r)R(\psi)\begin{pmatrix} x'_{\mathrm{g}} \\ y'_{\mathrm{g}} \end{pmatrix} \tag{7.14}$$

其中，$(x_0, y_0)^{\mathrm{T}}$ 为坐标平移量；r 为缩放尺度；$R(\psi) = \begin{pmatrix} \cos(\psi) & \sin(\psi) \\ -\sin(\psi) & \cos(\psi) \end{pmatrix}$ 为旋

转矩阵，ψ 为旋转角。

为求出下文式(7.17)中的平移、缩放尺度和旋转参数，至少需要已知两个平面点，如多于两个点，可按最小二乘法进行拟合求解。

平面转换模型原理简单，数值稳定可靠，可用于 RTK 手簿软件，但它是一个线性变换公式，而 Gauss 投影变形是非线性的，其一次项与 y_g^2 成正比，因此平面转换模型只适合范围较小的工程使用，对于大范围的 GPS 测量应使用空间转换模型。

若 GPS 测定的点中部分点的平面坐标已知，对这些已知的平面坐标 $(x_g,\ y_g)^T$ 进行 Gauss 投影反算计算，可得到大地坐标 $(B_{54},\ L_{54})$，再加上大地高 h_{54}，由 54 椭球参数按式(7.1)转换成空间坐标，用 $(X_{54},\ Y_{54},\ Z_{54})^T$ 表示，GPS 直接测定点的空间坐标用 $(X_{84},\ Y_{84},\ Z_{84})^T$ 表示，则两者的转换关系为

$$\begin{pmatrix} X_{54} \\ Y_{54} \\ Z_{54} \end{pmatrix} = \begin{pmatrix} Dx \\ Dy \\ Dy \end{pmatrix} + (1+k)R(\alpha)R(\beta)R(\gamma)\begin{pmatrix} X_{84} \\ Y_{84} \\ Z_{84} \end{pmatrix} \tag{7.15}$$

其中，$(Dx,\ Dy,\ Dz)^T$ 是空间转换坐标平移量；k 为缩放尺度参数；α、β、γ 为旋转参数。

当已知的平面点多于 3 个时，由式(7.15)可以反求出这 7 个转换参数。由 GPS 测定点的大地坐标 $(X_{84},\ Y_{84},\ Z_{84})^T$ 可以通过以下几步转换成平面坐标 $(x_g,\ y_g)^T$：

① 将 GPS 测定的 $(B_{84},\ L_{84},\ h_{84})^T$，由 WGS－84 椭球参数，按式(7.1)转换成空间坐标形式 $(X_{84},\ Y_{84},\ Z_{84})^T$；

② 按式(7.15)将 $(X_{84},\ Y_{84},\ Z_{84})^T$ 换算为 $(X_{54},\ Y_{54},\ Z_{54})^T$；

③ 根据 54 椭球的椭球参数，按式(7.12)将 $(X_{54},\ Y_{54},\ Z_{54})^T$ 换算为大地坐标 $(B_{54},\ L_{54},\ h_{54})^T$；

④ 按工程的需要，确定中央子午线、投影面高程及北向东向平移量，由 Gauss 投影正算公式(7.13)求得平面坐标 $(x_g,\ y_g)^T$。

空间转换模型适用于大范围 GPS 测量使用，但在实际施工过程中，根据施工精度的要求，又分为 3 种情况：在空间转换模型中，需求解七个参数，故称为七参数转换模型；若其中的缩放比例不变，不需求尺度参数，则称为六参数转换；若尺度参数和旋转参数均不求，则称为三参数转换。

对于七参数模型的求解，至少需要 3 个公共点；六参数模型的求解也至少需要 3 个公共点，因为尽管两个公共点有 6 个坐标分量，可以列出 6 个观测方程，但这 6

个坐标分量中，只有 5 个是独立的；而由于两点间的距离是固定的，所以三参数模型可在只有一个公共点的情况下求解。

7.1.7 大地参考系统和大地参考框架

地球上的事物和事件都要求精确的时间和空间位置表述，空间位置是相对于大地参考系统（terrestrial reference system, TRS）度量的。理想的 TRS 是一个数学和理论的概念系统（Kovalevsky et al.，1989），只要该系统有明确定义的空间原点、长度尺度单位、空间定向和它们随时间的演变规律，就可以成为大地参考系统。

为了落实 TRS 的各项原则，国际上通过协议取得了共识，称为协议大地参考系统（conventional terrestrial reference system，CTRS），定义如下。

原点：包括大气海洋在内的整体地球的质心。

尺度：广义相对论引力场理论下局域地球框架定义的尺度。

定向：在历元 1984.0 时和 BIH 系统的定向相吻合。

定向随时间的演化：整个地球没有残余性的全球整体旋转。

但是 CTRS 仅确定了完整的、严格的定义，还没有具体的实现方案。

为了实现 CTRS，国际地球自转服务机构用全球表面尽可能均匀分布的一批台站的坐标和速度来定义和维持 CTRS，它所实现的系统称为国际大地参考框架（International Terrestrial Reference Frame, ITRF）（Petit et al., 2010）。前文所述的各种坐标系都是基于 ITRF 变换而生的，ITRF 的精度成了所有地面观测、军事、工程和科研的精度基础。当前国际上对 ITRF 原点精度的期盼值为 1 毫米，原点精度稳定度的期盼值为 0.1 毫米/年，以适应全球海平面升降这些长时间大跨度现象的观察和研究（Collilieux and Woppelmann, 2011; Gross et al., 2009）。由于地球上各点都在不停地形变和移动，实现的 ITRF 框架每隔 3～5 年必须更新，以维持毫米级高精度。

7.1.8 国际大地参考框架

国际大地参考框架是一个随着地球在空间作周日运动而共同旋转的空间参考架。其定义必须满足以下条件（Petit et al., 2010; Tscherning C C, 1992）：

- ITRF 是一个相对于地心无旋转系统，是一个在空间随地球自转而旋转的准笛卡儿系统；
- ITRF 必须与 IAU 决议中的地心参考系统（geocentric reference system, GRS）一致；
- ITRF 系统的时间系统与 GRS 一致为地心时（geocentric coordinate time, TCG）；

● ITRF 的原点是基于地球上所有的物质(包括海洋和大气)的质心;

● ITRF 相对于地球表面的水平运动不产生剩余的地球旋转。

ITRF 是通过甚长基线干涉测量 VLBI、GPS、激光测卫(satellite laser ranging, SLR)、星载多普勒测轨定位(doppler orbitography and radiopositioning integrated by satellite, DORIS)等技术分析处理得到的一系列测站位置以及速度定义的。目前采用的框架为 ITRF2014(Altamimi et al., 2016),ITRF2014 综合了不同分析中心、不同技术对于地球参考框架的单独解,联合求解得到最终的参考值。ITRF2014 框架定义规则如下:

● 原点:在 2010.0 历元,ITRF2014 的原点与 ILRS 得到的 SLR 原点时间序列之间不存在平移和平移速率。

● 尺度:在 2010.0 历元,ITRF2014 的尺度与 ILRS 和 IVS 得到的尺度时间序列平均值之间不存在尺度变化和尺度速率区别。

● 定向:在 2010.0 历元,ITRF2014 的方向与 ITRF2008 之间不存在旋转和旋转速率。

ITRF 框架需要维持和更新。ITRF 是一个系列,第一个 ITRF 为 ITRF88,之后又正式公布了 10 个,每个最新公布的会替代原有的框架(Altamimi et al., 2002)。不同框架之间可之间可采用参数进行转换:

$$X_2 = X_1 + T + DX_1 + RX_1 \tag{7.16}$$

其中,X_1、X_2 为地面点在两个框架下的坐标;T 为平移参数;D 为尺度因子;R 为旋转矩阵。

将(7.16)展开,得到具体形式为

$$\begin{pmatrix} X_2 \\ Y_2 \\ Z_2 \end{pmatrix} = \begin{pmatrix} X_1 \\ Y_1 \\ Z_1 \end{pmatrix} + \begin{pmatrix} T1 \\ T2 \\ T3 \end{pmatrix} + \begin{pmatrix} D & -R3 & R2 \\ R3 & D & -R1 \\ -R2 & R1 & D \end{pmatrix} \cdot \begin{pmatrix} X_1 \\ Y_1 \\ Z_1 \end{pmatrix} \tag{7.17}$$

参考站坐标、转换参数($T1$, $T2$, $T3$, D, $R1$, $R2$, $R3$)及转换参数变化率($\dot{T}1$, $\dot{T}2$, $\dot{T}3$, $\dot{D}$, $\dot{R}1$, $\dot{R}2$, $\dot{R}3$)为 ITRF 框架的主要产品。对于任意时刻 t, ITRF 参考站坐标为

$$X(t) = X(\mathrm{EPOCH}) + \dot{X}(t - \mathrm{EPOCH}) \tag{7.18}$$

其中,EPOCH 为参考框架的参考历元,对于 ITRF2014,该参考历元为 2010.0(2010 年 1 月 1 号 GPST0:00)。采用核心网络测站数据进行 ITRF2014 参考框架与 ITRF2008 转换参数的求取,求得转换参数如下。

表 7.1　从 ITRF2014 到 ITRF2008 的转换参数

	$T1$/mm	$T2$/mm	$T3$/mm	D/ppb	$R1$/mas	$R2$/mas	$R3$/mas
	1.6	1.9	2.4	−0.02	0.000	0.000	0.000
±	0.2	0.1	0.1	0.02	0.006	0.006	0.006
Rates	0.0	0.0	−0.1	0.03	0.000	0.000	0.000
±	0.2	0.1	0.1	0.02	0.006	0.006	0.006

式(7.17)转换公式中，$\boldsymbol{R}_1$、$\boldsymbol{R}_2$、$\boldsymbol{R}_3$ 分别代表绕 X、Y、Z 右手旋转的矩阵，假设绕三个坐标轴的旋转角为分别为 α、β、γ 则三个矩阵的具体形式为

$$\boldsymbol{R}_1(\boldsymbol{\alpha})=\begin{pmatrix}1 & 0 & 0\\ 0 & \cos\alpha & -\sin\alpha\\ 0 & \sin\alpha & \cos\alpha\end{pmatrix} \tag{7.19}$$

$$\boldsymbol{R}_2(\boldsymbol{\beta})=\begin{pmatrix}\cos\beta & 0 & \sin\beta\\ 0 & 1 & 0\\ -\sin\beta & 0 & \cos\beta\end{pmatrix} \tag{7.20}$$

$$\boldsymbol{R}_3(\boldsymbol{\gamma})=\begin{pmatrix}\cos\gamma & -\sin\gamma & 0\\ \sin\gamma & \cos\gamma & 0\\ 0 & 0 & 1\end{pmatrix} \tag{7.21}$$

7.1.9　ITRF 实现的难点

按照协议，ITRF 的原点是基于地球上所有的物质（包括海洋和大气）的质心（CM）。它是一个质量位置的概念，其数学表达式为

$$X_{\mathrm{CM}}(t)=\frac{\sum X_i(t)m_i}{\sum m_i} \tag{7.22}$$

式(7.22)中的求和覆盖整个地球系统。另外，在地球物理中固体潮和负荷形变的理论是建立在固体地球模型上的，其原点为固体地球的质心（CE），也是一个质量位置概念，其数学表达式为

$$X_{\mathrm{CE}}(t)=\frac{\sum X_i(t)m_i}{\sum m_i} \tag{7.23}$$

式(7.23)中的求和仅仅覆盖固体地球。式(7.22)和式(7.23)用地面观测难

以实现,因为要测量整个地球每个位置的质量几乎是不可能的。为了克服这个困难,国际上采用可以实际观测的地球表面的几何中心(CF)来代表。其数学表达式为

$$X_{\mathrm{CF}}(t)=\frac{\sum X_i(t)}{N} \tag{7.24}$$

式(7.24)中的求和覆盖固体地球表面,N 为地表格点数。这就出现了第一个矛盾,ITRF 的原点定义的是质量中心,实现和维持的却是几何中心,两者并不是同一个中心。第二个矛盾: CM 是整个地球系统的质心,而 CE 和 CF 仅对应固体地球和固体地球的表面,固体地球外面的大气和海洋圈层的质量分布是不断变化的。令 CE 和 CF 相对于 CM 的位置矢为 $\boldsymbol{r}_{\mathrm{CE}}$、$\boldsymbol{r}_{\mathrm{CF}}$,大气和海洋圈的质心相对于 CE 的位置矢为 $\boldsymbol{r}_{\mathrm{load}}$,则有关系式(Dong et al., 1997):

$$\boldsymbol{r}_{\mathrm{CE}}(t)=-\frac{M_{\mathrm{load}}}{M_{\mathrm{e}}+M_{\mathrm{load}}}\boldsymbol{r}_{\mathrm{load}}(t) \tag{7.25}$$

$$\boldsymbol{r}_{\mathrm{CF}}(t)=-\left(1-\frac{h_1+2l_1}{3}\right)\frac{M_{\mathrm{load}}}{M_{\mathrm{e}}+M_{\mathrm{load}}}\boldsymbol{r}_{\mathrm{load}}(t) \tag{7.26}$$

其中,下标 e 和 load 代表固体地球和大气海洋圈;M 代表质量;h_1 和 l_1 为一阶负荷勒夫数。不难看出,只要 $\boldsymbol{r}_{\mathrm{load}}(t)$ 不为 0,CE、CF 就不和 CM 重合。第三个矛盾: $\boldsymbol{r}_{\mathrm{load}}(t)$ 是时变量,不但有线性变化,而且有包括季节性变化在内的非线性变化。目前实现的 IRTF 只考虑了原点的线性变化,因为在长时间尺度下,很难设想大气海洋圈的质心会趋势性地持续偏离固体地球的质心,可以认为 $\boldsymbol{r}_{\mathrm{load}}(t)$ 的长时间平均为 0。因此,目前实现的 ITRF 的原点仅仅在长时间尺度下代表 CM。在短时间尺度下,特别在季节性变化时间尺度下,目前实现的 ITRF 的原点代表 CF 而不是 CM (Dong et al., 2014; Dong et al., 2003)。实际上,目前的空间大地测量台站网并不能覆盖整个地球表面,大量的海洋和极区地表还没有永久性台站。这就带来了第四个矛盾: 目前真正能实现的并不是 CF,而是台站网的几何中心(CN)(Dong et al., 2003)。由于台站网覆盖的不完备和不均匀带来了 CN 偏离 CF 的误差,称之为"network effect"(Collilieux et al., 2009)。

ITRF 的原点实现模型中到底要不要引入非线性变化,国际上尚有争议。本书作者认为如果要实现和维持毫米级高精度大地参考框架,引入非线性变化是不可避免的,因为原点非线性变化的量级已经超过了毫米级。目前的 ITRF 实现的过程不是从原始观测数据开始的,而是用各种技术的观测数据处理后得到的台站网松约束坐标和速度解 $[X^i(t),\ \dot{X}^i(t)]$ 及 EOP 作为伪观测(有关约束和伪观测的概念放在

第 10 章介绍),第一步按式(7.27)和式(7.28)进行综合(Altamimi et al., 2007):

$$
\begin{cases}
X^i(t) = X_C^i + (t - t_0)\dot{X}_C^i + T_k + D_k X_C^i + R_k X_C^i \\
\qquad + (t - t_k)[\dot{T}_k + \dot{D}_k X_C^i + \dot{R}_k X_C^i] \\
\dot{X}^i(t) = \dot{X}_C^i + \dot{T}_k + \dot{D}_k X_C^i + \dot{R}_k X_C^i
\end{cases}
\tag{7.27}
$$

$$
\begin{cases}
x^{\mathrm{p}}(t) = x_C^{\mathrm{p}}(t) + R2_k \\
y^{\mathrm{p}}(t) = y_C^{\mathrm{p}}(t) + R1_k \\
\mathrm{UT}(t) = \mathrm{UT}_C - \dfrac{1}{f} R3_k \\
\dot{x}^{\mathrm{p}}(t) = \dot{x}_C^{\mathrm{p}}(t) + \dot{R}2_k \\
\dot{y}^{\mathrm{p}}(t) = \dot{y}_C^{\mathrm{p}}(t) + \dot{R}1_k \\
\mathrm{LOD}(t) = \mathrm{LOD}_C(t) + \dfrac{\Lambda_0}{f} \dot{R}3_k
\end{cases}
\tag{7.28}
$$

其中,上标 i 代表台站序号;上标 p 代表地极;下标 C 代表综合解;下标 k 代表第 k 个时间段;T_k、D_k、R_k 代表 k 时间段的平移、尺度因子、旋转转换参数矩阵,$\dot{T}_k$、$\dot{D}_k$、$\dot{R}_k$ 是它们的变化率;$R1$、$R2$、$R3$ 为相对于 X、Y、Z 轴的角旋转;$f=1.002\ 737\ 909\ 350\ 795$ 为UT对恒星时的转化因子;Λ_0 为伪观测解的时间跨度,对周日解 $\Lambda_0 = 1$;t_0 为参考历元。

上述观测方程建立后,第二步转换参数由最小约束和内约束拟合得出,其中平移参数约束到 SLR 拟合得到的结果,尺度因子参数约束到 VLBI 和 SLR 结果的平均值。同一台站不同技术(对应不同并置台站)的台站位置参数由本地联结(local tie)观测结果约束,并置台站的速度参数约束为相同。由于上述模型中台站运动模型只考虑线性项,ITRF 提供的由台站坐标和速度维持的框架原点只在长时间线性变化意义上代表 CM(Dong et al., 2003)。上述 ITRF 模型的解算是在地心坐标系下实现的,实用时还提供转换到地理坐标系下的台站坐标和速度,转换中需要地球椭球模型参数,通常取 WGS84(World Geodetic System 1984)地球椭球模型,其对应的参数为:半长轴 6 378 187.0 m,扁率 1/298.257 223 563,平均旋转角速度 $7\ 292\ 115\times10^{-11}$ rad/s,引力质量 $3\ 986\ 004.418\times10^{8}\ \mathrm{m^3/s^2}$。注意 WGS84 的台站参数在不断更新的过程中参照当时的 ITRF 结果(取为初值),但是它们并不严格等价。首先,两者是不同的机构独立建立和维护的;其次,它们采用的台站不完全相同;第三,WGS84 的解来自 GPS 和地面多普勒台站观测,而 ITRF 的解是 SLR、VLBI、GPS 和 DORIS 多种技术解的综合。经检测,WGS84(G730)和 ITRF92 的吻合度在 0.1 米水平(NGA,2003)。WGS84(G1674)对准 ITRF2008,精度为 0.01 米。ITRF 投影在 WGS84 椭球地球模型上的解仍是 ITRF 的解,不是转换成 WGS84 的解。

为了弥补 ITRF 原点在短时间尺度下偏离 CM 的不足,历元参考框架(epoch reference frame)被提上了议事日程(Drewes, 2017; Bloßfeld et al., 2015; Angermann et al., 2013),并且实现了逐周的历元参考框架(Lian et al., 2018; Wu et al., 2015)。最新的 ITRF2014 也增加了两项台站位置的非线性变化:季节性变化和震后形变(Altamimi et al., 2016)。另外,还有三个方面的进展值得关注:一是跳过现在通过伪观测综合的两步走的方案,直接从原始观测值综合一步实现大地参考框架(Koenig, 2018);二是区域性大地参考框架的构建,以弥补 ITRF 台站密度太稀的不足,如北美参考框架(SNARF 和 NA12)(Blewitt et al., 2013; Herring et al., 2008),欧洲大地参考框架(ETRF2000, ETRT2005, ETRT2014)(Altamimi and Boucher, 2002)和中国地区参考框架(CGCS2000)(成英燕等, 2017;杨元喜,2009);三是垂直向参考框架(vertical reference frame)(Bura et al., 2004),它把台站的时空位置与重力位椭球和地球的法向重力场联系起来。

7.2 时间系统

在国际单位制的 7 个基本单位中(长度、质量、时间、电流、热力学温度、物质的量、发光强度),时间单位是历史最悠久、情况最复杂、目前测量精度最高的单位。对时间本质的思索和研究,不仅是一个深奥的科学问题,而且进入了哲学的范畴。例如为什么空间是双向的,可以过去也可以回来,而时间却是单向的?我们身处的膨胀宇宙往回溯,可以推算出宇宙时间的起点在大爆炸的瞬间,那么大爆炸之前的时间有没有意义?它是如何定义的?GNSS 高精度定位虽然不涉及时间本质的研究,但是电磁波走时的精确测量却正是 GNSS 高精度定位的基础。

时间系统是由时间计量的起点和单位时间间隔的长度来定义的。历史上世界各国曾经采用过不同的时间起点和时间计量系统,如中国曾经采用十天干十二地支组合的纪元法,除了干支纪元法,世界上还有天文纪元法、帝王年号纪元法、伊斯兰教纪元法、佛教纪元法、犹太教纪元法、希腊纪元法等。现在国际上习用的公元,是以耶稣诞辰日为起算历元,相当于中国的西汉平帝元始一年。至于时间单位,符合下列要求的任何一种运动现象,都可用作度量时间的基准:

- 运动是连续的、周期性的;
- 运动的周期应具有充分的稳定性;

● 运动的周期必须在任何地点和时间具有可复制性。

由此衍生出不同的时间系统。

7.2.1 时间系统的定义

计算不同的物理量使用的时间系统各不相同。例如,在计算卫星点轨迹时使用 UT1,在计算日、月和行星的坐标时使用历书时 ET,而输入的各种观测量的采样时间是基于 UTC(王解先,1997)。

1. 恒星时(sidereal time, ST)

春分点在当地上中天的时刻为当地恒星时的零点,春分点在当地的时角定义为当地恒星时。春分点位移速率受岁差和章动影响,当考虑岁差和章动的影响时得到的恒星时称为真恒星时,记为 θ_g;消除章动影响后的恒星时称为平恒星时,记为 $\bar{\theta}_g$。

2. 太阳时

太阳时分为真太阳时和平太阳时。

取太阳视圆面中心上中天的时刻为零点,则太阳视圆面中心的时角即为当地的真太阳时,由于黄道与赤道不重合,且地球绕日运动的轨道不是正圆形,使真太阳时的变化是不均匀的。假定在黄道上作等速运动的点,其运行速度等于太阳视运动的平均速度,并和太阳同时经过近地点和远地点。同时假定在赤道上一个作等速运动的点,其运行速度和黄道上的假想点的运行速度相同,并同时经过春分点,该点即为平太阳点,则

$$
\begin{aligned}
\text{平太阳时} &= \text{平太阳时角} + 12\ \text{小时} \\
&= \text{平春分点的时角} - \text{平太阳的赤经} + 12\ \text{小时}
\end{aligned}
$$

3. 世界时(universal time, UT)

格林尼治的平太阳时称为世界时。可以看出,与恒星时相同,世界时也是根据地球自转测定的时间,它以平太阳日为单位,平太阳日的 1/86 400 为秒长。由于地球自转的不均匀性和极移引起的地球子午线的变动,世界时变化是不均匀的。根据对其采用的不同修正,又定义了三种不同的世界时:

UT0:通过测量直接得出的世界时;

UT1:UT0 进行极移修正得出的世界时,UT1=UT0+极移修正;

UT2:地球自转存在长期、周期和不规则变化,则 UT1 也呈现上述变化,将周期性季节变化修正之后,得到 UT2。

4. 历书时(ephemeris time, ET)

把太阳相对于瞬时平春分点的几何黄经为 279°41′48″.04 的时刻作为历书时的起点,1900 年 1 月 0 日 12 时的回归秒长度定义为历书时的秒长。历书时是在太阳系质心系框架下的一种均匀的时间尺度,是牛顿运动方程中的独立变量,是计算太阳、月亮、行星和卫星星历表的自变量。

5. 原子时

原子时是地球上的时间基准,它由国际时间局(Bureau International de l'Heure, BIH)从多个国家的原子钟分析得出,主要的原子时有以下两种:

A1:美国海军天文台建立的原子时,取 1958 年 1 月 1 日 0 时(UT2)为 A1 的起点,铯原子 133 原子基态的两个超精细结构能态间跃迁辐射振荡 9 192 631 770 次为 A1 的秒长。

TAI:由国际时间局确定的原子时系统,称国际原子时,定义同 A1,但其起始历元比 A1 早 34 ms。事实上,TAI 的起算点与 UT2 并不严格重合。

6. 协调世界时(universal time coordinated, UTC)

由世界时和原子时的定义可以看出,世界时很好地反映了地球自转,但其变化量是不均匀的。原子时的变化虽比世界时均匀,但其定义与地球自转无关,因此原子时不能很好地反映地球自转。为此,建立世界时 UTC,它是一种均匀的时号,其依据原子时,同时参考世界时。为使协调世界时尽量接近于 UT2,采用跳秒的方式对 UTC 进行修正。协调世界时是各跟踪站时间同步的标准时间信号。国际地球自转与参考系统服务组织(International Earth Rotation and Reference System Service, IERS)负责 UTC 的更新(跳秒)。由于跳秒会给现代高信息化的社会带来很大的不便,因此 IAU 成立了一个部门考虑重新定义 UTC。

7. 动力学时

动力学时分为地球动力学时(terrestrial dynamical time, TDT)和质心动力学时(barycentric dynamical time, TDB)。TDT 是地心时空坐标架的坐标时,用作视地心历表的独立变量,在人造地球卫星动力学中,它就是一种均匀的时间尺度,相应的运动方程以此为独立的时间变量。TDB 是太阳系质心时空坐标架的坐标时,是一种抽象、均匀的时间尺度,月球、太阳和行星的历表都是以此为独立的时间变量,岁差、章动的计算公式也是依据此时间尺度的。动力学时与国际原子时的关系为

$$\mathrm{TDT} = \mathrm{TAI} + 32.''184 \tag{7.29}$$

7.2.2 时间系统之间的转换

1. 由 UTC 到 TAI 的转换

1972 年之前,TAI - UTC 由下式计算:

$$\mathrm{TAI} - \mathrm{UTC} = 4.213\,17 + (\mathrm{UTC} - \mathrm{JD}_{1965.12.31}) \times 0.002\,592 \tag{7.30}$$

1972 年以后,TAI - UTC 可以从 IERS 公报中查得。

2. 由 TAI 转换成 ET

可使用下列计算公式完成:

$$\begin{aligned}\mathrm{ET} - \mathrm{TAI} = & \Delta T_{\mathrm{A}} + 1.918\,981\,15(10^{-8})\sin E + 2.399\,305\,6(10^{-2})\sin(L - L_{\mathrm{J}}) \\ & + 6.030\,092\,6(10^{-11})\sin E_{\mathrm{J}} + 5.300\,926(10^{-11})\sin(L - L_{\mathrm{SA}}) \\ & + 2.835\,648(10^{-11})\sin E_{\mathrm{SA}} + 1.791\,666\,7(10^{-11})\sin D \\ & + 3.676\,8(10^{-18})R_{\mathrm{g}}\cos\phi\sin(\mathrm{UT1} + \lambda)\end{aligned} \tag{7.31}$$

其中,R_{e} 为地球赤道半径;λ、ϕ 为观测站的经纬度;E 为地月质心在日心轨道上的偏近点角;UT1 可用 TAI 代替,表示由子夜算起的时角。

$$\begin{cases} L - L_{\mathrm{J}} = 5.652\,593 + 1.575\,189\,824 \times 10^{-2} \cdot T \\ L - L_{\mathrm{SA}} = 2.125\,474 + 1.661\,816\,935 \times 10^{-2} \cdot T \\ E_{\mathrm{J}} = 5.286\,877 + 1.450\,229\,443 \times 10^{-2} \cdot T \\ E_{\mathrm{SA}} = 1.653\,41 + 5.839\,394\,112 \times 10^{-2} \cdot T \\ D = 2.518\,411 + 2.127\,687\,107 \times 10^{-1} \cdot T \end{cases} \tag{7.32}$$

$$T = \mathrm{TDT} - 2\,433\,282.5$$

其中,L 为太阳相对于真赤道和平春分点的平黄经;L_{J} 和 L_{SA} 分别为木星、土星的日心平黄经;E_{J} 和 E_{SA} 分别为木星、土星在日心轨道上的偏近点角;D 为日月平地心夹角。

3. UT1 和 UTC 之间的转换

$$\mathrm{UT1} = \mathrm{TAI} + (\mathrm{UT1R} - \mathrm{TAI}) + \mathrm{DUT1} \tag{7.33}$$

其中,UT1R - TAI 项可以从 IERS 公报 B 中查出 UTC 相应的值,此处 UT1R 表示从 UT1 中减去其周期短于 35 天的短周期变化后的部分。

UT1 的短周期变化部分记为 DUT1,它是由周期直到 35 天的带谐潮汐引起的,共 41 项：

$$\mathrm{DUT1} = \mathrm{UT1} - \mathrm{UT1R} = \sum_{K-1}^{41} A_K \sin(\eta_{K1} + \eta_{K2} l' + \eta_{K3} F + \eta_{K4} D' + \eta_{K5} \Omega) \tag{7.34}$$

其中，A_K 为各周期项的振幅值；$\eta_{K1} \sim \eta_{K5}$ 为正弦函数中各分量的系数；L 为月球的平近点角；l'为太阳的平近点角；Ω 为月球平轨道在黄道上升交点的赤经，由当日平春分点起量；D'为日月相对于地球的平均夹角；$F = L - \Omega$ 为月球纬度的平均角距，L 为月球平黄经。上述各量计算公式如下：

$$\begin{aligned}
l &= 134°57'46''.733 + (1\,325^{\mathrm{r}} + 198°52'02''.633)T + 31''.310T^2 + 0''.064T^3 \\
l' &= 357°31'39''.804 + (99^{\mathrm{r}} + 359°03'01''.224)T - 0''.577T^2 - 0''.0\,127T^3 \\
F &= 93°16'18''.877 + (1\,342^{\mathrm{r}} + 82°01'03''.137)T - 13''.257T^2 + 0''.011T^3 \\
D &= 297°51'01''.307 + (1\,236^{\mathrm{r}} + 307°06'41''.328)T - 6''.891T^2 - 0''.019T^3 \\
\Omega &= 125°02'40''.280 + (5^{\mathrm{r}} + 134°08'10''.539)T + 7''.455T^2 + 0''.008T^3
\end{aligned} \tag{7.35}$$

其中，$T=(\mathrm{JED}-2\,451\,545.0)/36\,525.0$，JED 为与 UTC 对应的儒略历书时；$1^{\mathrm{r}} = 360°$。

4. UT1 到恒星时的转换

UT1 转换成格林尼治平恒星时 $\bar{\theta}_{\mathrm{g}}$ 由下式计算：

$$\begin{aligned}
\bar{\theta}_{\mathrm{g}} &= 674\,310^{\mathrm{s}}.54\,841 + (876\,600^{\mathrm{h}} + 8\,640\,184^{\mathrm{s}}.812\,866)T_{\mathrm{U}} \\
&\quad + 0^{\mathrm{s}}.093\,104T_{\mathrm{U}}^2 - 6^{\mathrm{s}}.2(10^{-6})T_{\mathrm{U}}^3
\end{aligned} \tag{7.36}$$

其中，T_{U} 为从 2 000 年 1 月 1 日 12 时(UT1)起算的儒略世纪数。

与 $\bar{\theta}_{\mathrm{g}}$ 对应的真恒星时为

$$\theta_{\mathrm{g}} = \bar{\theta}_{\mathrm{g}} + \Delta\Psi\cos\tilde{\varepsilon} \tag{7.37}$$

其中，$\Delta\Psi$ 为黄经章动；$\tilde{\varepsilon}$ 为真黄赤交角，$\Delta\Psi$ 和 $\tilde{\varepsilon}$ 的数值可由星历表中获得。

有时会用到地方恒星时，计算公式为

$$s = m + S_0 + M\mu \tag{7.38}$$

其中，s 为地方恒星时；m 为地方平太阳时；S_0 为当日世界时 0 时的恒星时；M 为与 m 对应的格林尼治平太阳时；μ 的值为 1/365.242 2。

7.2.3 GNSS 时间系统

GPS 的时间基准为 GPST,其在 1980 年 1 月 6 日零时被设置成与 UTC 完全一致,而后 GPST 不受跳秒的影响,GPST 与 TAI 之差是一个常数(19 s)。GPST 的实现以及维持是基于地面原子钟组与星钟组合而成的纸面钟,并在监测站对 GPST 与 UTC(USNO)的时差进行监测。GLONASS 的时间基准为莫斯科时间[即 UTC(SU)+3h],GLONASST 以中央同步器时间为基础产生,存在与 UTC 一致的跳秒,与 UTC(SU)的差别不超过 1 ms。Galileo 的系统时间为 GST,其基准与 GPST 一致,与 TAI 差 19 s,没有跳秒,并且通过两套精密时统设施(precise timing facilities, PTF)各自的钟组进行时间的维持。北斗的时间基准为 BDT,由北斗主控站的原子钟组定义,其在 2006 年 1 月 1 日零时被设置成与 UTC 完全一致,其后不受跳秒的影响,BDT 与 TAI 之差为常数 33 s。

1. GPS 时间

为了满足精密导航和测量的需要,各卫星导航系统建立了专用的时间系统。GPS 时间系统是连续的原子时系统,不需要进行协调世界时的跳秒改正。它以 GPS 周加秒形式记数,最大秒计数不超过 604 800 s。其秒长与国际原子时相同,但时间起点不同,GPST 与 TAI 之间存在一常量偏差,即

$$\mathrm{TAI} - \mathrm{GPST} = 19(\mathrm{s}) \tag{7.39}$$

GPS 时与协调世界时 UTC 的时刻在 1980 年 1 月 6 日 0 时相一致,其后随着时间的积累两者之间的差别将表现为整秒的整倍数:

$$\mathrm{GPST} = \mathrm{UTC} + 1^{\mathrm{s}} \times n - 19^{\mathrm{s}} \tag{7.40}$$

其中,n 为调整参数。

2. GLONASS 时间

GLONASS 系统时间由主控站的主钟定义,是以中央同步器时间为基础产生的。GLONASS 卫星导航时间系统采用 GLONASS 时间,溯源于俄罗斯联邦国家时间空间计量研究所提供的俄罗斯国家标准时间 UTC(SU),二者之间存在 3 h 的固定偏差和小于 1 ms 的附加改正数 τ_c,其准确度优于 1 μs。当 UTC 跳秒时,GLONASS 系统时间也进行跳秒改正,计划进行的 GLONASS 系统时间跳秒修正,至少提前 8 周通过公报等形式通知用户,以便用户采取相应的处理。由于进行了跳秒改正,在 GLONASS 系统时间与 UTC(SU)之间不存在整秒偏差,因此在向用户广播系统时间与 UTC(SU)之间的偏差时可以缩减信息容量。

$$t_{\text{GLONASS}} = \text{UTC(SU)} + 3h00\text{min} + \tau_c$$
$$\tau_c < 1\ \text{ms},\ \sigma_{\tau_c} < 1\ \mu\text{s} \tag{7.41}$$

GLONASS 系统每颗卫星载有 3 台铯钟，它们的频率稳定性好于 5×10^{-13}/d，GLONASS 卫星的时间同步精度约 20 ns(1σ)，地面每 12 h 对星载钟校准一次。

3. Galileo 时间

与 GPS 和 GLONASS 相比，欧洲 Galileo 卫星导航系统还处于系统定义、建设阶段，因此，它的各项指标还存在不确定性。据资料介绍，Galileo 时间系统计划采用组合钟时间尺度，由所有地面原子钟组和星载运行原子钟通过适当加权处理来建立和维持。Galileo 时间系统与国际原子时 TAI 或 UTC 保持一致，与欧洲一个或几个时间实验室通过地球同步卫星进行双向时间比对，获得相对 TAI/UTC 的偏差并使这个偏差保持在一定范围之内，同时将该偏差值在导航信息中向用户广播。

4. BDS 时间

北斗时是由北斗卫星导航系统主控站高精度原子钟维持的原子时系统，它的秒长取为国际单位制 SI 秒，起始点选为 2006 年 1 月 1 日(星期日)的 UTC 零点。北斗时溯源到中国北京军用时频实验室产生的协调世界时 UTC(MCLT)，北斗时主钟采取跟随军用时频实验室主钟模式运行。主控站采用两台以上高稳定性的原子钟作为工作主钟和工作主钟备份钟。主钟和备份主钟共同维持实时时间信号 UTC 的连续不间断输出，备份钟相对于主钟的钟差不确定度小于 0.2 ns。

北斗时是一个连续的时间系统，它与 UTC 之间存在跳秒改正。北斗卫星导航系统主控站将控制北斗时与 UTC 的偏差保持在 1 μs 以内。北斗时(BDT)在时刻上以“周”和“周内秒”为单位连续计数，周计数不超过 8 192，系统不进行闰秒，即单位周长度为 604 800 s。

7.2.4　守时和授时

守时和授时是 GNSS 的三大任务(定位、导航、授时)之一。守时系统用于建立和维持时间频率基准，确定任一时刻的时间。守时系统还可以通过时间频率测量和比对技术来评价和维持该系统的不同时钟的稳定度和准确度，并据此给出不同的权重，以便用于多台钟来共同建立和维持时间框架。

授时系统可通过电话、网络、无线电、电视、专用长波和短波电台及卫星等设施向用户传递准确的时间信息和频率信息。不同的方法具有不同的传递精度，其方便程度也不相同，以便满足不同用户的需要。目前，国际上有多家单位在测定和维持多个时间系统和时间框架，并通过多种方法将有关的时间和频率信息播发给用户，这些工作称为时间服务。著名的有国际计量局的时间部（提供国际原子时和协调世界时）、美国海军天文台（提供 GPS 时），我国国内的时间服务由国家授时中心提供。

随着经济和科技的发展，特别是网络的普及，对时间同步的精度和实时性的要求越来越高，这就要求分散在各地的客户端的时钟对准标准的时间源。GNSS 卫星上搭载着精确的原子钟，加上地面监控站的不断修正，卫星播发的广播电文中的时间信息具有很高的精度。地面接收机只要接收到 4 颗以上卫星的信号，就可以解算出自身的位置和钟差，对自身的时钟作钟差改正，就能得到精确的时间。专用的采用脉冲同步的 GNSS 接收机的时间同步精度在 100 ns 水平，可广泛应用于电力、通讯、金融、计量和授时等领域。

计算和思考

1. 证明：经过 6 参数 Helmert 变换前后的坐标系中，基线的长度和两基线的夹角是不变量。

2. 4 只小虫在一个边长为 a 的正方形 4 个角上，它们同时以同样的速度 v 开始爬行（图 7.5）。每只小虫的爬行方向永远是朝着前面的小虫。可以证明 4 只小虫最终在正方形中心相遇，它们爬行的轨迹为一条螺旋线。问当它们相遇时，每只小虫爬行的距离（即螺旋线的长度）是多少？用了多少时间？如果正方形改成等边三角形，由三只虫子爬行，结果为如何？

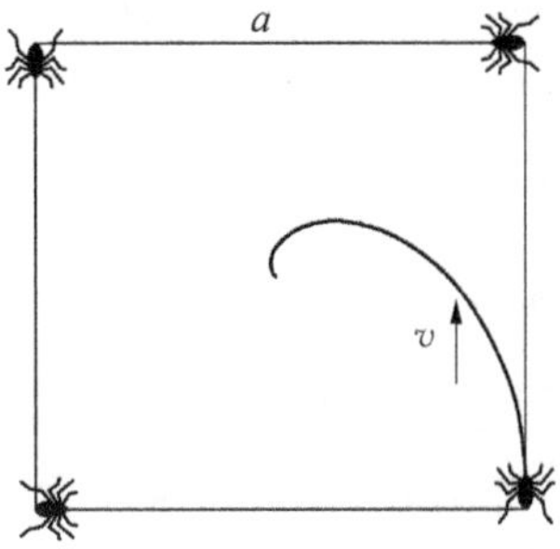

图 7.5　小虫爬行示意图

3. 为什么需要定义不同类型的时间参考系统和空间参考系统？

4. 时空基准体现在日常生活中，请联系实际举例说明。

第 8 章 GNSS 高精度定位原理

8.1 GNSS 观测量

8.1.1 伪距测量及其观测方程

伪距即卫星发射的测距码到达接收机的传播时间乘以光速的距离。由于信号传播过程中,有卫星与接收机钟差、大气延迟等的影响,伪距观测值与卫星到接收机的实际几何距离不相等,因此称测量的距离为伪距。伪距测量精度有限,但定位授时速度快,解算值唯一,是卫星导航定位中最基本的方法,也是载波相位测量中模糊度解算的辅助资料。

导航卫星生成的测距码经过一定时间传播到接收机,接收机通过延时器生成相同的码,对二者进行相关处理,当自相关系数最大时,则延时器的延时与信号传播时间相等,乘以光速即为卫星到接收机的距离。

由于信号的传播过程中受到对流层、电离层等大气延迟的影响,再考虑卫星钟与接收机钟不准确产生的钟差,则伪距观测方程为

$$P = \rho - c \cdot \delta t_i + c \cdot \delta t^j + T + I + \varepsilon \tag{8.1}$$

其中, P 为伪距观测值; ρ 为卫星到接收机的几何距离; δt_i、δt^j 分别为接收机、卫星钟差; T、I 分别为对流层延迟误差、电离层延迟误差; ε 为其他误差项; i 表示接收机号; j 表示卫星号。

8.1.2 载波相位测量及其观测方程

GNSS 高精度定位依靠准确地测定由卫星到接收机电磁信号传播的时间来实现,理解观测方程中的时间概念成为高精度定位的基础。这里引入两个时间概念:观测的真实时为理论上无偏差的事件发生的时刻,通常用约定的时标格林尼治世界时表示,因此真实时也称标准时;观测的钟面时为接收机自身携带的时钟所指示的时刻,它和真实时的差别不仅有随机的不规则变化,而且有长期的漂移,漂移量的大小和接收机时钟的质量有关。

载波相位测量的观测值是接收机收到的卫星载波相位信号与接收机自身的同一参考信号的相位差。接收机 i 在接收机钟面时 t_k 观测卫星 j 的相位观测量为

$$\Phi_i^j(t_k) = \varphi_i(t_k) - \varphi_i^j(t_k) \tag{8.2}$$

其中，$\varphi_i(t_k)$为 i 接收机在钟面时 t_k 产生的本地参考信号相位值；$\varphi_i^j(t_k)$为 i 接收机在钟面时 t_k 观测到的 j 卫星发射的载波相位值。由于相位差的测量只能测出一周之内的相位值，实际测量中卫星载波相位信号传播到接收机时已经经过了若干周，如果对整周进行计数，则某一初始时刻 t_0 以后，包含整周数的相位观测值为

$$\Phi_i^j(t_k) = \varphi_i(t_k) - \varphi_i^j(t_k) + n^j \tag{8.3}$$

接收机不间断跟踪卫星信号，利用整周计数器记录从 t_0 到 t_i 时间内的整周数 $\mathrm{Int}(\varphi)$，同时测定小于一周的相位差，则任意时刻 t_k 卫星 j 到接收机 i 的相位差为

$$\Phi_i^j(t_k) = \varphi_i(t_k) - \varphi_i^j(t_k) + n_0^j + \mathrm{Int}(\varphi) \tag{8.4}$$

即从第一次开始以后的观测量中都包含了相位差的小数部分和累计的整周数，具体原理见图 8.1。

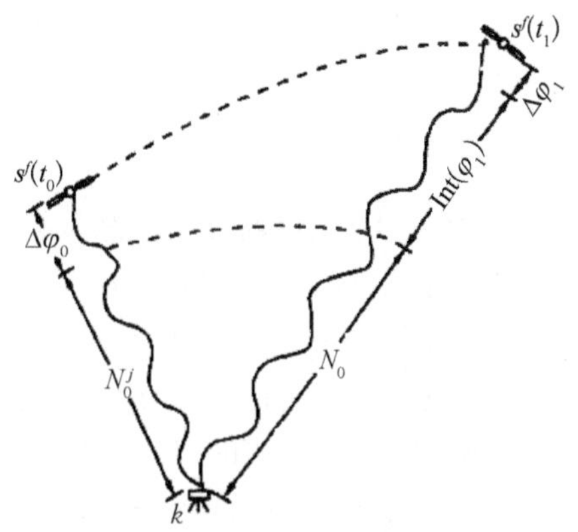

图 8.1　载波相位测量原理

载波相位观测量是接收机与卫星位置的函数，可以由此函数解算接收机的位置。设在标准时刻 T_a（卫星钟面时 t_a）卫星 j 发射的载波相位为 $\varphi^j(t_a)$，经过传播延时 $\Delta\tau$，在标准时刻 T_b（接收机钟面时 t_b）时刻到达接收机。因为卫星和接收机之间存在运动，接收机收到的载波频率会产生变化，但是 T_b 时收到的和 T_a 时发射的相位是不变的，即 $\varphi^j(T_b) = \varphi^j(T_a)$，而 T_b 时，接收机自身产生的载波相位为 $\varphi(t_b)$，则 T_b 时刻的载波相位观测量为

$$\phi = \varphi(t_b) - \varphi^j(t_a) \tag{8.5}$$

受接收机钟差和卫星钟差 δt_i、δt^j 的影响，有

$$\phi = \varphi(T_b - \delta t_i) - \varphi^j(T_a - \delta t^j) \tag{8.6}$$

由于卫星钟和接收机钟的振荡器频率较为稳定，因此其信号相位与频率有如下关系：

$$\varphi(t + \Delta t) = \varphi(t) + f \cdot \Delta t \tag{8.7}$$

其中，f 为信号频率；Δt 为微小时间间隔；φ 以 2π 为单位。

接收机钟的固定参考频率和卫星发射的载波频率相等，因此有

$$\begin{aligned} T_{\mathrm{b}} &= T_{\mathrm{a}} + \Delta\tau \\ \varphi(T_{\mathrm{b}}) &= \varphi^{j}(T_{\mathrm{a}}) + f\cdot\Delta\tau \end{aligned} \tag{8.8}$$

$\Delta\tau$ 为信号传播时间。在考虑卫星信号传播时间所受的对流层和电离层影响后，综合上述公式，有

$$\begin{aligned} \phi &= \varphi(T_{\mathrm{b}} - \delta t_{i}) - \varphi^{j}(T_{\mathrm{a}} - \delta t^{j}) \\ &= \varphi(T_{\mathrm{b}}) - f\cdot\delta t_{i} - \varphi^{j}(T_{\mathrm{a}}) + f\cdot\delta t^{j} \\ &= f\cdot\Delta\tau - f\cdot\delta t_{i} + f\cdot\delta t^{j} \\ &= \frac{f}{c}(\rho + T - I) - f\cdot\delta t_{i} + f\cdot\delta t^{j} \end{aligned} \tag{8.9}$$

载波相位的整周数后的载波相位观测方程为

$$\phi = \frac{f}{c}\rho - f\cdot\delta t_{i} + f\cdot\delta t^{j} + \frac{f}{c}T - \frac{f}{c}I + n_{0} \tag{8.10}$$

式(8.10)是目前在文献和教科书上常见的形式，但从前面的推导可以知道，式(8.10)左边的时间是钟面时 t_{r}，右边的时间是真实时或者标准时 T_{b}。不难看出，右边表达成 T_{b} 的展开式是不方便的，因为不同的接收机的钟差不一样，导致不同接收机对应的 T_{b} 不同。不同接收机输出的是接收机本身显示的钟面时的观测值，用它们差分时希望右边的表达式对应相同的标准时，这样才能真正消除有关的系统差。接下来推导更严谨的表示式。考察式(8.9)中从卫星 j 到接收机 i 的信号传播时间 $\Delta\tau_{i}^{j}$：

$$\Delta\tau_{i}^{j} = \frac{|\boldsymbol{X}_{i}(T_{\mathrm{b}}) - \boldsymbol{X}^{j}(T_{\mathrm{a}})| + T_{i}^{j} - I_{i}^{j}}{c} \tag{8.10a}$$

引入相当于钟面时的标准时 T_{r}，(8.10a)可按 T_{r} 展开，得

$$\Delta\tau_{i}^{j} = \frac{\rho_{i}^{j}(T_{\mathrm{r}}) - \dot{\rho}_{i}^{j}(T_{\mathrm{r}})\cdot(\Delta\tau_{i}^{j} - \delta t_{i}) + T_{i}^{j} - I_{i}^{j}}{c} \tag{8.10b}$$

得到

$$\Delta\tau_{i}^{j} \approx \frac{\rho_{i}^{j}(T_{\mathrm{r}})}{c}\left[1 - \frac{\dot{\rho}_{i}^{j}(T_{\mathrm{r}})}{c}\right] + \frac{\dot{\rho}_{i}^{j}(T_{\mathrm{r}})}{c}\delta t_{i} + \frac{T_{i}^{j} - I_{i}^{j}}{c} \tag{8.10 c}$$

当然此处 T_{i}^{j}、I_{i}^{j} 也应从标准时 T_{b} 转化为对应标准时 T_{r}，暂且不考虑这些细微的差别。把式(8.10 c)代入式(8.9)，得

$$\phi_i(t_r)=\frac{f}{c}\rho_i^j(T_r)\left(1-\frac{\dot{\rho}_i^j(T_r)}{c}\right)-f\left(1-\frac{\dot{\rho}_i^j(T_r)}{c}\right)\cdot\delta t_i+f\cdot\delta t^j+\frac{f}{c}T_i^j-\frac{f}{c}I_i^j+n_0 \tag{8.10d}$$

可以看到式(8.10)是式(8.10d)更严谨的近似表达式,在绝大多数的实际应用中忽略它们的差别,直接采用式(8.10)。经估算,式(8.10d)中卫星接收机连线速度一项为 10^{-5} 量级,因此式(8.10d)右边第一项的偏导数的误差为 10^{-5} 量级,是可以忽略的小量。而式(8.10d)右边第二项中的连线速度项在接收机钟差较大时就不一定能忽略,特别是这一项不能被卫星间单差所消去,它所带来的潜在影响值得进一步研究。必须注意,取式(8.10d)的近似表达后式(8.10)两边的时间引数表面上都是接收机的钟面时,但其定义不同。式(8.10)左边对应的是接收机的钟面时,右边对应的是相当于接收机钟面时的真实时或者标准时。也就是说,我们用钟面时的观测值求解相当于钟面时的标准时的台站位置和卫星位置的参数估计。这样,参数估计的结果都对应标准时,如分析中心发布的卫星导航星历解对应的就是标准时的解。

式(8.10)转换为距离单位,写为

$$L=\rho-c\cdot\delta t_i+c\cdot\delta t^j+T-I+N_0 \tag{8.11}$$

其中,$N_0=\lambda\cdot n_0$;λ 为波长。

8.1.3 观测方程的线性组合

在时差测量数据处理中,为进行数据清理、编辑、误差消除或减弱,经常会用到双频观测值之间的线性组合(linear combination, LC),常见的线性组合包括无电离层组合(ionosphere-free linear combination)、电离层残差组合(geometry-free linear combination)、宽巷组合(wide-lane linear combination)及 MW 组合(Melbourne-Wübbena linear combination)等。

1. 无电离层组合

无电离层组合能够消除一阶的电离层影响,大大减弱电离层误差,在双差或非差观测方程中经常用到。无电离层伪距和相位观测方程可以表示为

$$\begin{aligned}P_{3k}^j&=\frac{1}{f_1^2-f_2^2}(f_1^2\cdot P_{1k}^j-f_2^2\cdot P_{2k}^j)\\L_{3k}^j&=\frac{1}{f_1^2-f_2^2}(f_1^2\cdot L_{1k}^j-f_2^2\cdot L_{2k}^j)\end{aligned} \tag{8.12}$$

无电离层组合虽然能够消除大部分的电离层误差,但组合的观测噪声是 L_1 的三倍,模糊度失去了整数性,不易解算。无电离层组合还可以用来检测接收机本身系统误差引起的粗差。

2. 电离层残差组合

电离层残差组合与卫星到接收机之间的几何距离无关,可以消除与频率无关的误差,如卫星轨道误差、卫星钟差、接收机钟差、对流层误差。组合方程中只包含电离层影响、整周模糊度及观测噪声。在没有周跳的情况下,由于整周模糊度不变而且电离层变化比较小,一次电离层残差组合能够剔除观测值中的粗差,也适用于周跳的探测与修复。

伪距与相位的电离层残差组合式为

$$\begin{aligned} P_{4k}^j &= P_{1k}^j - P_{2k}^j = I_{1k}^j - I_{1k}^j \\ L_{4k}^j &= L_{1k}^j - L_{2k}^j = I_{1k}^j - I_{2k}^j + \lambda_1 \cdot N_{1k}^j - \lambda_2 \cdot N_{2k}^j \end{aligned} \tag{8.13}$$

3. MW 组合

MW 组合消除了绝大部分的观测误差,只剩观测噪声和多路径效应,而通过多历元平滑可以减弱这些噪声,因此 MW 组合常用于确定模糊度及检测周跳。MW 组合适用于非差与双差组合,计算式为

$$L_{5k}^j = \frac{1}{f_1 - f_2}(f_1 \cdot L_{1k}^j - f_2 \cdot L_{2k}^j) - \frac{1}{f_1 + f_2}(f_1 \cdot P_{1k}^j + f_2 \cdot P_{2k}^j) \tag{8.14}$$

由上式可得到宽巷组合模糊度。

8.2 误 差 改 正

卫星导航系统的误差源主要包括三部分:与卫星有关的误差、与传播路径有关的误差和与接收机有关的误差。

对于上述误差,分析如下:

① 能够精确模型化的误差采用模型改正,如卫星、接收机天线相位改正、地球固体潮、海洋潮汐负荷、地球自转、相对论等;

② 不能精确模型化的误差由外部输入或进行参数估计,如接收机钟差、对流层天顶延迟、卫星轨道和钟差等;

③ 既难以精确模型化又不好分离估计的误差通过双频观测值来消除,如电离层延迟误差可以通过无电离层组合来消除。

8.2.1 对流层延迟误差改正

对流层是指地面向上约 40 km 范围内的大气层,是各种气象现象主要的出现区域。电磁波在对流层的传播速度与大气折射率有关,而整个对流层的折射率是不同的,因此电磁波在经过对流层时会产生弯曲和延迟,延迟量在天顶方向可达 2 m。对流层大气折射率与气压、温度、湿度有关,一般将天顶总延迟(zenith total delay, ZTD)分为干延迟(zenith hydrostatic delay, ZHD)和湿延迟(zenith wet delay, ZWD)。干延迟约占总延迟量的 90%,可以通过实测气压和气温精确计算,而由于大气中水汽变化很大,湿延迟不能通过模型精确计算,这是电磁波测地技术(如 VLBI、GPS)中的一个重要误差源。通常的解决办法是通过模型计算静力学延迟量作为已知值,将湿延迟作为未知数解算。

通常情况下电磁波传播路径并不是在天顶方向,因此需要将天顶方向延迟量映射到某一倾斜的传播方向,这就需要映射函数(mapping function),倾斜方向的对流层延迟量是干、湿映射函数与天顶干、湿分量的乘积之和,即

$$z(e) = z_h \times mf_h(e) + z_w \times mf_w(e) \tag{8.15}$$

其中,$z(e)$为总延迟量; z_h、z_w 分别为天顶干、湿延迟量; $mf_h(e)$、$mf_w(e)$ 分别是干、湿映射函数;e 是高度角。映射函数 mf 通常采用连分式:

$$mf(e) = \frac{1 + \dfrac{a}{1 + \dfrac{b}{1 + c}}}{\sin e + \dfrac{a}{\sin e + \dfrac{b}{\sin e + c}}} \tag{8.16}$$

式(8.16)中,参数 a、b、c 是远小于 1 的常数,干、湿映射函数分别用不同的参数 (a_h, b_h, c_h)和(a_w, b_w, c_w)。常用的映射函数有 NMF、VMF1、GMF,各映射函数之间的差别主要表现在参数 a、b、c 的区别上,可参阅 3.2.2 节。

通常采用 Saastamoinen 模型计算对流层延迟改正:

$$\mathrm{ZTD} = \frac{0.002\,277}{f(\phi,\ h)} \times \left[P_s + \left(\frac{1\,255}{T_s} + 0.05\right) e_s\right] \tag{8.17}$$

$$e_s = \mathrm{rh} \times 6.11 \times 10^{\frac{7.5(T_s - 273.15)}{T_s}} \tag{8.18}$$

$$f(\varphi,\ h) = 1 - 0.002\,66\cos(2\varphi) - 0.000\,28h \tag{8.19}$$

其中,ZTD 单位为 m; T_s 为地面温度,单位为 K; P_s 为地面气压,单位为 mbar; e_s 为地面水气压;rh 为地面相对湿度(0~1)。其中气象参数可以是实测数据 $f(\phi, h)$ 是纬度和高度的函数,反映了重力加速度随地理位置和海拔高度的变化; ϕ 为测站的地心大地纬度,单位为弧度; h 为测站大地高,单位为 m。式(8.17)中前半部分为干延迟分量,后半部分为湿延迟分量。若没有实测气象数据,一般采用标准参考大气参数为: P_0 = 1 013.25 mbar, e_0 = 11.691 mbar, T_0 = 288.15 K。

主要的投影函数包括: NMF、GMF/GPT、VMF1 和 GPT2 等模型,更为具体的可参照 3.2.2 节。

8.2.2 电离层延迟误差改正

电离层是高度在 60~1 000 km 的大气层。在太阳紫外线、X 射线、γ 射线和高能粒子等的作用下,电离层中的中性气体分子部分被电离,产生了大量的电子和正离子,从而形成了一个电离区域。电磁波信号在穿过电离层时,其传播速度会发生变化,变化程度主要取决于电离层中的电子密度和信号频率。电离层电子浓度与高度有关,在 50 km 处电子浓度约为 10^8 electrons/m^3,随着高度增加,电子浓度迅速增加,在 300 km 处电子浓度约为 10^{12} electrons/m^3,之后随高度增加电子浓度逐渐降低。

电离层延迟对伪距影响可以写为

$$\Delta\rho = \int_s^0 (n_{gr} - 1)\,ds = \int_s^0 \frac{1}{2}\frac{f_p^2}{f^2}ds = \int_s^0 \frac{1}{8\pi^2}\frac{d_e e_0^2}{f^2 m_e \varepsilon_0}ds = +\frac{40.3}{f^2}\text{TEC} \tag{8.20}$$

其中,TEC 为信号传播路径 s 从卫星 s 到观测者 o,即

$$\text{TEC} = \int_s^0 d_e(s)\,ds \tag{8.21}$$

同理,对相位观测量电离层折射误差可以写为

$$\Delta\phi\lambda = \int_s^0 (n_{ph} - 1)\,ds = -\frac{40.3}{f^2}\text{TEC} \tag{8.22}$$

由双频观测伪距给出的电离层改正值为

$$\text{对 L1 伪距: } \Delta\rho_{L1} = \frac{f_2^2}{f_1^2 - f_2^2}(\rho_{L1} - \rho_{L2}) \tag{8.23}$$

$$\text{对 L2 伪距: } \Delta\rho_{L2} = \frac{f_1^2}{f_1^2 - f_2^2}(\rho_{L1} - \rho_{L2}) \tag{8.24}$$

式(8.23)和式(8.24)中,ρ_{L1}、ρ_{L2} 为输入的第一频率和第二频率伪距观测值。有关

电离层,更为具体的可参照 3.2.1 节。

8.2.3 与卫星有关的误差

与卫星有关的误差主要包括卫星钟差和轨道误差、卫星天线相位中心偏差、卫星钟相对论效应改正、卫星相位缠绕改正和卫星硬件延迟偏差改正等。

1. 卫星钟差

卫星钟差是指卫星钟时间与导航系统时间之差,由钟差、频偏、频漂和随机误差构成。虽然导航卫星上都有高精度原子钟,与导航系统时之间仍然有约 1 ms 的偏差,引起的等效距离误差可达 300 km,因此卫星钟差必须精确确定。

导航卫星的广播星历提供的钟差精度约为 10 ns,等效距离误差为 3 m,不能满足精密定位的需求。国际 GNSS 服务组织提供不同采样率的精密卫星钟差产品,包括 5 min 和 30 s 的精密星历,精密星历的精度可达 0.1 ns。

2. 卫星轨道误差

卫星轨道误差是指卫星真实位置与卫星星历计算获得的卫星位置之间的偏差,轨道误差取决于定轨采用的数学模型、跟踪网规模与分布、跟踪方法、所用软件及跟踪站数据观测时间长度。目前 GPS 广播星历整体精度在 2 m 以内,GLONASS 广播星历在 5 m 以内,而 IGS 提供的精密星历产品精度为 3~5 cm。

3. 卫星天线相位中心偏差

卫星质量中心与卫星发射天线相位之间的偏差称为卫星天线相位中心偏差。IGS 等机构提供的高精度星历对应的是卫星质心,而卫星/接收机之间的观测值是基于天线相位中心,因此需要进行卫星天线相位中心偏差改正。

天线相位中心偏差改正值一般表示在卫星星固坐标系,其对卫星坐标的改正公式为

$$X_{\text{phase}} = X_{\text{mas}} + [\boldsymbol{e}_x \quad \boldsymbol{e}_y \quad \boldsymbol{e}_z]^{-1} X_{\text{offset}} \tag{8.25}$$

其中,$\boldsymbol{e}_x$、$\boldsymbol{e}_y$、$\boldsymbol{e}_z$ 为星固坐标系在惯性坐标系中的单位矢量;X_{phase}、X_{offset} 为惯性坐标系中卫星的相位中心和质量中心;X_{offset} 为星固系中卫星天线相位中心的偏差。

如果直接改正观测距离,公式为

$$\Delta\rho = \frac{\boldsymbol{r}_{\text{s}} - \boldsymbol{r}_{\text{R}}}{|\boldsymbol{r}_{\text{s}} - \boldsymbol{r}_{\text{R}}|} \Delta \boldsymbol{R}_{\text{sant}} \tag{8.26}$$

其中,$\boldsymbol{r}_{\text{s}}$、$\boldsymbol{r}_{\text{R}}$ 是卫星、接收机天线的地心矢量。

4. 卫星相位缠绕改正

导航卫星发射的电磁波信号是右旋极化的，因此接收机收到的载波相位受到卫星与接收机天线之间相互方位关系的影响，接收机或卫星天线绕其垂直轴旋转都将改变相位观测值，最大可达一周（一个波长），这种效应称为天线相对旋转相位增加效应，对其进行改正称为天线相位缠绕改正。在静态定位中，接收机天线通常指向某固定方向（北），但是卫星天线会随着太阳能板对太阳朝向的改变而缓慢的旋转，从而引起卫星到接收机几何距离的变化。此外，在日蚀期间，为了能重新将太阳能板朝向太阳，卫星将快速旋转，这就是“中午旋转”和“子夜旋转”，半小时内旋转量可达半周（如果卫星姿态模型将旋转方向算错，实际改正误差将达到一周），因此需将相应的相位数据改正或删除。对于几百千米的基线或网络差分定位来说，相位缠绕比较微弱，但是对于长基线精密定位时其影响较大。相位缠绕改正公式如下：

$$
\begin{aligned}
&\Delta\varphi = \mathrm{sign}(\zeta)\cos^{-1}\left(\frac{\bar{\boldsymbol{D}}' \cdot \bar{\boldsymbol{D}}}{|\bar{\boldsymbol{D}}'||\bar{\boldsymbol{D}}|}\right)\\
&\zeta = \hat{\boldsymbol{k}} \cdot (\bar{\boldsymbol{D}}' \cdot \bar{\boldsymbol{D}})\\
&\bar{\boldsymbol{D}}' = \hat{\boldsymbol{x}}' - \hat{\boldsymbol{k}}(\hat{\boldsymbol{k}} \cdot \hat{\boldsymbol{x}}') - \hat{\boldsymbol{k}} \times \hat{\boldsymbol{y}}'\\
&\bar{\boldsymbol{D}} = \hat{\boldsymbol{x}} - \hat{\boldsymbol{k}}(\hat{\boldsymbol{k}} \cdot \hat{\boldsymbol{x}}) + \hat{\boldsymbol{k}} \times \hat{\boldsymbol{y}}
\end{aligned}
\tag{8.27}
$$

其中，$\hat{\boldsymbol{k}}$ 为卫星到接收机的单位向量；$\bar{\boldsymbol{D}}'$ 为卫星坐标系下由坐标单位矢量 $(\hat{\boldsymbol{x}}', \hat{\boldsymbol{y}}', \hat{z}')$ 计算的卫星有效偶极矢量；$\bar{\boldsymbol{D}}$ 为接收机地方坐标系下的坐标单位矢量，$(\hat{\boldsymbol{x}}', \hat{\boldsymbol{y}}', \hat{z}')$ 为计算的接收机天线有效偶极矢量。

5. 卫星相对论效应改正

接收机和卫星位置的地球重力位不同，而且接收机和卫星在惯性系统中的速度不同，由此引起的接收机和卫星之间的相对钟误差称为相对论效应。相对论效应引起 GPS 卫星钟比接收机钟每秒快约 0.45 ns。为消除其影响，卫星发射前已经将卫星钟频率减小了约 0.004 5 Hz，但由于地球运动、卫星轨道高度的变化及地球重力场的变化，相对论效应并不是常数，在上述改正后还有残差，可用下式改正：

$$
\Delta P_{\mathrm{rel}} = -\frac{2}{c^2}\boldsymbol{X}_{\mathrm{s}} \cdot \dot{\boldsymbol{X}}_{\mathrm{s}} \tag{8.28}
$$

其中，$\boldsymbol{X}_{\mathrm{s}}$、$\dot{\boldsymbol{X}}_{\mathrm{s}}$ 分别为卫星的位置向量和速度向量。

6. 卫星硬件延迟改正

导航卫星发射的信号一般基于不同频点。不同的频点伪距信号在不同频点存在发射链路时延,起点为卫星的钟面时,终点为卫星各频点天线相位中心。该时延称为硬件延迟。导航系统提供的信号都是基于一个频点或者频点的组合,对于其他频点则需要进行相应的硬件延迟偏差改正。卫星的延迟定义为 TGD 参数,以北斗系统为例,系统的参考频点为 B3,则 B1、B2 频点相对于 B3 频点的硬件延迟为

$$\begin{aligned} T_{\mathrm{GD1}} &= \tau_1^{\mathrm{s}} - \tau_3^{\mathrm{s}} \\ T_{\mathrm{GD2}} &= \tau_2^{\mathrm{s}} - \tau_3^{\mathrm{s}} \end{aligned} \tag{8.29}$$

IFB 定义为基于 B3 频点的通道延迟偏差,两个 IFB 参数分别为 B1、B2 频点相对于 B3 频点的接收链路时延差,即

$$\begin{aligned} \mathrm{IFB}_1 &= \tau_1^{\mathrm{r}} - \tau_3^{\mathrm{r}} \\ \mathrm{IFB}_2 &= \tau_2^{\mathrm{r}} - \tau_3^{\mathrm{r}} \end{aligned} \tag{8.30}$$

8.2.4 测站相关修正

1. 接收机天线相位中心改正

接收机天线相位中心与地面已知点不重合,需计算接收机相位中心相对于站坐标基点的改正值。不同方位和高度卫星的改正差异为几厘米。改正值可用接收机硬件的参数和仪器基点与站坐标点之间的联测值。改正时需要已知测站坐标和偏心联测值,$\Delta\boldsymbol{r}_{\mathrm{k}} = \boldsymbol{r}_{\mathrm{k}} - \boldsymbol{r}_{\mathrm{E}}$,其中,$\boldsymbol{r}_{\mathrm{k}}$、$\boldsymbol{r}_{\mathrm{E}}$ 分别表示地固系中接收机相位中心和基点的位置向量。接收机相位中心偏差常用局部坐标表示,即天线相位中心相对于基点的垂直方向偏差 ΔH、北方向偏差 ΔN 和东方向偏差 ΔE 表示,因此,必须通过旋转矩阵将局部坐标系中的偏心向量转换至地固系中,即

$$\Delta\boldsymbol{r}_{\mathrm{k}} = (\Delta E_{\mathrm{k}},\ \Delta N_{\mathrm{k}},\ \Delta H_{\mathrm{k}})^{\mathrm{T}} \tag{8.31}$$

$$\Delta\boldsymbol{r}_{\mathrm{ek}} = \boldsymbol{R}_{\mathrm{H}}(270^\circ - \boldsymbol{L})\boldsymbol{R}_{\mathrm{E}}(\varphi - 90^\circ)\Delta\boldsymbol{r}_{\mathrm{k}} = \begin{bmatrix} -\sin L & -\cos L\sin\varphi & \cos L\cos\varphi \\ \cos L & -\sin L\sin\varphi & \sin L\cos\varphi \\ 0 & \cos\varphi & \sin\varphi \end{bmatrix}\Delta\boldsymbol{r}_{\mathrm{k}} \tag{8.32}$$

其中,L 和 ϕ 为测站的地心经纬度。

接收机相位中心偏差对观测距离的影响为

$$\Delta\rho = \Delta r_{ek} \cdot \hat{\boldsymbol{\rho}} \tag{8.33}$$

其中，$\hat{\boldsymbol{\rho}}$ 为测站至卫星方向在地固系下的单位矢量。

2. 潮汐修正

由于地球实际上是非刚体，在日月引力和地球自转、公转离心力共同作用下，地表已知点受潮汐作用会发生移动，其中主要受固体潮影响，海潮和大气潮改正可忽略。固体潮引起的测站位移约 0.5 m。固体潮引起的测站位移改正公式为

$$\Delta r_s = \sum_{j=2}^{3} \frac{\mathrm{GM}_j}{\mathrm{GM}_E} \frac{R_e^4}{r_j^3} \left\{ 3l_2(\boldsymbol{R}_e \cdot \boldsymbol{r}_j)\boldsymbol{r}_j + \left[\frac{3}{2}(h_2 - 2l_1)(\boldsymbol{R}_e \cdot \boldsymbol{r}_j)^2 - \frac{h_2}{2} \right] \boldsymbol{R}_e \right\} \tag{8.34}$$

其中，GM_E 是地球引力常数；GM_j 为引潮天体引力常数（$j=2$ 时为月球，$j=3$ 为太阳）；$\boldsymbol{R}_e$、$\boldsymbol{r}_j$ 分别为测站和引潮天体的地心位置（地固系）；$\boldsymbol{R}_e$、$\boldsymbol{r}_j$ 为对应的单位矢量；h_2 为 Love（勒夫）数；l_2 为 Shida（志田）数。

3. 硬件延迟改正

导航卫星系统地面接收机产生的信号基于不同频点。不同的频点伪距信号在不同频点存在接收链路时延，起点为接收机的钟面时，终点为接收机各频点天线相位中心。该定义为 IFB 参数，以北斗系统为例，IFB 定义为 B1、B2 频点相对于 B3 频点的接收链路时延差，即

$$\begin{aligned} \mathrm{IFB}_1 &= \tau_1^r - \tau_3^r \\ \mathrm{IFB}_2 &= \tau_2^r - \tau_3^r \end{aligned} \tag{8.35}$$

4. 地球自转修正

由于地面接收机运动，或者固定在地球表面随地球自转一起运动，在地心地固坐标系中，伪距/相位观测方程需扣除信号传播时间段内接收机运动引起的位置变化，即地球自转修正，又称为 Sagnac 效应。

设接收机在 t 时刻接收到卫星在 t_j 时刻发射的信号，则有

$$t = t_j + \frac{|\boldsymbol{r}(t) - \boldsymbol{r}_j|}{c} = t_j + \frac{|\boldsymbol{r}(t) + \boldsymbol{v} \cdot (t - t_j) - \boldsymbol{r}_j|}{c} \tag{8.36}$$

其中，$\boldsymbol{r}(t)$ 为接收机在 t 时刻位置；$\boldsymbol{r}_j$ 为卫星在 t_j 时刻位置；$\boldsymbol{v}$ 为接收机速度；c 为光速(m/s)。设 t_j 时刻卫星至接收机矢量为 $\boldsymbol{R}=\boldsymbol{r}(t_j)-\boldsymbol{r}_j$，不考虑地球自转产生的信号传播时延，有

$$t = t_j + \frac{|\boldsymbol{R}|}{c} \tag{8.37}$$

将式(8.37)代入式(8.36)，并展开至一阶项有

$$t = t_j + \frac{|\boldsymbol{r}(t) + \boldsymbol{v}\cdot(t - t_j) - \boldsymbol{r}_j|}{c} = t_j + \frac{|\boldsymbol{R} + \boldsymbol{v}\cdot(t - t_j)|}{c} \approx t_j + \frac{|\boldsymbol{R}|}{c} + \frac{\boldsymbol{v}\cdot\boldsymbol{R}}{c^2} \tag{8.38}$$

则地球自转修正可写为

$$\Delta\rho_{\mathrm{rot}} = \frac{\boldsymbol{v}\cdot\boldsymbol{R}}{c} = \frac{[\omega\times\boldsymbol{r}(t_j)]\cdot\boldsymbol{R}}{c} \tag{8.39}$$

其中，ω 为地球自转角速度。

8.2.5 多路径效应的实时模型改正

GNSS 天线所接收到的是直射信号和由周围物体反射或衍射的信号叠加的电磁波，来自直射路径以外路径的相干信号对直射信号的混淆和干扰称为多路径效应。多径效应会使波形失真并使输出相位、码元和信号强度发生偏移。5.2.3 节中已经介绍了从硬件和软件两个方面消除多路径的方法。由于多路径效应难以通过解析或差分的方法消除，要实时改正必须基于多路径效应在时空域的重复性，其前提是接收机周围的几何环境不变。基于时间域重复性的实时多路径效应改正称为恒星日滤波。但是恒星日滤波在实时改正应用中不够灵活方便，本书重点介绍基于空间域重复性的实时改正方法。

在忽略卫星信号强度差异的前提下，多路径相位和振幅畸变因子只与同一类卫星在天空中的球面坐标有关，而不依赖于具体卫星。由此可建立多路径误差和卫星天空格点的关系的多路径半天球图(multipath hemispherical map, MHM)。构建 MHM 模型时先将测站上空半天球依据高度角和方位角(站心坐标系或载体坐标系)划分网格，把观测值后处理残差数据放入卫星的高度角和方位角对应的网格，对每一网格内残差数据取平均或拟合函数曲线作为多路径的改正值，所有改正值构成 MHM 模型。在处理后续天的数据时，就可以根据卫星的高度角和方位角，从已构建 MHM 模型中取出对应格点中的值，对观测值(载波相位或伪距)进行多路径改正。

为了验证 MHM 法的可行性，Dong 等（2016b）进行了静态短基线多路径消除实验。两天线均与共用时钟的天宝 BD982 型 GNSS 接收机相连，基线距离为 12.5 m。因此，天线间的单差观测同时消除了来自卫星和接收机的钟差。由于是短基线，对流层、电离层、卫星天线相位缠绕及卫星轨道误差都可以忽略。两个天线沿相同方向放置，以消除接收机天线相位中心变化的影响。因此，单差观测方程可简化为

$$\Delta\phi^{i}(t) = \Delta\rho^{i}(t) + \Delta N_{i} + \Delta \mathrm{DCB}_{i} + \Delta\phi_{\mathrm{mth}}^{i}(t) + \varepsilon^{i} \tag{8.40}$$

其中，$\Delta\phi^{i}$、$\Delta\rho^{i}$、ΔN_{i}、$\Delta\phi_{\mathrm{mth}}^{i}$ 分别为单差相位观测值，卫星与接收机天线连线距离差，整周模糊度差以及基线多路径效应；$\Delta \mathrm{DCB}_{i}$ 为两天线的非校正相位延迟差；ε 为观测噪声。采样率为 1 Hz，每天的样本涵盖 86 400 s，共 30 天。基线向量和 UPD 参数在预处理中解出，它们在第二次运行时受到严格约束。因此，相位残差仅包含多路径效应、观测噪声与模型误差。MHM 模型为 1° × 1° 的格点分辨率。两个 MHM 模型（一个来自年积日 249~251 天，一个来自 252~254 天）呈现出非常相似的空间特征和时间域重复性（图 8.2），较大的多路径效应分布在高度角 5°~25°的环形区域内，最大达到 35 mm，与周围的反射物分布相吻合。

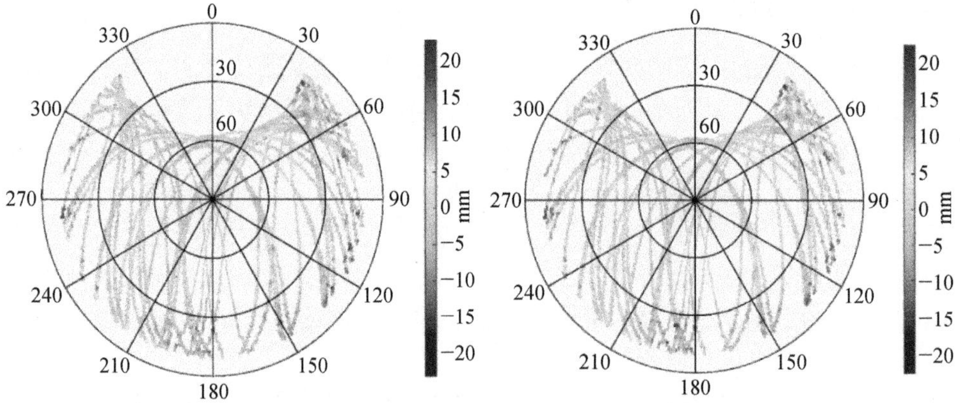

(a) 年积日249~251　　(b) 年积日252~254

图 8.2　多路径半天球模型天空图。方位角自北开始沿顺时针方向增加。高度角从地平线开始向上增加。中心位置代表高度角为 90°。图中最大的圆代表高度角为 0°

以最后 5 天（年积日 275~279）的观测作为测试数据，分别使用 1~25 天数据建立 1°×1°的 MHM 模型作多路径改正，其效果用公式（1.0−$r2/r1$）×100%计算，其中，$r1$、$r2$ 是多路径模型纠正前后的平均剩余方差。如图 8.3 所示，从第 1 天至第 5 天，减少率不断增加，随后趋于平稳，约为 60%，最佳 MHM 建模时间长度为 5~7 天。

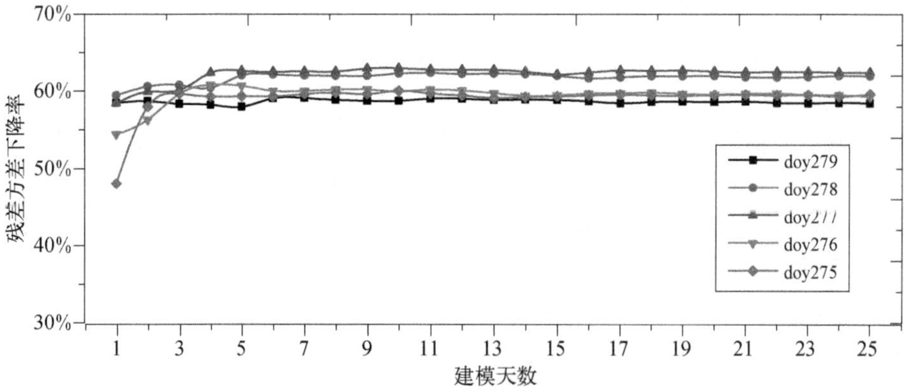

图 8.3 MHM 模型纠正多路径后残差方差下降率

8.3 单站精密单点定位

8.3.1 单站精密单点定位的函数模型

精密单点定位(precise point positioning, PPP)的观测方程可表示为

$$P_i = \rho_r^s - c \times \delta t_i + T + I + \varepsilon(P_i)$$

$$L_i = \rho_r^s - c \times \delta t_i + T - I + \lambda_i \times N_i + \varepsilon(L_i) \tag{8.41}$$

其中,P_i 为频率 i 的伪距观测值;L_i 为频率 i 的载波相位观测值;ρ_r^s 为卫星至测站间的几何距离;c 为光速;δt_i 为接收机钟差;I 为电离层延迟;T 为对流层延迟;λ_i 为载波波长;N_i 为整周模糊度;$\varepsilon(P_i)$ 与 $\varepsilon(L_i)$ 为观测噪声。

在实际处理中,卫星位置可采用 8~10 阶拉格朗日多项式对卫星精密星历插值法给出,卫星钟差则采用低阶拉格朗日多项式插值法给出;相位中心改正、相对论效应,电离层延迟、地球自转改正以及对流层延迟改正等可事先采用模型改正。对流层的残余部分可加入参数估计;精密单点定位的硬件延迟可采用外部提供的产品进行改正。

注意式(8.41)对静态解是正确的。在接收机运动的状况下,接收机天线的地基相位缠绕效应会被载波相位观测的接收机钟差参数所吸收,而伪距观测不存在地基相位缠绕效应,伪距观测方程中的接收机钟差参数还是“纯粹”的钟差。因此这时式(8.41)中伪距和载波相位的接收机钟差项要用不同的钟差参数,或者仍然用同一个接收机钟差参数,但是载波相位的观测方程中要再加上一个地基相位缠绕参数。

(1) 伪距单点定位

对于某个历元,当接收机观测到至少 4 颗卫星时,就可以进行伪距单点定位。以双频无电离层组合为例,对每颗卫星,都可建立的伪距观测方程。卫星坐标和钟差可以通过广播星历或精密星历进行改;由于对流层模型精度一般在 1 分米以内,因此伪距定位时对流层延迟可直接适用模型改正而无须对其湿延迟进行参数估计;其他误差诸如卫星 TGD 误差(使用北斗广播星历或其他频点组合时)、地球形变误差等,可根据 8.2 节介绍的方法进行相应改正。这样,伪距观测方程中的未知参数为接收机坐标 $[x, y, z]$ 和接收机钟差 $c \cdot \delta t$。

对式(8.41)中的星地距离项在测站近似坐标 $[x_0, y_0, z_0]$ 处进行线性化,有

$$\rho = \rho_0 + \frac{x_0 - x^{\text{sat}}}{\rho_0}\mathrm{d}x + \frac{y_0 - y^{\text{sat}}}{\rho_0}\mathrm{d}y + \frac{z_0 - z^{\text{sat}}}{\rho_0}\mathrm{d}z \tag{8.42}$$

其中,$[x^{\text{sat}}, y^{\text{sat}}, z^{\text{sat}}]$ 为卫星坐标;ρ_0 为卫星至接收机近似坐标的几何距离。

这样,对同一个历元的所有卫星,可以建立形如下式的定位模型:

$$\begin{bmatrix} P_1 - \rho_1 - D_1 \\ \vdots \\ P_n - \rho_n - D_n \end{bmatrix} = \begin{bmatrix} \dfrac{x_0 - x^1}{\rho_0} & \dfrac{y_0 - y^1}{\rho_0} & \dfrac{z_0 - z^1}{\rho_0} & 1 \\ \vdots & \vdots & \vdots & \vdots \\ \dfrac{x_0 - x^n}{\rho_0} & \dfrac{y_0 - y^n}{\rho_0} & \dfrac{z_0 - z^n}{\rho_0} & 1 \end{bmatrix} \begin{bmatrix} \mathrm{d}x \\ \mathrm{d}y \\ \mathrm{d}z \\ c \cdot \delta t \end{bmatrix} \tag{8.43}$$

其中,D 为式(8.41)中的剩余项组合。

式(8.43)可简写为

$$A \cdot \mathrm{d}X = L \tag{8.44}$$

基于上式,计算法方程矩阵 $(A^{\mathrm{T}} \cdot A)^{-1}$ 为

$$(A^{\mathrm{T}} \cdot A)^{-1} = \begin{bmatrix} \sigma_x^2 & \sigma_{xy} & \sigma_{xz} & \sigma_{xz} \\ \sigma_{xy} & \sigma_y^2 & \sigma_{yz} & \sigma_{yt} \\ \sigma_{xz} & \sigma_{yz} & \sigma_z^2 & \sigma_{zt} \\ \sigma_{xt} & \sigma_{yt} & \sigma_{zt} & \sigma_t^2 \end{bmatrix} \tag{8.45}$$

以上法方程矩阵可提取由星地构型决定的定位精度因子(dilution of positioning, DOP)。将以上法方程按照 7.1 节中的转换方法转换到测站平面坐标系中,坐标参数则由空间坐标转换为平面和高程;为书写方便仍然将转换后的法方程及参数写成式(8.45)形式。平面精度因子 PDOP、时间精度因子 TDOP 及几何精度因子 GDOP,分别定义如下:

$$\begin{aligned}&\mathrm{PDOP}=\sqrt{\sigma_x^2+\sigma_y^2}\\&\mathrm{TDOP}=\sqrt{\sigma_t^2}\\&\mathrm{GDOP}=\sqrt{\sigma_x^2+\sigma_y^2+\sigma_t^2}\end{aligned}\tag{8.46}$$

(2) 精密单点定位

对于高精度定位,需利用相位观测值。其中对流层模型精度虽然在厘米量级,但仍然无法满足毫米级精密单点定位的需求,因此还需对对流层天顶湿延迟进行参数估计。同时,相位观测值相比伪距观测值,还需增加相位模糊度参数。与式(8.43)类似,精密单点定位模型为

$$\begin{bmatrix}P_1-\rho_1-D_{P1}\\L_1-\rho_1-D_{L1}\\\vdots\\P_n-\rho_n-D_{Pn}\\L_n-\rho_n-D_{Ln}\end{bmatrix}=\begin{bmatrix}\dfrac{x_0-x^1}{\rho_0}&\dfrac{y_0-y^1}{\rho_0}&\dfrac{z_0-z^1}{\rho_0}&1&M_{\mathrm{wet}}^1&0&\cdots&0\\\dfrac{x_0-x^1}{\rho_0}&\dfrac{y_0-y^1}{\rho_0}&\dfrac{z_0-z^1}{\rho_0}&1&M_{\mathrm{wet}}^1&1&\cdots&0\\\vdots&\vdots&\vdots&\vdots&\vdots&\vdots&\vdots&\vdots\\\dfrac{x_0-x^n}{\rho_0}&\dfrac{y_0-y^n}{\rho_0}&\dfrac{z_0-z^n}{\rho_0}&1&M_{\mathrm{wet}}^n&0&\cdots&0\\\dfrac{x_0-x^n}{\rho_0}&\dfrac{y_0-y^n}{\rho_0}&\dfrac{z_0-z^n}{\rho_0}&1&M_{\mathrm{wet}}^n&0&\cdots&1\end{bmatrix}\begin{bmatrix}\mathrm{d}x\\\mathrm{d}y\\\mathrm{d}z\\c\cdot\delta t\\\mathrm{dZTD}_w\\B_1\\\vdots\\B_n\end{bmatrix}\tag{8.47}$$

其中,M_{wet} 为对流层湿延迟映射函数;dZTD_w 为对流层天顶湿延迟改正参数;B 为以距离为单位的相位模糊度参数。

无论是伪距单点定位还是精密单点定位,其定位模型都可以简化为

$$\boldsymbol{y}=\boldsymbol{G}\boldsymbol{x}\tag{8.48}$$

其中,$\boldsymbol{y}$ 为观测值残差(observation minus correction, OMC);$\boldsymbol{G}$ 为根据卫星、接收近似坐标、对流层湿延迟映射函数形成的设计矩阵;$\boldsymbol{x}$ 为包括接收机坐标改正、钟差改正等其他参数在内的待估参数。

8.3.2　单站精密单点定位的随机模型

另外,在式(8.43)和式(8.45)中,不同观测方程的精度并不一致,因此需要对观测方程进行定权,建立其随机模型。观测方程噪声主要由各个模型的误差组成:

$$\sigma^2=\sigma_{\mathrm{UERE}}^2=\sigma_{\mathrm{eph}}^2+\sigma_{\mathrm{clk}}^2+\sigma_{\mathrm{ion}}^2+\sigma_{\mathrm{trop}}^2+\sigma_{\mathrm{mp}}^2+\sigma_{\mathrm{noise}}^2\tag{8.49}$$

其中,σ 为观测方程噪声;σ_{UERE} 为用户等效距离误差(user equivalence range error,

UERE)；σ_{eph}、σ_{clk}、σ_{ion}、σ_{trop}、σ_{mp}、σ_{noise} 分别表示卫星轨道精度、卫星钟差精度、电离层模型精度、对流层模型精度、多路径模型精度、观测值噪声的精度。其中 σ_{eph} 和 σ_{clk} 在使用广播星历和精密星历时精度并不一样；对于 σ_{ion} 当使用无电离层组合或 GRAPHIC 组合时可不考虑；对于 σ_{trop}，当估计对流层湿延迟参数时可不用考虑；σ_{mp} 和 σ_{noise} 对伪距和相位并不一致，一般伪距相位观测值的精度为其波长大的 1%。以 GPS 为例，其 P 码伪距观测值精度为 0.3 m，相位观测值精度为 2 mm。为了简化模型，可以将观测方程分为与高度角无关和高度角相关的部分：

$$\sigma^2 = \sigma^2_{SISURE} + \sigma^2(ele) = \sigma^2_{eph} + \sigma^2_{clk} + \sigma^2(ele) \tag{8.50}$$

其中，σ_{SISURE} 为 GNSS 空间信号精度(singal in space user range error, SISURE)，主要由卫星轨道和钟差误差组成。第 4 章将对各系统的广播星历空间信号精度进行评估。$\sigma^2(ele)$ 一般按照高度角进行定权：

$$\begin{cases} \sigma(ele) = \sigma_0, & ele > 30° \\ \sigma(ele) = \dfrac{\sigma_0}{2\sin(ele)}, & else \end{cases} \tag{8.51}$$

式(8.51)中，对于无电离层组合，σ_0 对于伪距观测值一般取 1 m，对相位观测值一般取 1 cm。对于 GRAPHIC 组合，σ_0 一般取 0.5 m。

这样，式(8.48)中的随机模型为

$$\boldsymbol{W} = \boldsymbol{R}^{-1} = \begin{bmatrix} \dfrac{1}{\sigma_1^2} & & \\ & \ddots & \\ & & \dfrac{1}{\sigma_n^2} \end{bmatrix} \tag{8.52}$$

其中，$\boldsymbol{W}$ 为观测值权阵；$\boldsymbol{R}$ 为观测值的协方差阵。

8.3.3　单站精密单点定位的参数估计方法

(1) 最小二乘

根据式(8.48)和式(8.52)，可建立 GNSS 定位的数学模型：

$$\boldsymbol{y} = \boldsymbol{G}\boldsymbol{x} + \boldsymbol{\varepsilon}, \quad \boldsymbol{R} \tag{8.53}$$

其中，$\boldsymbol{\varepsilon}$ 满足 $E[\boldsymbol{\varepsilon}] = 0$ 及 $\boldsymbol{R} = E[\boldsymbol{\varepsilon}\boldsymbol{\varepsilon}^T]$。

根据最小二乘原理，可以建立估计参数的法方程：

$$(\boldsymbol{G}^T\boldsymbol{R}^{-1}\boldsymbol{G})\hat{\boldsymbol{x}} = \boldsymbol{G}^T\boldsymbol{R}^{-1}\boldsymbol{y} \tag{8.54}$$

基于上式，可得到上式的最小二乘最优无偏解为

$$\hat{\boldsymbol{x}} = (\boldsymbol{G}^{\mathrm{T}}\boldsymbol{R}^{-1}\boldsymbol{G})^{-1}\boldsymbol{G}^{\mathrm{T}}\boldsymbol{R}^{-1}\boldsymbol{y} \\ \boldsymbol{P} = (\boldsymbol{G}^{\mathrm{T}}\boldsymbol{R}^{-1}\boldsymbol{G})^{-1} \tag{8.55}$$

其中，P 为参数的协方差阵，一般为对称正定矩阵。对称正定矩阵可以采用基于 Cholesky 分解（平方根法）的方法求逆。

若有两组观测方程，包含部分或全部相同的未知参数，可以采用序贯平差对参数进行进行处理。设这两组观测方程的数学模型为

$$\boldsymbol{y}_1 = \boldsymbol{G}_1\boldsymbol{x} + \varepsilon_1,\ \boldsymbol{R}_1 \\ \boldsymbol{y}_2 = \boldsymbol{G}_2\boldsymbol{x} + \varepsilon_2,\ \boldsymbol{R}_2 \tag{8.56}$$

与式(8.55)类似，其参数解为

$$\hat{\boldsymbol{x}} = [\boldsymbol{G}_1^{\mathrm{T}}\boldsymbol{R}_1^{-1}\boldsymbol{G}_1 + \boldsymbol{G}_2^{\mathrm{T}}\boldsymbol{R}_2^{-1}\boldsymbol{G}_2]^{-1}[\boldsymbol{G}_1^{\mathrm{T}}\boldsymbol{R}_1^{-1}\boldsymbol{y}_1 + \boldsymbol{G}_2^{\mathrm{T}}\boldsymbol{R}_2^{-1}\boldsymbol{y}_2] \\ \boldsymbol{P} = [\boldsymbol{G}_1^{\mathrm{T}}\boldsymbol{R}_1^{-1}G_1 + \boldsymbol{G}_2^{\mathrm{T}}\boldsymbol{R}_2^{-1}G_2]^{-1} \tag{8.57}$$

其递归算法为

$$\hat{\boldsymbol{x}}_1 = \boldsymbol{P}_1 \cdot [\boldsymbol{G}_1^{\mathrm{T}}\boldsymbol{R}_1^{-1}\boldsymbol{y}_1] \\ \boldsymbol{P}_1 = [\boldsymbol{G}_1^{\mathrm{T}}\boldsymbol{R}_1^{-1}G_1]^{-1} \\ \hat{\boldsymbol{x}}_2 = \boldsymbol{P}_2 \cdot [\boldsymbol{G}_1^{\mathrm{T}}\boldsymbol{R}_1^{-1}\boldsymbol{y}_1 + \boldsymbol{G}_2^{\mathrm{T}}\boldsymbol{R}_2^{-1}\boldsymbol{y}_2] \\ \boldsymbol{P}_2 = [P_1^{-1} + \boldsymbol{G}_2^{\mathrm{T}}\boldsymbol{R}_2^{-1}G_2]^{-1} \tag{8.58}$$

式(8.58)即为序贯平差的参数解。

需要注意的是，序贯平差中相同参数在每个历元的解并不相同，只有最后一个历元的解才是最终的解。序贯平差相比最小二乘平差的优点是在法方程中可以消去后续不再关心的参数，如 GNSS 定位中每个历元的接收机钟差，发生周跳后前面历元的相位模糊度等，因此大大减小了法方程矩阵的大小。

GNSS 实时定位中采用序贯平差处理时，每个历元都要消去接收机钟差参数，发生周跳时需对模糊度参数进行消去，一般每隔 2h 消去对流层参数。对于动态定位，可以在每个历元处理前消去原来的坐标参数。

另外，对于最小二乘或序贯平差，可以在平差前在法方程中增加一些先验约束信息，即

$$\boldsymbol{y} = \boldsymbol{G}\boldsymbol{x} + \boldsymbol{\varepsilon},\ \boldsymbol{R} \\ \boldsymbol{\lambda} = \boldsymbol{A}\boldsymbol{x} + \boldsymbol{\varepsilon}_\lambda,\ \boldsymbol{R}_\lambda \tag{8.59}$$

上式中第二式即为先验约束信息，如对流层延迟可以根据对流层模型精度进

行先验约束。其处理方法与序贯平差中式(8.59)类似。

(2) Kalman 滤波

GNSS 定位中,更常用的是 Kalman 滤波。Kalman 滤波主要分为状态预测和参数更新两部分。

对于第 $n-1$ 和第 n 历元,其参数和协方差的预测模型为

$$
\begin{aligned}
\hat{\boldsymbol{x}}^{-}(n) &= \boldsymbol{\Phi}(n-1)\hat{\boldsymbol{x}}^{-}(n-1) \\
\boldsymbol{P}^{-}_{\hat{x}(n)} &= \boldsymbol{\Phi}(n-1)\boldsymbol{P}^{-}_{\hat{x}(n-1)}\boldsymbol{\Phi}^{\mathrm{T}}(n-1) + \boldsymbol{Q}(n-1)
\end{aligned} \tag{8.60}
$$

其中,$\boldsymbol{\Phi}$ 为参数状态转移矩阵;$\boldsymbol{Q}$ 为过程噪声矩阵,通过 $\boldsymbol{Q}$ 可以在观测方程中增加先验信息和未被模型化的误差。

预测模型和历元 n 的观测模型可以组成形如式(8.59)的观测模型:

$$
\begin{bmatrix} \hat{\boldsymbol{x}}^{-}(n) \\ \boldsymbol{y}(n) \end{bmatrix} = \begin{bmatrix} \boldsymbol{I} \\ \boldsymbol{G}(n) \end{bmatrix} \boldsymbol{x}(n),\ \boldsymbol{P}(n) = \begin{bmatrix} \boldsymbol{P}^{-}_{\hat{x}}(n) & \boldsymbol{0} \\ \boldsymbol{0} & \boldsymbol{R}(n) \end{bmatrix} \tag{8.61}
$$

与序贯平差类似,上式的最小二乘解为

$$
\begin{aligned}
\boldsymbol{P}_{\hat{x}(n)} &= \left[(\boldsymbol{P}^{-}_{\hat{x}(n)})^{-1} + \boldsymbol{G}^{\mathrm{T}}(n)\boldsymbol{R}^{-1}(n)\boldsymbol{G}(n) \right]^{-1} \\
\hat{\boldsymbol{x}}(n) &= \boldsymbol{P}_{\hat{x}(n)}\left[(\boldsymbol{P}^{-}_{\hat{x}(n)})^{-1}\hat{\boldsymbol{x}}^{-}(n) + \boldsymbol{G}^{\mathrm{T}}(n)\boldsymbol{R}^{-1}(n)\boldsymbol{y}(n) \right]
\end{aligned} \tag{8.62}
$$

可以看到 Kalman 滤波的公式和序贯平差除了过程噪声矩阵的差异外,其他方面几乎没有区别。而传统的 Kalman 滤波的公式为

$$
\begin{aligned}
\boldsymbol{P}_{\hat{x}(n)} &= \left[\boldsymbol{I} - \boldsymbol{K}(n)\boldsymbol{G}(n) \right] \boldsymbol{P}^{-}_{\hat{x}(n)} \\
\hat{\boldsymbol{x}}(n) &= \hat{\boldsymbol{x}}^{-}(n) + \boldsymbol{K}(n)\left[\boldsymbol{y}(n) - \boldsymbol{G}(n)\hat{\boldsymbol{x}}^{-}(n) \right]
\end{aligned} \tag{8.63}
$$

其中,$\boldsymbol{K}(n)$ 为 Kalman 滤波的增益矩阵。

$$
\boldsymbol{K}(n) = \boldsymbol{P}^{-}_{\hat{x}(n)}\boldsymbol{G}^{\mathrm{T}}(n)\left[\boldsymbol{G}(n)\boldsymbol{P}^{-}_{\hat{x}(n)}\boldsymbol{G}(n)^{\mathrm{T}} + \boldsymbol{R}(n) \right]^{-1} \tag{8.64}
$$

Kalman 滤波中,对于静态定位,其坐标参数不变,钟差参数为随机噪声模型,对流层参数一般为随机游走模型,未发生周跳时,其模糊度参数不变,故其包含的坐标、接收机钟差、对流层湿延迟和模糊度参数的状态转移矩阵 $\boldsymbol{\Phi}$ 和过程噪声矩阵 $\boldsymbol{Q}$ 可定义为

$$
\boldsymbol{\Phi} = \begin{bmatrix} 1 &&&&& \\ & 1 &&&& \\ && 1 &&& \\ &&& 0 && \\ &&&& 1 & \\ &&&&& 1 \end{bmatrix},\ \boldsymbol{Q} = \begin{bmatrix} 0 &&&&& \\ & 0 &&&& \\ && 0 &&& \\ &&& \sigma^2_{\delta t} && \\ &&&& \sigma^2_{\mathrm{trop}} & \\ &&&&& 0 \end{bmatrix} \tag{8.65}
$$

其中，$\sigma_{\delta t}=1\ \text{ms}=300\ \text{km}$；$\sigma_{\text{trop}}^2/t=1\ \text{cm}^2/\text{h}$，当相位发生周跳时，状态转移矩阵中的系数为0。

对于动态定位，若其运动速度未知，坐标参数为随机噪声模型，其状态转移矩阵 $\boldsymbol{\Phi}$ 和过程噪声矩阵 $\boldsymbol{Q}$ 可定义为

$$\boldsymbol{\Phi}=\begin{bmatrix}0&&&&&\\&0&&&&\\&&0&&&\\&&&0&&\\&&&&1&\\&&&&&1\end{bmatrix},\quad \boldsymbol{Q}=\begin{bmatrix}\sigma_{\text{d}x}^2&&&&&\\&\sigma_{\text{d}y}^2&&&&\\&&\sigma_{\text{d}z}^2&&&\\&&&\sigma_{\delta t}^2&&\\&&&&\sigma_{\text{trop}}^2&\\&&&&&0\end{bmatrix}\tag{8.66}$$

其中，$[\sigma_{\text{d}x}\quad \sigma_{\text{d}y}\quad \sigma_{\text{d}z}]$ 为坐标噪声，对于高速运动物体，可设置为10 km。

若运动速度确定，则坐标参数可变为随机游走模型，此时其状态转移矩阵 $\boldsymbol{\Phi}$ 和过程噪声矩阵 $\boldsymbol{Q}$ 可定义为

$$\boldsymbol{\Phi}=\begin{bmatrix}1&&&&&\\&1&&&&\\&&1&&&\\&&&0&&\\&&&&1&\\&&&&&1\end{bmatrix},\quad \boldsymbol{Q}=\begin{bmatrix}Q'_{\text{d}x}\Delta t&&&&&\\&Q'_{\text{d}y}\Delta t&&&&\\&&Q'_{\text{d}z}\Delta t&&&\\&&&\sigma_{\delta t}^2&&\\&&&&\sigma_{\text{trop}}^2&\\&&&&&0\end{bmatrix}\tag{8.67}$$

其中，$[Q'_{\text{d}x}\quad Q'_{\text{d}y}\quad Q'_{\text{d}z}]$ 为运动速度噪声。

对于静态或动态定位，其先验信息可设置为

$$\boldsymbol{Q}_0=\begin{bmatrix}1^2\text{km}^2&&&&&\\&1^2\text{km}^2&&&&\\&&1^2\text{km}^2&&&\\&&&300^2\text{km}^2&&\\&&&&0.1^2\text{m}^2&\\&&&&&20^2\text{m}^2\end{bmatrix}\tag{8.68}$$

8.4　多系统精密单点定位

8.4.1　GPS/GLONASS 综合数据处理统一模型

目前关于 GPS 单系统精密单点定位的研究已经比较成熟,测站 i 对 GPS 卫星 j 的伪距、相位观测方程分别写为

$$\begin{aligned} P_i^j &= \rho_i^j + c \cdot (\mathrm{d}t_i - \mathrm{d}t^j) - I_i^j + T_i^j + \varsigma_i^j \\ L_i^j &= \rho_i^j + c \cdot (\mathrm{d}t_i - \mathrm{d}t^j) + \lambda \cdot N_i^j - I_i^j + T_i^j + \varepsilon_i^j \end{aligned} \tag{8.69}$$

其中,P_i^j、L_i^j 分别为测站卫星之间的伪距、相位观测值;ρ_i^j 为测站卫星之间的几何距离;c 为光速常量;λ 为波长;$\mathrm{d}t_i$、$\mathrm{d}t^j$ 分别为测站和卫星的钟差改正数,注意在动态观测中,载波相位和伪距观测方程中的 $\mathrm{d}t_i$ 要取为不同的钟差参数;N_i^j 为整周模糊度;I_i^j 为电离层延迟,实际应用中,I_i^j 可以通过无电离层组合观测值进行消除;T_i^j 为对流层延迟;ς_i^j、ε_i^j 为其他误差改正(包括相对论效应、潮汐、PCO、PCV,相位缠绕等)及残差。

在上述传统的 GPS 精密单点定位中,一般不会考虑信号的伪距硬件延迟和相位硬件延迟,式(8.69)应该严密地表示为

$$\begin{aligned} P_i^j &= \rho_i^j + c \cdot (\mathrm{d}t_i - \mathrm{d}t^j) + \mathrm{DCB}_i^j - I_i^j + T_i^j + \varsigma_i^j \\ L_i^j &= \rho_i^j + c \cdot (\mathrm{d}t_i - \mathrm{d}t^j) + \mathrm{DPB}_i^j + \lambda \cdot N_i^j - I_i^j + T_i^j + \varepsilon_i^j \end{aligned} \tag{8.70}$$

其中,DCB_i^j、DPB_i^j 为相应频率的伪距、相位偏差(包含测站和卫星),其他参数与式(8.69)相同。目前常见的 GPS 后处理精密单点定位一般都将硬件延迟与测站钟差合并在一起进行解算,下面将式(8.69)扩展到传统的 GPS/GLONASS 双模精密单点定位,得

$$\begin{aligned} L_i^{jG} &= \rho_i^{jG} + c \cdot \overline{\mathrm{d}t_i^{G}} - c \cdot \overline{\mathrm{d}t^{G}} + \lambda \cdot N_i^{jG} - I_i^{jG} + T_i^{jG} + \varepsilon_i^{jG} \\ L_i^{jR} &= \rho_i^{jR} + c \cdot \overline{\mathrm{d}t_i^{R}} - c \cdot \overline{\mathrm{d}t^{R}} + \lambda \cdot N_i^{jR} - I_i^{jR} + T_i^{jR} + \varepsilon_i^{jR} \end{aligned} \tag{8.71}$$

其中,上标 R 代表 GLONASS;上标 G 代表 GPS。其他参数的定义与式(8.69)、式(8.70)相同,$\mathrm{d}t_i^{G}$ 为 GPS 系统的测站钟差,$\mathrm{d}t_i^{R}$ 为 GLONASS 的测站钟差,之所以在 GLONASS 时间归算到 GPS 时基准之后还要设置两个钟差,是因为 GPS 与 GLONASS 卫星频率不同而引起的硬件延迟偏差太大,无法将其忽略。在早期的一

些 GPS/GLONASS 组合精密定位中，$c\cdot\overline{\mathrm{d}t_i^{\mathrm{G}}}$ 与 $c\cdot\overline{\mathrm{d}t_i^{\mathrm{R}}}$ 之差异简单地解释为 GPS 与 GLONASS 的系统时差，这是不够严谨的，但是这种处理方法可以得到厘米级的定位精度，大部分情况下可以满足用户的需求。

从式(8.70)可以看出卫星钟差和接收机钟差有很强的相关性，直接求解所有钟差参数将出现秩亏，因此需要先固定一个钟差，可以利用式(8.70)中的伪距观测值为钟差参数提供一个基准，再解算其他的卫星钟差和接收机钟差。在计算时伪距偏差 DCB_i^j(例如 P1 − P2，P1 − C1 等)无法直接解出，会直接被钟差 $c\cdot(\mathrm{d}t_i-\mathrm{d}t^j)$ 所吸收。目前 GPS 数据处理中(包括 IGS 高精度数据处理)都没有考虑相位偏差 DPB_i^j，它将与其他参数(主要为模糊度)组合在一起。因此式(8.70)可以重新写为

$$
\begin{aligned}
P_i^j &= \rho_i^j + c\cdot(\bar{\mathrm{d}}t_i - \bar{\mathrm{d}}t^j) - I_i^j + T_i^j + \varsigma_i^j \\
L_i^j &= \rho_i^j + c\cdot(\bar{\mathrm{d}}t_i - \bar{\mathrm{d}}t^j) + \lambda\cdot\bar{N}_i^j - I_i^j + T_i^j + \varepsilon_i^j
\end{aligned}
\tag{8.72}
$$

其中，

$$
\begin{aligned}
c\cdot(\bar{\mathrm{d}}t_i - \bar{\mathrm{d}}t^j) &= c\cdot(\mathrm{d}t_i - \mathrm{d}t^j) + \mathrm{DCB}_i^j \\
\lambda\cdot\bar{N}_i^j &= \lambda\cdot N_i^j + \mathrm{DPB}_i^j - \mathrm{DCB}_i^j
\end{aligned}
\tag{8.73}
$$

目前，IGS 钟差产品的基准是基于 P1/P2 的无电离层观测组合。在此基准下，式(8.73)中的 P1/P2 无电离层组合的 DCB_i^j 将被钟差参数吸收。而非 P1、P2 观测值都需要采用 IGS 提供的参数进行 DCB_i^j 的改正。

将式(8.72)扩展到 GPS/GLONASS 双模观测数据处理，测站 i 对 GPS、GLONASS 卫星 j 的相位观测方程为

$$
\begin{aligned}
L_i^{j\mathrm{G}} &= \rho_i^{j\mathrm{G}} + c\cdot(\bar{\mathrm{d}}t_i - \bar{\mathrm{d}}t^j)^{\mathrm{G}} - I_i^{j\mathrm{G}} + T_i^{j\mathrm{G}} + \lambda^{\mathrm{G}}\cdot\bar{N}_i^{j\mathrm{G}} + \varsigma_i^j \\
L_i^{j\mathrm{R}} &= \rho_i^{j\mathrm{R}} + c\cdot(\bar{\mathrm{d}}t_i - \bar{\mathrm{d}}t^j)^{\mathrm{G}} + \mathrm{ISB}_i^{j\mathrm{R}} + \lambda^{\mathrm{R}}\cdot\bar{N}_i^{j\mathrm{R}} - I_i^{j\mathrm{R}} + T_i^{j\mathrm{R}} + \varepsilon_i^j
\end{aligned}
\tag{8.74}
$$

其中，

$$
\begin{aligned}
\mathrm{ISB}_i^{j\mathrm{R}} &= c\cdot(\bar{\mathrm{d}}t_i - \bar{\mathrm{d}}t^j)^{\mathrm{R}} - c\cdot(\bar{\mathrm{d}}t_i - \bar{\mathrm{d}}t^j)^{\mathrm{G}} + \mathrm{IFB}_i^{j\mathrm{R}} \\
&= \mathrm{TO} + \Delta\mathrm{DCB}_i^j + \mathrm{IFB}_i^{j\mathrm{R}}
\end{aligned}
\tag{8.75}
$$

其中，上标 R 代表 GLONASS 卫星；上标 G 代表 GPS 卫星；$\mathrm{ISB}_i^{j\mathrm{R}}$ 为测站 i 上不同频率 GLONASS 卫星相对于 GPS 的时延偏差(包括导航系统的系统时差 TO、不同系统信号在卫星、测站伪距延迟的差异 $\Delta\mathrm{DCB}_i^j$ 及 GLONSS 卫星的频率间偏差 $\mathrm{IFB}_i^{j\mathrm{R}}$)；其他参数的定义与式(8.70)、式(8.72)相同。式(8.75)中的 TO 对所有站定义为

单天常数,ΔDCB_i^j 在每个测站定义为单天常数,IFB_i^{jR} 对不同测站、不同频率各不相同。伪距偏差 ΔDCB_i^j 部分包含在钟差参数 $c\cdot(\bar{d}t_i - \bar{d}t^j)$ 中。式(8.74)的求解参数包括 ISB_i^{jR} 及坐标、钟差、轨道、对流层、地球自转参数等。

式(8.74)为多卫星系统综合数据处理的统一观测方程,也适用于 GPS 与其他卫星系统的组合观测。通过定义系统间时延偏差 ISB_i^{jR},估计 $c\cdot(\bar{d}t_i - \bar{d}t^j)^G$ 将不同系统的钟差统一到 GPS 时间系统,从而实现了多系统时间基准的统一。ρ_i^j 包含了卫星轨道、测站坐标,将测站坐标约束至 ITRF 框架之下,则解得的测站坐标、所有卫星轨道统一于 ITRF 框架之下,从而实现了多卫星系统空间基准的统一。对于用户来说,采用这些统一于相同时空基准下的轨道、钟差参数及各种偏差参数能够把不同系统卫星的观测值统一到相同的卫星系统,从而简化了用户的应用,提高了定位的精度。

式(8.74)解算的大量参数存在相关性。卫星钟差参数 $\bar{d}t_i$ 与接收机钟差参数 $\bar{d}t^j$ 一起解算是秩亏的,通常的处理方式为固定一个参考钟(一般为外接高精度原子钟的测站,固定由 GPS 伪距计算的钟差)。ISB_i^{jR} 中包含了系统的系统时差 TO、不同系统信号在卫星、测站伪距延迟的差异 ΔDCB_i^j 及 GLONASS 卫星的频率偏差 IFB_i^{jR},其中 IFB_i^{jR} 会吸收 $\lambda^R\cdot\bar{N}_i^{jR}$ 中包含的相位延迟 DPB_i^{jR} 部分,而 TO、ΔDCB_i^j 则与钟差参数存在相关性。针对以上相关性,目前常用的解决方法有两种:第一种是对 ISB_i^{jR} 参数进行加权处理,以减小相关性的影响;第二种是对同一测站上所有 ISB_i^{jR} 增加"和为零"的基准(IGS AC Mail 643)。不同的处理方式造成了目前 IGS 各个分析中心提供的 GLONASS 钟差基准不一致的问题。

8.4.2　GPS/GLONASS 系统时延偏差

图 8.4 列出了测站 BRMU(BERMUDA, UK)从 2011 年 181 天到 2012 年 240 天共 14 个月 GPS/GLONASS 系统间时延偏差。图中的曲线代表不同频率 GLONASS 卫星相对 GPS 的时延偏差,该站在这段时间内的系统间时延偏差为 50~70 m。ISB 在相邻天的变化一般小于 3 ns。不同 GLONASS 频率间的偏差范围为 5 m 左右(频率识别号最小为-7,最大为 6),IFB 明显低于 ISB 的数量级。此外,BRMU 在 2011 年年积日 271 天将天线由 TRM29659.00 更换为 JAVRINGANT_DM,这个变化也从 ISB 得到了反映:由-60~-55 m 变为-53~-48 m。可以看出天线类型的变化对于系统间时延偏差将产生影响。

与 brmu 类似,相同时间段内 pots 站的 GPS/GLONASS 系统时延偏差统计也有一个明显的跳跃(图 8.5),但这次不是接收机天线的变化引起的,而是由于 pots 站

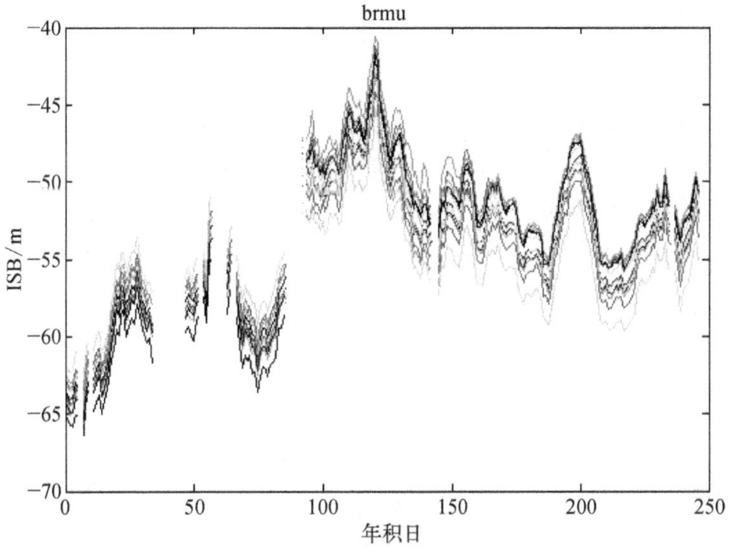

图 8.4 BRMU 站 GPS/GLONASS 系统时延偏差(2011.06.30~2012.08.30)

的接收机类型发生了变化。pots 站在 2011 年年积日 307 这天接收机由 JAVAD TRE_G3TH DELTA205 3.1.7 升级到了 JAVAD TRE_G3TH DELTA 205 3.2.7,虽然仅仅是一次接收机的升级,接收机型号只有微小变化,仍然对 GPS/GLONASS 系统时延偏差造成了非常大的影响,另外在 2011 年年积日 354 这天 pots 站的接收机又升级为 JAVAD TRE_G3TH DELTA 205 3.3.5,这次升级的影响非常小。

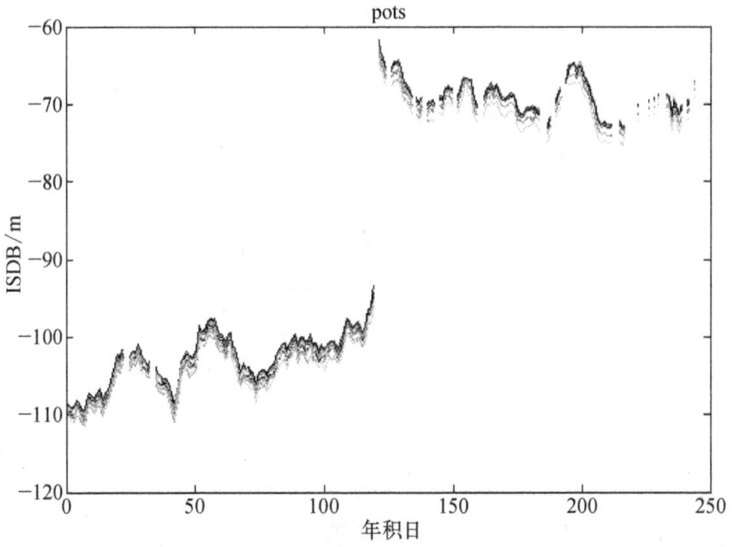

图 8.5 POTS 站 GPS/GLONASS 系统时延偏差(2011.06.30~2012.08.30)

根据以上两个测站的分析可以初步推断,GPS/GLONASS 系统时延偏差与卫星频率、测站接收机类型、接收机天线类型有关。

对卫星频率而言,我们发现频率号互为正负的两组频率基本上以 0 频率位轴呈对称状态,而且频率号绝对值越大,则该频率对应曲线离开 0 频率曲线的距离越远,但是该规律不是十分准确和明显。图 8.6 所示是同一时段 sch2 测站上的 GPS/GLONASS 系统时延偏差统计图,随着 GLONASS 星座的更新和完善,卫星频率也会随之调整,从而造成系统时延偏差随着变化。

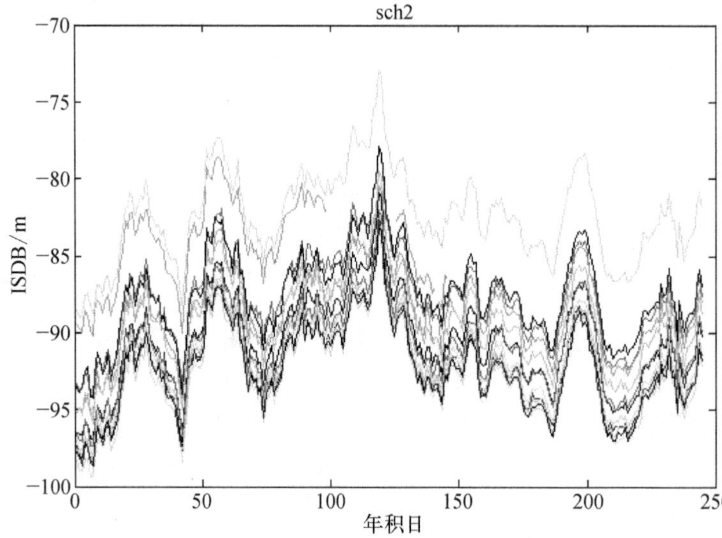

图 8.6　sch2 站 GPS/GLONASS 系统时延偏差(2011.06.30~2012.08.30)

对接收机类型而言,装有相同类型接收机的测站所得到的 GPS/GLONASS 系统时延偏差值比较接近,例如图 8.7 与图 8.8 所示,wtzr 与 dav1 接收机型号均为 LEICA GRX1200GGPRO,而两者的 GPS/GLONASS 系统时延偏差基本都为 -60~-40 m。

对于接收机天线类型,选取相同接收机类型的所有测站,比较其 GPS/GLONASS 零频率系统时延偏差与接收机天线类型的关系。图 8.9 列出了 22 个采用 LEICA 接收机的测站 ISB 的变化情况,相同天线类型的接收机用同一种颜色的曲线表示。从图中可以看出,LEICA(包括 LEIAT504GG、LEIAR25.R3)、Topcon(TPSCR3_GGD)、Allen Osborne(包括 AOAD/M_T、AOAD/M_B)及 Javad(JAVRINGANT_DM)等天线类型的测站 ISB 仅存在小于 5 m 的差异,而 Ashtech、AOAD/M_TA_NGS(该类型天线采用了 Ashtech 的低噪放大技术)和 Trimble(TRM29659.00)天线则与上面几种天线在数值上存在比较明显的差异。

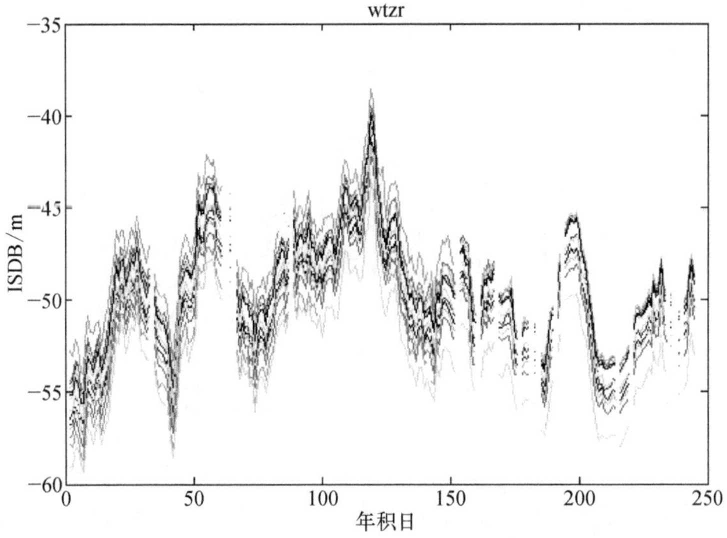

图 8.7 wtzr 站 GPS/GLONASS 系统间时延偏差(2011.06.30~2012.08.30)

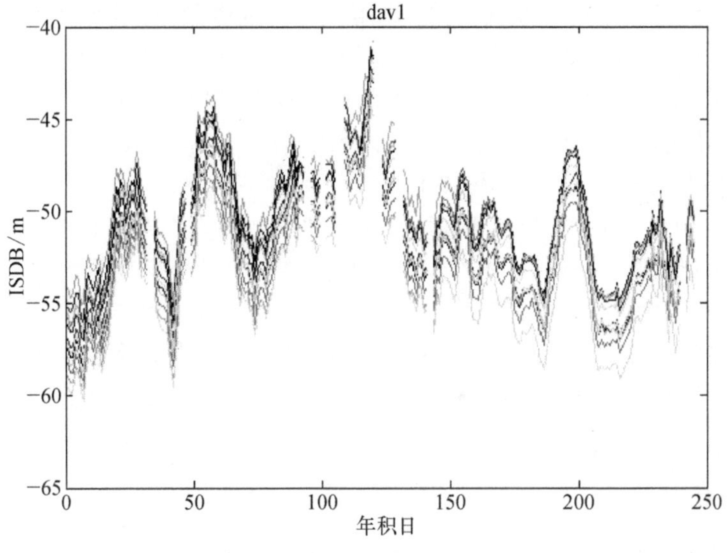

图 8.8 dav1 站 GPS/GLONASS 系统间时延偏差(2011.06.30~2012.08.30)

8.4.3 频间差特性分析

在 8.2 节的传统 GPS/GLONASS 组合精密单点定位中，对 GPS 系统与 GLONASS 系统分别设置一个接收机钟差参数，也就是认为 GLOANSS 卫星无论频率是否相等，其相对于 GPS 的系统时延偏差是相等的，因为 GLONASS 系统的卫星与 GPS 系统的卫星之间频率差异大，无法将其忽略，GLONASS 卫星之间频率差异

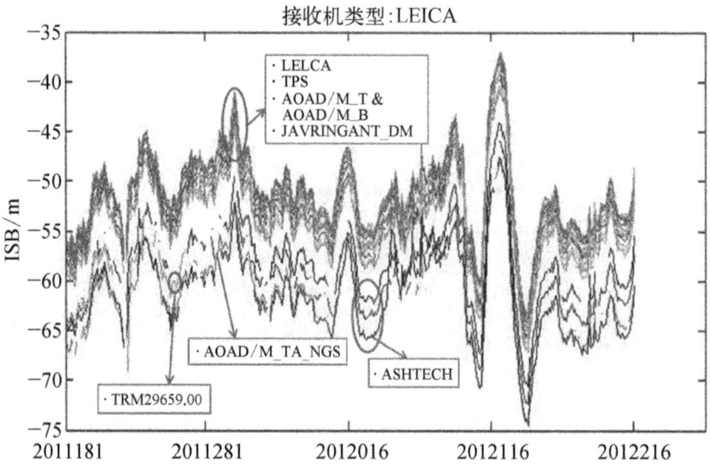

图 8.9　LEICA 接收机测站的系统间时延偏差序列(2011.06.30~2012.08.30)

较小,且容易被模糊度吸收而不影响定位结果。本节为了得到更加精确的定位结果和其他参数值,并仔细研究 GLONASS 卫星之间的频间差,需要将不同频率的卫星设置为不同的参数,即每天每个测站对每个频率的 GLONASS 卫星设置一个参数 ISB_i^{jR}。如式(8.75)所示,ISB_i^{jR} 为测站上不同 GLONASS 卫星相对于 GPS 的时延偏差(包括导航系统的系统时差 TO、不同系统信号在卫星、测站伪距延迟的差异 ΔDCB_i^j 及 GLONSS 卫星的频率偏差 IFB_i^{jR})。

从图 8.10 可以看出,装有相同类型接收机的测站其 GPS/GLONASS 系统时延偏差值长期变化趋势一致,这主要反映的是系统时差的长期变化。取一个频率的时延偏差值为参考频率(如零频率),其他频率与之相减可以消除测站伪距延迟差异及系统时差。式(8.75)中不同系统信号在卫星、测站伪距延迟的差异 ΔDCB_i^j 可以拆分为测站部分 ΔDCB_i 与卫星部分 ΔDCB^j,其他频率 j 与基准频率 k 相减可以写作

$$
\begin{aligned}
& ISB_i^j - ISB_i^k \\
&= (TO + \Delta DCB_i^j + IFB_i^j) - (TO + \Delta DCB_i^k + IFB_i^k) \\
&= (TO + \Delta DCB_i + \Delta DCB^j + IFB_i^j) - (TO + \Delta DCB_i + \Delta DCB^k + IFB_i^k) \\
&= \Delta DCB^{j,k} + IFB_i^{j,k}
\end{aligned}
\tag{8.76}
$$

上式中,通过频率间相减系统时差 TO 与测站伪距延迟 ΔDCB_i 已经被消除,仅剩下卫星上的硬件延迟 $\Delta DCB^{j,k}$ 和频间差 $IFB_i^{j,k}$。不同频率的 IFB 与其频率号存在一定的联系,Lambert Wanninger 认为频间差与 GLONASS 卫星的频率号呈线性关系,并利用欧洲 133 个装备了 GPS/GLONASS 双模接收机的测站,比较计算了 9 家制造商

的13种仪器的GLONASS不同载波的频间差系数,并给出其先验值(Wanninger,2011)。这里可以利用SHA所给出的所有GLONASS卫星系统间时延偏差进行频间差的线性拟合得到系数项,从而运用到往后的计算中,拟合公式为

$$\begin{aligned}&\mathrm{ISB}_i^j-\mathrm{ISB}_i^k\\&=\Delta\mathrm{DCB}^{j,k}+\mathrm{IFB}_i^{j,k}\\&=\Delta\mathrm{DCB}^{j,k}+(f^j-f^k)\Delta h_i=b0+b1\cdot(f^j-f^k)\end{aligned}\tag{8.77}$$

其中,f^j、f^k为卫星的频率识别号;$\Delta\mathrm{DCB}_i^{j,k}$表示卫星$j$、$k$之间伪距延迟;$\mathrm{IFB}_i^{j,k}$表示卫星$j$、$k$之间的频间差;$b0$为拟合的常数项;$b1$为拟合的一次项系数。

利用上述SHA提供的14个月全球共74个配备了GPS/GLONASS双模接收机的测站的系统时延偏差值,取零频率为参考基准,根据式(8.77)进行最小二乘线性拟合,计算出每一个测站所对应的$b0$、$b1$值。这些测站由7种接收机制造商生产,每个接收机制造商又包括几种接收机类型,每种接收机类型配备的接收机天线类型也不相同,按照归类排序将线性拟合所得的$b0$、$b1$值作图得到图8.10,图中竖排虚线是不同接收机生产商的分割线,从图中可以看出,同种类型接收机的$b0$、$b1$值比较接近,存在一定的一致性,而不同类型接收机的$b0$、$b1$值差别比较明显。此外,接收机天线类型对$b0$、$b1$的影响也很明显,图8.10中圈出来的11个测站配备了Ashtech天线,该类型天线采用Ashtech的低噪放大技术,这些测站的$b0$、$b1$与同类型接收机存在明显的差异。按照接收机生产商进行归类,并对相同生产商生产的接收机的$b0$、$b1$值取平均值(去除Ashtech天线类型的测站),可以得到粗略的统计,如表8.1所示。

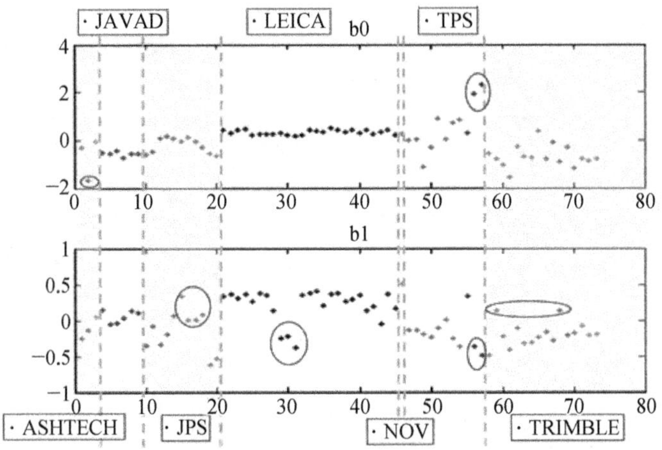

图8.10 频间差线性拟合系数值

表 8.1　相同接收机生产商的 $b0$、$b1$ 平均值

接收机	IFDB0/m	IFDB1/m
JPS	−0.49	−0.05
LEICA	0.05	−0.08
TPS	0.13	−0.24
TRIMBLE	0.90	−0.12

8.5　载波相位差分技术

在 RTK 模式下，数据处理中心可以得到流动站观测数据，流动站与流动站之间、流动站与参考站之间均可以进行组网。

选择星形方案进行混合组网，并使用网解方法进行模糊度固定。其基本思想就是分别建立大气延迟模型法方程和流动站基线法方程，通过法方程映射变换的方法，将大气延迟模型法方程与流动站基线法方程合并，联合平差后得到基于网解的流动站基线模糊度浮点解。计算过程可以分为三步：第一步，得到大气延迟模型法方程；第二步，得到流动站基线法方程；第三步，将大气延迟模型法方程与流动站基线法方程合并，解算法方程得到基于网解的流动站基线模糊度浮点解。

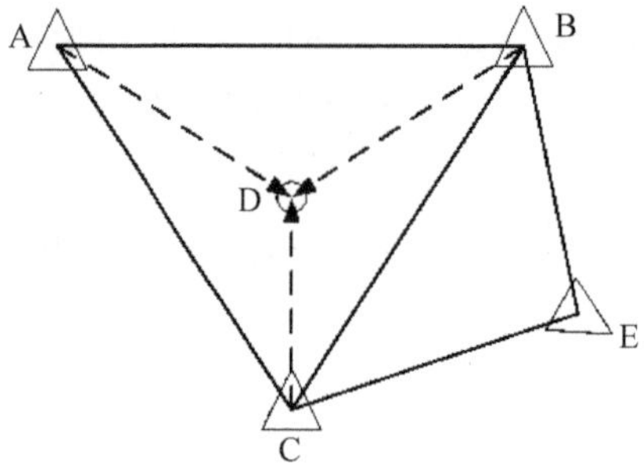

图 8.11　参考站流动站混合网

图 8.11 为由三个参考站和一个流动站组成的混合网，其中测站 A、B、C、E 为参考站，测站 D 为流动站。下文以该网为例，推导基于网解的反向 RTK 模式下流动站模糊度固定方法。

1. 大气延迟模型法方程

若有 n 颗共视卫星，假设基线 AB、BC、CA、BE、CE 全部共视卫星均固定，则可以利用独立基线 AB、BC、BE，建立大气延迟模型法方程。大气延迟模型观测方程为

$$\Delta\nabla I = a_{\mathrm{I}}\mathrm{d}x + b_{\mathrm{I}}\mathrm{d}y + c_{\mathrm{I}} \tag{8.78}$$

$$\Delta\nabla T = a_{\mathrm{T}}\mathrm{d}x + b_{\mathrm{T}}\mathrm{d}y + c_{\mathrm{T}}\mathrm{d}h \tag{8.79}$$

其中，$\Delta\nabla I$、$\Delta\nabla T$ 分别为双差电离层延迟和双差对流层延迟；a_{I}、b_{I}、c_{I} 分别为双

差电离层延迟模型系数;a_T、b_T、c_T 分别为双差对流层延迟模型系数;dx、dy、dh 分别为流动站与参考站在高斯平面 x、y 和高程方向坐标差。

将观测方程表示为矩阵运算形式:

$$\boldsymbol{l}_R = \boldsymbol{B}_R \boldsymbol{X}_R \tag{8.80}$$

其中,l_R 为 $6n$ 维观测值向量;$\boldsymbol{B}_R$ 为 $6n \times 6n$ 设计矩阵;$\boldsymbol{X}_R$ 为 $6n$ 维参数向量。假设得到的所有基线所有卫星的双差大气延迟精度一致,将观测值权阵 $\boldsymbol{P}_R$ 设为单位阵。

$$\boldsymbol{X}_R = [\boldsymbol{x}_I \quad \boldsymbol{x}_T]^T \tag{8.81}$$

其中,$\boldsymbol{x}_I$ 为双差电离层延迟模型参数向量;$\boldsymbol{x}_T$ 为双差对流层延迟模型参数向量。

$$\boldsymbol{X}_I = [\boldsymbol{C}_I^1 \quad \boldsymbol{L} \quad \boldsymbol{C}_I^n] \tag{8.82}$$

$$\boldsymbol{X}_T = [\boldsymbol{C}_T^1 \quad \boldsymbol{L} \quad \boldsymbol{C}_T^n] \tag{8.83}$$

$$\boldsymbol{C}_I^i = [\boldsymbol{a}_I^i \quad \boldsymbol{b}_I^i \quad \boldsymbol{c}_I^i] \tag{8.84}$$

$$\boldsymbol{C}_T^i = [\boldsymbol{a}_T^i \quad \boldsymbol{b}_T^i \quad \boldsymbol{c}_T^i] \tag{8.85}$$

根据观测方程,得到大气延迟模型法方程:

$$\boldsymbol{W}_R = \boldsymbol{N}_R \boldsymbol{X}_R \tag{8.86}$$

其中,

$$\boldsymbol{N}_R = \boldsymbol{B}_R^T \boldsymbol{P}_R \boldsymbol{B}_R \tag{8.87}$$

$$\boldsymbol{W}_R = \boldsymbol{B}_R^T \boldsymbol{P}_R \boldsymbol{l}_R \tag{8.88}$$

2. 流动站基线法方程

将基线 AD 观测方程表示为矩阵运算形式:

$$\boldsymbol{l}_{AD} = \boldsymbol{B}_{AD} \boldsymbol{x}_{AD} \tag{8.89}$$

其中,$\boldsymbol{l}_{AD}$ 为 $4n$ 维观测值向量;$\boldsymbol{B}_{AD}$ 为 $4n \times (4n+3)$ 设计矩阵;P_{AD} 为 $4n \times 4n$ 观测值权阵,采用高度角策略定权。

$$\boldsymbol{X}_{AD} = [\boldsymbol{N}_{AD} \quad \boldsymbol{I}_{AD} \quad \boldsymbol{T}_{AD} \quad \boldsymbol{S}_D]^T \tag{8.90}$$

其中,$\boldsymbol{N}_{AD}$ 为双差模糊度向量;$\boldsymbol{I}_{AD}$ 为双差电离层延迟向量;$\boldsymbol{T}_{AD}$ 为双差对流层延迟

向量；$\boldsymbol{S}_{\mathrm{D}}$ 为流动站 D 的坐标向量。

$$\boldsymbol{N}_{\mathrm{AD}}=\left[\Delta\nabla N^{1}_{1,\mathrm{AD}}\quad \Delta\nabla N^{1}_{\mathrm{W},\mathrm{AD}}\quad \cdots\quad \Delta\nabla N^{n}_{1,\mathrm{AD}}\quad \Delta\nabla N^{n}_{\mathrm{W},\mathrm{AD}}\right]^{\mathrm{T}} \tag{8.91}$$

$$\boldsymbol{I}_{\mathrm{AD}}=\left[\Delta\nabla I^{1}_{\mathrm{AD}}\quad \cdots\quad \Delta\nabla I^{n}_{\mathrm{AD}}\right]^{\mathrm{T}} \tag{8.92}$$

$$\boldsymbol{T}_{\mathrm{AD}}=\left[\Delta\nabla T^{1}_{\mathrm{AD}}\quad \cdots\quad \Delta\nabla T^{n}_{\mathrm{AD}}\right]^{\mathrm{T}} \tag{8.93}$$

$$\boldsymbol{S}_{\mathrm{D}}=\left[x_{\mathrm{D}}\quad y_{\mathrm{D}}\quad z_{\mathrm{D}}\right] \tag{8.94}$$

根据观测方程,得到基线 AD 法方程为

$$\boldsymbol{W}_{\mathrm{AD}}=\boldsymbol{N}_{\mathrm{AD}}\boldsymbol{X}_{\mathrm{AD}} \tag{8.95}$$

其中,

$$\boldsymbol{N}_{\mathrm{AD}}=\boldsymbol{B}^{\mathrm{T}}_{\mathrm{AD}}\boldsymbol{P}_{\mathrm{AD}}\boldsymbol{B}_{\mathrm{AD}} \tag{8.96}$$

$$W_{\mathrm{AD}}=B^{\mathrm{T}}_{\mathrm{AD}}P_{\mathrm{AD}}l_{\mathrm{AD}} \tag{8.97}$$

对基线 AD 法方程进行映射,将双差电离层延迟和双差对流层延迟参数用大气延迟模型系数参数表示:

$$\boldsymbol{X}'_{\mathrm{AD}}=\left[\boldsymbol{N}_{\mathrm{AD}}\quad \boldsymbol{x}_{\mathrm{I}}\quad \boldsymbol{x}_{\mathrm{I}}\quad \boldsymbol{S}_{\mathrm{D}}\right] \tag{8.98}$$

可以找到 $\boldsymbol{X}'_{\mathrm{AD}}$ 与 $\boldsymbol{X}_{\mathrm{AD}}$ 间的映射关系为

$$\boldsymbol{X}'_{\mathrm{AD}}=\boldsymbol{M}_{\mathrm{AD}}\boldsymbol{X}'_{\mathrm{AD}} \tag{8.99}$$

$$\boldsymbol{M}_{\mathrm{AD}}=\begin{bmatrix}\boldsymbol{M}_{\mathrm{N},\mathrm{AD}} & & & \\ & \boldsymbol{M}_{\mathrm{I},\mathrm{AD}} & & \\ & & \boldsymbol{M}_{\mathrm{T},\mathrm{AD}} & \\ & & & \boldsymbol{M}_{\mathrm{S},\mathrm{AD}}\end{bmatrix} \tag{8.100}$$

其中,$\boldsymbol{M}_{\mathrm{AD}}$ 为 $(4n+3)\times(8n+3)$ 映射矩阵;$\boldsymbol{M}_{\mathrm{N},\mathrm{AD}}$ 为 $2n$ 阶单位阵;$\boldsymbol{M}_{\mathrm{S},\mathrm{AD}}$ 为 3 阶单位阵;$\boldsymbol{M}_{\mathrm{I},\mathrm{AD}}$、$\boldsymbol{M}_{\mathrm{T},\mathrm{AD}}$ 均为 $n\times 3n$ 阶矩阵。

$$\boldsymbol{M}_{\mathrm{I},\mathrm{AD}}=\begin{bmatrix}\mathrm{d}x_{\mathrm{AD}} & \mathrm{d}y_{\mathrm{AD}} & 1 & & & & \\ & & & L & & & \\ & & & & \mathrm{d}x_{\mathrm{AD}} & \mathrm{d}y_{\mathrm{AD}} & 1\end{bmatrix} \tag{8.101}$$

$$
\boldsymbol{M}_{\mathrm{T,\,AD}}=\begin{bmatrix} \mathrm{d}x_{\mathrm{AD}} & \mathrm{d}y_{\mathrm{AD}} & \mathrm{d}h_{\mathrm{AD}} & & & \\ & & & L & & \\ & & & \mathrm{d}x_{\mathrm{AD}} & \mathrm{d}y_{\mathrm{AD}} & \mathrm{d}h_{\mathrm{AD}} \end{bmatrix} \tag{8.102}
$$

若 $\boldsymbol{X}'_{\mathrm{AD}}$ 对应的法方程为

$$
\boldsymbol{W}'_{\mathrm{AD}}=\boldsymbol{N}'_{\mathrm{AD}}\boldsymbol{X}'_{\mathrm{AD}} \tag{8.103}
$$

可得

$$
\boldsymbol{N}'_{\mathrm{AD}}=\boldsymbol{M}^{\mathrm{T}}_{\mathrm{AD}}\boldsymbol{N}_{\mathrm{AD}}\boldsymbol{M}_{\mathrm{AD}} \tag{8.104}
$$

$$
\boldsymbol{W}'_{\mathrm{AD}}=\boldsymbol{M}^{\mathrm{T}}_{\mathrm{AD}}\boldsymbol{W}_{\mathrm{AD}} \tag{8.105}
$$

同理,可以对基线 BD、CD 的法方程进行变换,将双差大气延迟参数变换为双差大气延迟模型系数参数,得到映射后的法方程为

$$
\boldsymbol{W}'_{\mathrm{BD}}=\boldsymbol{N}'_{\mathrm{BD}}\boldsymbol{X}'_{\mathrm{BD}} \tag{8.106}
$$

$$
\boldsymbol{W}'_{\mathrm{CD}}=\boldsymbol{N}'_{\mathrm{CD}}\boldsymbol{X}'_{\mathrm{CD}} \tag{8.107}
$$

由于参考站模糊度已固定,任意基线闭合环模糊度闭合差为零,因此可以将其作为约束条件参与方程解算。最直接的办法是将该条件作为虚拟观测方程,与观测方程联合平差,为虚拟观测值设置较大的权,即可达到约束的目的。此外,还可以采用法方程变化的办法,利用不同基线双差模糊度参数间的相关性,将同一个流动站三条基线映射到其中最短基线上,完成法方程映射后,相当于隐式使用了参考站模糊度已固定的条件。

假设在流动站基线中,BD 的长度最短,因此将 AD 和 CD 法方程中模糊度参数用 BD 的模糊度参数表示,得

$$
\boldsymbol{X}'_{\mathrm{BD}}=[\boldsymbol{N}_{\mathrm{BD}} \quad \boldsymbol{x}_{\mathrm{I}} \quad \boldsymbol{x}_{\mathrm{I}} \quad \boldsymbol{S}_{\mathrm{D}}]^{\mathrm{T}} \tag{8.108}
$$

将 $\boldsymbol{X}'_{\mathrm{AD}}$ 映射到基线 $\boldsymbol{X}'_{\mathrm{BD}}$,映射后的法方程为

$$
\boldsymbol{W}''_{\mathrm{BD}}=\boldsymbol{N}''_{\mathrm{BD}}\boldsymbol{x}'_{\mathrm{BD}} \tag{8.109}
$$

可以找到 $\boldsymbol{X}'_{\mathrm{AD}}$ 与 $\boldsymbol{X}'_{\mathrm{BD}}$ 之间的映射关系为

$$
\boldsymbol{X}'_{\mathrm{AD}}=\boldsymbol{M}'_{\mathrm{AD}}\boldsymbol{X}'_{\mathrm{BD}}+\boldsymbol{O}_{\mathrm{AD}} \tag{8.110}
$$

因此映射后 AD 基线的法方程为

$$
\boldsymbol{N}''_{\mathrm{CD}}=\boldsymbol{M}'^{\mathrm{T}}_{\mathrm{CD}}\boldsymbol{N}'_{\mathrm{CD}}\boldsymbol{M}'_{\mathrm{CD}} \tag{8.111}
$$

$$
\boldsymbol{W}''_{\mathrm{AD}}=\boldsymbol{M}'^{\mathrm{T}}_{\mathrm{AD}}\boldsymbol{W}'_{\mathrm{AD}}+\boldsymbol{M}'^{\mathrm{T}}_{\mathrm{AD}}\boldsymbol{N}'_{\mathrm{AD}}\boldsymbol{O}_{\mathrm{AD}} \tag{8.112}
$$

其中，$\boldsymbol{M}'_{\mathrm{AD}}$ 为 $8n+3$ 阶映射矩阵；$\boldsymbol{O}_{\mathrm{AD}}$ 为 $8n+3$ 维常数向量。

$$\boldsymbol{M}'_{\mathrm{AD}}=\begin{bmatrix} -\boldsymbol{E}_{\mathrm{N,\,AD}} & & \\ & \boldsymbol{E}_{\mathrm{I,\,AD}} & \\ & & \boldsymbol{E}_{\mathrm{T,\,AD}} \end{bmatrix} \tag{8.113}$$

$$\boldsymbol{O}_{\mathrm{AD}}=[\hat{N}_{\mathrm{AB}} \quad 0 \quad 0]^{\mathrm{T}} \tag{8.114}$$

其中，$\boldsymbol{E}_{\mathrm{N,\,AD}}$ 为 $2n$ 阶单位阵；$\boldsymbol{E}_{\mathrm{I,\,AD}}$、$\boldsymbol{E}_{\mathrm{T,\,AD}}$ 均为 $3n$ 阶单位阵；$\hat{\boldsymbol{N}}_{\mathrm{AB}}$ 为基线 AB 模糊度固定解。

同理，可将基线 CD 法方程映射到基线 BD 上，得

$$\boldsymbol{W}''_{\mathrm{CD}}=\boldsymbol{N}''_{\mathrm{CD}}\boldsymbol{X}'_{\mathrm{BD}} \tag{8.115}$$

将基线 AD、BD 和 CD 映射后的法方程合并，得到流动站 D 的整体法方程为

$$\boldsymbol{W}_{\mathrm{D}}=\boldsymbol{N}_{\mathrm{D}}\boldsymbol{X}_{\mathrm{D}} \tag{8.116}$$

其中，

$$\boldsymbol{X}_{\mathrm{D}}=\boldsymbol{X}'_{\mathrm{BD}} \tag{8.117}$$

$$\boldsymbol{N}_{\mathrm{D}}=\boldsymbol{N}''_{\mathrm{BD}}+\boldsymbol{N}'_{\mathrm{BD}}+\boldsymbol{N}''_{\mathrm{CD}} \tag{8.118}$$

$$\boldsymbol{W}_{\mathrm{D}}=\boldsymbol{W}''_{\mathrm{AD}}+\boldsymbol{W}'_{\mathrm{BD}}+\boldsymbol{W}''_{\mathrm{CD}} \tag{8.119}$$

3. 合并大气延迟模型法方程与流动站法方程

法方程合并的前提是参数类型、数量和顺序一致，因此，首先需对大气延迟模型法方程进行扩展，扩展后的大气延迟模型法方程为

$$\boldsymbol{W}'_{\mathrm{R}}=\boldsymbol{N}'_{\mathrm{R}}\boldsymbol{X}'_{\mathrm{R}} \tag{8.120}$$

其中，$\boldsymbol{X}'_{\mathrm{R}}=\boldsymbol{X}_{D}$，则有

$$\boldsymbol{W}'_{\mathrm{R}}=[0 \quad W_{\mathrm{R}} \quad 0]^{\mathrm{T}} \tag{8.121}$$

$$\boldsymbol{N}'_{\mathrm{R}}=\begin{bmatrix} 0 & 0 & 0 \\ 0 & N_{\mathrm{R}} & 0 \\ 0 & 0 & 0 \end{bmatrix} \tag{8.122}$$

其中，$\boldsymbol{W}'_{\mathrm{R}}$ 为 $(8n+3)$ 的向量；$\boldsymbol{N}'_{\mathrm{R}}$ 为 $(8n+3)\times(8n+3)$ 矩阵。

将大气延迟模型法方程与流动站法方程合并，得到整体法方程为

$$\boldsymbol{W} = \boldsymbol{N}\boldsymbol{X} \tag{8.123}$$

$$\boldsymbol{N} = \boldsymbol{N}'_{\mathrm{R}} + \boldsymbol{N}_{\mathrm{D}} \tag{8.124}$$

$$\boldsymbol{W} = \boldsymbol{W}'_{\mathrm{R}} + \boldsymbol{W}_{\mathrm{D}} \tag{8.125}$$

对于多个流动站的情况,需要将大气延迟模型法方程与所有流动站法方程相加。解法方程,得到平差结果为

$$\hat{\boldsymbol{X}} = \boldsymbol{N}^{-1}\boldsymbol{W} \tag{8.126}$$

$$\boldsymbol{Q}_{\hat{X}\hat{X}} = \boldsymbol{N}^{-1} \tag{8.127}$$

根据协方差传播律,得到基于网解方法的反向 RTK 模式下的流动站基线浮点解及其方差-协方差阵为

$$\hat{\boldsymbol{X}}'_{\mathrm{AD}} = \boldsymbol{M}'_{\mathrm{AD}}\hat{\boldsymbol{X}} + \boldsymbol{O}_{\mathrm{AD}} \tag{8.128}$$

$$\boldsymbol{Q}_{\hat{X}'_{\mathrm{AD}}\hat{X}'_{\mathrm{AD}}} = \boldsymbol{M}'_{\mathrm{AD}}\boldsymbol{Q}_{\hat{X}\hat{X}}\boldsymbol{M}'^{\mathrm{T}}_{\mathrm{AD}} \tag{8.129}$$

$$\hat{\boldsymbol{X}}_{\mathrm{AD}} = \boldsymbol{M}_{\mathrm{AD}}\boldsymbol{M}'_{\mathrm{AD}}\hat{\boldsymbol{X}} + \boldsymbol{M}_{\mathrm{AD}}\boldsymbol{O}_{\mathrm{AD}} \tag{8.130}$$

$$\boldsymbol{Q}_{\hat{X}_{\mathrm{AD}}\hat{X}_{\mathrm{AD}}} = \boldsymbol{M}_{\mathrm{AD}}\boldsymbol{M}'_{\mathrm{AD}}\boldsymbol{Q}_{\hat{X}\hat{X}}\boldsymbol{M}'^{\mathrm{T}}_{\mathrm{AD}}\boldsymbol{M}^{\mathrm{T}}_{\mathrm{AD}} \tag{8.131}$$

同理,可以得到其他流动站基线浮点解。

由于任意基线闭合环内模糊度闭合差必须为零,通过该检验的模糊度整数解具有更高的可靠性,因此将通过 TACE 检验的模糊度筛选出来优先固定。

4. 虚拟参考站

虚拟参考站(virtual reference station, VRS)技术是目前较为流行的网络 RTK 技术解决方案。其主要思想是通过用户周围的若干个参考站的观测数据在用户周边几米至几百米范围内构造出一个虚拟的参考站,用户与该参考站构成超短基线,通过相对定位完成用户位置的高精度解算。图 8.12 为示意图。

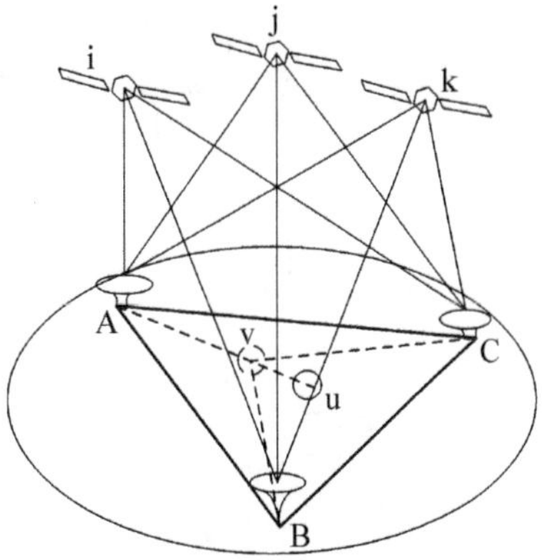

图 8.12 VRS 工作流程

A、B、C 表示三个基准站,i、j、k 表示同步观测的三颗 GNSS 卫星,V 表示虚拟参考站,u 表示流动站。流动站用户 u 在工作过程中,通过单点定位等方式获取自身概略位置 V,将位置 V 经通信链路传到计算中心。计算中心根据 A、B、C 三个基准站的原始观测量按照既定算法生成

位置 V 处的虚拟观测量(virtual observation),并将生成的虚拟观测量回传给流动站用户,流动站用户以 V 为基准站进行超短基线解算,获取高精度的定位结果。

以 A 站为主参考站,虚拟参考站处观测值生成:

$$\begin{cases} P_{\mathrm{V}}^{j} = P_{\mathrm{A}}^{j} + \Delta\rho_{\mathrm{AV}}^{j} + \Delta\nabla I_{\mathrm{AV}}^{\mathrm{ref},j} + \Delta\nabla T_{\mathrm{AV}}^{\mathrm{ref},j} + \Delta\nabla O_{\mathrm{AV}}^{\mathrm{ref},j} \\ \Phi_{\mathrm{V}}^{j} = \Phi_{\mathrm{A}}^{j} + \dfrac{1}{\lambda}\Delta\rho_{\mathrm{AV}}^{j} + \dfrac{1}{\lambda}\left(-\Delta\nabla I_{\mathrm{AV}}^{\mathrm{ref},j} + \Delta\nabla T_{\mathrm{AV}}^{\mathrm{ref},j} + \Delta\nabla O_{\mathrm{AV}}^{\mathrm{ref},j}\right) \end{cases} \tag{8.132}$$

其中,P、Φ 分别表示以米为单位的伪距观测量和以周为单位的相位观测量;j 为卫星编号;ref 为基准星标记;λ 表示载波的波长;ρ_{AV} 为 AV 两站的星地距之差;$\Delta\nabla I_{\mathrm{AV}}^{\mathrm{ref},j}$ 为 AV 两站 ref、j 之间构成的双差的电离层延迟,η =40. 28TEC,TEC 表示信号传播路径上的总电子含量,需要注意的是载波相位观测方程中,电离层延迟的大小和伪距观测方程一致,符号相反;$\Delta\nabla T_{\mathrm{AV}}^{\mathrm{ref},j}$ 表示双差对流层延迟,$\Delta\nabla O_{\mathrm{AV}}^{\mathrm{ref},j}$ 表示双差轨道误差。

虚拟参考站处的模糊度设为与基准站一致。

获取虚拟参考站处的观测值的关键之处在于获取各项双差误差:$\Delta\nabla I_{\mathrm{AV}}^{\mathrm{ref},j}$、$\Delta\nabla T_{\mathrm{AV}}^{\mathrm{ref},j}$。

基准站网基线的整周模糊度固定之后,可以估计基线上的电离层和对流层误差,然后根据基准站网不同基线上电离层和对流层信息,分别建模内插处流动站处的空间相关误差。

双差电离层误差计算公式为

$$\Delta\nabla I_1 = \left(\frac{f_2^2}{f_1^2 - f_2^2}\right)\left[(\lambda_1\Delta\nabla\varphi_1 - \lambda_2\Delta\nabla\varphi_2) + (\lambda_1\Delta\nabla N_1 - \lambda_2\Delta\nabla N_2)\right] \tag{8.133}$$

$$\Delta\nabla I_2 = \left(\frac{f_1^2}{f_1^2 - f_2^2}\right)\left[(\lambda_1\Delta\nabla\varphi_1 - \lambda_2\Delta\nabla\varphi_2) + (\lambda_1\Delta\nabla N_1 - \lambda_2\Delta\nabla N_2)\right] \tag{8.134}$$

双差对流层延迟公式为

$$\Delta\nabla T = \left(\frac{f_1^2}{f_1^2 - f_2^2}\right)\lambda_1(\Delta\nabla\varphi_1 + \Delta\nabla N_1) - \left(\frac{f_2^2}{f_1^2 - f_2^2}\right)\lambda_2(\Delta\nabla\varphi_2 + \Delta\nabla N_2) - \Delta\nabla\rho \tag{8.135}$$

完成 VRS 服务的前提是获得高精度的双差模糊度固定解。

8.6 观测值中的周跳检测

完整的载波相位由三部分组成：初始相位整周模糊度 N、相位伪距观测值的整数部分 int(φ)和相位伪距观测值的小数部分 Fr(φ)。初始相位整周模糊度 N 是由接收机观测到某颗卫星起始时刻 t_0 的星地几何距离决定的整数常量。整周计数 int(φ)是从 t_0 时刻开始至当前观测时刻 t_i 为止，由接收机计数器逐次累积下来的差频信号的整波段数。相位伪距观测值小数部分 Fr(φ)可由接收机载波跟踪环路鉴相器精确测定。

如果由于某种原因，在某个时间段内，计数器不能正常工作，从而使得整周计数较应有值变化了 n 周。整周计数 int(φ)出现整波段数变化，而 Fr(φ)仍然保持正确的现象称为整周跳变，简称周跳(cycle slip)。

导致周跳产生的原因有很多种，例如接收机高速运动造成信号失锁、接收机硬件或算法设计出错导致模糊度度统计不正确、卫星信号遮挡或环境影响噪声信噪比较低等。周跳处理时首先需要确定周跳发生的位置，即探测周跳发生的历元时刻、卫星号及频率；其次，通过周跳修复或重新计算新的模糊度参数对周跳进行处理。周跳探测方法大致上可以分为三类(李征航和张小红，2009)：

① 利用观测值随时间变化规律的周跳探测方法，例如多项式拟合法和高次差法(袁洪和万卫星，1998)；

② 基于伪距/载波组合或者相位无几何观测值组合的周跳探测方法，例如经典的 TurboEdit 方法(Blewitt，1990)、电离层残差法(范龙等，2011)、伪距相位组合法(张成军等，2009)；

③ 基于观测值验后残差的周跳探测方法，例如 Kalman 滤波法(何海波等，2010)、小波分析法(蔡昌盛和高井祥，2007)和历元间差分观测值参数估计法。

不同周跳探测方法受定位模式、接收机运动状态、数据采样间隔、大气延迟状况以及可用观测值类型等因素影响，各周跳处理算法使用范围各有差异。随着精密单点定位技术的不断发展，实时非差周跳探测的需求越来越大，应用范围越来越广。按照周跳探测时，所用频率数目的不同，可将实时非差周跳探测方法分为多频周跳探测和单频周跳探测两种。

8.6.1 多频周跳探测算法

利用双频(或多频)信号可以建立多种组合观测值来提高周跳探测的可靠性。对观测值进行组合的目的是消去星地几何距离、接收机和卫星钟差，以及其他非色散延迟等的影响。

多频周跳探测算法可以分为两类：基于相位观测值的周跳探测方法和基于码伪距/载波组合的周跳探测方法。基于相位观测值的周跳探测方法，通常对双频相位观测值进行求差，组成相位无几何距离观测值（$L_4=L_1-L_2$），消去几何距离和其他非色散效应的影响（多路径和噪声影响小于 1 cm）。虽然 L_4 观测值所受到的电离层影响可用低阶多项式进行拟合，但在电离层非常活跃的情况下，也会降低 L_4 观测值周跳探测效率。为了具体确定哪个频率发生了周跳，需要同时使用两个独立的组合观测值，从而将所有可能的周跳情况考虑在内。

最经典的基于伪距/载波组合的周跳探测方法是 TurboEdit 方法（Blewitt, 1990），该方法利用码伪距和载波相位观测值组成 MW 组合进行周跳探测。该观测值不仅能够消除非色散效应的影响，还能够削弱电离层的影响，但 MW 组合观测值受码伪距多路径的影响，该影响可达数米。

1. 基于相位无几何距离观测值 L_4 的周跳探测方法

如前所述，L_4 观测值消除了几何距离、钟差及非色散效应的影响，在无扰动的情况下，L_4 观测值受电离层的影响，可以用低阶多项式（如二阶多项式）进行拟合。

假定利用长度为 $N_1(N_1=10)$ 的滑动窗口对 L_4 观测值进行二阶多项式拟合，将预报值与实际观测值进行比较，根据设定的阈值判断是否发生了周跳。由于 L_4 观测值受电离层的影响，在设定阈值时应考虑阈值与采样率的相关性。

算法输入：载波相位无几何距离观测值 L_4，有

$$L_4(s;\ k)=L_1(s;\ k)-L_2(s;\ k) \tag{8.136}$$

算法输出：卫星、观测历元和周跳标识。

以 k 历元为例，基于相位无几何距离观测值 L_4 的周跳探测算法如图 8.13 所示。对于每颗观测卫星 s，首先进行数据间断的检验，如果卫星 s 的数据间断时间大于阈值 $\mathrm{tol}_{\Delta t}$，则认为发生了周跳进而进行下一颗卫星的周跳探测，否则进行下一步；对 L_4 观测值进行滑动窗口的二次多项式拟合，求取 k 历元，预报值与实测值差值的绝对值，并与设定阈值进行比较，如果大于设定阈值，则认为发生了周跳，否则对于当前历元 k，卫星 s 没有周跳，继续进行下一颗卫星的周跳探测，直至遍历完 k 时刻的所有观测卫星。

值得注意的是，由于 L_4 观测值与电离层延迟相关，该算法需要设定与前后观测历元时间跨度（$\Delta t=t_1-t_2$）相关的阈值，如可将阈值设置为 $a_0-a_1\exp(-\Delta t/T_0)$，其中 a_0 为最大阈值（Sanz et al., 2013）。

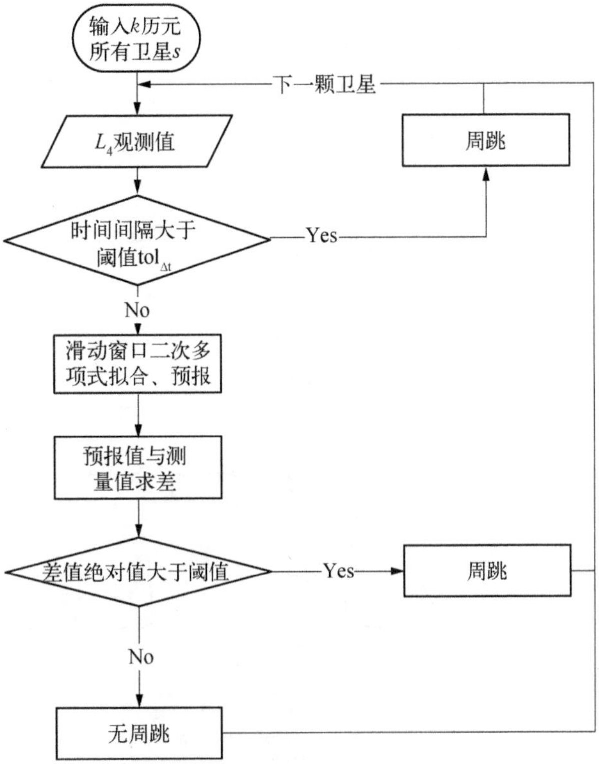

图 8.13 基于相位无几何距离观测值 L4 的周跳探测算法示意图(k 历元)

2. 基于码伪距/相位无几何距离无电离层组合观测值 MW 的周跳探测方法

码伪距/相位无几何距离无电离层组合观测值 MW 有两个优点：与单一波长相比，MW 观测值为具有较长波长的宽巷组合观测值；与单一码伪距相比，MW 观测值为具有较小测量噪声的窄巷组合观测值。

该算法实时计算 MW 组合观测值的均值及标准差，如果某一历元 k，某颗卫星 s 的 MW 组合观测值与其均值的差值绝对值，大于设定的阈值，则认为发生了周跳，阈值通常设定为 MW 组合观测值标准差的倍数。

算法输入：码伪距/载波相位无几何距离无电离层组合观测值 MW。

算法输出：卫星、观测历元和周跳标识。

以 k 历元为例，TurboEdit 周跳探测算法如图 8.14 所示。

对于每颗观测卫星 s，首先进行数据间断的检验，如果卫星 s 的数据间断时间大于阈值 $tol_{\Delta t}$，则认为发生了周跳进而进行下一颗卫星的周跳探测，否则进行下一步；将当前历元 k 的 MW 组合观测值与上一历元计算的均值进行比较，如果两者差

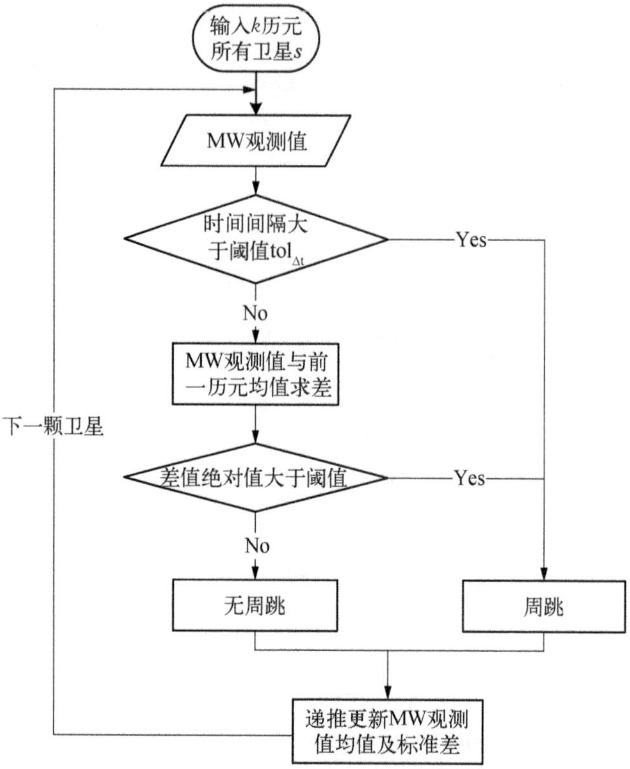

图 8.14　基于码伪距/相位无几何距离无电离层组合观测值 MW 的周跳探测算法示意图

值的绝对值大于设定阈值,则认为发生了周跳,否则对于当前历元 k,卫星 s 没有周跳;利用递推公式,更新 MW 组合观测值的均值及标准差:

$$
\begin{aligned}
m_{\mathrm{MW}}(s;\ k) &= \frac{k-1}{k} m_{\mathrm{MW}}(s;\ k-1) + \frac{1}{k}\mathrm{MW}(s;\ k) \\
\sigma_{\mathrm{MW}}^{2}(s;\ k) &= \frac{k-1}{k} \sigma_{\mathrm{MW}}^{2}(s;\ k-1) + \frac{1}{k}\left[\mathrm{MW}(s;\ k) - m_{\mathrm{MW}}(s;\ k-1)\right]^{2}
\end{aligned}
\tag{8.137}
$$

继续进行下一颗卫星的周跳探测,直至遍历完 k 时刻的所有观测卫星。注意,σ_{MW} 可利用先验值进行初始化 $\sigma_0 = \lambda_{\mathrm{W}}/2$,且式(8.137)中均值的计算是严格正确的,但标准差的计算进行了近似。

3. 三频信号的周跳探测方法

三频信号可以显著提高周跳探测的可靠性,首先,三频信号可以组合得到超宽巷观测值，其次，三频信号可以组合得到两个独立的 L_4 观测值。与双频信号的周跳探测方法类似，三频信号的周跳探测方法同样需要构建码伪距/相位无几何距离无电离层组合观测值以及相位无几何距离观测值。

假定 l、m 和 n 分别为码伪距观测值组合系数，i、j 和 k 分别为载波组合观测系数，则码伪距/载波组合观测值中模糊度 N_{ijk} 的表达式为(黄令勇等，2015)

$$N_{ijk} = \varphi_{ijk} - \frac{P_{lmn}}{\lambda_{ijk}} + \zeta I + \varepsilon' \tag{8.138}$$

其中，

$$\begin{cases} N_{ijk} = iN_1 + jN_2 + kN_3 \\ \lambda_{ijk} = c/(if_1 + jf_2 + kf_3) \qquad l,\ m,\ n \in \mathbf{R},\ l + m + n = 1 \\ \varphi_{ijk} = i\varphi_1 + j\varphi_2 + k\varphi_3 \qquad i,\ j,\ k \in \mathbf{Z} \\ \varepsilon' = i\varepsilon_{\varphi_1} + j\varepsilon_{\varphi_2} + k\varepsilon_{\varphi_3} + (l\varepsilon_{p1} + m\varepsilon_{p2} + n\varepsilon_{p3})/\lambda_{ijk} \end{cases} \tag{8.139}$$

其中，φ_{ijk} 和 λ_{ijk} 分别为以周为单位的载波观测值和组合波长；ζ 为电离层延迟放大系数；ε' 为组合后观测噪声；ε_{φ_i} 和 $\varepsilon_{p_i}(i = 1,\ 2,\ 3)$ 分别为原始频点载波和伪距观测噪声。

假设下一历元时刻 t_1，发生周跳$[N_1,\ N_2,\ N_3]$，则

$$\Delta N_{ijk} = N_{ijk}(t_1) - N_{ijk}(t_0) = \Delta\varphi_{ijk} - \frac{\Delta P_{lmn}}{\lambda_{ijk}} + \zeta\Delta I + \Delta\varepsilon' \tag{8.140}$$

假定 ε_p^2 和 ε_φ^2 分别为伪距、载波观测噪声，则可得

$$\sigma_{\Delta N_{ijk}}^2 = 2[(i^2 + j^2 + k^2)\sigma_\varphi^2 + (l^2 + m^2 + n^2)\sigma_p^2/\lambda_{ijk}^2] \tag{8.141}$$

假定 $\Re\sigma_{\Delta N_{ijk}}$ 为周跳探测阈值，则当下式成立时，则表明发生了周跳：

$$|\Delta N_{ijk}| = \left|\Delta\varphi_{ijk} - \frac{\Delta P_{lmn}}{\lambda_{ijk}} + \zeta\Delta I + \Delta\varepsilon'\right| > \Re\sigma_{\Delta N_{ijk}} \tag{8.142}$$

分析上式可得，$\sigma_{\Delta N_{ijk}}$ 越小，周跳探测精度越高。由于码伪距/载波组合观测值中，码伪距噪声占绝大部分，因此需要尽可能减小 $l^2+m^2+n^2$，并增大波长 λ_{ijk}，从而减小码伪距噪声的影响。

为了构建三频相位无几何组合观测值，可令 l、m 和 n 全部为 0，且令 $\alpha+\beta+\gamma=0$，其中 α、β 和 γ 为以距离为单位的相位观测值组合系数。三频相位无几何距离

组合观测值表达式为

$$\alpha\lambda_1\varphi_1(t_0)+\beta\lambda_2\varphi_2(t_0)+\gamma\lambda_3\varphi_3(t_0)=-\eta I'(t_0)+\alpha\lambda_1 N_1(t_0)+\beta\lambda_2 N_2(t_0)+\gamma\lambda_3 N_3(t_0)+\varepsilon(t_0) \tag{8.143}$$

其中，

$$\begin{cases}\eta=\alpha\lambda_1+\beta\lambda_2 f_1/f_2+\gamma\lambda_3 f_1/f_3\\ \varepsilon=\alpha\lambda_1\varepsilon_1+\beta\lambda_2\varepsilon_2+\gamma\lambda_3\varepsilon_3\end{cases} \tag{8.144}$$

由上式可知，三频相位无几何距离组合观测值仅受到电离层延迟残余误差和载波观测噪声的影响。同样假定在下一历元 t_1 时刻发生周跳 $[N_1,\ N_2,\ N_3]$，则有

$$\alpha\lambda_1\varphi_1(t_1)+\beta\lambda_2\varphi_2(t_1)+\gamma\lambda_3\varphi_3(t_1)=-\eta I'(t_1)+\alpha\lambda_1[N_1(t_0)+\Delta N_1]+\beta\lambda_2[N_2(t_0)+\Delta N_2]+\gamma\lambda_3(N_3(t_0)+\Delta N_3)+\varepsilon(t_0) \tag{8.145}$$

并且，

$$\alpha\lambda_1\Delta\varphi_1+\beta\lambda_2\Delta\varphi_2+\gamma\lambda_3\Delta\varphi_3=-\eta\Delta I'+\alpha\lambda_1\Delta N_1+\beta\lambda_2\Delta N_2+\gamma\lambda_3\Delta N_3+\Delta\varepsilon \tag{8.146}$$

假定电离层相对稳定，历元间电离层延迟变化缓慢，忽略电离层延迟残差影响，得

$$\sigma^2_{(\alpha,\beta,\gamma)}=2[(\alpha\lambda_1)^2+(\beta\lambda_2)^2+(\gamma\lambda_3)^2]\,\sigma^2_\varphi \tag{8.147}$$

假定 $\Re\sigma_{(\alpha,\beta,\gamma)}$ 为周跳探测阈值，则当下式成立时，则表明发生了周跳：

$$|\alpha\lambda_1\Delta\varphi_1+\beta\lambda_2\Delta\varphi_2+\gamma\lambda_3\Delta\varphi_3|\geqslant\Re\sigma_{(\alpha,\beta,\gamma)} \tag{8.148}$$

由于三频相位无几何组合观测值最多只能保证两个组合线性无关，因此必须联合三频伪距/载波无几何组合观测值才能构造出三个线性无关的周跳探测组合。三频相位无几何组合观测值仅受到相位观测噪声影响，组合观测值精度高，因此通常选择两个三频相位无几何组合和一个三频码伪距/载波无几何组合进行周跳探测量的构造：

$$\underbrace{\begin{bmatrix}\alpha_1\lambda_1 & \beta_1\lambda_2 & \gamma_1\lambda_3\\ \alpha_2\lambda_1 & \beta_2\lambda_2 & \gamma_2\lambda_3\\ i & j & k\end{bmatrix}}_{\boldsymbol{A}}\underbrace{\begin{bmatrix}\Delta N_1\\ \Delta N_2\\ \Delta N_3\end{bmatrix}}_{\boldsymbol{N}}=\underbrace{\begin{bmatrix}l_1\\ l_2\\ l_3\end{bmatrix}}_{\boldsymbol{L}} \tag{8.149}$$

其中，

$$
L_{\iota} = \begin{bmatrix} \alpha_1\lambda_1 & \beta_1\lambda_2 & \gamma_1\lambda_3 & 0 & 0 & 0 \\ \alpha_2\lambda_1 & \beta_2\lambda_2 & \gamma_2\lambda_3 & 0 & 0 & 0 \\ i & j & k & \dfrac{-1}{l\lambda_{ijk}} & \dfrac{-1}{m\lambda_{ijk}} & \dfrac{-1}{n\lambda_{ijk}} \end{bmatrix} \begin{bmatrix} \Delta\varphi_1 \\ \Delta\varphi_2 \\ \Delta\varphi_3 \\ \Delta p_1 \\ \Delta p_2 \\ \Delta p_3 \end{bmatrix} \tag{8.150}
$$

理论上周跳探测组合可以选择任何组合系数，但周跳探测量的电离层延迟影响系数和组合噪声越小越有利于提高周跳探测成功率。假定 GPS 和 BDS 系统观测值中，伪距观测误差为 0.3 m，载波噪声误差为 0.01 cycle，可对 GPS 和 BDS 三频码伪距/载波组合和三频相位无几何组合进行优化选取：

$$
\begin{bmatrix} 0 & 1 & -1 \\ \lambda_1 & -\lambda_2 & 0 \\ \lambda_1 & 0 & -\lambda_3 \end{bmatrix}_{\mathrm{GPS}} \qquad \begin{bmatrix} 0 & -1 & 1 \\ \lambda_1 & 0 & -\lambda_3 \\ \lambda_1 & -\lambda_2 & 0 \end{bmatrix}_{\mathrm{BDS}} \tag{8.151}
$$

8.6.2 单频周跳探测算法

单频周跳探测对于提高单频导航定位精度具有重要意义。本节对单频周跳探测算法进行简要介绍。通过对码伪距和载波相位观测值进行求差可消除大部分非色散延迟(几何距离、卫星和接收机钟差、对流层)的影响：

$$
L - R = \lambda N - 2I + Tgd + \varepsilon \tag{8.152}
$$

其中，电离层影响放大 2 倍。假定设备延迟 Tgd 保持很定，则上式受到电离层和码伪距测量噪声的影响。因此单频周跳探测算法做出如下假设：

① 电离层相对稳定，历元间电离层延迟变化缓慢；

② 测量噪声可通过滑动窗口低阶多项式拟合的方式进行降低，或可通过滑动窗口均值滤波的方式对观测值进行预报。

由于码伪距和载波相位观测值的差值受到两倍电离层延迟的影响，因此需要设定与采样时间相关的阈值。与双频周跳探测算法思想一样，单频周跳探测算法也可采用基于滑动窗口的多项式拟合预报方法及递归计算均值和标准差的方法，只不过周跳探测量变为了码伪距和载波相位观测值的差值。

此外还通过对几何距离进行建模、组建单差及双差观测值等的方式进一步提高周跳探测可靠性。

8.7　整周模糊度估计算法

相位整周模糊度的固定是 GNSS 高精度定位的关键问题,也是 GNSS 研究的热点。模糊度的实数值依据一定的条件固定为模糊度整数值,往往需要采用搜索的方法。由于原始模糊度实数值之间存在较强的相关性,直接搜索会耗费较多的时间,不能实时获得模糊度的固定解。为了提高模糊度的解算效率,国内外的许多学者提出了多种模糊度解算方法,例如双频码伪距法(Blewitt G, 1989)、模糊度函数法(Counselman and Gourevitch, 1981)、最小二乘搜索法(Hatch, 1990)和模糊度协方差等方法。在模糊度协方差方法中比较著名的方法有快速模糊度解算法(fast ambiguity resolution approach, fARA)(Frei, 1990)和整数最小二乘降相关平差方法(least-square ambiguity decorrelation adjustment, LAMBDA)(Teunissen, 1994)等。

8.7.1　参数估计理论和 FARA 算法

在 GNSS 高精度定位模型中,载波相位观测值的模糊度为整数,但是采用最小二乘方法或滤波技术估计模糊度参数时,只能获得模糊度的实数解,需要进一步把实数模糊度值固定为整数值。当方程采用最小二乘方法解算时,如果方程中部分参数具有整数特性,此时称最小二乘估计方法为混合整数的最小二乘估计。

GNSS 观测方程为

$$l = \boldsymbol{A}a + \boldsymbol{B}b + e \tag{8.153}$$

其中,a 为载波相位模糊度参数;b 为站点坐标、对流层、电离层等待估参数;e 为观测噪声;l 为载波相位与伪距观测值; $\boldsymbol{A}$、$\boldsymbol{B}$ 分别为系数矩阵。定义观测值 y 的权矩阵为 $\boldsymbol{Q}_y$。

按照最小二乘估计准则(Xu et al., 1995; Teunissen, 1994)得

$$\min \| l - Aa - Bb \|^2_{Q_y}, \qquad a \in Z^m,\ b \in R^m \tag{8.154}$$

由于模糊度为整数,上式可进一步展开为

$$\| l - Aa - Bb \|^2_{Q_y} = \| \hat{e} \|^2_{Q_y} + \| \hat{a} - a \|^2_{Q_{\hat{a}}} + \| \hat{b}(a) - b \|^2_{Q_{\hat{b}|\hat{a}}} \tag{8.155}$$

其中, $\hat{a}$ 为模糊度实数值; $\hat{b}$ 为模糊度实数解对应的参数解; $\hat{b}(a)$ 为模糊度固定节对应的参数解,有

$$\begin{aligned} \hat{e} &= l - A\hat{a} - B\hat{b} \\ \hat{b}(a) &= \hat{b} - Q_{\hat{b}\hat{a}}Q_{\hat{a}}^{-1}(\hat{a} - a) \\ Q_{\hat{b}|\hat{a}} &= Q_{\hat{b}} - Q_{\hat{b}\hat{a}}Q_{\hat{a}}^{-1}Q_{\hat{a}\hat{b}} \end{aligned} \tag{8.156}$$

由于进行了整数约束，最小二乘估计准则可简化为

$$\min \| l - Aa - Bb \|_{Q_y}^2 \Leftrightarrow \min \| \hat{a} - a \|_{Q_{\hat{a}}}^2 \tag{8.157}$$

快速精密定位中的关键问题是快速而准确地确定整周模糊度，快速定位所需的时间实际上是准确确定整周模糊度所需的时间。为此，Frei 和 Beutler 提出了 FARA。FARA 在进行模糊度解算前，充分利用浮点模糊度和坐标参数的方差-协方差矩阵信息，进行数理统计检验，将大量不合理模糊度组合剔除，缩小模糊度搜索空间，加速模糊度解算过程，并建立一套选择验证准则来确保模糊度参数的正确解算。

FARA 算法中基于统计检验的模糊解算标准为

$$P\left[(\hat{X} - X)^{\mathrm{T}} Q_{\hat{X}}^{-1} (\hat{X} - X) \leqslant u \cdot m_0^2 \cdot \xi_{F(u,\, f;\, 1-\alpha)}\right] = 1 - \alpha \tag{8.158}$$

其中，未知参数 X 包括载波相位模糊度参数 a 及站点坐标 b；Q_X 为未知参数的方差-协方差矩阵；u 为未知参数个数；m_0^2 为单位权后验方差；f 为自由度；α 为置信水平；$\xi_{F(u,\, f;\, 1-\alpha)}$ 为置信水平为 1-α 情况下单边 Fisher 概率密度函数 $F(u, f)$ 的区间宽度。式(8.158)左边不等式实际上定义了一个 u 维的超椭球，该椭球可视为以 $\hat{X}$ 为中心的 u 维置信区间，任何落在该椭球内部的解向量可视为与初始解向量 $\hat{X}$ 具有统计一致性。而模糊度参数的求解过程可视为在所有的解向量中寻找能够使得验后单位权方差取得最小值的解向量。尽管上述模糊度求解方法从统计角度是严格的并且是唯一可行的，但其一个很大的缺点就是需要花费大量的计算时间寻找所有的在椭球内部的解向量。

为了缩小模糊度搜索空间，FARA 算法对每一维模糊度及每两个模糊度差异的置信区间进行约束：

$$\begin{aligned} &P[\hat{a}_i - \xi_{t(f,\, 1-\alpha/2)} \cdot m_{0\hat{a}_i} \leqslant a_i \leqslant \hat{a}_i + \xi_{t(f,\, 1-\alpha/2)} \cdot m_{0\hat{a}_i}] = 1 - \alpha \\ &P[\hat{a}_{ik} - \xi_{t(f,\, 1-\alpha/2)} \cdot m_{0\hat{a}_{ik}} \leqslant a_{ik} \leqslant \hat{a}_{ik} + \xi_{t(f,\, 1-\alpha/2)} \cdot m_{0\hat{a}_{ik}}] = 1 - \alpha \end{aligned} \tag{8.159}$$

其中，a_i 为第 i 个模糊度；$a_{ik} = a_i - a_k$ 为第 i 个模糊度和 k 个模糊度的差值；$m_{0\hat{a}_i} = m_0 \cdot \sqrt{Q_{\hat{a}_i}}$ 为第 i 个模糊度的验后标准差；$m_{0\hat{a}_{ik}} = m_0 \cdot \sqrt{Q_{\hat{a}_{ik}}}$ 为第 i 个模糊度和 k 个模糊度差值的验后标准差；$\xi_{t(f;\, 1-\alpha/2)}$ 为置信水平为 1-α 情况下双边 Student 概率密度函数 $t(f)$ 的区间宽度。对于某一个模糊度而言，其搜索范围与初值 $\hat{a}_i$ 及初值精度 $Q_{\hat{a}_i}$ 有关，由全部的模糊度搜索区间便可得到所有可能的模糊度组合，对于特定的模糊度搜索值 a_i' 和 a_k'，如果两者的差值 a_{ik}' 不在其两者差值 a_{ik} 的置信区间内，那

么同时包含 a'_i 和 a'_k 的组合会从模糊度搜索空间剔除，从而达到减小搜索空间的目的。

上述搜索的过程会得到多个模糊度备选值，每一组备选值视为已知值，输入后续的平差处理中，进行下一步的确认，并利用坐标解向量 $\hat{b}$ 和标准差 m_0 对平差结果的质量进行评估，取得最小标准差的模糊度解向量需经过下述检验，方可作为最终的模糊度解：

① 模糊度整数解和初始解求得的坐标解向量的一致性检验；

② 模糊度整数解和初始解求得的单位权中误差 σ_0 的一致性检验；

③ 整数解中最小单位权中误差与次最小单位权中误差间的显著性检验。

上述三个条件可通过统计假设进行检验，其中第二个检验即为模型检验或方差因子的 χ^2 检验，其 H_0 假设为

$$H_0:\ m_{0s}^2 = \sigma_0^2 \tag{8.160}$$

其中，m_{0s}^2 表示最小的标准差。备选假设 H_1 为

$$H_1:\ m_{0s}^2 \neq \sigma_0^2 \tag{8.161}$$

对应的一致性检验统计量为

$$T_s = \frac{m_{0s}^2}{\sigma_0^2} \tag{8.162}$$

在 H_0 假设有效的情况下，T_s 的概率密度为 $\chi^2(f/f)$。如果下述检验通过则认为 m_{0s} 和 σ_0 具有统计一致性。

$$\xi_{\chi^2(f/f,\ \alpha/2)} \leqslant T_s \leqslant \xi_{\chi^2(f/f,\ 1-\alpha/2)} \tag{8.163}$$

其中，$\xi_{\chi^2(f/f,\ \alpha/2)}$ 为 T_s 统计量 $1-\alpha$ 置信区间的下限，而 $\xi_{\chi^2(f/f,\ 1-\alpha/2)}$ 为上限。假定最小标准差与次最优标准差 m'_{0s} 相互独立，则下述统计假设检验可用来进行第三项检验，即最小单位权中误差 m_{0s} 与次最小单位权中误差间 m'_{0s} 的显著性检验。其中 H_0 假设为

$$H_0:\ m_{0s}^2 = m'^2_{0s} \tag{8.164}$$

备选假设 H_1 为

$$H_1:\ m_{0s}^2 \neq m'^2_{0s} \tag{8.165}$$

一致性检验统计量为

$$T_{s'} = \frac{m_{0s}^2}{m_{0s}'^2} \tag{8.166}$$

在 H_0 假设下，$T_{s'}$ 的概率密度为 $F(f_1, f_2)$。如果下述检验通过则认为 m_{0s} 和 m'_{0s} 具有统计一致性：

$$T_{s'} \leqslant \xi_{F(f_1, f_2;\ 1-\alpha/2)} \tag{8.167}$$

其中，$\xi_{F(f_1, f_2;\ 1-\alpha/2)}$ 为 $T_{s'}$ 统计量 $1-\alpha$ 置信区间的边界，且估计 m_{0s} 与 m'_{0s} 时的自由度是相等的，$f = f_1 = f_2$。如果上式成立则表明，最终的模糊度整数解不是唯一的，换句话说，在现有观测条件下不能获取模糊度整数解，需要进行额外观测实现整周模糊度的固定。

如果具有双频观测值 L1 和 L2，则上述搜索步骤还可进一步通过下述检验进行改进。对于短基线，两个测站具有高度相关的大气延迟，相同卫星对 n 和 m 的 L1 和 L2 同步观测值的差值可表示为

$$\lambda_1 \cdot N_1^{nm} - \lambda_2 \cdot N_2^{nm} = \nabla \Delta L_1 - \nabla \Delta L_2 + v_1 - v_2 \tag{8.168}$$

依据上式，可构建观测方程为

$$p = N_1^{nm} - \frac{\lambda_2}{\lambda_1} \cdot N_2^{nm} \tag{8.169}$$

利用最小二乘可求取参数 p 的最优估值及其标准差 m_p，则

$$\hat{p} = N_1^{nm} - \frac{\lambda_2}{\lambda_1} \cdot N_2^{nm} \tag{8.170}$$

式(8.170)表示由参数 N_1^{nm} 和 N_2^{nm} 定义的二维参数空间的直线，标准差 m_p 可用来定义一个置信区间。由于式(8.168)是无几何观测量，且消除了钟差信息，m_p 是非常小的。此时可增加一个搜索标准：

$$P[\hat{a}_{Lik} - \xi_{t(f,\ 1-\alpha/2)} \cdot m_{0\hat{a}_{Lik}} \leqslant a_{Lik} \leqslant \hat{a}_{Lik} + \xi_{t(f,\ 1-\alpha/2)} \cdot m_{0\hat{a}_{Lik}}] = 1 - \alpha$$
$$a_{Lik} = a_i - \frac{\lambda_2}{\lambda_1} a_k \tag{8.171}$$

如果对于相同卫星不同频率的同步观测值的整周模糊度 a_i 和 a_k 的备选组合不能通过上述检验，则可进一步缩小搜索模糊度搜索空间。

8.7.2 最小二乘模糊度搜索算法

最小二乘模糊度搜索算法(LSAST)是基于模糊度空间的搜索方法。它相当于

对观测值进行搜索,以残差平方和超过某一阈值为准则,消去不正确的模糊度组合,将最后所剩下的唯一的一组模糊度作为正确的模糊度。所以这种方法有时也称为模糊度消去法。为了优化搜索空间,通常卫星分为两个集合,第一个集合由 4 颗卫星组成,用来构造搜索空间。其余卫星组成第二集合,用来检验并消去第一集合中不正确的备选模糊度组合。

利用 LSAST 求解整周模糊度分为以下四个步骤。

① 确定未知点的初始坐标。未知点的初始坐标可以用伪距或相位平滑伪距的差分定位方法确定。

② 建立搜索空间。在求得未知点的初始坐标后,以初始点位为中心建立一个三维搜索区域,其边长可选择为固定边长或以初始点定位解的精度为指标确定;再以该空间的 8 个顶点坐标和选择的 3 个基本双差观测量分别解算出相应的模糊度初值;然后根据每个顶点上计算得到的模糊度初值,确定这 3 个双差模糊度参数各自的最大整数值 $N_{\max}$ 和最小整数值 $N_{\min}$。

③ 最小二乘搜索。先从模糊度搜索空间中选取一组待检测的模糊度(称为基本模糊度组),利用相应的 3 个双差观测量计算出动态点位坐标;再利用求得的动态点位坐标计算其他双差载波相位的整周模糊度(称为剩余模糊度组);然后根据得到的双差整周模糊度,利用该历元所有的双差载波相位观测值再次进行最小二乘解算,从而得出动态点位坐标及相应的残差向量 V,并计算如下统计量:

$$\sigma_0^2 = \frac{V^{\mathrm{T}} C^{\mathrm{T}} V}{n-u} \tag{8.172}$$

若 σ_0^2 小于某一限值,则将该组模糊度参数 σ_0^2 存入结果文件。

④ 整周模糊度的检验。若在步骤③中仅得到一组模糊度参数,则该组模糊度就是所要求的模糊度 N, 否则对结果文件中保存的 σ_0^2 进行 Ratio 检验,即

$$\text{Ratio} = \frac{(V^{\mathrm{T}} C^{-1} V)_{\min}}{(V^{\mathrm{T}} C^{-1} V)_{\text{secmin}}} = \frac{\sigma_{0\text{secmin}}^2}{\sigma_{0\min}^2} \tag{8.173}$$

若 Ratio 大于某一限值(一般选取为大于 2 的常值),则认为 σ_0^2 所对应的模糊度参数组为正确的模糊度,否则还需利用下一历元的数据对剩下的模糊度组进行最小二乘搜索,直到剩下唯一的一组或 Ratio 大于某一限值为止。

8.7.3　Z 变换和 LAMBDA 算法

LAMBDA 算法求解整数最小二乘问题主要包括两个步骤:第一步是搜索空间的变换,也称为模糊度降相关,提高模糊度空间向量基的正交性;第二步是模糊度搜索过程。

式(8.144)可进一步表示为

$$\breve{a}=\underset{a\in\mathbb{Z}^n}{\mathrm{argmin}}(\hat{a}-a)^{\mathrm{T}}\boldsymbol{Q}_{\hat{a}}^{-1}(\hat{a}-a) \tag{8.174}$$

如果 $\boldsymbol{Q}_{\hat{a}}^{-1}$ 为对角阵,则模糊度整数解 $\breve{a}$ 可由浮点值 $\hat{a}$ 直接取整得到。然而,由于模糊度间存在相关性, $\boldsymbol{Q}_{\hat{a}}^{-1}$ 并不是对角阵,所以整数解 $\breve{a}$ 需通过搜索方法进行求解。为了提高搜索效率,LAMBDA 算法采用 Z 变换进行降相关处理(Teunissen 1993):

$$z=Z^{\mathrm{T}}a,\ \hat{z}=Z^{\mathrm{T}}\hat{a},\ Q_{\hat{z}}=Z^{\mathrm{T}}Q_{\hat{a}}Z \tag{8.175}$$

其中, z 和 $Q_{\hat{z}}$ 分别为 a 和 $Q_{\hat{a}}$ 经 Z 变换后的向量。为了保证求得的模糊度参数为整数,要求 a 和 z 之间的变换必须是整数变换,即 $z\in\mathbf{Z}^n$, $Z\in\mathbf{Z}^{n\times n}$, Z 和 Z^{-1} 中的元素均为整数,且 $\det(Z)=\pm1$。因此,Z 变换也称为整数变换。Z 变换后, $Q_{\hat{z}}$ 实现对角化,非对角元素尽可能变小。

为了能够获取 $\boldsymbol{Z}$ 变换矩阵,需要对 $\boldsymbol{Q}_{\hat{a}}^{-1}$ 进行分解,LAMBDA 算法通常进行 LDL^{T} 分解(Jonge and Tiberius, 1996):

$$\boldsymbol{Q}_{\hat{a}}^{-1}=\boldsymbol{LDL}^{\mathrm{T}} \tag{8.176}$$

其中, $\boldsymbol{L}$ 为下三角单位矩阵(即主对角元素全部为 1); $\boldsymbol{D}$ 为对角阵 $[\boldsymbol{D}=\mathrm{diag}(d_1,\ \cdots,\ d_n)]$。式(8.175)等价于

$$\boldsymbol{Q}_{\hat{a}}=\boldsymbol{L}^{-\mathrm{T}}\boldsymbol{D}^{-1}\boldsymbol{L}^{-1} \tag{8.177}$$

矩阵 $\boldsymbol{D}^{-1}=\mathrm{diag}(d_1^{-1},\ \cdots,\ d_n^{-1})$,其中 $d_i^{-1}=\sigma^2_{\hat{\alpha}_{i|i+1,\ \cdots,\ n}}$ 是模糊度参数的条件方差。

$\boldsymbol{Z}$ 矩阵的构建需要进行一系列的整数高斯变换和列交换。整数高斯变换实际上是为了实现矩阵去相关,而为了实现进一步地去相关,还需进行列交换(即模糊度参数的重排序)。假定单位下三角矩阵 $\boldsymbol{L}$ 和对角阵 $\boldsymbol{D}$ 的分块矩阵分别为

$$L=\begin{bmatrix}\boldsymbol{L}_{11} & & \\ \boldsymbol{L}_{21} & \boldsymbol{L}_{22} & \\ \boldsymbol{L}_{31} & \boldsymbol{L}_{32} & \boldsymbol{L}_{33}\end{bmatrix},\ \boldsymbol{D}=\begin{bmatrix}\boldsymbol{D}_{11} & & \\ & \boldsymbol{D}_{22} & \\ & & \boldsymbol{D}_{33}\end{bmatrix} \tag{8.178}$$

其中,子矩阵 $\boldsymbol{L}_{22}$ 的阶数为 2; $\boldsymbol{L}_{11}$ 的阶数为 i-1; $\boldsymbol{L}_{33}$ 的阶数为 $n-i-1$。假定对第 i 和 i+1 个模糊度进行 2 维的模糊度变换,其变换矩阵为

$$\boldsymbol{Z}=\begin{bmatrix}\boldsymbol{I}_{i\ 1} & & \\ & \boldsymbol{Z}_{22} & \\ & & \boldsymbol{I}_{n-i-1}\end{bmatrix} \tag{8.179}$$

可得变换后的分解形式为 $\boldsymbol{L}^{*\mathrm{T}}\boldsymbol{D}^{*}\boldsymbol{L}^{*}$，且

$$\boldsymbol{L}^{*}=\begin{bmatrix}\boldsymbol{L}_{11} & & \\ \bar{\boldsymbol{L}}_{21} & \bar{\boldsymbol{L}}_{22} & \\ \boldsymbol{L}_{31} & \bar{\boldsymbol{L}}_{32} & \boldsymbol{L}_{33}\end{bmatrix},\ \boldsymbol{D}^{*}=\begin{bmatrix}\boldsymbol{D}_{11} & & \\ & \bar{\boldsymbol{D}}_{22} & \\ & & \boldsymbol{D}_{33}\end{bmatrix} \tag{8.180}$$

其中，$\boldsymbol{Z}_{22}$ 为具有如下形式的整数高斯变换矩阵(Teunissen, 1995)：

$$\boldsymbol{Z}_{22}=\begin{bmatrix}1 & \\ \alpha & 1\end{bmatrix} \tag{8.181}$$

$\bar{\boldsymbol{L}}_{32}$、$\bar{\boldsymbol{L}}_{22}$ 和 $\bar{\boldsymbol{D}}_{22}$ 的表达形式如下：

$$\bar{\boldsymbol{L}}_{32}=\begin{bmatrix}l_{i+2,\,i}+\alpha l_{i+2,\,i+1} & l_{i+2,\,i+1}\\ l_{i+3,\,i}+\alpha l_{i+3,\,i+1} & l_{i+3,\,i+1}\\ \vdots & \vdots\\ l_{n,\,i}+\alpha l_{n,\,i+1} & l_{n,\,i+1}\end{bmatrix},\ \bar{\boldsymbol{L}}_{22}=\begin{bmatrix}1 & 0\\ l_{i+1,\,i}+\alpha & 1\end{bmatrix},\ \bar{\boldsymbol{D}}_{22}=\begin{bmatrix}d_i & \\ & d_{i+1}\end{bmatrix} \tag{8.182}$$

而 $\bar{\boldsymbol{L}}_{21}=\boldsymbol{L}_{21}$。为了能够达到完全的不相关，可令 $\alpha=-l_{i+1,\,i}$，但通常情况下 $l_{i+1,\,i}$ 不是整数。为了满足整数变换的要求，可对 $l_{i+1,\,i}$ 进行取整 $[l_{i+1,\,i}]$，并令 $\alpha=-[l_{i+1,\,i}]$。通过上述变换，可使得 $\boldsymbol{L}$ 矩阵的非对角元素小于等于 0.5，从而达到降相关的目的。有关整数高斯变换的内容可参考文献(Jonge and Tiberius, 1996)。

为了减少模糊度搜索时间，还需对模糊度参数进行重排序，即对模糊度搜索的方向进行调整。假定调整第 i 和 $i+1$ 个模糊度的次序，则 2×2 置换矩阵 $\boldsymbol{Z}_{22}$ 为

$$\boldsymbol{Z}_{22}=\begin{bmatrix}0 & 1\\ 1 & 0\end{bmatrix} \tag{8.183}$$

$\bar{\boldsymbol{L}}_{32}$、$\bar{\boldsymbol{L}}_{22}$、$\bar{D}_{22}$ 和 $\bar{\boldsymbol{L}}_{32}$ 变为如下形式：

$$\bar{\boldsymbol{L}}_{32}=\begin{bmatrix}l_{i+2,\,i+1} & l_{i+2,\,i}\\ l_{i+3,\,i+1} & l_{i+3,\,i}\\ \vdots & \vdots\\ l_{n,\,i+1} & l_{n,\,i}\end{bmatrix},\ \bar{\boldsymbol{L}}_{22}=\begin{bmatrix}1 & 0\\ \dfrac{l_{i+1,\,i}d_{i+1}}{d_i+l_{i+1,\,i}^2d_{i+1}} & 1\end{bmatrix}$$

$$\bar{\boldsymbol{D}}_{22}=\begin{bmatrix} d_{i+1}-\dfrac{l_{i+1,i}^2 d_{i+1}^2}{d_i+l_{i+1,i}^2 d_{i+1}} & 0 \\ 0 & d_i+l_{i+1,i}^2 d_{i+1} \end{bmatrix},$$

$$\bar{\boldsymbol{L}}_{21}=\begin{bmatrix} -l_{i+1,i} & 1 \\ \dfrac{-l_{i+1,i}^2 d_{i+1}}{d_i+l_{i+1,i}^2 d_{i+1}}+1 & \dfrac{l_{i+1,i} d_{i+1}}{d_i+l_{i+1,i}^2 d_{i+1}} \end{bmatrix}\boldsymbol{L}_{21} \tag{8.184}$$

在实际的模糊度解算过程中,LAMBDA 算法寻求最大程度的模糊度协方差矩阵降相关,并且将最精确地模糊度放在最后位置 n 上。换句话说,LAMBDA 算法在解算过程中,实现如下目标函数:

$$\boldsymbol{Q}_{\hat{a}}=\boldsymbol{L}^{\mathrm{T}}\boldsymbol{D}\boldsymbol{L},\ \boldsymbol{D}=\operatorname{diag}(d_1,\ \cdots,\ d_n),\ d_n\leqslant\cdots\leqslant d_1 \tag{8.185}$$

当 $d'_{i+1}<d_{i+1}$ 时,会进行 i 和 $i+1$ 个模糊度的互换,因此去相关和模糊度重排序交叉进行。对模糊度进行深度优先搜索,即从最后一个模糊度开始向第一个模糊度进行去相关操作,在第 i 步,尝试进行第 i 个和 $i+1$ 个模糊度的互换,如果互换使得 d_{i+1} 减小,则进行互换,否则继续向下进行去相关。互换后,从第 n 个模糊度重新开始。从第 n 个模糊度向第 1 个模糊度去相关的过程中,无须任意两个模糊度次序的互换。

为了进行模糊度搜索,通常设定如下的模糊度搜索空间(模糊度 a 既可表示转换前的模糊度,也可表示经过 Z 变换后的模糊度):

$$(\hat{a}-a)^{\mathrm{T}}\boldsymbol{Q}_{\hat{a}}^{-1}(\hat{a}-a)\leqslant\chi^2 \tag{8.186}$$

下面简要介绍各个模糊度搜索范围的求解方法。利用 $\boldsymbol{Q}_{\hat{a}}^{-1}$ 矩阵的 $\boldsymbol{LDL}^{\mathrm{T}}$ 分解,可将式(8.186)展开为

$$\sum_{i=1}^{n} d_i\left[(a_i-\hat{a}_i)+\sum_{j=i+1}^{n} l_{ji}(a_j-\hat{a}_j)\right]^2\leqslant\chi^2 \tag{8.187}$$

假定已经求解得到模糊度 a_{i+1} 直到 a_n,则可通过下列公式求解得到模糊度 a_i 的搜索范围:

$$\sum_{i=1}^{n} d_i\left[(a_i-\hat{a}_i)+\sum_{j=i+1}^{n} l_{ji}(a_j-\hat{a}_j)\right]^2\leqslant\chi^2\Rightarrow$$

$$d_i\left[(a_i-\hat{a}_i)+\sum_{j=i+1}^{n} l_{ji}(a_j-\hat{a}_j)\right]^2\leqslant\chi^2-\sum_{l=i+1}^{n} d_l\left[(a_l-\hat{a}_l)+\sum_{j=l+1}^{n} l_{jl}(a_j-\hat{a}_j)\right]^2\Leftrightarrow$$

$$\left[(a_i-\hat{a}_i)+\sum_{j=i+1}^{n} l_{ji}(a_j-\hat{a}_j)\right]^2 \leqslant \underbrace{\frac{\chi^2}{d_i}-\frac{1}{d_i}\sum_{l=i+1}^{n} d_l\left[(a_l-\hat{a}_l)+\sum_{j=l+1}^{n} l_{jl}(a_j-\hat{a}_j)\right]^2}_{\text{right}_i} \tag{8.188}$$

由式(8.188)可得模糊度 a_i 的搜索范围为

$$\hat{a}_i-\sqrt{\text{right}_i}-\sum_{j=i+1}^{n} l_{ji}(a_j-\hat{a}_j) \leqslant a_i \leqslant \hat{a}_i+\sqrt{\text{right}_i}-\sum_{j=i+1}^{n} l_{ji}(a_j-\hat{a}_j) \tag{8.189}$$

确定所有模糊度的搜索范围后，经过比较即可得到满足最小约束条件式(8.174)的模糊度整数最小二乘估值 $\breve{a}$。

与 FARA 算法和 LSAST 算法一样，在搜索得到最佳模糊度组合后，仍需经过统计性检验来确认模糊度的正确性。模糊度确认方法与前面内容相近，此处不再重复介绍。

第 9 章　GNSS 定向测姿原理

9.1　GNSS 定向测姿的需求

在工程建设、交通、自动控制、工农业生产和军事装备中,不仅需要精准的位置信息,而且需要精准的姿态信息。例如坦克、火炮、肩扛火箭筒,仅仅知道位置是不够的,还要精确地知道炮口对准什么方向、仰角是多高。精准农业中的拖拉机播种施肥和松土除草、驾校考核的监视系统,不仅要实时确定目标的位置,而且要实时掌握目标的轨迹方向。至于无人飞机和巡航导弹,更要求在高速飞行过程中保持精准稳定的载体位置和姿态控制。因此在高精度定位发展的同时,国民经济和人民生活的需求催生了高精度定向测姿技术的这一分支。

传统的姿态测量采用惯性导航系统(INS),主要是利用陀螺仪和加速度计等惯性元件感知载体运动过程中的旋转加速度和加速度,通过积分得到载体的位置、速度和姿态等信息。INS 具有完全自主导航能力,无须任何外部信息,隐蔽性和抗干扰性强,而且短期精度较高,因此在 20 世纪 80 年代发展极为迅猛,无论在军事还是大众生活中都得到广泛应用。常规的 INS 短期精度较好,但是系统稳定性和长期精度差,受环境影响特别是温度影响大,冷启动时间长。更重要的一点是,INS 通过对时间的二次积分递归获得载体的姿态信息,测姿的误差会随时间逐渐累积,其误差积累不是线性而是以二次曲线迅速增长。例如常用的微机电惯性导航系统(MEMS)惯导器件,其中档产品的漂移量为 10~30°/h,民用的低成本 MEMS 产品的漂移量可达 100°/h。一种方案是采用光纤惯导和激光惯导等高档惯导设备,其漂移量可降到 0.1~1°/h。但是高档 INS 通常精密复杂,体积大,重量重,价格昂贵而且维护要求较高,不适合大众应用。另一种方案是以其他长期稳定度好的测姿技术为辅助定期实现姿态的校正和标定,保证其在长航时测姿的精度和可靠性。

GNSS 短基线(对应多天线)测姿技术虽然目前短期精度还不能达到惯导的水平,但是它的长期稳定性好,没有累积误差,整套测姿设备价格低廉,体积小,重量轻,维护简单,恰好可以弥补惯导的不足。因此用 GNSS 测姿结果定时为惯导作校正或者进一步实现 GNSS/INS 耦合定位定向测姿,在高精度测姿应用中有着广阔的前景。当然 GNSS 测姿技术也存在不足,首先要求天线对天空可视,一旦收不到 GNSS 卫星信号或者周围环境遮挡严重造成卫星数不足和多路径效应严重,会造成 GNSS 测姿解中断或者大大影响整数模糊度固定和解的收敛速度;其次 GNSS 测姿解的短期精度还赶不上惯导,尤其对短期精度要求高的高频应用必须依赖惯导。

国际和国内对 GNSS 测姿的研究进展很快,举一些代表性的例子,1976 年提出了利用 GPS 短基线载波相位数据测量载体姿态的思路(Spinney, 1976);1980 年阐述了 GPS 测姿的技术原理及其优势(Greenspan et al., 1982);1983 年发表了采用静态短基线接收机系统测定载体姿态的结果(Joseph and Deem, 1983);1988 年给出了 GPS 实时测定载体三轴姿态的可行性讨论和静态和动态模式下的试验结果(Kruczynski et al., 1988);1991 年利用四天线 GPS 干涉仪进行了三维实时姿态确定飞行试验,验证了 GPS 测姿技术在飞行控制和导航系统中的潜力(Graas and Braasch, 1991)。国内学者在 2001~2005 年期间做了大量 GNSS 定向测姿的可行性讨论、仿真、实验验证和样机研发(黄其欢等,2005;刘根友等,2003;沈健,2003;胡国辉等,2001;王银华和胡小平,2001),取得了较好的成果;王永泉(2008)在构建 GPS/GLONASS 三维测姿系统时,还实现了外接共用时钟;王晶(2012)取得了 GNSS 动态测姿 0.01°/m 精度的突破。

9.2　GNSS 定向测姿的基本原理

载体的三维姿态角在载体坐标系中定义。载体坐标系的原点一般取为载体的质心,Y 轴与载体主轴重合指向前方,X 轴垂直于 Y 轴指向载体右侧,Z 轴与 X、Y 轴正交构成右手坐标系。图 9.1(a)为载体坐标系的示意图。航向角 H(yaw 或者 heading angle)定义为载体主轴在当地水平面上的投影与当地正北方向的夹角,它的角度有两种定义法:一种是从正北方沿顺时针方向旋转为正,这种定义与地面方位角定义一致,但是相对于 Z 轴是左旋的;一种是从正北方沿逆时针方向旋转为正,这种定义与地面方位角定义反向,但是相对于 Z 轴是右旋的。本书采用第一种定义。俯仰角 P(pitch angle)定义为载体主轴与当地水平面的夹角,向上为正,相当于沿 X 轴右旋。横摇角 R(roll angle)定义为沿载体主轴旋转后载体坐标系 X 轴(图中 X_B)与当地水平面的交线的夹角,X 轴向下转为正,相当于沿 Y 轴右旋。

GNSS 三维测姿需要三根天线,用这三根天线组成两条正交的基线代表载体坐标系,如图 9.1(b)所示。原点取为主天线的相位中心。注意这样定义的原点一般很难与载体的质心重合,好在姿态角仅仅是角度关系,原点平移并不影响姿态角的测量。主天线与副天线一号构成 Y 轴,主天线与副天线二号构成 X 轴,主天线向上方向为 Z 轴,三轴方向组成右手系。

定义当地水平坐标系为 xyz 坐标系,原点移至载体所在当地点,Z 轴指向当地天顶方向,X 轴指向当地的东方。如果我们得到了在当地水平坐标系中两条基线矢的解 $\boldsymbol{b}_1(\Delta x_1^{\mathrm{L}}, \Delta y_1^{\mathrm{L}}, \Delta z_1^{\mathrm{L}})$ 和 $\boldsymbol{b}_2(\Delta x_2^{\mathrm{L}}, \Delta y_2^{\mathrm{L}}, \Delta z_2^{\mathrm{L}})$,$\Delta x_i^{\mathrm{L}} = x_i^{\mathrm{L}} - x_0^{\mathrm{L}}$ 为基线矢分量,x_i^{L} 是副天线的坐标分量,x_0^{L} 是主天线的坐标分量。为简便起见,假定主天线和副天线的高度相同,载体水平面在没有移动时和当地水平坐标系的水平面平行,这样天线基线对应的姿态角就等于载体的姿态角。于是有

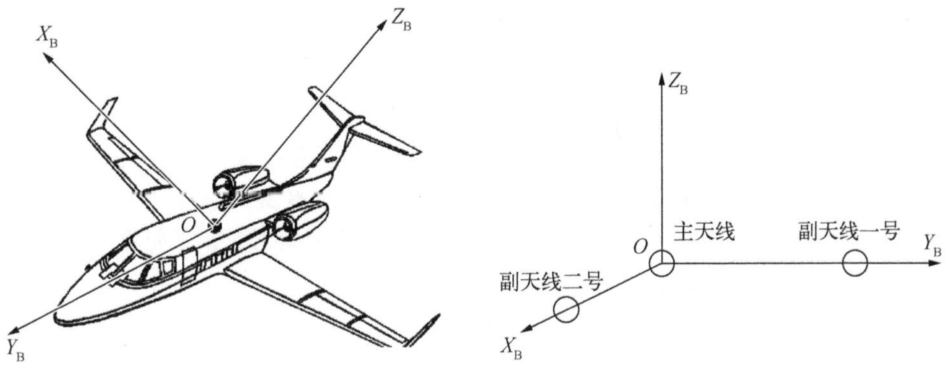

(a) 载体坐标系示意图,O 为原点,X_B、Y_B、Z_B 为三坐标轴

(b) GNSS 多天线构成的基线矢和载体坐标系的关系

图 9.1 坐标系示意图

$$H = \tan^{-1}\left(\frac{\Delta x_1^L}{\Delta y_1^L}\right) \tag{9.1}$$

$$P = \tan^{-1}\left[\frac{\Delta z_1^L}{\sqrt{(\Delta x_1^L)^2 + (\Delta y_1^L)^2}}\right] \tag{9.2}$$

得到了 H 和 P 的值后,就可以计算横摇角,即

$$R = \tan^{-1}\left(\frac{\Delta x_2^L \sin H \sin P - \Delta y_2^L \cos H \sin P + \Delta z_2^L \cos P}{\Delta x_2^L \cos H + \Delta y_2^L \sin H}\right) \tag{9.3}$$

通常 GNSS 分析软件是在地心坐标系的框架上实现的,直接得到的是地心坐标系中的基线矢分量,并不是基线在当地水平坐标系中的解,可以用第 7 章中的转换公式把地心坐标系中的基线矢旋转转换到当地水平坐标系。

GNSS 软件求基线矢的解有两种方案,一种是分别求各个天线的位置矢,然后对天线的位置矢求差得到基线矢;另一种方案是直接把基线矢作为估计参数。由于载体上的基线大多只有几米,用这样的短基线矢作估计参数,可以消除大气扰动、电离层扰动、卫星钟差的影响。如果安装天线时把天线方位对齐,天线的相位中心变化也自动消除。由于基线短,卫星的轨道误差影响明显减小,可以直接用广播星历。观测方程极大地简化,式(8.1)和式(8.10d)可表为

$$\Delta P_i^j = \Delta \rho_i^j - c \cdot (\delta t_i - \delta t_0) + \Delta \mathrm{URD}_i + \varepsilon \tag{9.4}$$

$$\Delta\phi_i^j = \frac{1}{\lambda}\Delta\rho_i^j - f\cdot(\delta t_i - \delta t_0) + \Delta \mathrm{UPD}_i + \Delta N_i^j \tag{9.5}$$

其中，Δ 为天线间差分算子；$\Delta N_i^j = N_i^j - N_0^j$ 为单差模糊度；i 为副天线标号，主天线标号为 0；j 为卫星标号；ρ 为卫星天线和接收机天线连线的距离；t 为接收机钟差；未矫正相位延迟（uncalibrated phase delay, UPD，也有文献称 line bias）包括初始相位、硬件和光纤延迟，它只与该天线有关而且接近常数（假定温度和环境引起的硬件和光纤延迟变化可以忽略），未矫正距离延迟（uncalibrated range delay, URD）包括硬件和光纤延迟，也可以看作仅与天线有关的常数，N 为整数模糊度。

$$\Delta\rho_i^j = \frac{x_0 - x^j}{\rho_0^j}\delta(\Delta x_i) + \frac{y_0 - y^j}{\rho_0^j}\delta(\Delta y_i) + \frac{z_0 - z^j}{\rho_0^j}\delta(\Delta z_i) \tag{9.6}$$

不难看出，GNSS 测姿的精度和基线长度有关，基线越长精度越好。为了体现这层关系，测得的姿态角精度通常用°/m 表示。如果只有两个天线，只能得到航向角和俯仰角的估计值，对于大部分在地面行走的载体，如汽车和拖拉机，得到这两个姿态角的信息已经足够了。

9.3　共用时钟 GNSS 多天线接收机的定向测姿技术

9.3.1　共用时钟 GNSS 多天线接收机测姿原理

共用时钟多天线 GNSS 接收机是 20 世纪 90 年代后出现的一款新型的接收机（Dong et al., 2016a）。主副天线接收到 GPS 射频信号后，与公共钟源所产生的本地振荡器进行混频输出中频信号，然后通过基带信号解调输出载波、伪距、多普勒和信噪比（图 9.2）。传统的多天线接收机有两种：一种通过 GPS 多天线分时复用的单通连接开关（GPS multi-antenna switch, GMS）来实现多个天线按照一定的时间顺序依次独立地与一台接收机互连（Ding et al., 2003），由于这种多天线系统成本低，被广泛应用于工程和滑坡监测（何秀凤和王新洲，2002）；另一种是非共时钟的 GPS 多天线接收机技术，直接在单张 OEM 板上加载两个时钟。从本质上来说，这两种多天线接收机与单天线接收机并无差异。共时钟多天线接收机和传统多天线接收机最本质的差别就是它的单差相当于传统的双差。

共时钟多天线接收机测姿的观测方程为

$$\Delta P_i^j = \Delta\rho_i^j + \Delta \mathrm{URD}_i + \varepsilon \tag{9.7}$$

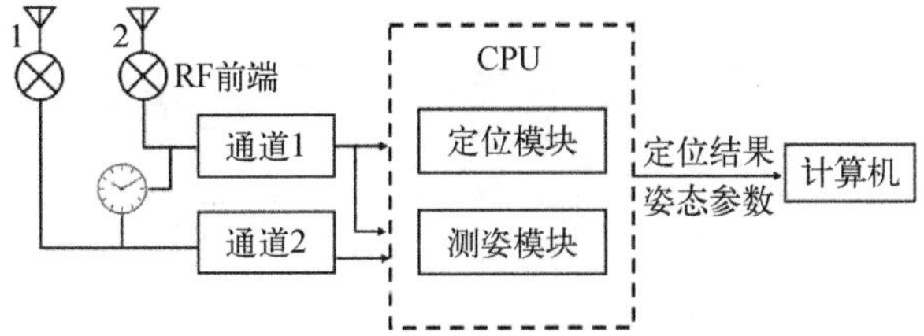

图 9.2　共时钟 GNSS 多天线接收机的结构模块示意图

$$\Delta\phi_i^j = \frac{1}{\lambda}\Delta\rho_i^j + \Delta\mathrm{UPD}_i + \Delta N_i^j \tag{9.8}$$

观测方程中的接收机钟差项消除了,然而,这个巨大的优点似乎并没有引起国际上的重视,各大公司看中这款接收机仅仅是因为它降低了成本、重量和体积,并不深究它是否能够提高姿态解的精度。其原因是国际上早有文章发表,从理论上证明了 GNSS 观测的非差、单差和双差模型是等价的,它们的解和解的协方差矩阵是完全相同的(Xu and Xu, 2016; Leick et al., 2015; Santerre and Geiger, 1998)。因此,目前国际上领先的共时钟多天线 GNSS 接收机(如 Trimble 的 BD982 双天线接收机和 Javad 的 TRIUMPH－4X 四天线接收机)都沿袭双差模型或者与之等价的算法,没有考察共用时钟情况下等价性是否成立。另一个原因是式(9.8)中 ΔUPD 的存在,由于 ΔUPD 和整数模糊度高度相关,单差算法中的模糊度不再是整数,而双差可以消除 ΔUPD, 双差模糊度是整数,可以应用各种成熟的整数模糊度搜寻和固定算法。

9.3.2　测姿算法中单差和双差等价性讨论

王永泉(2008)的实验发现,在共时钟的前提下单差和双差的姿态解不再等价,它们的航向角解完全相同,但单差算法的俯仰角解的弥散度(2 m 基线 0.1°)明显小于双差算法的俯仰角解的弥散度(2 m 基线 0.2°)(图 9.3),但是未给出理论上的证明。

Chen 等(2012)在假定 UPD＝0 和模糊度都已固定的前提下,从理论上证明了共时钟多天线 GNSS 接收机单差算法和双差算法的基线解水平分量的解的协方差完全相同,但是单差算法基线解垂直分量的解的协方差小于双差算法的解的协方差。对于解的弥散度,他们用仿真实验显示了俯仰角的解的弥散度单差的结果(0.18°)要比双差的结果(0.42°)好一倍以上(图 9.4)。

Chen 等(2017b)进一步用渐近分析在同样的假定 UPD＝0 和模糊度都已固定的前提下,证明了单差和双差算法得到的航向角结果的等价性,同时证明了俯仰角解的不等价性并且给出了单差的俯仰角解的弥散度比双差解弥散度改进的定量证明。下面对共用时钟的多天线接收机用载波相位观测估计基线矢的单差解和双差

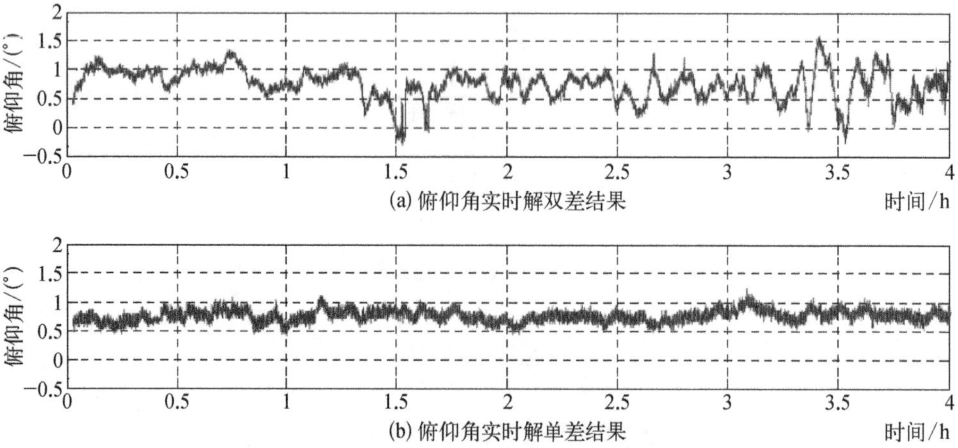

图 9.3　俯仰角实时解双差结果和单差结果比较(取自王永泉,2008)

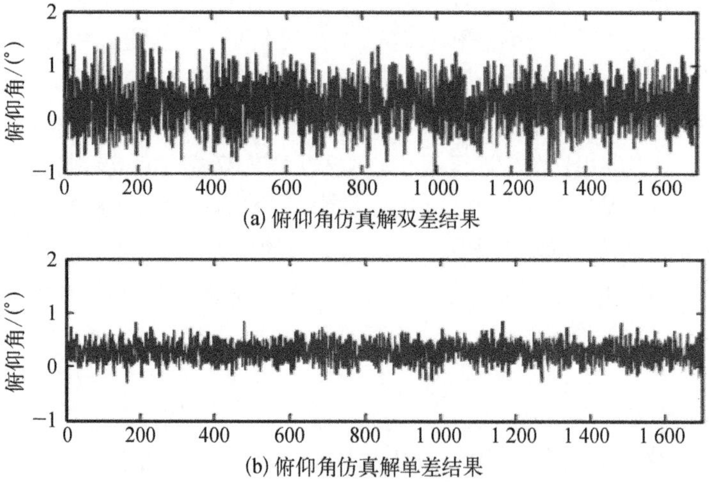

图 9.4　俯仰角仿真解双差结果和单差结果比较(取自 Chen et al., 2012)

解的等价性作一介绍。为简化讨论,假定模糊度和 UPD 已确定。

1. 不共用时钟单差观测方程

$$\Delta\phi^i = \boldsymbol{A}^i \delta \boldsymbol{b} + u + \varepsilon \tag{9.9}$$

其中,i 为卫星标号;估计参数 $\boldsymbol{b} = (\Delta x_e,\ \Delta x_n,\ \Delta x_u)^{\mathrm{T}}$ 表示为当地水平坐标系的三个基线矢分量,u 为估计的钟差参数,偏导数系数矩阵为

$$\boldsymbol{A}^i = \begin{pmatrix} \dfrac{x_e^i - x_e}{\rho^i} & \dfrac{x_n^i - x_n}{\rho^i} & \dfrac{x_u^i - x_u}{\rho^i} \end{pmatrix} = \begin{pmatrix} \cos\theta_e^i & \cos\theta_n^i & \cos\theta_u^i \end{pmatrix} \tag{9.10}$$

其中，θ^i 为 i 号卫星到接收机主天线连线与当地水平坐标系坐标轴的夹角。为简化起见，假定所有观测等权 $(\frac{1}{\sigma^2})$，参数的最小二乘估计为

$$\begin{pmatrix}\delta\hat{\boldsymbol{b}}\\ \hat{u}\end{pmatrix}=[(\boldsymbol{A}\quad \boldsymbol{e}_n)^{\mathrm{T}}\boldsymbol{W}(\boldsymbol{A}\quad \boldsymbol{e}_n)]^{-1}(\boldsymbol{A}\quad \boldsymbol{e}_n)^{\mathrm{T}}\boldsymbol{W}(\Delta\phi) \tag{9.11}$$

其中，$\boldsymbol{e}_n$ 为 $n\times 1$ 单位矢，n 为卫星数，$\boldsymbol{W}$ 为权矩阵，协方差矩阵为

$$\sigma^2\begin{pmatrix}\boldsymbol{A}^{\mathrm{T}}\boldsymbol{A} & \boldsymbol{A}^{\mathrm{T}}\boldsymbol{e}_n\\ \boldsymbol{e}_n^{\mathrm{T}}\boldsymbol{A} & \boldsymbol{e}_n^{\mathrm{T}}\boldsymbol{e}_n\end{pmatrix}^{-1}=\begin{pmatrix}\boldsymbol{Q}_b & \boldsymbol{Q}_{bu}\\ \boldsymbol{Q}_{ub} & \boldsymbol{Q}_u\end{pmatrix} \tag{9.12}$$

由矩阵求逆定理得

$$\boldsymbol{Q}_b=\sigma^2[\boldsymbol{A}^{\mathrm{T}}\boldsymbol{A}-\boldsymbol{A}^{\mathrm{T}}\boldsymbol{e}_n(\boldsymbol{e}_n^{\mathrm{T}}\boldsymbol{e}_n)^{-1}\boldsymbol{e}_n^{\mathrm{T}}\boldsymbol{A}]^{-1}=\sigma^2\left[\boldsymbol{A}^{\mathrm{T}}\left(\boldsymbol{I}-\frac{1}{n}\boldsymbol{e}_n\boldsymbol{e}_n^{\mathrm{T}}\right)\boldsymbol{A}\right]^{-1} \tag{9.13}$$

$$\boldsymbol{Q}_u=\sigma^2[n-\boldsymbol{e}_n^{\mathrm{T}}\boldsymbol{A}(\boldsymbol{A}^{\mathrm{T}}\boldsymbol{A})^{-1}\boldsymbol{A}^{\mathrm{T}}\boldsymbol{e}_n]^{-1} \tag{9.14}$$

$$\boldsymbol{Q}_{bu}=-(\boldsymbol{A}^{\mathrm{T}}\boldsymbol{A})^{-1}\boldsymbol{A}^{\mathrm{T}}\boldsymbol{e}_n\boldsymbol{Q}_u=-\frac{1}{n}\boldsymbol{Q}_b\boldsymbol{A}^{\mathrm{T}}\boldsymbol{e}_n \tag{9.15}$$

于是有

$$\delta\hat{\boldsymbol{b}}=\frac{1}{\sigma^2}(\boldsymbol{Q}_b\boldsymbol{A}^{\mathrm{T}}+\boldsymbol{Q}_{bu}\boldsymbol{e}_n^{\mathrm{T}})(\Delta\phi)=\frac{1}{\sigma^2}\boldsymbol{Q}_b\boldsymbol{A}^{\mathrm{T}}\left(\boldsymbol{I}_n-\frac{1}{n}\boldsymbol{e}_n\boldsymbol{e}_n^{\mathrm{T}}\right)(\Delta\phi) \tag{9.16}$$

2. 双差观测方程

$$\boldsymbol{D}\Delta\phi=\boldsymbol{D}\boldsymbol{A}\delta\boldsymbol{b}+\boldsymbol{D}\varepsilon \tag{9.17}$$

其中，$\boldsymbol{D}$ 为差分算子，不失普遍性，取最后一颗卫星为参考卫星，于是 $\boldsymbol{D}=(\boldsymbol{I}_{n-1},-\boldsymbol{e}_{n-1})$ 为 $(n-1)\times n$ 矩阵，观测权矩阵为

$$\boldsymbol{W}_D=\frac{1}{\sigma^2}[\boldsymbol{D}\boldsymbol{D}^{\mathrm{T}}]^{-1}=\frac{1}{\sigma^2}\begin{pmatrix}2 & 1 & \cdots & 1\\ 1 & 2 & \cdots & 1\\ \vdots & \vdots & \ddots & \vdots\\ 1 & 1 & \cdots & 2\end{pmatrix}^{-1} \tag{9.18}$$

最小二乘估计为

$$\delta\hat{\boldsymbol{b}}=[\boldsymbol{A}^{\mathrm{T}}\boldsymbol{D}^{\mathrm{T}}(\boldsymbol{D}\boldsymbol{D}^{\mathrm{T}})^{-1}\boldsymbol{D}\boldsymbol{A}]^{-1}\boldsymbol{A}^{\mathrm{T}}\boldsymbol{D}^{\mathrm{T}}(\boldsymbol{D}\boldsymbol{D}^{\mathrm{T}})^{-1}(\boldsymbol{D}\Delta\phi) \tag{9.19}$$

根据 Teunissen(1997),将算子等式:

$$D^{\mathrm{T}}(DD^{\mathrm{T}})^{-1}D = I_n - \frac{1}{n}e_n e_n^{\mathrm{T}} \tag{9.20}$$

代入式(9.19),发现式(9.19)与式(9.16)等价,解的协方差矩阵 $\sigma^2[A^{\mathrm{T}}D^{\mathrm{T}}(DD^{\mathrm{T}})^{-1}DA]^{-1}$ 与式(9.13)等价。这就证明了测姿估计中双差算法是和不共用时钟单差算法等价的。

3. 共用时钟单差观测方程

$$\Delta\phi^i = A^i\delta b + \varepsilon \tag{9.21}$$

其最小二乘估计的解和协方差矩阵为

$$\delta\tilde{b} = \frac{1}{\sigma^2}Q_{\tilde{b}}A^{\mathrm{T}}(\Delta\phi) \tag{9.22}$$

$$Q_{\tilde{b}} = \sigma^2(A^{\mathrm{T}}A)^{-1} \tag{9.23}$$

由对称矩阵求逆公式可得

$$\left[A^{\mathrm{T}}\left(I - \frac{1}{n}e_n e_n^{\mathrm{T}}\right)A\right]^{-1} = M^{-1} + \frac{1}{1 - v^{\mathrm{T}}M^{-1}v}(M^{-1}v)(M^{-1}v)^{\mathrm{T}} \tag{9.24}$$

其中,$M = A^{\mathrm{T}}A$;$v = \frac{1}{\sqrt{n}}A^{\mathrm{T}}e_n$,代入式(9.13),第一项对应式(9.23)即共用时钟的单差解协方差,第二项是正定的,这就证明了共用时钟单差解的协方差和不共用时钟单差解(也就是双差解)的协方差不再等价,前者明显小于后者(Chen et al., 2012)。将式(9.21)和式(9.23)代入式(9.22),得

$$\delta\tilde{b} = \delta b + (A^{\mathrm{T}}A)^{-1}A^{\mathrm{T}}\varepsilon \tag{9.25}$$

将式(9.9)和式(9.13)代入式(9.16),并利用 $\left(I_n - \frac{1}{n}e_n e_n^{\mathrm{T}}\right)u = 0$,可得

$$\delta\hat{b} = \delta b + \left[A^{\mathrm{T}}\left(I_n - \frac{1}{n}e_n e_n^{\mathrm{T}}\right)A\right]^{-1}A^{\mathrm{T}}\left(I_n - \frac{1}{n}e_n e_n^{\mathrm{T}}\right)\varepsilon \tag{9.26}$$

式(9.25)和式(9.26)右边第一项代表基线矢解的真值,第二项代表估计值对真值的偏离,它们表明共时钟的单差解和双差解都是真实值的无偏估计,但是偏离幅度也就是弥散度不一样。把偏离量看作随机量,把卫星在天上的分布看作均匀分布,就可以对它们作渐近分析,从统计上定量地给出这两种算法基线解的弥散度

之差别(Chen et al., 2017b)。渐近分析表明,共时钟单差算法基线解的水平分量的弥散度和双差算法解的弥散度相同,但是共时钟单差算法基线解的垂直分量的弥散度只有双差算法解的弥散度的 1/5.3(Chen et al., 2017)。Chen 等(2017b)还讨论了 UPD 参数不为 0 的情况,结论类似。为什么两种算法基线解的垂直分量和水平分量表现不同呢? 原因就在于地面载体观测时水平向 360°范围都能收到 GNSS 卫星信号,但在高度方向只能收到上半天球卫星信号。

9.3.3 单差模糊度估计的 ASA 算法

共时钟多天线接收机的出现,使得测姿时单差解和双差解不再等价。要充分利用单差算法的优越性,关键是固定整数模糊度。但是单差算法未能消除 UPD,导致单差的模糊度不为整数,不能直接固定(Ge M., 2008)。为了解决这一难题,一种方案是三步走的算法(Li et al., 2004)。首先,用一部分历元组成双差观测,固定双差模糊度求得基线矢的粗解;其次,组成单差观测扣去基线矢的粗解,对此单差观测序列取正弦和余弦(整数模糊度部分变为 0 被消除)后估计 UPD;最后单差观测序列扣去估计的 UPD,然后作整数模糊度固定得到最终的基线解。Chen 和 Li(2014)认为硬件延迟项很小,如果两个天线的光纤长度取相等则 UPD 项可以忽略,直接对共时钟的单差观测作整数模糊度固定。前一种方法比较麻烦,后一种方法不够普遍。

考察共时钟单差的观测方程式(9.8),首先 UPD 和模糊度的偏导数是完全相同的,表明它们全相关,UPD 不能单独估计;其次 UPD 仅与接收机天线有关,与 GNSS 卫星无关,这也是双差能消除 UPD 的原因。根据这两点可以对估计参数作一调整。选取一颗卫星为参考卫星,不估计它的模糊度,只估计 UPD。其他卫星既估计模糊度也估计 UPD。观测方程形式上仍为式(9.8),但偏导数分布不同,并且是不秩亏的。为了方便讨论,假定基线矢已知不参加估计,并设所有观测等权为 1,观测方程为

$$\Delta\phi_i^j = \Delta \mathrm{UPD}_i + \Delta N_i^j \tag{9.27}$$

法矩阵为

$$\boldsymbol{A} = \begin{pmatrix} \sum_1^n k_i & k_2 & k_3 & \cdots & k_n \\ k_2 & k_2 & 0 & 0 & 0 \\ k_3 & 0 & k_3 & 0 & 0 \\ \vdots & \vdots & \vdots & \vdots & \vdots \\ k_n & 0 & 0 & 0 & k_n \end{pmatrix} \tag{9.28}$$

其中,k_i 为第 i 颗卫星的观测数,上式已假定第一颗卫星为参考卫星。法矩阵的逆矩阵即协方差矩阵为

$$A^{-1} = \begin{pmatrix} \frac{1}{k_1} & -\frac{1}{k_1} & -\frac{1}{k_1} & \cdots & -\frac{1}{k_1} \\ -\frac{1}{k_1} & \frac{1}{k_2}+\frac{1}{k_1} & \frac{1}{k_1} & \cdots & \frac{1}{k_1} \\ -\frac{1}{k_1} & \frac{1}{k_1} & \frac{1}{k_3}+\frac{1}{k_1} & \cdots & \frac{1}{k_1} \\ \vdots & \vdots & \vdots & \vdots & \vdots \\ -\frac{1}{k_1} & \frac{1}{k_1} & \frac{1}{k_1} & \cdots & \frac{1}{k_n}+\frac{1}{k_1} \end{pmatrix} \tag{9.29}$$

式(9.29)表明估计的 UPD 参数和所有模糊度参数负相关,而模糊度参数之间正相关。卫星观测数相同时,负相关系数为 $-1/\sqrt{2}$,正相关系数为 1/2。可以理论上证明这样估计出来的参数为

$$\begin{bmatrix} \mathrm{U\hat{P}D} \\ \Delta\hat{N}_2 \\ \Delta\hat{N}_3 \\ \vdots \\ \Delta\hat{N}_n \end{bmatrix} = \begin{bmatrix} \Delta N_1 + \mathrm{UPD} \\ \Delta N_2 - \Delta N_1 \\ \Delta N_3 - \Delta N_1 \\ \vdots \\ \Delta N_n - \Delta N_1 \end{bmatrix} \tag{9.30}$$

式(9.30)表明估计的 UPD 参数实际上是真实的 UPD 和参考卫星整数模糊度之和,估计的其他卫星模糊度参数实际上是它们真实的整数模糊度和参考卫星的整数模糊度之差,都应该为整数。这样,现有成熟的整数模糊度搜寻和固定的算法可以直接用到这里的模糊度参数上。这种方法相当于用 UPD 参数置换参考卫星的模糊度参数,称为整周模糊度置换法(ambiguity substitution approach,ASA)。

下面给出两个共时钟双天线接收机(BD982)单差测姿的结果,其中的单差模糊度用 ASA 固定。第一个实验是静态定向,两天线距离 388 mm,采样间隔 1 Hz,观测时段 6 h。结果验证了非共用时钟单差模式和双差的等价性,也验证了共时钟单差解的形式误差及弥散度水平分量依然和双差等价,但是垂直分量明显优于双差算法(表 9.1)。

表 9.1 静态基线解比较

	FU			Std			Mean		
	DD	SD1	SD2	DD	SD1	SD2	DD	SD1	SD2
BE/mm	2.279	2.279	2.206	1.696	1.696	1.672	317.176	317.176	317.188
BN/mm	2.642	2.642	2.506	1.916	1.916	1.841	−239.648	−239.648	−239.612
BU/mm	5.742	5.737	1.882	4.145	4.140	1.109	−1.236	−1.235	−1.122

注：DD、SD1、SD2 分别代表双差、非共用时钟模式单差、共时钟单差；FU 代表形式误差；Std 代表解的弥散度均方根差；Mean 代表解的均值；BE、BN、BU 分别代表基线的东西、南北、上下分量（Chen et al., 2017）。

第二个实验是动态试验。BD982 双天线接收机的两个天线安装在汽车顶上，相距 2.10 m，采样率为 10 Hz。汽车在上海华东师范大学校园内开了两圈，途中经过 5 座平路桥，上下坡度仅 2°~4°。双差算法姿态解用 Trimble 公司的软件结果作对比。如前所述，两种算法结果对航向角是等价的，但是俯仰角单差算法的弥散度明显地小于双差解（图 9.5）。特别是单差俯仰角解显示出两次 5 个俯仰角小升降事件，双差解完全看不到［图 9.5（b）］。为了验证这些事件是否为信号，在车上同

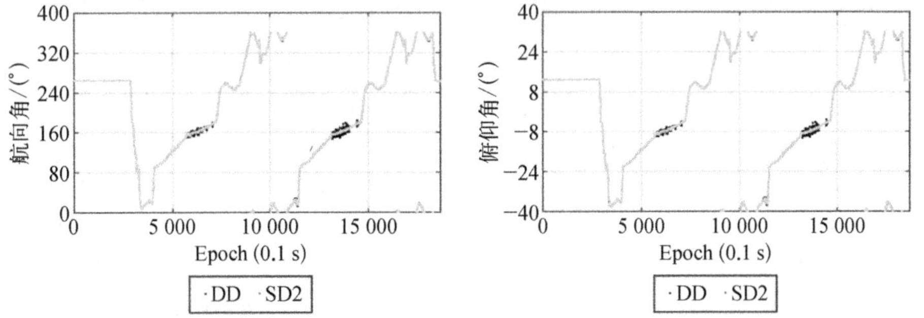

(a) 航向角　(b) 俯仰角

图 9.5 单差和双差算法姿态角对比动态实验

黑色点为双差结果，灰色点为单差结果（取自 Chen et al., 2017）

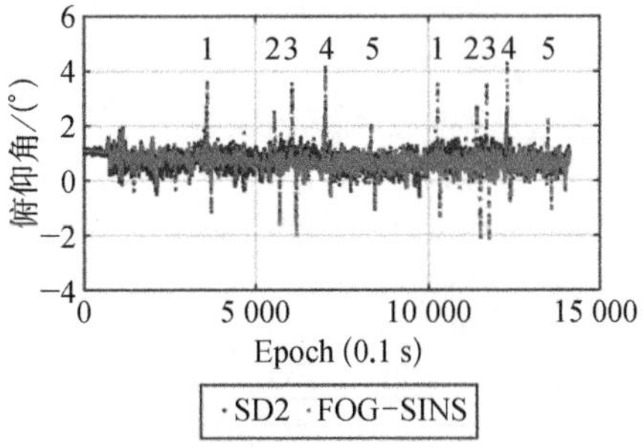

图 9.6 单差算法俯仰角结果和光纤惯导对比

蓝色点为 GNSS 单差结果，红色点为光纤惯导结果（取自 Chen et al., 2017）

时安装了 FOG－SINS 光纤惯导作为对比。对比结果表明 GNSS 共时钟接收机单差测姿得到的俯仰角变化时间和光纤惯导结果完全一致,对应经过的那 5 座桥,同时 GNSS 单差解的弥散度已经接近光纤惯导的水平(图 9.6)。顺便提一句,相比于双差需要最少 4 颗卫星得到姿态解,单差算法最少只需要 3 颗卫星,这就解释了卫星数少时双差解发散而单差解依然比较稳定[图 9.5(b)黑色点弥散度特别大的两段区域]。

9.4　GNSS/INS 紧耦合定位定向测姿的基本原理

9.4.1　GNSS/INS 紧耦合数学模型

图 9.7 是时钟同步一机多天线 GNSS/INS 紧耦合原理框图。GNSS/INS 紧耦合导航系统主要由 GNSS 子系统、INS 子系统和卡尔曼滤波器三部分组成。INS 子系统中的 INS 解算模块接收 IMU 输出的比力和角速率信息,产生 INS 的导航输出信息,即位置信息和速度信息,并结合 GNSS 接收机产生的星历可以计算出 INS 的伪距和伪距率;将 INS 的伪距和伪距率与 GNSS 接收机的伪距和伪距率之差作为

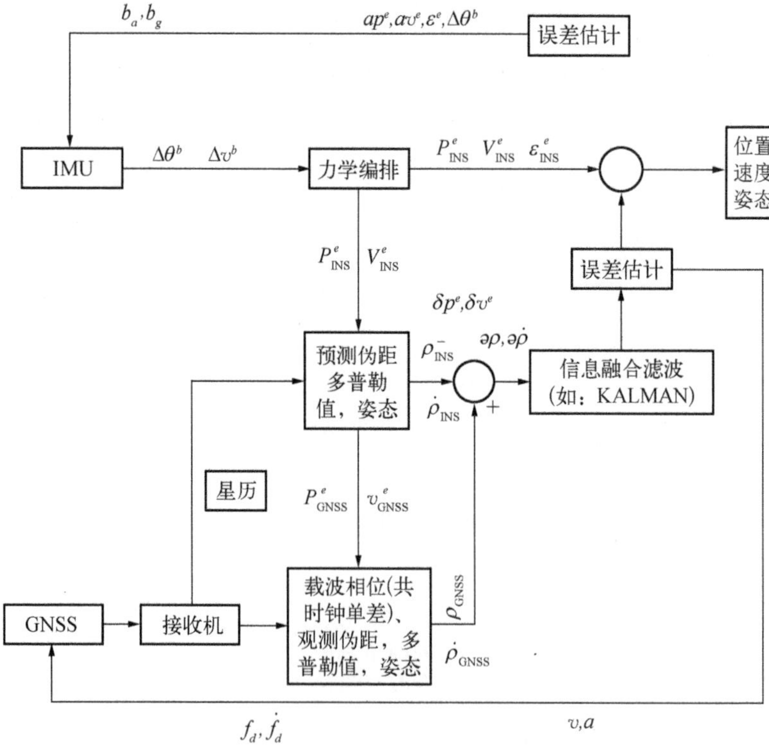

图 9.7　GNSS/INS 紧耦合框图

卡尔曼滤波器的输入，得到 INS 的状态误差估计值；将状态误差估计值中的陀螺仪漂移和加速度计偏置反馈给 INS 对其进行校正，而将状态误差估计值中的位置误差和速度误差对 INS 解算后的位置和速度信息进行校正，输出即为 GNSS/INS 紧组合系统的最终导航结果。

紧组合导航滤波器的状态变量分为两部分，第一部分为惯性导航系统误差，第二部分为卫星钟差、接收机钟差与钟漂误差。紧耦合模式利用导航电文解算过程中获取的卫星星历，与 INS 定位结果共同计算伪距和伪距率。

9.4.2 INS 误差状态方程

要建立 GNSS/INS 组合导航系统的状态方程，需要确定状态方程中各状态变量的形式和维数。先考虑 INS 系统的状态变量，选取姿态角误差、速度误差、位置误差以及陀螺和加速度计的零偏共 15 个状态作为 INS 的状态变量，即 3 个姿态角误差分量，3 个位置误差分量，3 个速度误差分量，3 个陀螺漂移中的随机常值漂移，3 个加速度计的测量误差。

以东北天地理坐标系为导航坐标系，INS 的状态方程为

$$\dot{\boldsymbol{X}}_{\mathrm{I}}(t)=\boldsymbol{F}_{\mathrm{I}}(t)\boldsymbol{X}_{\mathrm{I}}(t)+\boldsymbol{G}_{\mathrm{I}}(t)\boldsymbol{W}_{\mathrm{I}}(t) \tag{9.31}$$

其中，下标 I 表示 INS 系统；$\boldsymbol{X}_{\mathrm{I}}(t)$ 为 15 维的状态变量；$\boldsymbol{F}_{\mathrm{I}}(t)$ 为 15×15 维的系统转移矩阵；$\boldsymbol{W}_{\mathrm{I}}(t)$ 为 6 维的系统噪声向量；$\boldsymbol{G}_{\mathrm{I}}(t)$ 为 15×6 维的系统噪声驱动矩阵。

状态变量 $\boldsymbol{X}_{\mathrm{I}}(t)$ 为 $\boldsymbol{X}_{\mathrm{I}}(t)=[\phi_e\ \ \phi_n\ \ \phi_u\ \ \delta V_e\ \ \delta V_n\ \ \delta V_u\ \ \delta L\ \ \delta\lambda\ \ \delta h\ \ \varepsilon_e\ \ \varepsilon_n\ \ \varepsilon_u\ \ \nabla_e\ \ \nabla_n\ \ \nabla_u]^{\mathrm{T}}$，其中，下标 e、n、u 分别表示东、北、天地理坐标系的三个方向，ϕ_e、ϕ_n、ϕ_u 分别表示航向角、横滚角、俯仰角的姿态角误差，δV_e、δV_n、δV_u 分别表示在导航坐标系中指向东、北、天三个坐标轴方向的速度误差，δL、$\delta\lambda$、δh 分别表示纬度误差、经度误差和高度误差，ε_e、ε_n、ε_u 分别表示导航坐标系中指向东、北、天三个坐标轴方向的陀螺仪的随机误差，∇_e、∇_n、∇_u 分别表示导航坐标系中指向东、北、天三个坐标轴方向的加速度计的随机误差。

在东、北、天三个坐标轴形式的导航坐标系中，具体的惯性导航参数方程包括姿态角误差方程、速度误差方程、位置误差方程，式(9.31)中 $\boldsymbol{F}_{\mathrm{I}}(t)$ 为 15×15 维的转移矩阵。

$$\boldsymbol{F}_{\mathrm{I}}(t)=\begin{bmatrix}\boldsymbol{F}_{\mathrm{N}}(t)_{9\times9} & \boldsymbol{F}_{\mathrm{S}}(t)_{9\times6}\\ 0_{6\times9} & \boldsymbol{F}_{\mathrm{M}}(t)_{6\times6}\end{bmatrix} \tag{9.32}$$

其中，$\boldsymbol{F}_{\mathrm{M}}(t)=[0]_{6\times6}$；$\boldsymbol{F}_{\mathrm{N}}(t)_{9\times9}$ 是 INS 的误差转移矩阵；$\boldsymbol{F}_{s}(t)$ 是基本导航参数与惯性器件误差之间的变换矩阵，在捷联式惯导中有

$$\boldsymbol{F}_s(t)=\begin{bmatrix}\boldsymbol{C}_b^n & \boldsymbol{0}_{3\times3}\\ \boldsymbol{0}_{3\times3} & \boldsymbol{C}_b^n\\ \boldsymbol{0}_{3\times3} & \boldsymbol{0}_{3\times3}\end{bmatrix},$$

系统噪声向量 $\boldsymbol{W}_{\mathrm{I}}(t)$ 为

$$\boldsymbol{W}_{\mathrm{I}}(t)=[w_{gx}\quad w_{gy}\quad w_{gz}\quad w_{ax}\quad w_{ay}\quad w_{az}]_{6\times1}^{\mathrm{T}}$$

其中，w_{gx}、w_{gy}、w_{gz} 为陀螺仪白噪声；w_{ax}、w_{ay}、w_{az} 为加速度计白噪声。

系统噪声驱动矩阵 $\boldsymbol{G}_{\mathrm{I}}(t)$ 为

$$\boldsymbol{G}_{\mathrm{I}}(t)=\begin{bmatrix}\boldsymbol{C}_b^n & \boldsymbol{0}_{3\times3}\\ \boldsymbol{0}_{3\times3} & \boldsymbol{C}_b^n\\ \boldsymbol{0}_{9\times3} & \boldsymbol{0}_{9\times3}\end{bmatrix}_{15\times6}$$

9.4.3　GNSS/INS 紧组合系统的状态方程

紧耦合 GNSS 的状态方程表示为

$$\dot{\boldsymbol{X}}_{\mathrm{G}}(t)=\boldsymbol{F}_{\mathrm{G}}(t)\boldsymbol{X}_{\mathrm{G}}(t)+G_{\mathrm{G}}(t)\boldsymbol{W}_{\mathrm{G}}(t) \tag{9.33}$$

下标 G 表示 GNSS，在紧耦合中，GNSS 采用伪距和伪距率作为观测信息，通常选取两个与时间有关的误差：时钟误差 δt_u 和时钟频率误差 δt_{ru}，有

$$\boldsymbol{X}_{\mathrm{G}}(t)=[\delta t_u\quad \delta t_{ru}]^{\mathrm{T}}$$

则 GNSS 的误差状态方程可以表示为

$$\begin{cases}\delta\dot{t}_u=\delta t_u+w_{tu}\\ \delta\dot{t}_{ru}=-\beta_{tru}\delta t_{ru}+w_{tru}\end{cases} \tag{9.34}$$

其中，w_{tu}、w_{tru} 为零均值的高斯白噪声；$\beta_{tru}=1/\tau_f$ 为反相关时间；τ_f 为相关时间。

式(9.33)中矩阵的表示形式为

$$\boldsymbol{X}_{\mathrm{G}}(t)=\begin{bmatrix}\delta t_u\\ \delta t_{ru}\end{bmatrix},\ \boldsymbol{F}_{\mathrm{G}}(t)=\begin{bmatrix}1 & 0\\ 0 & -\beta_{tru}\end{bmatrix},\ \boldsymbol{G}_{\mathrm{G}}(t)=I^2=\begin{bmatrix}1 & 0\\ 0 & 1\end{bmatrix},\ \boldsymbol{W}_{\mathrm{G}}(t)=\begin{bmatrix}w_{tu}\\ w_{tru}\end{bmatrix}$$

将 INS 误差状态方程式和 GNSS 误差状态方程式合并，可以得到 GNSS/INS 紧组合系统的状态方程。在单差载波相位平滑处理的基础上，基于伪距、伪距率组合系统的状态方程可表示为

$$\begin{bmatrix} \dot{\boldsymbol{X}}_{\mathrm{I}}(t) \\ \dot{\boldsymbol{X}}_{\mathrm{G}}(t) \end{bmatrix} = \begin{bmatrix} \boldsymbol{F}_{\mathrm{I}}(t) & 0 \\ 0 & \boldsymbol{F}_{\mathrm{G}}(t) \end{bmatrix} \begin{bmatrix} \boldsymbol{X}_{\mathrm{I}}(t) \\ \boldsymbol{X}_{\mathrm{G}}(t) \end{bmatrix} + \begin{bmatrix} G_{\mathrm{I}}(t) & 0 \\ 0 & G_{\mathrm{G}}(t) \end{bmatrix} \begin{bmatrix} \boldsymbol{W}_{\mathrm{I}}(t) \\ \boldsymbol{W}_{\mathrm{G}}(t) \end{bmatrix}$$

记为

$$\dot{\boldsymbol{X}}(t) = \boldsymbol{F}(t)\boldsymbol{X}(t) + G(t)\boldsymbol{W}(t) \tag{9.35}$$

其中,状态变量共计 17 维,即

$$\boldsymbol{X}(t) = [\phi_e \ \ \phi_n \ \ \phi_u \ \ \delta V_e \ \ \delta V_n \ \ \delta V_u \ \ \delta L \ \ \delta\lambda \ \ \delta h \ \ \varepsilon_e \ \ \varepsilon_n \ \ \varepsilon_u \ \ \nabla_e \ \ \nabla_n \ \ \nabla_u \ \ \delta t_u \ \ \delta t_{ru}]^{\mathrm{T}}$$

9.4.4 GNSS/INS 紧耦合系统观测方程

GNSS/INS 紧耦合系统观测方程由伪距观测方程和伪距率观测方程两部分组成。

1. 伪距观测方程

在 GNSS/INS 紧耦合系统中,载体的真实地理位置可用纬度(L)、经度(λ)、高度(h)表示,与此对应的载体在地心地固坐标系中的真实位置(x, y, z)可通过式(9.36)求出:

$$\left.\begin{aligned} x &= (R_n + h)\cos L\cos\lambda \\ y &= (R_n + h)\cos L\sin\lambda \\ z &= [R_n(1 - e^2) + h]\sin L \end{aligned}\right\} \tag{9.36}$$

INS 输出的载体位置用纬度 L_{I}、经度 λ_{I} 和高度 h_{I} 表示,设第 j 颗卫星在地心地固坐标系中的位置为 (x_s^j, y_s^j, z_s^j),则由 INS 计算出的载体位置($x_{\mathrm{I}}, y_{\mathrm{I}}, z_{\mathrm{I}}$)到第 j 颗卫星的伪距为

$$\rho_{\mathrm{I}}^j = \sqrt{(x_{\mathrm{I}} - x_s^j)^2 + (y_{\mathrm{I}} - y_s^j)^2 + (z_{\mathrm{I}} - z_s^j)^2} \quad (j = 1, 2, 3, \cdots) \tag{9.37}$$

设($\delta x, \delta y, \delta z$)为 INS 给出的载体位置与在 ECEF 坐标系中的位置的误差,则

$$x_{\mathrm{I}} = x + \delta x, \ y_{\mathrm{I}} = y + \delta y, \ z_{\mathrm{I}} = z + \delta z$$

令

$$\rho^j = \sqrt{(x - x_s^j)^2 + (y - y_s^j)^2 + (z - z_s^j)^2}$$

$$e_{jx} = \frac{x - x_s^j}{\rho^j}, \ e_{jy} = \frac{y - y_s^j}{\rho^j}, \ e_{jz} = \frac{z - z_s^j}{\rho^j}$$

将 ρ_{I}^{j} 在 $(x - x_{\mathrm{s}}^{j},\ y - y_{\mathrm{s}}^{j},\ z - z_{\mathrm{s}}^{j})$ 处按照泰勒级数展开,忽略二阶以上的高次项,可得

$$\begin{aligned}\rho_{\mathrm{I}}^{j} &\approx \rho^{j} + \frac{\partial \rho_{\mathrm{I}}^{j}}{\partial x}\delta x + \frac{\partial \rho_{\mathrm{I}}^{j}}{\partial y}\delta y + \frac{\partial \rho_{\mathrm{I}}^{j}}{\partial z}\delta z \\ &= \rho^{j} + \frac{x - x_{\mathrm{s}}^{j}}{\rho^{j}}\delta x + \frac{y - y_{\mathrm{s}}^{j}}{\rho^{j}}\delta y + \frac{z - z_{\mathrm{s}}^{j}}{\rho^{j}}\delta z \\ &= \rho^{j} + e_{jx}\delta x + e_{jy}\delta y + e_{jz}\delta z \end{aligned} \tag{9.38}$$

GNSS 接收机测量得到的它与第 j 颗卫星之间的伪距可以表示为 ρ_{G}^{j},那么

$$\rho_{\mathrm{G}}^{j} = \rho^{j} - \delta t_{u} - \boldsymbol{v}_{\rho j} \tag{9.39}$$

其中,δt_{u} 为 GNSS 接收机时钟误差引起的等效距离误差;$\boldsymbol{v}_{\rho j}$ 为伪距测量噪声,由多路径效应、对流层延迟误差、电离层误差等引起。因为 δt_{u} 是伪距测量中的主要误差,所以在建立伪距测量模型时,主要考虑该项误差的影响。组合系统的伪距差测量方程为

$$\begin{aligned}\delta\rho^{j} &= \rho_{\mathrm{I}}^{j} - \rho_{\mathrm{G}}^{j} \\ &= e_{jx}\delta x + e_{jy}\delta y + e_{jz}\delta z + \delta t_{u} + \boldsymbol{v}_{\rho j}\end{aligned} \tag{9.40}$$

当取几何位置最佳的 4 颗可见卫星时,伪距差测量矩阵为

$$\boldsymbol{\delta\rho} = \boldsymbol{E} \cdot [\delta x \quad \delta y \quad \delta z]^{\mathrm{T}} + \boldsymbol{D}_{tu}\delta t_{u} + \boldsymbol{V}_{\rho} \tag{9.41}$$

其中,

$$\boldsymbol{\delta\rho} = [\delta\rho^{1} \quad \delta\rho^{2} \quad \delta\rho^{3} \quad \delta\rho^{4}]^{\mathrm{T}}$$

$$\boldsymbol{D}_{tu} = [1 \quad 1 \quad 1 \quad 1]^{\mathrm{T}}$$

$$\boldsymbol{V}_{\rho} = [\boldsymbol{v}_{\rho 1} \quad \boldsymbol{v}_{\rho 2} \quad \boldsymbol{v}_{\rho 3} \quad \boldsymbol{v}_{\rho 4}]^{\mathrm{T}}$$

$$\boldsymbol{E} = \begin{bmatrix} e_{1x} & e_{1y} & e_{1z} \\ e_{2x} & e_{2y} & e_{2z} \\ e_{3x} & e_{3y} & e_{3z} \\ e_{4x} & e_{4y} & e_{4z} \end{bmatrix} = [e_{ji}]_{4\times 3},\ (j = 1,\ 2,\ 3,\ 4;\ i = x,\ y,\ z)$$

系统状态方程中给出的位置误差($\delta L,\ \delta\lambda,\ \delta h$)与载体在 ECEF 坐标系中的位置误差($\delta x,\ \delta y,\ \delta z$)的转换关系为

$$[\delta x \quad \delta y \quad \delta z]^{\mathrm{T}} = \boldsymbol{D}_a \cdot [\delta L \quad \delta\lambda \quad \delta h]^{\mathrm{T}} \tag{9.42}$$

其中，

$$\boldsymbol{D}_a = \begin{bmatrix} -(R_n+h)\sin L\cos\lambda & -(R_n+h)\cos L\sin\lambda & \cos L\cos\lambda \\ -(R_n+h)\sin L\sin\lambda & -(R_n+h)\cos L\cos\lambda & \cos L\sin\lambda \\ [R_n(1-e^2)+h]\cos L & 0 & \sin L \end{bmatrix}$$

可得

$$\delta\boldsymbol{\rho} = \boldsymbol{E}\cdot\boldsymbol{D}_a\cdot[\delta L \quad \delta\lambda \quad \delta h]^{\mathrm{T}} + \boldsymbol{D}_{tu}\delta t_u + \boldsymbol{V}_\rho \tag{9.43}$$

综上可得组合系统的伪距观测方程为

$$\boldsymbol{Z}_\rho(t) = \boldsymbol{H}_\rho(t)\boldsymbol{X}(t) + \boldsymbol{V}_\rho(t) \tag{9.44}$$

其中，$\boldsymbol{H}_\rho(t) = [\boldsymbol{0}_{4\times6} \quad \boldsymbol{E}\cdot\boldsymbol{D}_a \quad \boldsymbol{0}_{4\times6} \quad \boldsymbol{D}_{tu} \quad \boldsymbol{0}_{4\times1}]_{4\times17}$。

2. 伪距率观测方程

载体真实位置(x, y, z)至第j颗卫星的距离变化率表达式为

$$\begin{aligned} \dot{\rho}^j &= [(x-x_s^j)(\dot{x}-\dot{x}_s^j)+(y-y_s^j)(\dot{y}-\dot{y}_s^j)+(z-z_s^j)(\dot{z}-\dot{z}_s^j)]/\rho^j \\ &= e_{jx}(\dot{x}-\dot{x}_s^j)+e_{jy}(\dot{y}-\dot{y}_s^j)+e_{jz}(\dot{z}-\dot{z}_s^j) \end{aligned} \tag{9.45}$$

由 INS 计算出的载体位置(x_1, y_1, z_1)至第j颗卫星的伪距为

$$\rho_1^j = \rho^j + \frac{x-x_s^j}{\rho^j}\delta_x + \frac{y-y_s^j}{\rho^j}\delta_y + \frac{z-z_s^j}{\rho^j}\delta_z \tag{9.46}$$

将式(9.46)对时间求导后得

$$\begin{aligned} \dot{\rho}_1^j = \dot{\rho}^j &- \frac{\dot{\rho}^j}{(\rho^j)^2}[(x-x_s^j)\delta x+(y-y_s^j)\delta y+(z-z_s^j)\delta z] \\ &+ \frac{1}{\rho^j}[(\dot{x}-\dot{x}_s^j)\delta x+(\dot{y}-\dot{y}_s^j)\delta y+(\dot{z}-\dot{z}_s^j)\delta z] \\ &+ \frac{1}{\rho^j}[(x-x_s^j)\delta\dot{x}+(y-y_s^j)\delta\dot{y}+(z-z_s^j)\delta\dot{z}] \end{aligned} \tag{9.47}$$

令 $g_{jx} = \frac{1}{\rho^j}(\dot{x}-\dot{x}_s^j-\dot{\rho}^j e_{jx})$，$g_{jy} = \frac{1}{\rho^j}(\dot{y}-\dot{y}_s^j-\dot{\rho}^j e_{jy})$，$g_{jz} = \frac{1}{\rho^j}(\dot{z}-\dot{z}_s^j-\dot{\rho}^j e_{jz})$，则式

(9.47)可整理为

$$\dot{\rho}_{\mathrm{I}}^{j}=\dot{\rho}^{j}+g_{jx}\delta x+g_{jy}\delta y+g_{jz}\delta z+e_{jx}\delta\dot{x}+e_{jy}\delta\dot{y}+e_{jz}\delta\dot{z} \tag{9.48}$$

定义 $(\dot{x},\ \dot{y},\ \dot{z})$ 为载体在地心地固坐标系(ECEF)中的真实速度，$(\dot{x}_{\mathrm{s}}^{j},\ \dot{y}_{\mathrm{s}}^{j},\ \dot{z}_{\mathrm{s}}^{j})$ 为第 j 颗卫星在地心地固坐标系中的速度，$(\delta\dot{x},\ \delta\dot{y},\ \delta\dot{z})$ 为载体在地心地固坐标系中的速度误差，$(\dot{x}_{\mathrm{I}},\ \dot{y}_{\mathrm{I}},\ \dot{z}_{\mathrm{I}})$ 为 INS 给出的在地心地固坐标系中的速度。有

$$\dot{x}_{\mathrm{I}}=\dot{x}+\delta\dot{x},\ \dot{y}_{\mathrm{I}}=\dot{y}+\delta\dot{y},\ \dot{z}_{\mathrm{I}}=\dot{z}+\delta\dot{z} \tag{9.49}$$

$$[\dot{x}\quad \dot{y}\quad \dot{z}]^{\mathrm{T}}=\boldsymbol{C}_{n}^{e}(L,\ \lambda)\cdot[V_{e}\quad V_{n}\quad V_{u}]^{\mathrm{T}} \tag{9.50}$$

$$[\dot{x}_{\mathrm{I}}\quad \dot{y}_{\mathrm{I}}\quad \dot{z}_{\mathrm{I}}]^{\mathrm{T}}=\boldsymbol{C}_{n}^{e}(L_{\mathrm{I}},\ \lambda_{\mathrm{I}})\cdot[V_{e\mathrm{I}}\quad V_{n\mathrm{I}}\quad V_{u\mathrm{I}}]^{\mathrm{T}} \tag{9.51}$$

其中，$\boldsymbol{C}_{n}^{e}(L,\ \lambda)$ 为导航坐标系到地球坐标系的转换矩阵，即

$$\boldsymbol{C}_{n}^{e}(L,\ \lambda)=\begin{bmatrix}-\sin\lambda & -\sin L\cos\lambda & \cos L\cos\lambda\\ \cos\lambda & -\sin L\sin\lambda & \cos L\sin\lambda\\ 0 & \cos L & \sin L\end{bmatrix}$$

下标带 I 的量表示 INS 给出的值，$L_{\mathrm{I}}=L+\delta L,\ \lambda_{\mathrm{I}}=\lambda+\delta\lambda$。将 $\boldsymbol{C}_{n}^{e}(L_{\mathrm{I}},\ \lambda_{\mathrm{I}})$ 在$(L,\ \lambda)$处按照泰勒公式展开，忽略二阶以上的高次项，得到

$$\boldsymbol{C}_{n}^{e}(L_{\mathrm{I}},\ \lambda_{\mathrm{I}})=\boldsymbol{C}_{n}^{e}(L,\ \lambda)+\boldsymbol{D}_{\mathrm{L}}\delta L+\boldsymbol{D}_{\lambda}\delta\lambda \tag{9.52}$$

其中，

$$\boldsymbol{D}_{L}=\begin{bmatrix}0 & -\cos L\cos\lambda & -\sin L\cos\lambda\\ 0 & -\cos L\sin\lambda & -\sin L\sin\lambda\\ 0 & -\sin L & \cos L\end{bmatrix}$$

$$\boldsymbol{D}_{\lambda}=\begin{bmatrix}-\cos\lambda & \sin L\sin\lambda & -\cos L\sin\lambda\\ -\sin\lambda & -\sin L\cos\lambda & \cos L\cos\lambda\\ 0 & 0 & 0\end{bmatrix}$$

故

$$\begin{bmatrix}\dot{x}_{\mathrm{I}}\\ \dot{y}_{\mathrm{I}}\\ \dot{z}_{\mathrm{I}}\end{bmatrix}=\begin{bmatrix}\dot{x}+\delta\dot{x}\\ \dot{y}+\delta\dot{y}\\ \dot{z}+\delta\dot{y}\end{bmatrix}=\boldsymbol{C}_{n}^{e}(L_{\mathrm{I}},\ \lambda_{\mathrm{I}})\cdot\begin{bmatrix}V_{e\mathrm{I}}\\ V_{n\mathrm{I}}\\ V_{u\mathrm{I}}\end{bmatrix}$$

$$\approx \boldsymbol{C}_n^e(L,\lambda)\cdot\begin{bmatrix}V_e+\delta V_e\\V_n+\delta V_n\\V_u+\delta V_u\end{bmatrix}+\boldsymbol{D}_L\cdot\begin{bmatrix}V_e\\V_n\\V_u\end{bmatrix}\cdot\delta L+\boldsymbol{D}_\lambda\cdot\begin{bmatrix}V_e\\V_n\\V_u\end{bmatrix}\cdot\delta\lambda \tag{9.53}$$

载体在导航坐标系中的地速 $\boldsymbol{V}^n$ 与在地心地固坐标系中的地速 $\boldsymbol{V}^e$ 的转换关系可通过坐标变换矩阵 $\boldsymbol{C}_n^e$ 表示为

$$\boldsymbol{V}^e=\boldsymbol{C}_n^e V^n \tag{9.54}$$

两边微分后得

$$\delta\boldsymbol{V}^e=\delta(\boldsymbol{C}_n^e)\boldsymbol{V}^n+\boldsymbol{C}_n^e\delta\boldsymbol{V}^n \tag{9.55}$$

整理得

$$\delta(\boldsymbol{C}_n^e)\boldsymbol{V}^n=\boldsymbol{D}_e\cdot[\delta L\quad\delta\lambda\quad\delta h]^{\mathrm{T}} \tag{9.56}$$

故 ECEF 中的速度误差与载体在导航坐标系中的速度误差的转换关系为

$$[\delta\dot{x}\quad\delta\dot{y}\quad\delta\dot{z}]^{\mathrm{T}}=\boldsymbol{C}_n^e[\delta V_e\quad\delta V_n\quad\delta V_u]^{\mathrm{T}}+\boldsymbol{D}_e\cdot[\delta L\quad\delta\lambda\quad\delta h]^{\mathrm{T}} \tag{9.57}$$

转换矩阵 $\boldsymbol{D}_e$ 为如下矩阵：

$$\boldsymbol{D}_e=\begin{bmatrix}-V_n\cos L\cos\lambda-V_u\sin L\cos\lambda & -V_e\cos\lambda+V_n\sin L\sin\lambda-V_u\cos L\sin\lambda & 0\\-V_n\cos L\sin\lambda-V_u\sin L\sin\lambda & -V_e\sin\lambda-V_n\sin L\cos\lambda+V_u\cos L\cos\lambda & 0\\-V_n\sin L+V_u\cos L & 0 & 0\end{bmatrix}$$

GNSS 接收机测量得到的载体至第 j 颗卫星之间的伪距率为

$$\dot{\rho}_{\mathrm{G}}^j=\dot{\rho}^j-\delta t_{ru}-\boldsymbol{v}_{\dot{\rho}j} \tag{9.58}$$

其中，δt_{ru} 为与时钟频率误差等效的距离率误差；$\boldsymbol{v}_{\dot{\rho}j}$ 为伪距率测量噪声。

组合系统伪距率差量测方程为

$$\delta\dot{\rho}^j=\dot{\rho}_1^j-\dot{\rho}_{\mathrm{G}}^j=g_{jx}\delta x+g_{jy}\delta y+g_{jz}\delta z+e_{jx}\delta\dot{x}+e_{jy}\delta\dot{y}+e_{jz}\delta\dot{z}+\delta t_{ru}+\boldsymbol{v}_{\dot{\rho}j} \tag{9.59}$$

取几何位置最佳的 4 颗可见星时，伪距率差的量测方程为

$$\begin{aligned}\delta\dot{\boldsymbol{\rho}}&=\boldsymbol{M}[\delta x\quad\delta y\quad\delta z]^{\mathrm{T}}+\boldsymbol{E}[\delta\dot{x}\quad\delta\dot{y}\quad\delta\dot{z}]^{\mathrm{T}}+\boldsymbol{D}_{tru}\delta t_{ru}+\boldsymbol{V}_{\dot{\rho}}\\&=\boldsymbol{D}_v\cdot[\delta V_e\quad\delta V_n\quad\delta V_u]^{\mathrm{T}}+\boldsymbol{D}_\rho\cdot[\delta L\quad\delta\lambda\quad\delta h]^{\mathrm{T}}+\boldsymbol{D}_{tru}\delta t_{ru}+\boldsymbol{V}_{\dot{\rho}}\end{aligned} \tag{9.60}$$

其中，

$$\delta\dot{\boldsymbol{\rho}} = \begin{bmatrix} \delta\dot{\rho}^1 \\ \delta\dot{\rho}^2 \\ \delta\dot{\rho}^3 \\ \delta\dot{\rho}^4 \end{bmatrix},\ \boldsymbol{M} = \begin{bmatrix} g_{1x} & g_{1y} & g_{1z} \\ g_{2x} & g_{2y} & g_{2z} \\ g_{3x} & g_{3y} & g_{3z} \\ g_{4x} & g_{4y} & g_{4z} \end{bmatrix},\ \boldsymbol{D}_{tru} = \begin{bmatrix} 1 \\ 1 \\ 1 \\ 1 \end{bmatrix},\ \boldsymbol{V}_{\dot{\rho}} = \begin{bmatrix} \dot{v}_{\rho 1} \\ \dot{v}_{\rho 2} \\ \dot{v}_{\rho 3} \\ \dot{v}_{\rho 4} \end{bmatrix}$$

已知：$\dot{\rho}_{\mathrm{G}}^{j} = \dot{\rho}^{j} - \delta t_{ru} - v_{\dot{\rho}j}$，$\boldsymbol{D}_{v} = \boldsymbol{E} \cdot \boldsymbol{C}_{n}^{e}$，$\boldsymbol{D}_{\rho} = \boldsymbol{E}\boldsymbol{D}_{e} + \boldsymbol{M}\boldsymbol{D}_{a}$。

综上可得 INS/GNSS 组合系统的伪距率观测方程为

$$\boldsymbol{Z}_{\dot{\rho}}(t) = \boldsymbol{H}_{\dot{\rho}}(t)\boldsymbol{X}(t) + \boldsymbol{V}_{\dot{\rho}}(t) \tag{9.61}$$

其中，$\boldsymbol{H}_{\dot{\rho}}(t)$ 为

$$\boldsymbol{H}_{\dot{\rho}}(t) = \begin{bmatrix} \boldsymbol{0}_{4\times 3} & \boldsymbol{D}_{v} & \boldsymbol{D}_{\rho} & \boldsymbol{0}_{4\times 7} & \boldsymbol{D}_{tru} \end{bmatrix}_{4\times 17}$$

3. GNSS/INS 紧耦合的观测方程

将伪距量测方程式和伪距率量测方程式合并，可以得到下式，即紧耦合系统模型的量测方程为

$$\boldsymbol{Z}_{t} = \begin{bmatrix} \boldsymbol{H}_{\rho} \\ \boldsymbol{H}_{\dot{\rho}} \end{bmatrix} \boldsymbol{X}_{t} + \begin{bmatrix} \boldsymbol{V}_{\rho} \\ \boldsymbol{V}_{\dot{\rho}} \end{bmatrix} = \boldsymbol{H}_{t}\boldsymbol{X}_{t} + \boldsymbol{V}_{t} \tag{9.62}$$

式(9.62)中的各个矩阵和向量的含义见前文。

9.5　GNSS 单天线伪姿态角定向测姿的基本原理

传统 GNSS 姿态测量主要采用多天线模式，通过在载体上安置两个或多个天线，基于多天线观测求解出天线间的基线，进而估算载体的姿态。多天线姿态测量可以获得载体的真实姿态，但是测量需要多个天线的部署，提升了成本，并且对于布设空间有限的载体(如无人机)也增加了部署的难度。为进一步降低成本，并且适应特殊载体的要求，Kornfeld 等于 1998 年提出了基于伪姿态角的单天线测姿方法(Kornfeld et al., 1998)，该方法利用轨迹转角替代载体的转角，因而称为伪姿态角测量。

9.5.1　伪姿态角计算方法

单天线测姿通过伪姿态角来表示载体坐标系相对于当地水平坐标系的变化。

伪姿态角由伪航向角 α_s、伪俯仰角 β_s、伪横滚角 γ_s 组成。

伪姿态角的计算涉及载体的速度和加速度,定义如下:

$$\begin{aligned} \boldsymbol{v} &= [v_E, v_N, v_U]^T \\ \boldsymbol{a} &= [a_E, a_N, a_U]^T \end{aligned} \tag{9.63}$$

伪航向角的定义可由载体 E 和 N 方向的速度分量进行求解:

$$\alpha_s = \arctan\left(\frac{v_E}{v_N}\right) \tag{9.64}$$

伪俯仰角可由载体 E、N、U 三个方向的速度分量进行求解:

$$\beta_s = \arctan\left(\frac{v_U}{\sqrt{v_E^2 + v_N^2}}\right) \tag{9.65}$$

伪横滚角基于加速度计算。将加速度 $\boldsymbol{a}$ 沿速度 $\boldsymbol{v}$ 的径向和法向分解可得 $\boldsymbol{a}^t$ 和 $\boldsymbol{a}^n$;同样,将重力加速度 $\boldsymbol{g}$ 沿速度 $\boldsymbol{v}$ 的径向和法向分解可得 $\boldsymbol{g}^t$ 和 $\boldsymbol{g}^n$;物体运动的提升加速度 $\boldsymbol{l}$ 可看作升力和重力的合力,即

$$\boldsymbol{l} = \boldsymbol{a}^n - \boldsymbol{g}^n \tag{9.66}$$

同时,利用 $\boldsymbol{g}$ 和 $\boldsymbol{v}$ 构造水平向量 $\boldsymbol{p}$,得

$$\boldsymbol{p} = \boldsymbol{g} \times \boldsymbol{v} = \boldsymbol{g}^n \times \boldsymbol{v} \tag{9.67}$$

则 γ_s 可以定义为

$$\gamma_s = \arcsin[(\boldsymbol{l} \cdot \boldsymbol{p})/(|\boldsymbol{l}| \cdot |\boldsymbol{p}|)] \tag{9.68}$$

9.5.2 伪姿态角方法应用

伪姿态角测姿方法能够很好地适应空间小、载重低的应用需求,目前主要应用于飞机等高动态载体测姿。相关的仿真和实际环境试验都表明在机载环境下,卫星伪姿态角测量方法具有很好的适用性(曾庆化等,2014;刘瑞华等,2009;Cho et al., 2007; Wang et al., 2007),有望成为低成本无人机的一个主要或备用传感器(Cho et al., 2007),但相关研究表明伪姿态角的误差在飞机起飞和降落等低速飞行时较大,而高速飞行时误差很小(Wang et al., 2007)。这也间接说明在低动态情况下,伪姿态角相对于真实姿态角的偏差无法忽略。

伪姿态角测姿方法对现有的单天线的载体,在不添加任何设备、不对现有装置作改装的前提下也可提供姿态信息,因此其在车辆等低动态领域也具有潜在的应

用前景。Chen 等(2017a)将伪姿态角与真实姿态角的偏差归结为三类并提出了初步的解决方案。

① 测量误差。当载体低速移动时,观测误差可以造成伪姿态角的较大偏差。以伪航向角测量为例,当考虑测量误差时,伪航向角公式可以写成

$$\alpha'_{\mathrm{s}} = \arctan \frac{v_e + \varepsilon_e}{v_n + \varepsilon_n} \tag{9.69}$$

其中,ε_e 和 ε_n 为东方向和北方向速度测量误差。可以看出,速度分量 v_e 和 v_n 取值较小时,误差项 ε_e 和 ε_n 会造成较大的伪航向角测量偏差。同理,测量误差也会造成伪俯仰角和伪翻滚角的误差。针对测量误差,可采用设定速度阈值的方式进行纠正,即当载体运动速度<10 cm/s 时,不进行伪姿态测量,直接用上一个历元的伪姿态角代替本历元的值。

② 偏置误差。进行伪姿态角时,将速度定义为载体的几何中心速度,但事实上测定的是天线的速度,天线位置相对载体中心存在的偏移会造成伪姿态角的偏差,将天线尽量安装在载体中心可以减小和限制这类误差。

③ 侧移误差。当侧风较大时,载体可能发生侧向的平移,因而造成航迹的偏移,根据航迹计算的伪航向角也因此包含一个由侧风引起的侧滑角度,造成与真实航向角的偏差(王乾等,2014)。在车载、船载环境下也存在相应的偏差,例如汽车轮胎打滑产生侧滑、侧向风浪对船体的干扰情况。

车载实验表明在如果天线放置在接近载体中心的位置、车辆以正常的车速运行(<10 cm/s)、并且不存在侧滑现象时,单天线伪姿态角测量和双天线的结果吻合度较高,航向角的中误差为 3.7°,俯仰角的中误差为 1.4°。

可见伪姿态角测姿方法对高动态、低动态环境均具有适用性,并且具有成本低、载重低、所需空间小且部署方便的优势,因此具有很大的应用价值和良好的经济效益。

计算和思考

1. 伪姿态角方法利用单个天线就能获得载体姿态,请结合 9.5.1 节的组合导航知识,思考单天线/INS 组合定位测姿方案。

第 10 章　GNSS 数据分析的算法原理

10.1　平差估计和滤波估计

10.1.1　最小二乘估计

最小二乘(least squares)估计是一种优化算法,由德国科学家高斯(图 10.1)在 1809 年发表于《天体运行论》,其实他在 1794 年就提出了最小二乘思想解决行星轨道的预测估计问题。虽然法国科学家勒让德在 1806 年也独立发现了“最小二乘法”,但知道的人很少,国际上仍然把最小二乘法的桂冠给了高斯。

图 10.1　高斯

假定想知道与多个变量 $x_1, x_2, \cdots, x_p$ 相关的观测量 y_i 和这些变量的关系,于是进行了多次观测,观测值和变量之间的关系使用一套参数 $a_1, a_2, \cdots, a_q$ 来构建模型,表示为

$$y_i = f(x_1, x_2, \cdots, x_p; a_1, a_2, \cdots, a_q) \quad (10.1)$$

为求得最佳函数拟合,假定观测误差是均值为 0、符合正态分布的白噪音,误差间是不相关的,要求拟合出的函数曲线和观测值之差的平方和最小,也就是 $\min \sum_{i=1}^{n} [y_m(a) - y_i]^2$,在欧几里得空间表示为 $\min \| \boldsymbol{y}_m(\boldsymbol{a}) - \boldsymbol{y} \|$。

这样得到的解称为最小二乘估计。GNSS 定位中采用最多的函数模型是线性模型,有

$$y(t_i) = a_0 + a_1 x_1(t_i) + a_2 x_2(t_i) + \cdots + a_q x_q(t_i) \quad (10.2)$$

表示成矩阵形式就是

$$\boldsymbol{Y} = \boldsymbol{AX} + \boldsymbol{\varepsilon} \quad (10.3)$$

其中,$\boldsymbol{Y}$ 为观测向量;$\boldsymbol{A}$ 为设计矩阵;$\boldsymbol{X}$ 为待估参数向量;$\boldsymbol{\varepsilon}$ 为观测误差矢。观测误差取白噪音模型,即 $E(\boldsymbol{\varepsilon}) = 0$, $E(\boldsymbol{\varepsilon}\boldsymbol{\varepsilon}^{\mathrm{T}}) = \boldsymbol{R}\delta_{ij}$。

在最小残差二阶范数条件下,即

$$\frac{\partial(\boldsymbol{\varepsilon}^{\mathrm{T}}\boldsymbol{W}\boldsymbol{\varepsilon})}{\partial \boldsymbol{X}} = \frac{\partial(\boldsymbol{Y} - \boldsymbol{AX})^{\mathrm{T}}\boldsymbol{W}(\boldsymbol{Y} - \boldsymbol{AX})}{\partial \boldsymbol{X}} = -2(\boldsymbol{A}^{\mathrm{T}}\boldsymbol{WY} - \boldsymbol{A}^{\mathrm{T}}\boldsymbol{WAX}) = 0$$

其解为

$$\hat{\boldsymbol{X}}=(\boldsymbol{A}^{\mathrm{T}}\boldsymbol{W}\boldsymbol{A})^{-1}\boldsymbol{A}^{\mathrm{T}}\boldsymbol{W}\boldsymbol{Y} \tag{10.4}$$

其中, $\boldsymbol{W}=\boldsymbol{R}^{-1}$ 为权矩阵;上标 T 代表矩阵转置; $\boldsymbol{A}^{\mathrm{T}}\boldsymbol{W}\boldsymbol{A}$ 称为法矩阵。对单个观测其权为其观测误差方差的倒数 $w_i=1/\sigma_i^2$, 通常忽略不同历元间观测误差的相关性,把不同历元的权矩阵视为是独立的。于是 $\boldsymbol{W}=\sum_1^n \boldsymbol{W}_i$, i 为历元数。可以从统计上证明最小二乘估计是参数的无偏估计,残差空间和解空间是正交的,也就是估计向量为观测向量在估计空间上的投影。

$$\boldsymbol{\varepsilon}^{\mathrm{T}}\boldsymbol{W}\boldsymbol{\varepsilon}+(\boldsymbol{A}\hat{\boldsymbol{X}})^{\mathrm{T}}\boldsymbol{W}(\boldsymbol{A}\hat{\boldsymbol{X}})=\boldsymbol{Y}^{\mathrm{T}}\boldsymbol{W}\boldsymbol{Y} \tag{10.5}$$

证明:

$$\boldsymbol{\varepsilon}^{\mathrm{T}}\boldsymbol{W}\boldsymbol{\varepsilon}=(\boldsymbol{Y}-\boldsymbol{A}\hat{\boldsymbol{X}})^{\mathrm{T}}\boldsymbol{W}(\boldsymbol{Y}-\boldsymbol{A}\hat{\boldsymbol{X}})=\boldsymbol{Y}^{\mathrm{T}}\boldsymbol{W}\boldsymbol{Y}-\boldsymbol{Y}^{\mathrm{T}}\boldsymbol{W}\boldsymbol{A}\hat{\boldsymbol{X}}-\hat{\boldsymbol{X}}^{\mathrm{T}}\boldsymbol{A}^{\mathrm{T}}\boldsymbol{W}\boldsymbol{Y}+\hat{\boldsymbol{X}}^{\mathrm{T}}\boldsymbol{A}^{\mathrm{T}}\boldsymbol{W}\boldsymbol{A}\hat{\boldsymbol{X}}$$

代入式(10.4),有

$$\boldsymbol{Y}^{\mathrm{T}}\boldsymbol{W}\boldsymbol{A}\hat{\boldsymbol{X}}=\hat{\boldsymbol{X}}^{\mathrm{T}}\boldsymbol{A}^{\mathrm{T}}\boldsymbol{W}\boldsymbol{Y}=\hat{\boldsymbol{X}}^{\mathrm{T}}\boldsymbol{A}^{\mathrm{T}}\boldsymbol{W}\boldsymbol{A}\hat{\boldsymbol{X}}$$

于是

$$\boldsymbol{\varepsilon}^{\mathrm{T}}\boldsymbol{W}\boldsymbol{\varepsilon}=\boldsymbol{Y}^{\mathrm{T}}\boldsymbol{W}\boldsymbol{Y}-(\boldsymbol{A}\hat{\boldsymbol{X}})^{\mathrm{T}}\boldsymbol{W}(\boldsymbol{A}\hat{\boldsymbol{X}})$$

证毕。

$\boldsymbol{P}=(\boldsymbol{A}^{\mathrm{T}}\boldsymbol{W}\boldsymbol{A})^{-1}$ 称为估计参数 X 的协方差矩阵,第 i 个估计参数的形式精度为协方差矩阵的第 i 个对角项的平方根。因为设计矩阵仅为卫星轨道对估计参数的偏导数构成,该协方差矩阵并没有涉及实际观测量质量的好坏,由此得到的估计参数的精度称为形式精度。估计参数对实际观测量的拟合程度通常由拟合残差平方和 $\boldsymbol{\varepsilon}^{\mathrm{T}}\boldsymbol{W}\boldsymbol{\varepsilon}$ (也称为χ^2)来评估。可以证明,残差平方和理论上应符合自由度为 $n-m$ 的χ^2 分布,如果计算中使用的观测误差 σ_i 正确地反映了实际观测量的精度,就有

$$E\left\{\frac{\sum_{i=1}^{n}\boldsymbol{\varepsilon}_i^{\mathrm{T}}\boldsymbol{w}_i\boldsymbol{\varepsilon}_i}{n-m}\right\}=1 \tag{10.6}$$

其中,E 表示取数学期望;n 为观测数;m 为估计参数的数目;$n-m$ 称为自由度,也是观测的冗余度。在 GNSS 定位数据分析中常用均方根误差 σ_m(也称单位权中误差或标准差)来表达,即

$$\sigma_m = \sqrt{\frac{\sum_{i=1}^{n} \boldsymbol{\varepsilon}_i^{\mathrm{T}} \boldsymbol{w}_i \boldsymbol{\varepsilon}_i}{n - m}} \tag{10.7}$$

如果给定的观测误差是符合实际的,均方根误差的数学期望应当为1。如果观测误差给得太小,均方根误差就会大于1,反之均方根误差就会小于1。在实际数据分析中常用均方根误差乘以形式精度来更好地代表估计参数的实际精度。当然还有其他因数也会影响均方根误差,例如观测噪音不是白噪音而是有色噪音,或者历元间的观测不是真正独立的而是相关的。更常见的是,如果实际分析中出现异常,如出现观测野值、周跳或者卫星轨道误差,都会使均方根误差显著增大。因此,均方根误差常用来检测分析中是否出现异常。

实际运算时并不是直接估计状态变量 X,而是给出估计参数的先验值 X_0、先验协方差矩阵 $\bar{\boldsymbol{P}}_0$ 和估计状态变量对先验值的改正值 $\mathrm{d}X$。带有先验信息的观测方程为

$$\begin{cases} \Delta \boldsymbol{Y} = \boldsymbol{Y} - \boldsymbol{A}\boldsymbol{X}_0 = \boldsymbol{A}\Delta \boldsymbol{X} + \boldsymbol{\varepsilon} \\ \Delta \boldsymbol{X} = (\boldsymbol{X} - \boldsymbol{X}_0) = \boldsymbol{\eta}_0 \end{cases} \tag{10.8}$$

上面的估计变量先验信息的伪观测方程也称作先验约束方程。假定先验偏差为随机变量且与观测误差无关,即

$$E(\boldsymbol{\eta}_0) = E(\boldsymbol{\eta}_0 \boldsymbol{\varepsilon}^{\mathrm{T}}) = 0,\ E(\boldsymbol{\eta}_0 \boldsymbol{\eta}_0^{\mathrm{T}}) = \bar{\boldsymbol{P}}_0 \tag{10.9}$$

可以证明这时的最小二乘估计为

$$\Delta \hat{\boldsymbol{X}} = (\boldsymbol{A}^{\mathrm{T}} \boldsymbol{W} \boldsymbol{A} + \bar{\boldsymbol{P}}_0^{-1})^{-1} \boldsymbol{A}^{\mathrm{T}} \boldsymbol{W} \Delta \boldsymbol{Y} \tag{10.10}$$

对应的协方差矩阵为

$$\boldsymbol{P} = (\boldsymbol{A}^{\mathrm{T}} \boldsymbol{W} \boldsymbol{A} + \bar{\boldsymbol{P}}_0^{-1})^{-1} \tag{10.11}$$

引入先验信息后上面的统计关系式并不严格成立,主要原因是自由度 $n-m$ 对应无先验约束($\eta_0 \to \infty$)情形。以其中一个参数的先验约束为例,如果有一个紧约束($\eta_0 = 0$),相当于固定该参数不用估计,这时的实际估计参数为 $m-1$ 个,自由度变为 $n-m+1$。在一般情况下($0 < \eta_0 < \infty$),这时的自由度应当为介于 $n-m+1$ 和 $n-m$ 之间的一个实数,称为广义自由度(Dong et al., 1998)。对广义自由度的概念有过一些讨论,但严格的定量估计关系式尚无定论。好在一般情况下差别不是很大,目前绝大多数文献忽略约束的影响,还是采用经典的自由度关系式(10.7)计算标准差。在实际数据分析中,为了了解数据拟合的质量仍然形式地计算残差平方和和标准差

$$\chi^2 = (\boldsymbol{Y} - \boldsymbol{A}\hat{\boldsymbol{X}})^{\mathrm{T}}\boldsymbol{W}(\boldsymbol{Y} - \boldsymbol{A}\hat{\boldsymbol{X}}) \tag{10.12}$$

先验约束在实际 GNSS 精密定位数据分析中不可缺少。第一,随着分析建模的系统日益精细和完备,估计参数越来越多,部分参数的相关性非常高,甚至接近奇异,施行先验约束可降低参数间相关性,保证参数估计顺利进行;第二,在 GNSS 数据前处理阶段只求松约束解,在后处理阶段才约束到公共参考框架上是当前国际上流行的策略,而 GNSS 观测是有秩亏的,例网平差就有整体旋转和整体平移 6 个自由度秩亏,因此必须靠先验约束来消除秩亏得到松约束解;第三,在实时定位中加入先验约束有助于加快解和模糊度的收敛速度。注意先验约束实际约束的是参数空间,而不是数据空间。

10.1.2　序贯最小二乘估计

不同历元间的观测误差通常都假设是不相关的,因此常规的最小二乘估计在读入数据分析过程中可以把每个历元的子法矩阵在总法矩阵中累加,同时把该历元的观测贡献在式(10.3)右边项中累加,待所有历元的数据都读完后再对法矩阵求逆得到参数估计解及其协方差矩阵。这种经典算法的好处是不需要每个历元对法矩阵求逆,节省时间,不足之处是不能得到每个历元的实时解,无法满足实时估计的需求,只能做后处理。特别是如果其中某个历元的观测出现问题或存在野值时,当时是不知道的。即使后处理发现了问题,也不知道究竟哪个历元出现问题,查找问题费时费力。为了弥补这个缺陷,发展出序贯最小二乘估计(recursive least squares)算法,即每个历元需要得到该历元为止的最佳参数估计,下一个历元估计不需要保存和计算所有的历史纪录,仅根据上一个历元的参数估计及其协方差矩阵加上该历元的观测推算得到更新的最佳参数估计。序贯最小二乘也称为逐次相关间接平差。

假定有两组观测值,它们可以是不同历元的观测,也可以是同一历元下两组不同的观测,只要这两组观测值是互不相关的。其观测方程和权矩阵为

$$\boldsymbol{L} = \begin{bmatrix} \boldsymbol{L}_1 \\ \boldsymbol{L}_2 \end{bmatrix} = \begin{bmatrix} \boldsymbol{A}_1 \\ \boldsymbol{A}_2 \end{bmatrix}\boldsymbol{X} + \begin{bmatrix} \boldsymbol{\varepsilon}_1 \\ \boldsymbol{\varepsilon}_2 \end{bmatrix}, \ \boldsymbol{W} = \begin{bmatrix} \boldsymbol{W}_1 & 0 \\ 0 & \boldsymbol{W}_2 \end{bmatrix} = \begin{bmatrix} \boldsymbol{Q}_{11}^{-1} & 0 \\ 0 & \boldsymbol{Q}_{22}^{-1} \end{bmatrix} \tag{10.13}$$

若按整体最小二乘平差,参数估计和协方差矩阵为

$$\hat{\boldsymbol{X}} = (\boldsymbol{A}_1^{\mathrm{T}}\boldsymbol{W}_1\boldsymbol{A}_1 + \boldsymbol{A}_2^{\mathrm{T}}\boldsymbol{W}_2\boldsymbol{A}_2)^{-1}(\boldsymbol{A}_1^{\mathrm{T}}\boldsymbol{W}_1\boldsymbol{L}_1 + \boldsymbol{A}_2^{\mathrm{T}}\boldsymbol{W}_2\boldsymbol{L}_2) \tag{10.14}$$

$$\boldsymbol{C}_{\hat{X}} = (\boldsymbol{A}_1^{\mathrm{T}}\boldsymbol{W}_1\boldsymbol{A}_1 + \boldsymbol{A}_2^{\mathrm{T}}\boldsymbol{W}_2\boldsymbol{A}_2)^{-1} \tag{10.15}$$

若按逐次分组平差,先对第一组数据作平差,得

$$\hat{X}'=(A_1^{\mathrm{T}}W_1A_1)^{-1}A_1^{\mathrm{T}}W_1L_1,\ C_{\hat{X}'}=(A_1^{\mathrm{T}}W_1A_1)^{-1} \tag{10.16}$$

然后把第一组数据得到的解和协方差矩阵作为虚拟观测和第二组数据联合作整体平差,这时的观测方程可表为

$$L=\begin{bmatrix}\hat{X}'\\L_2\end{bmatrix}=\begin{bmatrix}I\\A_2\end{bmatrix}X+\begin{bmatrix}\varepsilon_X\\\varepsilon_2\end{bmatrix},\ W=\begin{bmatrix}C_{\hat{X}'}^{-1}&0\\0&W_2\end{bmatrix} \tag{10.17}$$

将式(10.17)代入式(10.9)得到参数估计

$$\hat{X}''=(C_{\hat{X}'}^{-1}+A_2^{\mathrm{T}}W_2A_2)^{-1}(C_{\hat{X}'}^{-1}\hat{X}'+A_2^{\mathrm{T}}W_2L_2)$$

$$C_{\hat{X}''}=(C_{\hat{X}'}^{-1}+A_2^{\mathrm{T}}W_2A_2)^{-1}$$

代入式(10.16)并对比式(10.14)和式(10.15),马上有 $\hat{X}''=\hat{X}$, $C_{\hat{X}''}=C_{\hat{X}}$, 表明逐次相关间接平差和整体最小二乘平差最后得到了完全相同的解和解的协方差矩阵。除此之外序贯平差还有额外的好处。第一,它可以得到每个历元的解和协方差的估计,适用于实时的分析和应用;第二,它不需要保存历史的观测记录,节省存储空间;第三,我们将在后面证明,它可以消去不相干的局部参数,大大降低解的维数。

序贯最小二乘估计的另一种表达方法和推导来自回归分析和数理统计,非常接近卡尔曼滤波(Kalman filtering)的表达方式,因此有时也称它为静态卡尔曼滤波,9.3.2 节已经对它作了介绍。

10.1.3 类观测和约束

类观测(quasi-observation)是指用原始观测数据求得的中间解和解的协方差矩阵作为“类似”的观测代替原始观测数据来参与下一步平差,上一节已经证明了类观测的平差结果完全等同于原始观测数据的总体平差结果。许多文献中提到伪观测(pseudo-observation),在本书中类观测是指用中间解作为的观测,而伪观测是指用并不存在观测的约束(constraint)作为的虚拟观测。本节分析类观测的一些应用。

仍取两组数据构成观测方程:

$$\begin{bmatrix}L_1\\L_2\end{bmatrix}=\begin{bmatrix}A_{11}&A_{12}&0\\A_{21}&0&A_{23}\end{bmatrix}\begin{bmatrix}X_1\\X_2\\X_3\end{bmatrix}+\begin{bmatrix}\varepsilon_1\\\varepsilon_2\end{bmatrix},\ W=\begin{bmatrix}W_1&0\\0&W_2\end{bmatrix} \tag{10.18}$$

其中, X_1 为全局参数; X_2 为只与第一组参数有关的局域参数; X_3 为只与第二组参

数有关的局域参数。总体最小二乘的法方程为

$$\begin{bmatrix} \boldsymbol{A}_{11}^{\mathrm{T}}\boldsymbol{W}_1\boldsymbol{A}_{11}+\boldsymbol{A}_{21}^{\mathrm{T}}\boldsymbol{W}_2\boldsymbol{A}_{21} & \boldsymbol{A}_{11}^{\mathrm{T}}\boldsymbol{W}_1\boldsymbol{A}_{12} & \boldsymbol{A}_{21}^{\mathrm{T}}\boldsymbol{W}_2\boldsymbol{A}_{23} \\ \boldsymbol{A}_{12}^{\mathrm{T}}\boldsymbol{W}_1\boldsymbol{A}_{11} & \boldsymbol{A}_{12}^{\mathrm{T}}\boldsymbol{W}_1\boldsymbol{A}_{12} & \boldsymbol{0} \\ \boldsymbol{A}_{23}^{\mathrm{T}}\boldsymbol{W}_2\boldsymbol{A}_{21} & \boldsymbol{0} & \boldsymbol{A}_{23}^{\mathrm{T}}\boldsymbol{W}_2\boldsymbol{A}_{23} \end{bmatrix}\begin{bmatrix}\boldsymbol{X}_1\\ \boldsymbol{X}_2\\ \boldsymbol{X}_3\end{bmatrix}=\begin{bmatrix}\boldsymbol{A}_{11}^{\mathrm{T}}\boldsymbol{W}_1\boldsymbol{L}_1+\boldsymbol{A}_{21}^{\mathrm{T}}\boldsymbol{W}_2 L_2\\ \boldsymbol{A}_{12}^{\mathrm{T}}\boldsymbol{W}_1\boldsymbol{L}_1\\ \boldsymbol{A}_{23}^{\mathrm{T}}\boldsymbol{W}_2\boldsymbol{L}_2\end{bmatrix} \tag{10.19}$$

得到全局参数 $\boldsymbol{X}_1$ 的估计值为

$$\hat{\boldsymbol{X}}_1=(\boldsymbol{A}_{11}^{\mathrm{T}}\boldsymbol{W}_1\Lambda_1\boldsymbol{A}_{11}+\boldsymbol{A}_{21}^{\mathrm{T}}\boldsymbol{W}_2\Lambda_2\boldsymbol{A}_{21})^{-1}(\boldsymbol{A}_{11}^{\mathrm{T}}\boldsymbol{W}_1\Lambda_1\boldsymbol{L}_1+\boldsymbol{A}_{21}^{\mathrm{T}}\boldsymbol{W}_2\Lambda_2\boldsymbol{L}_2) \tag{10.20}$$

其中，

$$\Lambda_1=\boldsymbol{I}-\boldsymbol{A}_{12}(\boldsymbol{A}_{12}^{\mathrm{T}}\boldsymbol{W}_1\boldsymbol{A}_{12})^{-1}\boldsymbol{A}_{12}^{\mathrm{T}}\boldsymbol{W}_1,\ \Lambda_2=I-\boldsymbol{A}_{23}(\boldsymbol{A}_{23}^{\mathrm{T}}\boldsymbol{W}_2\boldsymbol{A}_{23})^{-1}\boldsymbol{A}_{23}^{\mathrm{T}}\boldsymbol{W}_2 \tag{10.21}$$

如果对二组数据分别求解,可分别得到对 $\boldsymbol{X}_1$ 的估计值为

$$\hat{\boldsymbol{X}}'_1=(\boldsymbol{A}_{11}^{\mathrm{T}}\boldsymbol{W}_1\Lambda_1\boldsymbol{A}_{11})^{-1}(\boldsymbol{A}_{11}^{\mathrm{T}}\boldsymbol{W}_1\Lambda_1\boldsymbol{L}_1),\ \boldsymbol{C}_{\hat{X}'_1}=(\boldsymbol{A}_{11}^{\mathrm{T}}\boldsymbol{W}_1\Lambda_1\boldsymbol{A}_{11})^{-1} \tag{10.22}$$

$$\hat{\boldsymbol{X}}''_1=(\boldsymbol{A}_{21}^{\mathrm{T}}\boldsymbol{W}_2\Lambda_2\boldsymbol{A}_{21})^{-1}(\boldsymbol{A}_{21}^{\mathrm{T}}\boldsymbol{W}_2\Lambda_2 L_2),\ \boldsymbol{C}_{\hat{X}''_1}=(\boldsymbol{A}_{21}^{\mathrm{T}}\boldsymbol{W}_2\Lambda_2\boldsymbol{A}_{21})^{-1} \tag{10.23}$$

然后用 $\hat{\boldsymbol{X}}'_1$、$\hat{\boldsymbol{X}}''_1$ 作类观测,用它们的协方差矩阵作为观测噪音求解全局参数 $\boldsymbol{X}_1$,可以发现得到的全局参数 $\boldsymbol{X}_1$ 的估计值即为式(10.20)。

证明:

观测方程为

$$\begin{bmatrix}\hat{\boldsymbol{X}}'_1\\ \hat{\boldsymbol{X}}''_1\end{bmatrix}=\begin{bmatrix}\boldsymbol{I}\\ \boldsymbol{I}\end{bmatrix}\boldsymbol{X}_1,\ \boldsymbol{W}=\begin{pmatrix}\boldsymbol{C}_{\hat{X}'_1}^{-1} & \boldsymbol{0}\\ \boldsymbol{0} & \boldsymbol{C}_{\hat{X}''_1}^{-1}\end{pmatrix}$$

最小二乘解为

$$\tilde{\boldsymbol{X}}_1=\left([\boldsymbol{I}\quad\boldsymbol{I}]\ \boldsymbol{W}\begin{bmatrix}\boldsymbol{I}\\ \boldsymbol{I}\end{bmatrix}\right)^{-1}[\boldsymbol{I}\quad\boldsymbol{I}]\ \boldsymbol{W}\begin{bmatrix}\hat{\boldsymbol{X}}'_1\\ \hat{\boldsymbol{X}}''_1\end{bmatrix}=[\boldsymbol{C}_{\hat{X}'_1}^{-1}+\boldsymbol{C}_{\hat{X}''_1}^{-1}]^{-1}[\boldsymbol{C}_{\hat{X}'_1}^{-1}\hat{\boldsymbol{X}}'_1+\boldsymbol{C}_{\hat{X}''_1}^{-1}\hat{\boldsymbol{X}}''_1]$$

代入式(10.22)和式(10.23)并对比式(10.20),即得 $\tilde{\boldsymbol{X}}_1=\hat{\boldsymbol{X}}_1$, 证毕。

上面的证明表明,只用全局参数的类观测可以得到数学上严格的和总体最小二乘估计完全相同的对全局参数 $\boldsymbol{X}_1$ 的估计和协方差。在 GNSS 定位的周日解中有大量的局域参数,如大气延迟及其梯度、每天的模糊度参数等。如果采用单日的轨道参数,那么轨道参数也是局域参数,只需要保存周日解中的全局参数估计值和它

们的协方差矩阵,相当于降维。用这些类观测联合求解可以得到和总体最小二乘估计完全相同的对全局参数(如台站坐标和速度)的估计,同时大大地节省了计算时间和内存空间。这种类观测的观念和算法已经被世界各国科学家所接受,各GNSS分析中心首先求取单日的松弛(松约束)解,然后采用松弛解中间的全局变量解及其协方差子矩阵作为类观测来联合求解得到全局变量最终解。但是要注意,虽然类观测得到的解和协方差与用原始数据得到的完全相同,采用类观测方案时原始的观测值和估计参数的信息丢失,把类观测看作观测计算出的χ^2和自由度已无法恢复原始的。采用这种方案的统计信息和统计检验如何匹配和实现至今缺乏严谨的讨论。

约束是在数据分析拟合中对数据或对估计参数范围或者相互关系的一种数学上的限制。在GNSS定位的数据分析中所有的约束都是在参数空间中对估计参数的约束,这里不再讨论数据空间的约束。约束的主要功能有以下三点。

① 弥补空间大地测量技术本身固有的秩亏。各种空间大地测量技术都存在秩亏,其差别仅在于秩亏空间尺度大小的不同。例如,对VLBI观测地心平移运动就是零空间,GPS观测对UT1不敏感。GNSS数据作单日的网平差时其秩亏数为6(3个整体平移参数和3个整体旋转参数)。严格地讲GNSS观测对网的整体平移的敏感度不为零,因为环绕地球飞行的GNSS卫星对地球的质心是有敏感度的。但是这种敏感度比较微弱,大约只能达到5 cm的水平,因此需要约束3个非共线台站的水平坐标或者对整个网的中心的平移以及相对网的中心的旋转作约束。

② 降低高度相关参数的相关性。

③ 限制不符合物理规律的参数估计出现。例如用GNSS资料得到的台站位移反演地下断层错动的空间分布时,不允许相邻的断层格点出现反向错动。约束有线性约束和非线性约束,按表达关系式还可以分为等式约束和不等式约束。本书只讨论线性等式约束。

带约束的最小二乘估计可用拉格朗日乘子取极值实现。

如果有p个约束方程,即

$$\boldsymbol{MX} = \boldsymbol{b} \tag{10.24}$$

用拉格朗日乘子$\boldsymbol{\lambda}$(p维向量)构造辅助函数令其取最小值,有

$$\frac{\partial[(\boldsymbol{Y}-\boldsymbol{AX})^{\mathrm{T}}\boldsymbol{W}(\boldsymbol{Y}-\boldsymbol{AX})+2\boldsymbol{\lambda}^{\mathrm{T}}(\boldsymbol{MX}-\boldsymbol{b})]}{\partial \boldsymbol{X}} = -2(\boldsymbol{A}^{\mathrm{T}}\boldsymbol{WY}-\boldsymbol{A}^{\mathrm{T}}\boldsymbol{WAX}-\boldsymbol{M}^{\mathrm{T}}\boldsymbol{\lambda}) = 0 \tag{10.25}$$

式(10.24)和式(10.25)共有$m+p$个线性方程,可以联立求解得到带约束条件下的最小二乘解$\hat{\boldsymbol{X}}_C$和$\boldsymbol{\lambda}$。

由式(10.25)得

$$(\boldsymbol{A}^{\mathrm{T}}\boldsymbol{W}\boldsymbol{Y}-\boldsymbol{A}^{\mathrm{T}}\boldsymbol{W}\boldsymbol{A}\hat{\boldsymbol{X}})-\boldsymbol{A}^{\mathrm{T}}\boldsymbol{W}\boldsymbol{A}(\hat{\boldsymbol{X}}_C-\hat{\boldsymbol{X}})-\boldsymbol{M}^{\mathrm{T}}\boldsymbol{\lambda}=0$$

代入式(10.14)得

$$\hat{\boldsymbol{X}}_C=\hat{\boldsymbol{X}}-(\boldsymbol{A}^{\mathrm{T}}\boldsymbol{W}\boldsymbol{A})^{-1}\boldsymbol{M}^{\mathrm{T}}\boldsymbol{\lambda}=\hat{\boldsymbol{X}}-\boldsymbol{C}_{\hat{X}}\boldsymbol{M}^{\mathrm{T}}\boldsymbol{\lambda}$$

其中，$\hat{\boldsymbol{X}}$、$\boldsymbol{C}_{\hat{X}}$ 为没有约束时的最小二乘解。

把上式代入式(10.25)，$\boldsymbol{\lambda}=(\boldsymbol{M}\boldsymbol{C}_{\hat{X}}\boldsymbol{M}^{\mathrm{T}})^{-1}(\boldsymbol{M}\hat{\boldsymbol{X}}-\boldsymbol{b})$，于是

$$\hat{\boldsymbol{X}}_C=[\boldsymbol{I}-\boldsymbol{C}_{\hat{X}}\boldsymbol{M}^{\mathrm{T}}(\boldsymbol{M}\boldsymbol{C}_{\hat{X}}\boldsymbol{M}^{\mathrm{T}})^{-1}\boldsymbol{M}]\hat{\boldsymbol{X}}+\boldsymbol{C}_{\hat{X}}\boldsymbol{M}^{\mathrm{T}}(\boldsymbol{M}\boldsymbol{C}_{\hat{X}}\boldsymbol{M}^{\mathrm{T}})^{-1}\boldsymbol{b} \tag{10.26}$$

也可以表为

$$\hat{\boldsymbol{X}}_C=\hat{\boldsymbol{X}}+C_{\hat{X}}\boldsymbol{M}^{\mathrm{T}}(\boldsymbol{M}\boldsymbol{C}_{\hat{X}}\boldsymbol{M}^{\mathrm{T}})^{-1}(\boldsymbol{b}-\boldsymbol{M}\hat{\boldsymbol{X}}) \tag{10.27}$$

注意式(10.26)最右边项不是随机量，其协方差矩阵变为

$$\boldsymbol{C}_{\hat{X}_C}=\boldsymbol{C}_{\hat{x}}-\boldsymbol{C}_{\hat{x}}\boldsymbol{M}^{\mathrm{T}}(\boldsymbol{M}\boldsymbol{C}_{\hat{x}}\boldsymbol{M}^{\mathrm{T}})^{-1}\boldsymbol{M}\boldsymbol{C}_{\hat{x}} \tag{10.28}$$

式(10.27)、式(10.28)为带约束的最小二乘估计解和协方差矩阵。注意这两个公式对应的是绝对的约束(约束的协方差为 0)，广义的约束所对应的公式在后面讨论。不加推导，给出这种绝对约束带来的χ^2 增量公式为

$$\Delta\chi^2=(\boldsymbol{b}-\boldsymbol{M}\hat{\boldsymbol{X}})^{\mathrm{T}}(\boldsymbol{M}\boldsymbol{C}_{\hat{x}}\boldsymbol{M}^{\mathrm{T}})^{-1}(\boldsymbol{b}-\boldsymbol{M}\hat{\boldsymbol{X}}) \tag{10.29}$$

注意式(10.29)中的变量 $\hat{\boldsymbol{X}}$ 和协方差矩阵 $\boldsymbol{C}_{\hat{x}}$ 都对应约束前的解。

10.2　参数的隐式解和矩阵的分块约化

在 GNSS 定位的分析模型中存在大量的局部参数和无兴趣参数。所谓局部参数就是这个参数只有在一个时间段有偏导数，过了这个时间段再没有偏导数，例如对台站每小时一个的大气天顶距延迟参数，下一个小时的观测数据只对下一个小时的大气天顶距延迟参数有偏导数。所谓无兴趣参数是指与研究内容无关的没有地球物理背景的参数，如载波相位模糊度参数。以 100 个台站的网平差单日解为例，假定有 30 颗卫星，采用精密轨道不估计轨道参数，只估计单日平均台站坐标，相位模糊度，每小时一个大气天顶距延迟和 6 个台站网参数(3 个平移 3 个旋转)。由于采用双差相位消电离层组合观测，因此不需要估计卫星和台站钟差参数和电离层参数，那么估计的参数总数为：3×100+99×29+100×24+6=5 577，其中局部参数和无兴趣参数有 5 271 个，占 94.5%。如果把这 5 271 个参数处理成隐式解，可

以大大节省分析的时间和占用的内存空间。观测方程可表为

$$\boldsymbol{L} = [\boldsymbol{A}_1 \quad \boldsymbol{A}_2] \begin{bmatrix} \boldsymbol{X}_1 \\ \boldsymbol{X}_2 \end{bmatrix} + \boldsymbol{\varepsilon} \tag{10.30}$$

其中，$\boldsymbol{X}_2$ 为局部参数和无兴趣参数，最小二乘估计的法方程为

$$\begin{aligned} \boldsymbol{A}_1^{\mathrm{T}}\boldsymbol{W}\boldsymbol{A}_1\hat{\boldsymbol{X}}_1 + \boldsymbol{A}_1^{\mathrm{T}}\boldsymbol{W}\boldsymbol{A}_2\hat{\boldsymbol{X}}_2 &= \boldsymbol{A}_1^{\mathrm{T}}\boldsymbol{W}\boldsymbol{L} \\ \boldsymbol{A}_2^{\mathrm{T}}\boldsymbol{W}\boldsymbol{A}_1\hat{\boldsymbol{X}}_1 + \boldsymbol{A}_2^{\mathrm{T}}\boldsymbol{W}\boldsymbol{A}_2\hat{\boldsymbol{X}}_2 &= \boldsymbol{A}_2^{\mathrm{T}}\boldsymbol{W}\boldsymbol{L} \end{aligned} \tag{10.31}$$

消去 $\boldsymbol{X}_2$ 得

$$[\boldsymbol{A}_1^{\mathrm{T}}\boldsymbol{W}\boldsymbol{A}_1 - \boldsymbol{A}_1^{\mathrm{T}}\boldsymbol{W}\boldsymbol{A}_2(\boldsymbol{A}_2^{\mathrm{T}}\boldsymbol{W}\boldsymbol{A}_2)^{-1}\boldsymbol{A}_2^{\mathrm{T}}\boldsymbol{W}\boldsymbol{A}_1]\hat{\boldsymbol{X}}_1 = [\boldsymbol{A}_1^{\mathrm{T}}\boldsymbol{W} - (\boldsymbol{A}_2^{\mathrm{T}}\boldsymbol{W}\boldsymbol{A}_2)^{-1}\boldsymbol{A}_2^{\mathrm{T}}\boldsymbol{W}]\boldsymbol{L} \tag{10.32}$$

不难证明，由式(10.32)求出的 $\hat{\boldsymbol{X}}_1$ 和式(10.31)直接求逆求出的 $\hat{\boldsymbol{X}}_1$ 是完全相同的。但是式(10.31)要对 5577 维的大矩阵求逆，式(10.32)仅对 306 维的矩阵求逆。用式(10.32)求解时其实 $\hat{\boldsymbol{X}}_2$ 也是解出的，只不过看不到而已，称之为隐式解。如果想得到 $\hat{\boldsymbol{X}}_2$，可用如下公式回代得出：

$$\hat{\boldsymbol{X}}_2 = (\boldsymbol{A}_2^{\mathrm{T}}\boldsymbol{W}\boldsymbol{A}_2)^{-1}[\boldsymbol{A}_2^{\mathrm{T}}\boldsymbol{W}\boldsymbol{L} - \boldsymbol{A}_2^{\mathrm{T}}\boldsymbol{W}\boldsymbol{A}_1\hat{\boldsymbol{X}}_1] \tag{10.33}$$

顺便提一句，前文讲的类观测求解时那些没有放进类观测的估计参数就是隐式解。

图 10.2 给出了德国 GFZ 分析中心处理 225 个台站的周日解所用时间比对，采样间隔为 5 min，可以看到对无兴趣的参数采用和不采用隐式解耗用 CPU 计算时间的显著差别。

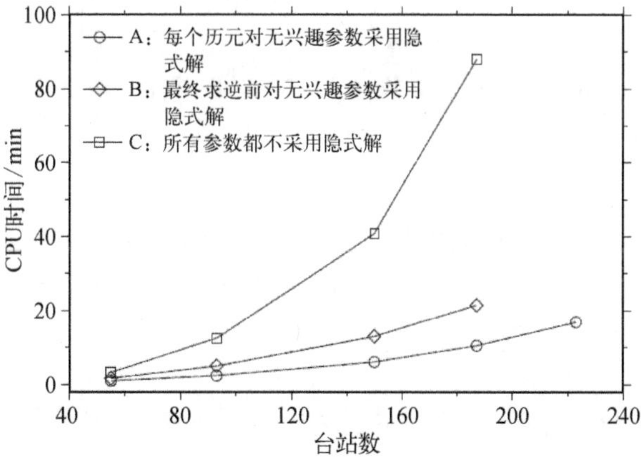

图 10.2　台站网周日解采用隐式解耗用 CPU 时间对比(取自 Ge et al., 2006)

矩阵的分块约化包含很多层意思,如作正交变换把一个满秩矩阵转化为上三角或者下三角矩阵,用递归回代求解。本节介绍的是处理超大型台站网时要估计上万个甚至上百万个参数,例如 NAD83 基准网包含 272 000 个台站,直接对整体法矩阵求逆可能远远超出计算机的承受能力,必须考虑用分块计算的办法降低矩阵求逆的维数实现求解,常用的方法为 Helmert blocking(HB)(也称 Helmert-Wolf blocking, HWB)。

HB 法也称分区约化平差法,由 Helmert 在 1880 年提出的。它的基本思想是超大型台站网通常是由许多子网组成的,子网之间只有少量公共台站相连接,因此在最小二乘法计算中得到的设计矩阵和法矩阵是稀疏矩阵。通过分区可以把要估计的参数分为局部参数和公共参数两类,局部参数只在子网内部有,互相之间可看作独立,只有公共参数与各子网有关。

观测方程为如下矩阵形式:

$$\begin{pmatrix} \boldsymbol{L}_1 \\ \boldsymbol{L}_2 \\ \vdots \\ \boldsymbol{L}_n \end{pmatrix} = \begin{bmatrix} \boldsymbol{A}_1 & 0 & \cdots & 0 & \boldsymbol{B}_1 \\ 0 & \boldsymbol{A}_2 & \cdots & 0 & \boldsymbol{B}_2 \\ \vdots & \vdots & \ddots & \vdots & \vdots \\ 0 & 0 & \cdots & \boldsymbol{A}_n & \boldsymbol{B}_n \end{bmatrix} \begin{bmatrix} \boldsymbol{X}_1 \\ \boldsymbol{X}_2 \\ \vdots \\ \boldsymbol{X}_n \\ \boldsymbol{Y} \end{bmatrix} + \begin{bmatrix} \varepsilon_1 \\ \varepsilon_2 \\ \vdots \\ \varepsilon_n \end{bmatrix} \tag{10.34}$$

其中,$\boldsymbol{L}_i$ 为第 i 个子网的观测值;$\boldsymbol{X}_i$ 为只与第 i 个子网有关的局部参数;$\boldsymbol{Y}$ 为公共参数。法方程为

$$\begin{bmatrix} \boldsymbol{A}_1^{\mathrm{T}}\boldsymbol{W}_1\boldsymbol{A}_1 & 0 & \cdots & 0 & \boldsymbol{A}_1^{\mathrm{T}}\boldsymbol{W}_1\boldsymbol{B}_1 \\ 0 & \boldsymbol{A}_2^{\mathrm{T}}\boldsymbol{W}_2\boldsymbol{A}_2 & \cdots & 0 & \boldsymbol{A}_2^{\mathrm{T}}\boldsymbol{W}_2\boldsymbol{B}_2 \\ \vdots & \vdots & \ddots & \vdots & \vdots \\ 0 & 0 & \cdots & \boldsymbol{A}_n^{\mathrm{T}}\boldsymbol{W}_n\boldsymbol{A}_n & \boldsymbol{A}_n^{\mathrm{T}}\boldsymbol{W}_n\boldsymbol{B}_n \\ \boldsymbol{B}_1^{\mathrm{T}}\boldsymbol{W}_1\boldsymbol{A}_1 & \boldsymbol{B}_2^{\mathrm{T}}\boldsymbol{W}_2\boldsymbol{A}_2 & \cdots & \boldsymbol{B}_n^{\mathrm{T}}\boldsymbol{W}_n\boldsymbol{A}_n & \sum_1^n \boldsymbol{B}_i^{\mathrm{T}}\boldsymbol{W}_i\boldsymbol{B}_i \end{bmatrix} \begin{bmatrix} \hat{\boldsymbol{X}}_1 \\ \hat{\boldsymbol{X}}_2 \\ \vdots \\ \hat{\boldsymbol{X}}_n \\ \hat{\boldsymbol{Y}} \end{bmatrix} = \begin{bmatrix} \boldsymbol{A}_1^{\mathrm{T}}\boldsymbol{W}_1\boldsymbol{L}_1 \\ \boldsymbol{A}_2^{\mathrm{T}}\boldsymbol{W}_2\boldsymbol{L}_2 \\ \vdots \\ \boldsymbol{A}_n^{\mathrm{T}}\boldsymbol{W}_n\boldsymbol{L}_n \\ \sum_1^n \boldsymbol{B}_i^{\mathrm{T}}\boldsymbol{W}_i\boldsymbol{L}_i \end{bmatrix} \tag{10.35}$$

如果直接由此整体法矩阵求逆来求解,维数会非常大。如果矩阵分块运算,维数会小得多。HB 的思路就是先把所有的局部参数处理成隐式解,只求解公共参数。这时的法方程就变换为

$$\left\{\sum_{i=1}^n \left[\boldsymbol{B}_i^{\mathrm{T}}\boldsymbol{W}_i\boldsymbol{B}_i - \boldsymbol{B}_i^{\mathrm{T}}\boldsymbol{W}_i\boldsymbol{A}_i(\boldsymbol{A}_i^{\mathrm{T}}\boldsymbol{W}\boldsymbol{A}_i)^{-1}\boldsymbol{A}_i^{\mathrm{T}}\boldsymbol{W}_i\boldsymbol{B}_i\right]\right\}\hat{\boldsymbol{Y}} = \sum_{i=1}^n \left[\boldsymbol{B}_i^{\mathrm{T}}\boldsymbol{W}_i\boldsymbol{L}_i - \boldsymbol{B}_i^{\mathrm{T}}\boldsymbol{W}_i\boldsymbol{A}_i(\boldsymbol{A}_i^{\mathrm{T}}\boldsymbol{W}\boldsymbol{A}_i)^{-1}\boldsymbol{A}_i^{\mathrm{T}}\boldsymbol{W}_i\boldsymbol{L}_i\right] \tag{10.36}$$

公共参数一旦求得,就可以回头对各局部参数分别求解,每一次求解只需要对子矩阵求逆。用子矩阵运算来替代大矩阵求逆节省大量时间和空间。这里不进行推导直接给出 HB 得到的解:

$$\hat{\boldsymbol{Y}} = \left(\sum_{1}^{n} \boldsymbol{B}_k^{\mathrm{T}} \boldsymbol{R}_k \boldsymbol{W}_k \boldsymbol{B}_k\right)^{-1} \sum_{1}^{n} \boldsymbol{B}_k^{\mathrm{T}} \boldsymbol{R}_k \boldsymbol{W}_k \boldsymbol{L}_k \tag{10.37}$$

$$\hat{\boldsymbol{X}}_k = (\boldsymbol{A}_k^{\mathrm{T}} \boldsymbol{W}_k \boldsymbol{A}_k)^{-1} \boldsymbol{A}_k^{\mathrm{T}} \boldsymbol{W}_k (\boldsymbol{L}_K - \boldsymbol{B}_k \hat{\boldsymbol{Y}}) \tag{10.38}$$

其中,

$$\boldsymbol{R}_k = \boldsymbol{I} - \boldsymbol{W}_k \boldsymbol{A}_k (\boldsymbol{A}_k^{\mathrm{T}} \boldsymbol{W}_k \boldsymbol{A}_k)^{-1} \boldsymbol{A}_k^{\mathrm{T}} \tag{10.39}$$

可以看出,矩阵求逆的维数已降为各个子矩阵的维数。HB 法已经在美国、欧洲各国和我国的大地网及大地网空间网联合平差中得到广泛的应用。在实际运算处理中还可以分为多级,即每个局部区块中还可以分出子区块,确定这个局部区块中的公共参数和各子区块的局部参数,用 HB 法进一步减少求逆维数。

10.3 考察矩阵和缩放敏感矩阵

随着 GNSS 分析模型的日益完善,加入模型估计的参数日益增多,已达到估计模型的参数空间几乎饱和的地步,也就是说再加入参数会使估计参数高度相关而使法矩阵病态无法求解。如何考量这些无法被估计的参数(通常是有物理和地球物理背景的)对现有解的估计和协方差矩阵的影响成为当今 GNSS 分析中的一个前沿课题。

假定全面的参数估计观测方程表示为

$$\boldsymbol{L} = \boldsymbol{A}\boldsymbol{X} + \boldsymbol{B}\boldsymbol{Y} + \boldsymbol{\varepsilon} \tag{10.40}$$

其中,$\boldsymbol{X}$ 为能估计的参数;$\boldsymbol{Y}$ 为由于高度相关而无法估计的参数。实际的估计结果可表示为

$$\hat{\boldsymbol{X}} = (\boldsymbol{A}^{\mathrm{T}}\boldsymbol{W}\boldsymbol{A})^{-1}\boldsymbol{A}^{\mathrm{T}}\boldsymbol{W}(\boldsymbol{L} - \boldsymbol{B}\bar{\boldsymbol{Y}}) \tag{10.41}$$

其中,$\bar{\boldsymbol{Y}}$ 为通过其他途径知道的这些参数的采用值。在大部分情况下这些值很难在估计时得到,只能取 0。考察矩阵分析关心的是在这些参数的准确值难以得到的前提下,如何在估计参数的协方差矩阵里正确地反映这种非随机误差。估计参数式(10.41)与其真实值之差的数学期望为

$$\begin{aligned}\hat{\boldsymbol{X}} - \boldsymbol{X} &= (\boldsymbol{A}^{\mathrm{T}}\boldsymbol{W}\boldsymbol{A})^{-1}\boldsymbol{A}^{\mathrm{T}}\boldsymbol{W}(\boldsymbol{L} - \boldsymbol{B}\bar{\boldsymbol{Y}}) - \boldsymbol{X} \\ &= (\boldsymbol{A}^{\mathrm{T}}\boldsymbol{W}\boldsymbol{A})^{-1}\boldsymbol{A}^{\mathrm{T}}\boldsymbol{W}(\boldsymbol{A}\boldsymbol{X} + \boldsymbol{B}(\boldsymbol{Y} - \bar{\boldsymbol{Y}}) + \boldsymbol{\varepsilon}) - \boldsymbol{X} \\ &= (\boldsymbol{A}^{\mathrm{T}}\boldsymbol{W}\boldsymbol{A})^{-1}\boldsymbol{A}^{\mathrm{T}}\boldsymbol{W}\boldsymbol{B}(\boldsymbol{Y} - \bar{\boldsymbol{Y}}) + (\boldsymbol{A}^{\mathrm{T}}\boldsymbol{W}\boldsymbol{A})^{-1}\boldsymbol{A}^{\mathrm{T}}\boldsymbol{W}\boldsymbol{\varepsilon}\end{aligned} \tag{10.42}$$

定义缩放敏感矩阵(scaled sensitivity matrix):

$$\boldsymbol{S}=(\boldsymbol{A}^{\mathrm{T}}\boldsymbol{W}\boldsymbol{A})^{-1}\boldsymbol{A}^{\mathrm{T}}\boldsymbol{W}\boldsymbol{B}=\boldsymbol{C}_{\hat{X}}\boldsymbol{A}^{\mathrm{T}}\boldsymbol{W}\boldsymbol{B} \tag{10.43}$$

因为考察参数的误差与观察误差可以认为是独立的,由式(10.42)得真实的估计参数协方差矩阵(称为考察协方差阵 consider matrix,或考察矩阵)为

$$\begin{aligned}\boldsymbol{C}_{\hat{X}}^{r}&=E[(\hat{\boldsymbol{X}}-\boldsymbol{X})(\hat{\boldsymbol{X}}-\boldsymbol{X})^{\mathrm{T}}]\\&=\boldsymbol{C}_{\hat{X}}+\boldsymbol{C}_{\hat{X}}\boldsymbol{A}^{\mathrm{T}}\boldsymbol{W}\boldsymbol{B}\,\boldsymbol{C}_{Y}\,\boldsymbol{B}^{\mathrm{T}}\boldsymbol{W}\boldsymbol{A}\,\boldsymbol{C}_{\hat{X}}=\boldsymbol{C}_{\hat{X}}+\boldsymbol{S}\,\boldsymbol{C}_{Y}\,\boldsymbol{S}^{\mathrm{T}}\end{aligned} \tag{10.44}$$

式(10.44)表明参数 $\boldsymbol{X}$ 估计的真实协方差矩阵应该为观测白噪音的贡献加上考察参数协方差和缩放敏感矩阵的乘积。在实际分析处理中需要在最小二乘估计的协方差矩阵的基础上,加上考察参数误差和缩放敏感矩阵构成的协方差得到更加真实合理的参数协方差矩阵估计,给出更合理的真实精度估计(胡小工和黄珹,1999)。

考察协方差矩阵分析固然给出了估计参数更合理的协方差矩阵,但是到底考察参数对估计参数的影响有多大,考察参数的影响在估计参数中是如何分布的还是不清楚,需要对估计参数影响更直接定量的估计。仍取观测方程式(10.40),这时的解为

$$\begin{aligned}\hat{\boldsymbol{X}}&=(\boldsymbol{A}^{\mathrm{T}}\boldsymbol{W}\boldsymbol{A})^{-1}\boldsymbol{A}^{\mathrm{T}}\boldsymbol{W}(\boldsymbol{A}\boldsymbol{X}+\boldsymbol{B}\boldsymbol{Y})\\&=\boldsymbol{X}+(\boldsymbol{A}^{\mathrm{T}}\boldsymbol{W}\boldsymbol{A})^{-1}\boldsymbol{A}^{\mathrm{T}}\boldsymbol{W}\boldsymbol{B}\boldsymbol{Y}=\boldsymbol{X}+\boldsymbol{S}\boldsymbol{Y}\end{aligned} \tag{10.45}$$

式(10.45)表明估计的解为真实的解和考察参数影响的合成,考察参数的影响在估计参数中的分布是通过缩放敏感矩阵来实现的。加入估计参数有 n 个,考察参数有 m 个,缩放敏感矩阵就是一个 $n\times m$ 矩阵,它的第(i,j)个元素代表第j 个考察参数对第 i 个估计参数的影响。式(10.43)中估计参数的协方差矩阵 $\boldsymbol{C}_{\hat{X}}$ 起到了一种归一化的效应,相当于一个缩放因子。通过一个具体例子更清楚地表述缩放敏感矩阵的意义。地球重力场由各阶球谐项组成,用单颗激光测距卫星的轨道数据只能估计 C_{20}、C_{30}、C_{21}、S_{21} 四个球谐项系数。用 2003~2013 年期间 11 年的 Lageos 卫星数据估计这 4 个系数,同时考察带谐项到 8 阶,非带谐项到 5 阶的其他球谐系数,得到了如下缩放敏感矩阵。

表 10.1　Lageos 卫星数据估计地球重力场球谐项系数的缩放敏感矩阵

	C_{40}	C_{50}	C_{60}	C_{70}	C_{80}	C_{22}	S_{22}	C_{31}	S_{31}	C_{32}	S_{32}
C_{20}	**0.233 2**	−0.033 8	−0.019 7	−0.011 4	−0.012 9	−0.004 4	0.004 4	0.010 0	0.019 2	0.005 3	0.003 3
C_{30}	0.021 2	**0.412 3**	0.014 7	**−0.106 7**	0.003 1	0.002 5	−0.007 4	−0.000 7	−0.000 6	0.004 1	0.004 3
C_{21}	**0.171 2**	**−0.151 6**	0.028 0	0.009 1	−0.029 9	**−0.318 5**	**0.377 1**	**−0.327 0**	−0.042 2	0.066 5	**0.510 3**
S_{21}	**0.110 8**	−0.044 2	0.024 1	0.008 4	−0.008 2	**−0.298 8**	**0.384 8**	−0.073 1	0.023 1	0.025 5	0.036 9

续 表

	C_{33}	S_{33}	C_{41}	S_{41}	C_{42}	S_{42}	C_{43}	S_{43}	C_{44}	S_{44}
C_{20}	0.004 6	−0.015 2	−0.005 1	−0.004 6	−0.002 6	0.010 3	−0.003 3	−0.002 5	0.005 0	−0.001 7
C_{30}	−0.002 2	0.002 4	0.001 9	0.002 6	0.002 8	0.002 7	−0.000 4	−0.001 1	−0.004 8	−0.000 9
C_{21}	**−0.313 9**	0.054 9	−0.033 1	0.004 3	0.096 7	−0.000 2	**−0.185 2**	**−0.120 5**	−0.047 3	0.088 4
S_{21}	**−0.128 0**	−0.040 4	**−0.126 8**	**0.117 8**	0.005 3	0.036 6	**−0.121 5**	0.010 4	0.006 0	0.056 7

	C_{51}	S_{51}	C_{52}	S_{52}	C_{53}	S_{53}	C_{54}	S_{54}	C_{55}	S_{55}
C_{20}	−0.000 9	0.000 8	0.002 1	−0.003 3	−0.003 9	0.000 1	0.000 2	0.000 2	0.001 0	0.005 6
C_{30}	−0.000 2	−0.001 2	−0.000 5	0.002 0	0.002 0	−0.001 5	−0.000 7	0.000 1	0.001 8	−0.000 9
C_{21}	0.014 6	−0.022 6	0.076 5	0.018 6	0.069 4	**−0.195 2**	**0.129 4**	**−0.202 9**	−0.045 9	0.081 0
S_{21}	−0.000 1	−0.062 8	0.075 5	−0.048 5	0.047 9	−0.084 7	**−0.108 7**	**−0.146 9**	−0.052 9	0.014 1

可以看出,对 C_{20} 估计影响最大的是 C_{40},对 C_{30} 估计影响最大的是 C_{50} 和 C_{70},几乎所有的考察项对 C_{21}、S_{21} 都有较大的影响。这些结果和用节点理论分析的结果相吻合。如果能通过其他资料得到这些考察参数的定量结果,例如通过地球物理模型得到大气、海洋、积雪、土壤湿度等地表物质分布计算出的高阶重力场球谐项,就能用它们通过上面的缩放敏感矩阵的系数来改正估计的 C_{20}、C_{30}、C_{21}、S_{21} 四个球谐项参数,得到它们更准确的估计值。缩放敏感矩阵分析也称 SSM 分析,SSM 分析在 GNSS 定位的数据处理中有许多应用。例如传统的 GNSS 多系统精密定位的分析模型中要估计系统间偏差(ISB)参数,SSM 分析表明如果不估计 ISB 参数,它的影响被钟差和模糊度参数完全吸收,不会影响台站坐标参数的估计,因此这个参数是可以免去的(Chen et al., 2015)。

在实际分析中有大量的估计参数是无兴趣参数,我们希望避免冗长的缩放敏感矩阵列表,只希望给出针对感兴趣参数的缩放敏感矩阵,这时的观测方程写为

$$\boldsymbol{L} = \boldsymbol{A}_1\boldsymbol{X}_1 + \boldsymbol{A}_2\boldsymbol{X}_2 + \boldsymbol{B}\boldsymbol{Y} + \boldsymbol{\varepsilon} \tag{10.46}$$

其中,$\boldsymbol{X}_1$、$\boldsymbol{X}_2$ 分别代表感兴趣和无兴趣的估计参数,这时对 $\boldsymbol{X}_1$ 的缩放敏感矩阵为(Dong et al., 2002)

$$[\boldsymbol{A}_1^{\mathrm{T}}\boldsymbol{W}\boldsymbol{A}_1 - \boldsymbol{A}_1^{\mathrm{T}}\boldsymbol{W}\boldsymbol{A}_2(\boldsymbol{A}_2^{\mathrm{T}}\boldsymbol{W}\boldsymbol{A}_2)^{-1}\boldsymbol{A}_2^{\mathrm{T}}\boldsymbol{W}\boldsymbol{A}_1]^{-1}[\boldsymbol{A}_1^{\mathrm{T}}\boldsymbol{W}\boldsymbol{B} - \boldsymbol{A}_1^{\mathrm{T}}\boldsymbol{W}\boldsymbol{A}_2(\boldsymbol{A}_2^{\mathrm{T}}\boldsymbol{W}\boldsymbol{A}_2)^{-1}\boldsymbol{A}_2^{\mathrm{T}}\boldsymbol{W}\boldsymbol{B}] \tag{10.47}$$

10.4　Kalman 滤波

Kalman 滤波是一种递归的优化算法,它根据线性系统的状态方程,分析带有噪声和扰动的输入数据对系统的状态进行更新和最优估计。这种优化算法压制和消除了噪声和扰动的影响,相当于一种滤波过程(Kalman, 1960)。Kalman 滤波以卡尔曼(Rudolph Kalman)教授命名以纪念他在这个领域的贡献。实际上当时有好几位科学家都对这个算法做出了很大贡献,这个算法也称 Kalman-Bucy filtering (Kalman and Bucy, 1961)。该算法在 20 世纪 60 年代前后刚提出时很多人对它的实用性产生怀疑,不久它在美国的阿波罗登月计划的轨道预测中的出色表现解除了大家的疑虑,很快就成为目前应用最广泛的滤波算法之一。在 GNSS 定位中, Kalman 滤波也是应用最多的算法之一。

10.4.1　Kalman 滤波基本方程

Kalman 滤波只对观测误差和系统扰动的随机变量统计性质作了一些假定,并不要求它们是平稳过程,因此它可以广泛地应用于航天、通讯、交通、军事等各个领域。Kalman 滤波在观测数据和状态联合服从高斯分布时,给出状态和更新的最小方差估计。Kalman 滤波是一个纯粹的时域线性递归滤波器,因此使用十分方便,功能强大,不需作频率域转换。经典的 Kalman 滤波包括状态方程和观测方程：状态方程是在参数空间,描述了状态向量在相邻时刻的线性化的动态变化规律;观测方程是在数据空间,给出了观测向量和状态向量之间的解析关系。这里不作推导,直接给出离散时间序列的卡尔曼滤波公式。

假定一个离散时间过程可以用下列离散差分方程表示：

$$\boldsymbol{x}_k = \boldsymbol{A}_k \boldsymbol{x}_{k-1} + \boldsymbol{B}_k \boldsymbol{u}_{k-1} + \boldsymbol{\Gamma}_k \boldsymbol{\omega}_k \tag{10.48}$$

其中,状态变量 $\boldsymbol{x} \in R^n$; $\boldsymbol{u}$ 为控制函数; $\boldsymbol{\omega} \sim N(0, \boldsymbol{Q})$ 为状态激励(或者状态扰动)噪声; $\boldsymbol{A}$、$\boldsymbol{B}$ 为状态和控制函数转移的系数矩阵; $\boldsymbol{\Gamma}$ 为扰动噪声输入矩阵; k 为时间引数。

观测变量 $z \in R^m$ 对应的观测方程为

$$\boldsymbol{z}_k = \boldsymbol{H}_k \boldsymbol{x}_k + \boldsymbol{v}_k \tag{10.49}$$

其中, $\boldsymbol{H}$ 为设计矩阵; $\boldsymbol{v} \sim N(0, \boldsymbol{R})$ 为观测噪声。假定状态扰动噪声和观测噪声相互独立并且都为服从正态分布的白噪声。

假定在 $k-1$ 时刻状态变量的估计值和协方差为 $\hat{\boldsymbol{x}}_{k-1}$、$\boldsymbol{C}_{\hat{x}_{k-1}}$ (初始时刻取状态变量的先验值和先验协方差),那么由 $k-1$ 时刻到 k 时刻的状态转移预测方程为

$$\hat{\boldsymbol{x}}_{k,k-1} = \boldsymbol{A}_k \hat{\boldsymbol{x}}_{k-1} + \boldsymbol{B}_k \boldsymbol{u}_{k-1} \tag{10.50}$$

$$\boldsymbol{C}_{\hat{x}_{k,k-1}} = \boldsymbol{A}_k \boldsymbol{C}_{\hat{x}_{k-1}} \boldsymbol{A}_k^{\mathrm{T}} + \boldsymbol{\Gamma}_k \boldsymbol{Q}_k \boldsymbol{\Gamma}_k^{\mathrm{T}} \tag{10.51}$$

由于加入了 k 时刻的观测对该时刻的预测状态进行更新。更新方程为

$$\hat{\boldsymbol{x}}_k = \hat{\boldsymbol{x}}_{k,k-1} + \boldsymbol{K}_k (\boldsymbol{z}_k - \boldsymbol{H}_k \hat{\boldsymbol{x}}_{k,k-1}) \tag{10.52}$$

$$\boldsymbol{C}_{\hat{x}_k} = \boldsymbol{C}_{\hat{x}_{k,k-1}} - \boldsymbol{K}_k \boldsymbol{H}_k \boldsymbol{C}_{\hat{x}_{k,k-1}} = (\boldsymbol{I} - \boldsymbol{K}_k \boldsymbol{H}_k) \boldsymbol{C}_{\hat{x}_{k,k-1}} \tag{10.53}$$

其中,卡尔曼增益为

$$\boldsymbol{K}_k = \boldsymbol{C}_{\hat{x}_{k,k-1}} \boldsymbol{H}_k^{\mathrm{T}} (\boldsymbol{H}_k \boldsymbol{C}_{\hat{x}_{k,k-1}} \boldsymbol{H}_k^{\mathrm{T}} + \boldsymbol{R}_k)^{-1} \tag{10.54}$$

式(10.49)~式(10.54)构成了离散卡尔曼滤波从 $k-1$ 时刻到 k 时刻的完整的状态更新流程。下一个时刻再按此流程递推,最终得到所有结果。这一套计算流程的优点除了简洁,还在于它不需要保存全部历史纪录,仅需要上一个历元的状态解就可以递推得到下一个历元的状态解。式(10.53)是不对称表达式,有文献提出将它改写成对称形式,以提高 Kalman 滤波的数值稳定性(杨元喜,2006):

$$\boldsymbol{C}_{\hat{\boldsymbol{x}}_k} = (\boldsymbol{I} - \boldsymbol{K}_k \boldsymbol{H}_k) \boldsymbol{C}_{\hat{\boldsymbol{x}}_{k,k-1}} (\boldsymbol{I} - \boldsymbol{K}_k \boldsymbol{H}_k)^{\mathrm{T}} + \boldsymbol{K}_k \boldsymbol{R}_k \boldsymbol{K}_k^{\mathrm{T}} \tag{10.55}$$

作为练习,推导式(10.53)和式(10.54)。

证明:

把式(10.49)和式(10.52)代入误差的协方差矩阵估计式,得

$$\boldsymbol{C}_{\hat{\boldsymbol{x}}_k} = \mathrm{cov}(\boldsymbol{x}_k - \hat{\boldsymbol{x}}_k) = \mathrm{cov}\{\boldsymbol{x}_k - [\hat{\boldsymbol{x}}_{k,k-1} + \boldsymbol{K}_k(\boldsymbol{H}_k \boldsymbol{x}_k + v_k - \boldsymbol{H}_k \hat{\boldsymbol{x}}_{k,k-1})]\}$$

整理后得到

$$\boldsymbol{C}_{\hat{\boldsymbol{x}}_k} = \mathrm{cov}[(\boldsymbol{I} - \boldsymbol{K}_k \boldsymbol{H}_k)(\boldsymbol{x}_k - \hat{\boldsymbol{x}}_{k,k-1}) + \boldsymbol{K}_k \boldsymbol{v}_k]$$

$$\begin{aligned} \boldsymbol{C}_{\hat{x}_k} &= (\boldsymbol{I} - \boldsymbol{K}_k \boldsymbol{H}_k) \boldsymbol{C}_{\hat{\boldsymbol{x}}_{k,k-1}} (\boldsymbol{I} - \boldsymbol{K}_k \boldsymbol{H}_k)^{\mathrm{T}} + \boldsymbol{K}_k \boldsymbol{R}_k \boldsymbol{K}_k^{\mathrm{T}} \\ &= \boldsymbol{C}_{\hat{\boldsymbol{x}}_{k,k-1}} - \boldsymbol{K}_k \boldsymbol{H}_k \boldsymbol{C}_{\hat{\boldsymbol{x}}_{k,k-1}} - \boldsymbol{C}_{\hat{x}_{k,k-1}} \boldsymbol{H}_k^{\mathrm{T}} \boldsymbol{K}_k^{\mathrm{T}} + \boldsymbol{K}_k \boldsymbol{H}_k \boldsymbol{C}_{\hat{\boldsymbol{x}}_{k,k-1}} \boldsymbol{H}_k^{\mathrm{T}} \boldsymbol{K}_k^{\mathrm{T}} + \boldsymbol{K}_k \boldsymbol{R}_k \boldsymbol{K}_k^{\mathrm{T}} \end{aligned}$$

最优化的卡尔曼增益必须使均方差最小,等效于协方差矩阵的迹(trace)取极小值,也就是上式的迹对卡尔曼增益的导数为 0,即

$$\frac{\mathrm{d\,tr}(\boldsymbol{C}_{\hat{\boldsymbol{x}}_k})}{\mathrm{d}\boldsymbol{K}_k} = -2(\boldsymbol{H}_k \boldsymbol{C}_{\hat{\boldsymbol{x}}_{k,k-1}})^{\mathrm{T}} + 2\boldsymbol{K}_k(\boldsymbol{H}_k \boldsymbol{C}_{\hat{x}_{k,k-1}} \boldsymbol{H}_k^{\mathrm{T}} + \boldsymbol{R}_k) = 0$$

得式(10.53)。

此处用到了线性代数中的一个矩阵公式 $\dfrac{\mathrm{d\,tr}(\boldsymbol{BAC})}{\mathrm{d}\boldsymbol{A}} = \boldsymbol{B}^{\mathrm{T}}\boldsymbol{C}^{\mathrm{T}}$

由此证明了式(10.54)给出的卡尔曼增益正是使估计解的均方差最小的最优化值。

代入式(10.54)到上面协方差矩阵的展开式,右边最后三项之和为零,于是得到式(10.53),证毕。

可以证明,当式(10.48)中的控制函数和状态扰动噪声为 0 时,卡尔曼滤波公式就成为序贯最小二乘公式,这时两者是等价的。在绝大部分 GNSS 定位的应用中状态变量的转换关系比较简单,没有控制函数,扰动噪声的输入矩阵 $\boldsymbol{\Gamma}$ 为单位矩阵。以共用时钟的双天线 GNSS 接收机的单差相位观测求短基线实时动态解为例,采用广播星历,这时卫星和接收机钟差,电离层和大气延迟参数都不必估计,估计参数只有基线矢 $\Delta\boldsymbol{X}$、基线矢速度 $\Delta\boldsymbol{V}$、整数模糊度 ΔN 和未标定相位延迟(uncalibrated phase delay, UPD)。观测方程(以周为单位)为

$$\Delta\varphi_k = \boldsymbol{H}_k\Delta\boldsymbol{X}_k + \Delta\boldsymbol{N} + \mathrm{upd}_k + \boldsymbol{\varepsilon}_k \tag{10.56}$$

状态转移方程为

$$\begin{bmatrix}\Delta\boldsymbol{X}\\ \Delta\boldsymbol{V}\\ \Delta\boldsymbol{N}\\ \mathrm{upd}\end{bmatrix}_{k,\,k-1} = \begin{bmatrix}\boldsymbol{I} & \Delta t & 0 & 0\\ 0 & \boldsymbol{I} & 0 & 0\\ 0 & 0 & \boldsymbol{I} & 0\\ 0 & 0 & 0 & \boldsymbol{I}\end{bmatrix}\begin{bmatrix}\Delta\boldsymbol{X}\\ \Delta\boldsymbol{V}\\ \Delta\boldsymbol{N}\\ \mathrm{upd}\end{bmatrix}_{k-1} = \boldsymbol{A}_k\begin{bmatrix}\Delta\boldsymbol{X}\\ \Delta\boldsymbol{V}\\ \Delta\boldsymbol{N}\\ \mathrm{upd}\end{bmatrix}_{k-1} \tag{10.57}$$

$$\boldsymbol{C}_{k,\,k-1} = \boldsymbol{A}_k\boldsymbol{C}_{k-1}\boldsymbol{A}_k^{\mathrm{T}} + \begin{pmatrix}0 & 0 & 0 & 0\\ 0 & \boldsymbol{Q}_{\Delta V} & 0 & 0\\ 0 & 0 & 0 & 0\\ 0 & 0 & 0 & \boldsymbol{Q}_{\mathrm{upd}}\end{pmatrix} \tag{10.58}$$

注意式(10.56)中,k 时刻的相位观测对基线矢速度并没有偏导数,而在式(10.57)中基线矢和基线矢速度通过 $k-1$ 时刻到 k 时刻的状态转移联系起来。基线矢和基线矢速度参数随时间变化通过式(10.58)中对基线矢速度参数施加方差为 $\boldsymbol{Q}_{\Delta V}$ 的随机扰动实现。虽然只对基线矢速度参数施加随机扰动,由于协方差矩阵中基线矢和基线矢速度参数的相关性,基线矢也具备了随时间变化的能力。同样,因为在协方差矩阵中的相关性,在 k 时刻的状态更新过程中基线矢参数的变化也带动了基线矢速度参数的变化。式(10.58)中对 upd 参数也施加了小小的方差为 $\boldsymbol{Q}_{\mathrm{upd}}$ 的随机扰动,以便吸收由于温度变化等因素造成的 upd 的时变性。在正常情况下对整数模糊度参数不施加随机扰动以体现整数模糊度参数为常数的本质。一旦觉察到某一时刻某一卫星的相位观测发生周跳,就在该时刻对该卫星的模糊

度参数加上一个足够大的扰动,这时卡尔曼滤波算法会自动按照最小拟合方差准则来拟合这个周跳,这颗卫星的模糊度参数会自动成为吸收了这个周跳的新模糊度。随机扰动的神奇之处在于算法能自动拟合周跳而不需要人工拟合。下面给出一个简化的证明,暂且忽略 upd 参数,在 k 历元只有一颗卫星(标号 i)有数据而且有周跳 δN^i,观测方程为式(10.56)。这时有

$$\Delta\varphi_k - (\boldsymbol{H}_k \Delta\boldsymbol{X}_{k,k-1} + \Delta\boldsymbol{N}_{k,k-1}) \approx \delta N^i$$

为方便起见,把这颗卫星的模糊度参数放在最后一位,得

$$\boldsymbol{C}_{k,k-1} = \begin{pmatrix} C_{\boldsymbol{X}} & C_{\boldsymbol{X}N} & C_{\boldsymbol{X}N^i} \\ C_{N\boldsymbol{X}} & C_N & C_{NN^i} \\ C_{N^i\boldsymbol{X}} & C_{N^iN} & C_{N^i} + Q_{N^i} \end{pmatrix}$$

其中,下角 $\boldsymbol{X}$ 代表基线矢参数;下标 N 代表除了 i 号卫星以外的模糊度参数;下标 N^i 代表 i 号卫星的模糊度参数。由于扰动 Q_{N^i} 很大,模糊度 N^i 参数和其他参数的相关很小,可以忽略。对单个观测,式(10.54)中的求逆项为一个标量,约等于 $1/(C_{N^i} + Q_{N^i})$,卡尔曼增益可表示为

$$\boldsymbol{K}_k \approx \begin{pmatrix} C_{\boldsymbol{X}} & C_{\boldsymbol{X}N} & 0 \\ C_{N\boldsymbol{X}} & C_N & 0 \\ 0 & 0 & C_{N^i} + Q_{N^i} \end{pmatrix} \begin{pmatrix} \boldsymbol{H}_{\boldsymbol{X}}^{\mathrm{T}} \\ 0 \\ \boldsymbol{I} \end{pmatrix} \frac{1}{C_{N^i} + Q_{N^i}} \approx \begin{pmatrix} 0 \\ 0 \\ 1 \end{pmatrix}$$

代入式(10.52)得到

$$\begin{pmatrix} \hat{X}_k \\ \hat{N}_k \\ \hat{N}_k^i \end{pmatrix} = \begin{pmatrix} \hat{X}_{k,k-1} \\ \hat{N}_{k,k-1} \\ \hat{N}_{k,k-1}^i \end{pmatrix} + \begin{pmatrix} 0 \\ 0 \\ \delta N^i \end{pmatrix} = \begin{pmatrix} \hat{X}_{k,k-1} \\ \hat{N}_{k,k-1} \\ \hat{N}_{k,k-1}^i + \delta N^i \end{pmatrix}$$

证明了周跳基本被这颗卫星的模糊度参数吸收。

10.4.2 Kalman 滤波的扩展:AKF、EKF 和 UKF

虽然经典的卡尔曼滤波在 GNSS 定位的数据分析中取得了很好的效果,但在实际操作中也暴露了一些不足之处。

第一,真实的状态扰动噪声的协方差矩阵 $\boldsymbol{Q}$ 和观测噪声的协方差矩阵 $\boldsymbol{R}$ 是未知的,通常凭经验或者约定先验地给出。而且目前大多采用常数值,实际的观测噪声特别是扰动噪声协方差往往是时变的,有时甚至是突变的。为了应付这种情况,发展了自适应卡尔曼滤波(adaptive Kalman filter,AKF)。自适应滤波通常根据真

实参数和估计参数的差别建立某种代价函数,对输入信号对应的代价函数进行评估系统的动态是否有变化,实时调整观测噪声和扰动噪声的水平,或者更改滤波器系数来缩小滤波的实际误差,提高滤波的精度和稳定度。

如何设立和评估代价函数,如何调整动态系统,科研工作者提出了多种方案(杨元喜,2006)。本节仅简单介绍基于极大后验概率估计提出的 Sage-Husa 自适应滤波算法(Sage and Husa, 1969)。它具有原理简单,实时性好的优点。这时的状态转移方程、观测方程、预测方程和更新方程形式上照旧,但是系统的状态噪声、观测噪声和它们的协方差矩阵已由原先的确定性的数学期望值改变为由噪声统计估值器递推得到的时变结果($\hat{\boldsymbol{\omega}}_k$, $\hat{\boldsymbol{v}}_k$, $\hat{\boldsymbol{Q}}_k$, $\hat{\boldsymbol{R}}_k$)。为简单起见,忽略状态控制函数,有

$$\boldsymbol{x}_k = \boldsymbol{A}_k \boldsymbol{x}_{k-1} + \boldsymbol{\Gamma}_k \hat{\boldsymbol{\omega}}_k \tag{10.59}$$

$$\boldsymbol{z}_k = \boldsymbol{H}_k \boldsymbol{x}_k + \hat{\boldsymbol{v}}_k \tag{10.60}$$

$$\hat{\boldsymbol{x}}_{k,\,k-1} = \boldsymbol{A}_k \hat{\boldsymbol{x}}_{k-1} \tag{10.61}$$

$$\boldsymbol{C}_{\hat{\boldsymbol{x}}_{k,\,k-1}} = \boldsymbol{A}_k \boldsymbol{C}_{\hat{\boldsymbol{x}}_{k-1}} \boldsymbol{A}_k^{\mathrm{T}} + \boldsymbol{\Gamma}_k \hat{\boldsymbol{Q}}_k \boldsymbol{\Gamma}_k^{\mathrm{T}} \tag{10.62}$$

$$\hat{\boldsymbol{x}}_k = \hat{\boldsymbol{x}}_{k,\,k-1} + \boldsymbol{K}_k (\boldsymbol{z}_k - \boldsymbol{H}_k \hat{\boldsymbol{x}}_{k,\,k-1}) \tag{10.63}$$

$$\boldsymbol{C}_{\hat{\boldsymbol{x}}_k} = \boldsymbol{C}_{\hat{\boldsymbol{x}}_{k,\,k-1}} - \boldsymbol{K}_k \boldsymbol{H}_k \boldsymbol{C}_{\hat{\boldsymbol{x}}_{k,\,k-1}} = (\boldsymbol{I} - \boldsymbol{K}_k \boldsymbol{H}_k) \boldsymbol{C}_{\hat{\boldsymbol{x}}_{k,\,k-1}} \tag{10.64}$$

卡尔曼增益为

$$\boldsymbol{K}_k = \boldsymbol{C}_{\hat{\boldsymbol{x}}_{k,\,k-1}} \boldsymbol{H}_k^{\mathrm{T}} (\boldsymbol{H}_k \boldsymbol{C}_{\hat{\boldsymbol{x}}_{k,\,k-1}} \boldsymbol{H}_k^{\mathrm{T}} + \hat{\boldsymbol{R}}_k)^{-1} \tag{10.65}$$

时变噪声统计估值器的方程为

$$\hat{\boldsymbol{v}}_k = (1 - d_k) \hat{\boldsymbol{v}}_{k-1} + d_k (\boldsymbol{z}_k - \boldsymbol{H}_k \hat{\boldsymbol{x}}_{k,\,k-1}) \tag{10.66}$$

$$\hat{\boldsymbol{R}}_k = (1 - d_k) \hat{\boldsymbol{R}}_{k-1} + d_k (\hat{\boldsymbol{v}}_k \hat{\boldsymbol{v}}_k^{\mathrm{T}} - \boldsymbol{H}_k \boldsymbol{C}_{k,\,k-1} \boldsymbol{H}_k^{\mathrm{T}}) \tag{10.67}$$

$$\hat{\boldsymbol{\omega}}_k = (1 - d_k) \hat{\boldsymbol{\omega}}_{k-1} + d_k (\hat{\boldsymbol{x}}_k - \boldsymbol{A}_k \hat{\boldsymbol{x}}_{k-1}) \tag{10.68}$$

$$\hat{\boldsymbol{Q}}_k = (1 - d_k) \hat{\boldsymbol{Q}}_{k-1} + d_k (\boldsymbol{C}_{k,\,k-1} + \boldsymbol{K} \hat{\boldsymbol{v}}_k \hat{\boldsymbol{v}}_k^{\mathrm{T}} \boldsymbol{K}^{\mathrm{T}} - \boldsymbol{A}_k \boldsymbol{C}_{k,\,k-1} \boldsymbol{A}_k^{\mathrm{T}}) \tag{10.69}$$

其中,遗忘因子定义为 $d_k = \dfrac{1 - b}{1 - b^{k-1}}$, $0 < b < 1$。

遗忘因子常用的取值范围为 0.95~0.99。当然,Sage-Husa 法还存在一些缺陷,不少学者提出了改进方案。

第二,常规的卡尔曼滤波是针对线性系统的,为了让非线性变化的状态变量也能使用卡尔曼滤波,发展了扩展卡尔曼滤波(extended Kalman filter, EKF)。它的

基本思想是把非线性系统局部线性化，也就是对状态转移方程式(10.50)作改造，把状态转换的线性函数替换为局部的可微函数，把观测方程式(10.49)中的系数矩阵取为非线性函数在该处的偏微分雅可比矩阵。有的学者把 AKF 和 EKF 结合起来，发展了自适应扩展卡尔曼滤波(adaptive extended Kalman filter, AEKF)。

EKF 的前提是非线性函数的泰勒展开的一阶项是主要项，但是有许多实际问题用 EKF 求解并不理想，有两方面原因，第一，许多非线性函数的泰勒展开的高阶项是不可忽略的，只采用一阶线性项会带来显著误差，甚至导致滤波发散；第二，许多实际问题难以找到非线性函数的具体形式，更难以得到其偏导雅可比矩阵。这时可以考虑采用无轨迹卡尔曼滤波(unscented Kalman filter, UKF)，如图 10.3 所示，它是基于无迹变换(unscented transform, UT)的原理实现的。无迹变换的基本原理是基于当前状态 x 的均值 $\bar{x}$ 和方差 $\boldsymbol{C}_x$，构造一组固定数目的采样点，利用这组采样点的均值和方差逼近非线性变化的均值和方差。然后计算 UKF 增益，更新状态向量的估值和协方差。UKF 的运算相对复杂，有时不同操作者的结果不能保证唯一。

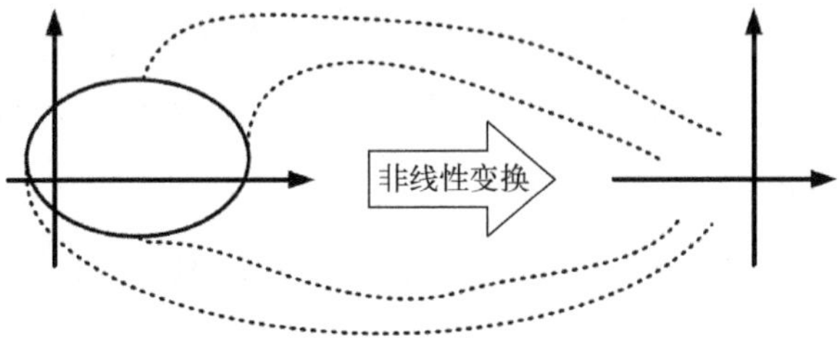

图 10.3　UKF 变换示意图

第三，常规卡尔曼滤波的数值稳定性不够理想，对计算机舍入误差的抵抗力不强。尤其在估计参数高度相关的情况下，状态参数协方差矩阵的元素在转移过程中会丧失有效数字，而微小的舍入误差有时会造成协方差矩阵失去对称性和正定性，甚至导致滤波发散。为了改善 Kalman 滤波的数值稳定性，研究者提出了一系列改进的算法，如 UD 分解滤波、奇异值分解滤波。其中最有名的是 Bierman 和 Thornton 开发的平方根滤波器(Bierman, 1977, 1976)，其基本思想是在状态传递过程中不直接传递其协方差矩阵，而是传递其分解成的上三角或下三角矩阵，这样使得其稳定性(用矩阵条件数衡量)提高几个量级。

第四，卡尔曼滤波采用的是递归算法，通常按照时间演变的顺序前向递推，因此只有最后一个历元的状态估计用到了整个观测序列的所有信息，前面各个历元的状态估计实际上只用到了部分观测信息。为了改善前面各个历元的状态估计，通常把前向滤波估计的解和协方差矩阵保存下来，然后以最后一个历元的解为起点，按照反向的时间顺序作卡尔曼滤波(Gelb, 1974)。把同一个历元前向滤波和后向滤波的解和协方差矩阵作加权平均，得到的解称为（前后向）卡尔曼滤波平滑解，精度得到改善。不难看出，这种平滑解的算法主要适用于后处理。

递推算法的一个主要威胁来自野值，递推过程中的解一旦受到观测野值的污染，会影响后面的一系列解。因此野值的检测和剔除成为确保卡尔曼滤波稳定可靠的重要环节，有必要把最小二乘中的残差平方和(χ^2)的概念推广到卡尔曼滤波，因为它对野值很敏感。先从最小二乘的残差平方和定义出发，定义从开始一直到 k 历元的总计残差平方和为

$$\chi_k^2 = (\boldsymbol{Z}_k - \boldsymbol{H}_k\hat{\boldsymbol{x}}_k)^{\mathrm{T}}\boldsymbol{R}_k^{-1}(\boldsymbol{Z}_k - \boldsymbol{H}_k\hat{\boldsymbol{x}}_k) \tag{10.70}$$

注意这里用大写的 $\boldsymbol{Z}_k$、$\boldsymbol{H}_k$、$\boldsymbol{R}_k$ 表示从开始到 k 历元的总的观测矢、总的设计矩阵和总的观测误差协方差矩阵。同时用它们的小写表示第 k 个历元的观测矢，设计矩阵和观测误差协方差矩阵。对前 $k-1$ 时刻可以类似写出

$$\chi_{k-1}^2 = (\boldsymbol{Z}_{k-1} - \boldsymbol{H}_{k-1}\hat{\boldsymbol{x}}_{k-1})^{\mathrm{T}}\boldsymbol{R}_{k-1}^{-1}(\boldsymbol{Z}_{k-1} - \boldsymbol{H}_{k-1}\hat{\boldsymbol{x}}_{k-1}) \tag{10.71}$$

注意式(10.70)和式(10.71)中的状态变量分别用的是 $\hat{\boldsymbol{x}}_k$ 和 $\hat{\boldsymbol{x}}_{k-1}$。把式(10.70)表达成前 $k-1$ 个历元的残差平方和加上 k 历元的残差平方，得

$$\chi_k^2 = (\boldsymbol{Z}_{k-1} - \boldsymbol{H}_{k-1}\hat{\boldsymbol{x}}_k)^{\mathrm{T}}\boldsymbol{R}_{k-1}^{-1}(\boldsymbol{Z}_{k-1} - \boldsymbol{H}_{k-1}\hat{\boldsymbol{x}}_k) + (\boldsymbol{z}_k - \boldsymbol{h}_k\hat{\boldsymbol{x}}_k)^{\mathrm{T}}\boldsymbol{r}_k^{-1}(\boldsymbol{z}_k - \boldsymbol{h}_k\hat{\boldsymbol{x}}_k)$$

上式等号右边第一项：

$$\begin{aligned}(\boldsymbol{Z}_{k-1} - \boldsymbol{H}_{k-1}\hat{\boldsymbol{x}}_k)^{\mathrm{T}}\boldsymbol{R}_{k-1}^{-1}(\boldsymbol{Z}_{k-1} - \boldsymbol{H}_{k-1}\hat{\boldsymbol{x}}_k) &= \chi_{k-1}^2 + (\boldsymbol{H}_{k-1}\Delta\boldsymbol{x}_k)^{\mathrm{T}}\boldsymbol{R}_{k-1}^{-1}(\boldsymbol{H}_{k-1}\Delta\boldsymbol{x}_k) \\ &\quad - (\boldsymbol{Z}_{k-1} - \boldsymbol{H}_{k-1}\hat{\boldsymbol{x}}_{k-1})^{\mathrm{T}}\boldsymbol{R}_{k-1}^{-1}\boldsymbol{H}_{k-1}\Delta\boldsymbol{x}_k - (\boldsymbol{H}_{k-1}\Delta\boldsymbol{x}_k)^{\mathrm{T}}\boldsymbol{R}_{k-1}^{-1}(\boldsymbol{Z}_{k-1} - \boldsymbol{H}_{k-1}\hat{\boldsymbol{x}}_{k-1})\end{aligned}$$

其中，

$$\Delta\boldsymbol{x}_k = \hat{\boldsymbol{x}}_k - \hat{\boldsymbol{x}}_{k-1} \tag{10.72}$$

由最小二乘的解的关系式(10.4)得

$$(\boldsymbol{Z}_{k-1} - \boldsymbol{H}_{k-1}\hat{\boldsymbol{x}}_{k-1})^{\mathrm{T}}\boldsymbol{R}_{k-1}^{-1}\boldsymbol{H}_{k-1} = \boldsymbol{H}_{k-1}^{\mathrm{T}}\boldsymbol{R}_{k-1}^{-1}(\boldsymbol{Z}_{k-1} - \boldsymbol{H}_{k-1}\hat{\boldsymbol{x}}_{k-1}) = 0$$

代入式(10.72)得到

$$\chi_k^2 = \chi_{k-1}^2 + (\boldsymbol{H}_{k-1}\Delta\boldsymbol{x}_k)^{\mathrm{T}}\boldsymbol{R}_{k-1}^{-1}(\boldsymbol{H}_{k-1}\Delta\boldsymbol{x}_k) + (\boldsymbol{z}_k - \boldsymbol{h}_k\hat{\boldsymbol{x}}_k)^{\mathrm{T}}\boldsymbol{r}_k^{-1}(\boldsymbol{z}_k - \boldsymbol{h}_k\hat{x}_k)$$

定义第 k 个历元的残差平方和的增量为 $\Delta\chi_k^2 = \chi_k^2 - \chi_{k-1}^2$，上式可以表示为

$$\Delta\chi_k^2 = \Delta\boldsymbol{x}_k^{\mathrm{T}}\boldsymbol{C}_{\hat{\boldsymbol{x}}_{k-1}}^{-1}\Delta\boldsymbol{x}_k + (\boldsymbol{z}_k - \boldsymbol{h}_k\hat{x}_k)^{\mathrm{T}}\boldsymbol{r}_k^{-1}(\boldsymbol{z}_k - \boldsymbol{h}_k\hat{\boldsymbol{x}}_k) \tag{10.73}$$

式(10.73)表明第 k 个历元的残差平方和的增量由两部分组成，第一部分来自拟合解的改变产生的增量，第二部分来自第 k 个历元的观测残差产生的增量。式

(10.73)不需要保留所有历元的观测和解的纪录,仅知道上一个历元的解和协方差矩阵加上这个历元的观测和解就可以计算出结果。上述推导假定了估计参数是固定的,为简化起见不再讨论更复杂的情况。

10.4.3 Kalman 滤波下的残差平方和增量

上一小节推导是基于最小二乘法的,现在把残差平方和增量的定义扩展到卡尔曼滤波,定义卡尔曼滤波 k 时刻的残差平方和增量为

$$\Delta\chi_k^2 = \Delta\boldsymbol{x}_k^{\mathrm{T}}\boldsymbol{C}_{\hat{\boldsymbol{x}}_{k,k-1}}^{-1}\Delta\boldsymbol{x}_k + (\boldsymbol{z}_k - \boldsymbol{h}_k\hat{\boldsymbol{x}}_k)^{\mathrm{T}}\boldsymbol{r}_k^{-1}(\boldsymbol{z}_k - \boldsymbol{h}_k\hat{\boldsymbol{x}}_k) \tag{10.74}$$

其中,

$$\Delta\boldsymbol{x}_k = \hat{\boldsymbol{x}}_k - \hat{\boldsymbol{x}}_{k,k-1} \tag{10.75}$$

不难看出,当控制函数为 0,扰动噪声的输入矩阵 $\boldsymbol{\Gamma}$ 为单位矩阵时,这个定义和最小二乘法的定义完全相同。总的残差平方和即为各时刻的残差平方和增量之和。

残差平方和增量 $\Delta\chi_k^2$ 是一个非常灵敏的指标。数据中一旦出现野值时它会明显增大,因此可以用它来鉴别是否出现野值,出现野值的数据要删去不用。它还有其他用途,例如作固定模糊度的搜索时,不正确的整数模糊度也会使对应的 $\Delta\chi_k^2$ 出现异常,用它有助于排除不正确的整数模糊度组合。式(10.74)虽然很有用,但是里面用到了 $\hat{\boldsymbol{x}}_k$,一旦发现了野值,卡尔曼滤波的解和协方差已经被更新了,这时的解已经被野值破坏了。为了防止失去正常的解,需要事先把 $k-1$ 时刻的解和协方差矩阵存储起来,然后用 k 时刻的数据更新解和协方差矩阵,再用式(10.74)检验其 $\Delta\chi_k^2$。一旦发现野值,剔除 k 时刻有野值的数据并且恢复原先保存的解和协方差矩阵,再进入下一时刻运算。更好的方案是在更新解之前就能得到 $\Delta\chi_k^2$ 估计。

把 $\hat{\boldsymbol{x}}_k$ 都化成 $\hat{\boldsymbol{x}}_{k,k-1}$ 的表达式,注意式(10.52)~式(10.54)用的都是只对 k 历元的矩阵,符号定义用小写表示,即

$$\Delta\boldsymbol{x}_k = \boldsymbol{C}_{\hat{\boldsymbol{x}}_{k,k-1}}\boldsymbol{h}_k^{\mathrm{T}}(\boldsymbol{h}_k\boldsymbol{C}_{\hat{\boldsymbol{x}}_{k,k-1}}\boldsymbol{h}_k^{\mathrm{T}} + \boldsymbol{r}_k)^{-1}(\boldsymbol{z}_k - \boldsymbol{h}_k\hat{\boldsymbol{x}}_{k,k-1}) \tag{10.76}$$

$$\begin{aligned}\boldsymbol{z}_k - \boldsymbol{h}_k\hat{\boldsymbol{x}}_k &= \boldsymbol{z}_k - \boldsymbol{h}_k[\hat{\boldsymbol{x}}_{k,k-1} + \boldsymbol{C}_{\hat{\boldsymbol{x}}_{k,k-1}}\boldsymbol{h}_k^{\mathrm{T}}(\boldsymbol{h}_k\boldsymbol{C}_{\hat{\boldsymbol{x}}_{k,k-1}}\boldsymbol{h}_k^{\mathrm{T}} + \boldsymbol{r}_k)^{-1}(\boldsymbol{z}_k - \boldsymbol{h}_k\hat{\boldsymbol{x}}_{k,k-1})]\\ &= \boldsymbol{r}_k(\boldsymbol{h}_k\boldsymbol{C}_{\hat{\boldsymbol{x}}_{k,k-1}}\boldsymbol{h}_k^{\mathrm{T}} + \boldsymbol{r}_k)^{-1}(\boldsymbol{z}_k - \boldsymbol{h}_k\hat{\boldsymbol{x}}_{k,k-1})\end{aligned} \tag{10.77}$$

由式(10.76)得

$$\begin{aligned}&\Delta\boldsymbol{x}_k^{\mathrm{T}}\boldsymbol{C}_{\hat{\boldsymbol{x}}_{k,k-1}}^{-1}\Delta\boldsymbol{x}_k = \\ &(\boldsymbol{z}_k - \boldsymbol{h}_k\hat{\boldsymbol{x}}_{k,k-1})^{\mathrm{T}}(\boldsymbol{h}_k\boldsymbol{C}_{\hat{\boldsymbol{x}}_{k,k-1}}\boldsymbol{h}_k^{\mathrm{T}} + \boldsymbol{r}_k)^{-1}[\boldsymbol{I} - \boldsymbol{r}_k(\boldsymbol{h}_k\boldsymbol{C}_{\hat{\boldsymbol{x}}_{k,k-1}}\boldsymbol{h}_k^{\mathrm{T}} + \boldsymbol{r}_k)^{-1}](\boldsymbol{z}_k - \boldsymbol{h}_k\hat{\boldsymbol{x}}_{k,k-1})\end{aligned}$$

由式(10.77)得

$$(\boldsymbol{z}_k-\boldsymbol{h}_k\hat{\boldsymbol{x}}_k)^{\mathrm{T}}\boldsymbol{r}_k^{-1}(\boldsymbol{z}_k-\boldsymbol{h}_k\hat{\boldsymbol{x}}_k)=$$
$$(\boldsymbol{z}_k-\boldsymbol{h}_k\hat{\boldsymbol{x}}_{k,k-1})^{\mathrm{T}}(\boldsymbol{h}_k\boldsymbol{C}_{\hat{x}_{k,k-1}}\boldsymbol{h}_k^{\mathrm{T}}+\boldsymbol{r}_k)^{-1}\boldsymbol{r}_k(\boldsymbol{h}_k\boldsymbol{C}_{\hat{x}_{k,k-1}}\boldsymbol{h}_k^{\mathrm{T}}+\boldsymbol{r}_k)^{-1}(\boldsymbol{z}_k-\boldsymbol{h}_k\hat{\boldsymbol{x}}_{k,k-1})$$

代入式(10.74),得

$$\Delta\chi_k^2=(\boldsymbol{z}_k-\boldsymbol{h}_k\hat{\boldsymbol{x}}_{k,k-1})^{\mathrm{T}}(h_kC_{\hat{x}_{k,k-1}}\boldsymbol{h}_k^{\mathrm{T}}+\boldsymbol{r}_k)^{-1}(\boldsymbol{z}_k-\boldsymbol{h}_k\hat{\boldsymbol{x}}_{k,k-1}) \tag{10.78}$$

式(10.78)仅用了 $k-1$ 时刻对 k 时刻的解和协方差矩阵的预测值、k 时刻的观测值和设计矩阵就可以同样严格地估计出 $\Delta\chi_k^2$, 并没有把 $k-1$ 时刻的解和协方差矩阵更新到 k 时刻,因而它们没有被破坏。这样,在实时分析中每个历元只要进行到该历元解和协方差的预测阶段,就可以用式(10.78)计算 $\Delta\chi_k^2$, 如果异常就视为野值,如果正常就继续更新解和协方差。式(10.78)非常实用,尤其对实时分析,很受研究人员欢迎。

10.5　广义约束理论

前文已经介绍了用拉格朗日乘子实现约束,并得到约束后的解、协方差和χ^2增量的解析表达式(10.27)~式(10.29)。这种约束对应无误差约束的极端情况,称为绝对约束,它要求被约束的参数严格地遵从约束方程式(10.24)。当约束方程式(10.24)不那么紧,而是带有误差范围,也就是该约束方程有协方差矩阵 $\boldsymbol{C}_{\mathrm{C}}$, 称这样的约束为广义约束,俗称松约束。把约束方程看作伪观测或虚拟观测和实际观测联立求解,这时的观测方程和观测权矩阵为

$$\begin{bmatrix}\boldsymbol{L}\\ \boldsymbol{b}\end{bmatrix}=\begin{bmatrix}\boldsymbol{A}\\ \boldsymbol{M}\end{bmatrix}\boldsymbol{X}+\begin{bmatrix}\boldsymbol{\varepsilon}\\ \boldsymbol{\sigma}\end{bmatrix} \tag{10.79}$$

$$\boldsymbol{P}=\begin{bmatrix}\boldsymbol{W} & \boldsymbol{0}\\ \boldsymbol{0} & \boldsymbol{C}_{\mathrm{C}}^{-1}\end{bmatrix} \tag{10.80}$$

带广义约束的最小二乘解为

$$\hat{\boldsymbol{X}}_{\mathrm{C}}=(\boldsymbol{A}^{\mathrm{T}}\boldsymbol{W}\boldsymbol{A}+\boldsymbol{M}^{\mathrm{T}}\boldsymbol{C}_{\mathrm{C}}^{-1}\boldsymbol{M})^{-1}(\boldsymbol{A}^{\mathrm{T}}\boldsymbol{W}\boldsymbol{L}+\boldsymbol{M}^{\mathrm{T}}\boldsymbol{C}_{\mathrm{C}}^{-1}\boldsymbol{b}) \tag{10.81}$$

它也等价于用序贯最小二乘法得到的解:

$$\hat{\boldsymbol{X}}_{\mathrm{C}}=(\boldsymbol{C}_{\hat{X}}^{-1}+\boldsymbol{M}^{\mathrm{T}}\mathrm{C}_{\mathrm{C}}^{-1}\boldsymbol{M})^{-1}(\boldsymbol{C}_{\hat{X}}^{-1}\hat{\boldsymbol{X}}+\boldsymbol{M}^{\mathrm{T}}\boldsymbol{C}_{\mathrm{C}}^{-1}\boldsymbol{b})=\hat{\boldsymbol{X}}+(\boldsymbol{C}_{\hat{X}}^{-1}+\boldsymbol{M}^{\mathrm{T}}\boldsymbol{C}_{\mathrm{C}}^{-1}\boldsymbol{M})^{-1}\boldsymbol{M}^{\mathrm{T}}\boldsymbol{C}_{\mathrm{C}}^{-1}(\boldsymbol{b}-\boldsymbol{M}\hat{\boldsymbol{X}}) \tag{10.82}$$

上式在 $\boldsymbol{C}_{\mathrm{C}}=0$ 时表达式不定,由矩阵求逆变换公式得

$$(\boldsymbol{A}\pm\boldsymbol{B}\boldsymbol{D}^{-1}\boldsymbol{C})^{-1}=\boldsymbol{A}^{-1}\mp\boldsymbol{A}^{-1}\boldsymbol{B}(\boldsymbol{D}\pm\boldsymbol{C}\boldsymbol{A}^{-1}\boldsymbol{B})^{-1}\boldsymbol{C}\boldsymbol{A}^{-1} \tag{10.83}$$

代入式(10.82)得

$$\hat{\boldsymbol{X}}_{\mathrm{C}}=\hat{\boldsymbol{X}}+\boldsymbol{C}_{\hat{X}}\boldsymbol{M}^{\mathrm{T}}(\boldsymbol{C}_{\mathrm{C}}+\boldsymbol{M}\boldsymbol{C}_{\hat{X}}\boldsymbol{M}^{\mathrm{T}})^{-1}(\boldsymbol{b}-\boldsymbol{M}\hat{\boldsymbol{X}}) \tag{10.84}$$

同样可推得

$$\boldsymbol{C}_{\hat{X}_{\mathrm{C}}}=\boldsymbol{C}_{\hat{X}}-\boldsymbol{C}_{\hat{X}}\boldsymbol{M}^{\mathrm{T}}(\boldsymbol{C}_{\mathrm{C}}+\boldsymbol{M}\boldsymbol{C}_{\hat{X}}\boldsymbol{M}^{\mathrm{T}})^{-1}\boldsymbol{M}\boldsymbol{C}_{\hat{X}} \tag{10.85}$$

$$\Delta\chi^{2}=(\boldsymbol{b}-\boldsymbol{M}\hat{\boldsymbol{X}})^{\mathrm{T}}(\boldsymbol{C}_{\mathrm{C}}+\boldsymbol{M}\boldsymbol{C}_{\hat{x}}\boldsymbol{M}^{\mathrm{T}})^{-1}(\boldsymbol{b}-\boldsymbol{M}\hat{\boldsymbol{X}}) \tag{10.86}$$

显然,绝对约束解式(10.27)~式(10.29)是广义约束解式(10.84)~式(10.86)的特例(对应 $\boldsymbol{C}_{\mathrm{C}}=0$)。类似,无约束解式(10.4)是广义约束解式(10.81)的特例(对应 $\boldsymbol{C}_{\mathrm{C}}=\infty$)。

广义约束和前文提到的约束的区别在于有一个协方差矩阵。如果这个协方差矩阵很大,表明这个约束允许估计参数在约束值上下有很大的变动范围,称这种约束为“松约束”。如果这个协方差矩阵很小,表明这个约束只允许估计参数有很小的变动范围,称这种约束为“紧约束”。最极端的情况是约束为0,表示受约束的参数必须严格地满足约束关系式(10.79),称这种约束为“绝对约束”。令 $\boldsymbol{C}_{\mathrm{C}}=0$,式(10.84)等同于式(10.27),式(10.85)等同于式(10.28),表明由拉格朗日乘子法给出的约束正是广义约束中的绝对约束。不难看出,先验约束就是广义约束中的一个常见的例子。这样,广义约束理论给出了更普遍的约束算法,约束的协方差矩阵代表了约束的松紧程度。广义约束已经被广泛地应用于 GNSS 定位的数据分析中,例如台站网的单日松弛解,它存在台站网整体平移和旋转 6 个自由度的秩亏,对估计参数如台站坐标施加松约束后使得法矩阵形式上不奇异,从而求得松弛解。在国际大地参考框架的实现过程中,参考框架的原点变化约束为激光测卫技术的结果,尺度因子的变化约束为甚长基线干涉等技术的结果。

广义约束是对经典约束的一种推广,同时它也带来了新的挑战。首当其冲是自由度的定义问题。最小二乘算法中定义 $n-m$ 为自由度,其中 n 为观测数,m 为估计参数的数目。如果施加了一个经典的约束,例如把一个估计参数固定到它的先验值,相当于少估计一个参数,所以自由度的定义扩展为 $n-m+q$,其中 q 为约束的数目。广义约束使得情况变复杂了。现在施加了 q 个广义约束,如果约束的协方差矩阵都为0,等同于经典约束,自由度仍为 $n-m+q$。如果约束的协方差矩阵为无穷大,相当于没有约束,自由度为 $n-m$。如果约束的协方差矩阵既不为0,又

不为无穷大，而是一个有限值，那自由度应该为多大呢？要使自由度的定义自洽，必然得出此时自由度应为介于 $n-m$ 和 $n-m+q$ 之间的一个实数的结论。能不能接受实数自由度定义？如果自由度是实数，它该多大，用什么公式计算？接踵而来的问题是如果自由度是实数，那统计检验如何实行？因为 GNSS 定位领域涉及的统计检验只对应整数自由度，目前还没有对应实数自由度的统计检验理论。已经有一些文献对此进行了探讨，目前离成熟的理论还差得很远。这也是当前尚未解决的一个前沿课题。

10.6　最少约束、内约束和参考框架确定

最少约束(minimum constraint)、内约束(internal constraint)是广义约束理论的重要应用。前文提到，全球或者区域性网平差解存在秩亏。短时间区间的网平差解(如周日解)存在 3 个网整体平移 3 个网整体旋转的秩亏。长时间区间的网平差解(如多年解)的秩亏数为 12(3 个平移，3 个旋转和 6 个它们的变化率)。这就是说，没有约束的网平差解中各台站之间的相对位置是明确的，但是整个网的解的运动状态是随意的模糊的。假如参数空间相当于一个海洋，无约束的网平差解相当于一个多面体。多面体的形状是明确的固定的，但是这多面体可以在海洋中任意漂浮。参考框架的作用就是把这个多面体固定在海洋的某个位置上不能再漂浮，这时多面体上各点的坐标就可以唯一地确定了。参考框架是通过对网平差解施行约束消除其秩亏后实现的。施行的约束不同网平差解的最终结果的稳定性和自洽性也不同，这就存在一个最优的约束选择问题。

虽然网平差解的秩亏数为 6 或者 12，可我们经常听到 7 参数或者 14 参数转换，这里多了尺度因子和尺度因子变化率二个转换参数。这二个转换参数并不表明网平差解还存在二个秩亏度，它们代表整体网的膨胀或收缩。许多人不相信整体地球存在显著地整体膨胀或收缩，他们宁可相信网平差解中出现的整体视膨胀或视收缩是由于大气延迟估计误差、天线相位中心模型误差或者卫星轨道光压模型误差造成的。用 7 参数(或者 14 参数)转换就可以吸收这种视膨胀(或视收缩)。当然也有人相信这种膨胀(或收缩)是真实的，他们就采用 6 参数(或 12 参数)转换。究竟 6 参数好还是 7 参数好尚有争议，还没有形成共识(Chen et al., 2018; Tregouing and van Dam, 2005)。鉴于目前国际上多数采用 7 参数转换，本书的框架参数暂且包括尺度因子。

这里以周日解的 7 参数转换为例，说明参考框架是如何通过约束实现的。经典的参考框架约束是选择不共线的三个参考台站的估计坐标 $\hat{\boldsymbol{x}}$，用它们的先验坐标 $\boldsymbol{x}_r$ 做约束，约束方程为

$$\boldsymbol{x}_r - \hat{\boldsymbol{x}} = 0,\text{协方差矩阵为 } \boldsymbol{C}_C \tag{10.87}$$

最早的时候令 $\boldsymbol{C}_C = 0$，也就是取绝对约束，让这三个参考台站的估计坐标严格地等于先验坐标。这里产生了三个问题：① 参考框架对这三个台站的依赖性太大，如果有一天少了一个参考台站观测，约束方程就不够(6 个方程固定 7 个参数)，如果有一天一个参考台站的观测很糟糕，整个网的解就会被拉偏，而且约束后的解的协方差分布也不合理，与参考台站(通常在网的边缘)相关越大的台站的解的误差椭圆越小；② 3 个台站用 9 个方程固定 7 个参数是"过约束"；③ 这三个台站坐标的先验值也不是绝对准确的，用它们作绝对约束容易产生较明显的系统误差。为了克服这些弱点，往后人们选择多一些参考台站，并且用较小的 $\boldsymbol{C}_C$(例如 1 mm^2)作紧约束来实现参考框架。通常选用距离拉开的台站以避免出现较大的旋转系统误差。这时过度依赖个别台站的问题改善了，但是过约束的问题没有解决，甚至更严重了。虽然约束台站多了误差椭圆分布看起来比较均匀，但是过约束带来的人为因素增加了。更妥善的解决方案是采用最少约束。要设法让参考台站坐标的估计值和它们的先验值(通常是 ITRF 框架下的给定值)之间在最小二乘意义下无整体平移、无整体旋转、无整体尺度变化。值得一提的是，国内大多数参考文献把这种约束翻译为最小约束，我们认为称为最少约束更恰当，因为它对应刚好弥补秩亏的约束数，代表最少而不是最小。

首先，利用这批参考台站的估计坐标 $\hat{\boldsymbol{x}}$ 相对于它们的先验坐标 $\boldsymbol{x}_r$ 的差别来估计框架参数 $\boldsymbol{\theta}$(6 个或 7 个)，建立形式上的"观测"方程：

$$\boldsymbol{x}_r - \hat{\boldsymbol{x}} = \boldsymbol{B\theta},\text{协方差矩阵} \boldsymbol{C}_a \tag{10.88}$$

最小二乘解为

$$\hat{\boldsymbol{\theta}} = (\boldsymbol{B}^T\boldsymbol{C}_a^{-1}\boldsymbol{B})^{-1}\boldsymbol{B}^T\boldsymbol{C}_a^{-1}(\boldsymbol{x}_r - \hat{\boldsymbol{x}}) \tag{10.89}$$

于是，最少约束方程为

$$(\boldsymbol{B}^T\boldsymbol{C}_a^{-1}\boldsymbol{B})^{-1}\boldsymbol{B}^T\boldsymbol{C}_a^{-1}(\boldsymbol{x}_r - \hat{\boldsymbol{x}}) = 0,\ \text{协方差矩阵 } \boldsymbol{C}_C = 0 \tag{10.90}$$

这时的约束方程数恰好为框架参数的数目，代表最少约束。它的几何意义是让这批参考台站坐标相对先验坐标的坐标差的中心的平移为 0，坐标差绕地心系三个轴的旋转为 0，参考台站坐标总体的尺度因子为 1(相对于先验坐标没有整体膨胀和收缩)。由于参考台站可以取很多，摆脱了对个别参考台站的依赖。协方差的分布也比较均匀合理的。

为了得到在卡尔曼滤波下最少约束后的解和协方差的表达式，我们让式(10.88)中的 $\hat{\boldsymbol{x}}$ 代表所有台站的解，设计矩阵 $\boldsymbol{B}$ 扩展为所有台站解的维数，其中只有对应参考台站参数的行里的元素不为 0。最少约束方程式(10.90)依然成立，表达为广义逆形式：

$$\boldsymbol{T}^{-}(\boldsymbol{x}_{\mathrm{r}}-\hat{\boldsymbol{x}})=0,\ \boldsymbol{T}^{-}=(\boldsymbol{B}^{\mathrm{T}}\boldsymbol{C}_{\mathrm{a}}^{-1}\boldsymbol{B})^{-1}\boldsymbol{B}^{\mathrm{T}}\boldsymbol{C}_{\mathrm{a}}^{-1} \tag{10.91}$$

代入式(10.80)~式(10.82)得

$$\hat{\boldsymbol{x}}_{\mathrm{C}}=\hat{\boldsymbol{x}}+\boldsymbol{C}_{\hat{x}}\boldsymbol{T}^{-\mathrm{T}}(\boldsymbol{T}^{-}\boldsymbol{C}_{\hat{x}}\boldsymbol{T}^{-\mathrm{T}})^{-1}\boldsymbol{T}^{-}(\boldsymbol{x}_{\mathrm{r}}-\hat{\boldsymbol{x}})=\hat{\boldsymbol{x}}+\boldsymbol{C}_{\hat{x}}\boldsymbol{T}^{-\mathrm{T}}(\boldsymbol{T}^{-}\boldsymbol{C}_{\hat{x}}\boldsymbol{T}^{-\mathrm{T}})^{-1}\hat{\boldsymbol{\theta}} \tag{10.92a}$$

$$\boldsymbol{C}_{\hat{x}_{\mathrm{C}}}=\boldsymbol{C}_{\hat{x}}-\boldsymbol{C}_{\hat{x}}\boldsymbol{T}^{-\mathrm{T}}(\boldsymbol{T}^{-}\boldsymbol{C}_{\hat{x}}\boldsymbol{T}^{-\mathrm{T}})^{-1}\boldsymbol{T}^{-}\boldsymbol{C}_{\hat{x}} \tag{10.92b}$$

$$\chi_{\mathrm{C}}^{2}=\chi^{2}+(\boldsymbol{T}^{-}(\boldsymbol{x}_{\mathrm{r}}-\hat{\boldsymbol{x}}))^{\mathrm{T}}(\boldsymbol{T}^{-}\boldsymbol{C}_{\hat{x}}\boldsymbol{T}^{-\mathrm{T}})^{-1}(\boldsymbol{T}^{-}(\boldsymbol{x}_{\mathrm{r}}-\hat{\boldsymbol{x}}))=\chi^{2}+\hat{\boldsymbol{\theta}}^{\mathrm{T}}(\boldsymbol{T}^{-}\boldsymbol{C}_{\hat{x}}\boldsymbol{T}^{-\mathrm{T}})^{-1}\hat{\boldsymbol{\theta}} \tag{10.92c}$$

各个子框架(如周解)经过最少约束拟合求出各自的子框架参数(如 7 参数)。为了定义长期框架,须将这些子框架参数序列进一步约束成均值为零,趋势项为零的内在的(intrinsic)子框架参数序列。这一步约束称为内约束。它将子框架参数序列表达为

$$P(t_k)=P(t_0)+(t_k-t_0)\dot{P} \tag{10.93}$$

内约束要求(Altamimi et al., 2007):

$$\begin{cases}P(t_0)=0\\ \dot{P}=0\end{cases} \tag{10.94}$$

在不太严格的场合下,也可以把最小约束和内约束统称为内约束,以区别于用外部信息进行的约束。

用内约束来实现参考框架的自洽性比经典的约束更稳定更均匀。实施内约束时要注意以下五点。第一,参考台站的分布。对全球网平差显然要选取全球尽可能均匀分布的参考台站,对区域性台站网希望参考台站的中心尽量靠近整体网的中心。这个要求对区域性台站网不一定都能实现,因为希望区域性的台站网的参考框架能和 ITRF 参考框架吻合,但是许多区域性台站网周围的 ITRF 核心台站或者数量不够,或者偏向一边。这时必须选取若干区域性台站网内观测质量较好的台站加入到参考台站的行列,设为框架区域辅助参考站。当区域性台站数量远远大于框架参考站数量且比较集中时,框架区域辅助参考站应先独立估算其位置系列,因为大量集中的区域站有可能强行使框架偏移。第二,参考台站的数量。在保证参考台站观测质量的基础上是多多益善,这样有利于维持框架稳定,避免受个别台站的解的影响。第三,参考台站观测的质量。虽然内约束允许选取较多的参考台站,减少了对单个参考台站的依赖,但是如果某个参考台站那天的观测质量很

差,仍然会影响内约束结果。因此用式(10.89)估计 $\hat{\boldsymbol{\theta}}$ 时要经过若干次迭代,把拟合残差很大(例如超过 3 倍中误差)的参考台站剔除。第四,"观测"方程式(10.88)中的协方差矩阵 $\boldsymbol{C}_{\mathrm{a}}$ 的选取。参考台站观测质量的评估是依赖于式(10.88)中选取的协方差矩阵的。那么直接用内约束前得到的估计参数协方差矩阵 $\boldsymbol{C}_{\hat{x}}$ 行不行? 不行。一方面 $\boldsymbol{C}_{\hat{x}}$ 只反映形式误差,不反映实际的观测质量。另一方面通常在内约束前得到的是松约束(loosely constrained)解,其协方差矩阵 $\boldsymbol{C}_{\hat{x}}$ 对应的参考台站坐标的形式误差都在米级水平而且高度相关,无法区分出观测异常的台站。现有的做法是忽略台站间的相关,第一步先以形式误差给权(或者取等权)估计 $\hat{\boldsymbol{\theta}}$。然后计算拟合的中误差,剔除拟合残差过大的异常台站,其余的参考台站按拟合残差大小赋相对权因子,再用这新的权矩阵重新估计 $\hat{\boldsymbol{\theta}}$。经过几次迭代得到最终结果。第五,垂直分量的权重。GNSS 得到的是台站的三维坐标,通常垂直分量的精度和稳定度远不如水平分量。因此,内约束的赋权不是在地心直角坐标系下进行,而是转化到站心地平坐标系下进行。赋权完后再把权矩阵转回地心直角坐标系作内约束运算。垂直分量要不要减权? 减多少权? 这些经验性的技术细节留给读者自己尝试。

10.7 区域滤波、共模误差和主分量分析

10.7.1 共模误差(CME)

GNSS 台站网坐标的周日解残差序列呈现了高度的空间相关性,网内各台站坐标的残差序列都出现了非常相似的变化(图 10.4)。这些时间域的变化从高频到低频都有,不规则,量级可达到厘米级。目前尚未找到相应的地球物理机制解释这些变化,但其更像来自参考框架、卫星轨道、海洋潮汐改正模型以及其他未知的误差,因此把它命名为共模误差(common mode error, CME)。共模误差是 GNSS 台站坐标解中一种重要的误差源,如果不消除它,台站坐标和速度解的精度会受到影响,坐标序列中许多微弱和短促的信号(如深部岩浆活动,断层的瞬变错动)会被它掩盖。同时它本身也提供了研究当前 GNSS 分析模型的欠缺以及未知的误差源的重要信息。研究表明共模误差的空间相关性在 1 000 km 范围内仍达到 95%,超过这个范围空间相关性就逐步变弱,到 6 000 km 外的空间相关性就基本消失了(Márquez-Azúa et al., 2003)。

共模误差是在比较台站网各台站单日坐标解扣除了所有已知信息后的残差序列后发现的,因此它不是在数据空间的"原生态"误差,而是在解空间中的"次生态"误差。坐标解的残差序列的误差包括两部分,一部分来自观测误差和分析模型缺省或不准确而进入台站坐标解的部分,简称为"误差"部分。如缺省多路径模型

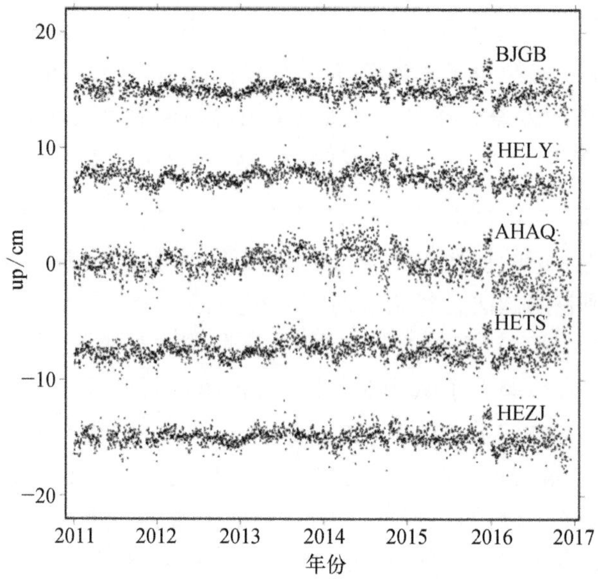

图 10.4　陆态网台站垂直向坐标残差序列

造成的一部分多路径误差进入坐标解，卫星光压模型不完备也可能造成虚假的位移。其他如大气延迟、电离层延迟、系统性的参考框架误差等也是潜在的原因。另一部分来自台站坐标时间序列分析时估计参数过于简化而没有估计到留在残差中的部分，简称为“信号”部分。如目前广泛采用的时间序列分析仅仅估计台站初始位置，速度，周年和半年项，台站解序列中所有在估计参数以外的非线性真实形变信号都会进入残差，例如季节变化的振幅调制和高频负荷形变。台站网坐标解残差序列中的公共部分就称为共模误差，显然，共模误差同样包括误差部分和信号部分，简单地把它归咎于误差是一个不全面的认识。

10.7.2　区域滤波和主分量分析(PCA)

利用共模误差的空间相关性来消除共模误差的数学方法称为区域滤波(regional filtering)。早期的区域滤波方法是选取若干观测质量比较好的台站，用它们的坐标序列扣除了常数项、速度项、季节项等信号后的残差序列作加权平均，该加权平均值就作为共模误差加以扣除(Nikolaidis，2002)。共模误差的计算公式为

$$\varepsilon(t_i) = \frac{\sum_{k=1}^{s} [\gamma_k(t_i)/\sigma_{i,k}^2]}{\sum_{k=1}^{s} (1/\sigma_{i,k}^2)} \tag{10.95}$$

其中，$\gamma_k(t_i)$ 为第 k 个台站第 i 个时刻的坐标解残差；$\sigma_{i,k}$ 为第 k 个台站第 i 个时刻的坐标解的形式误差；$\varepsilon(t_i)$ 为第 i 个时刻的共模误差。

上述区域滤波的方法称为堆栈法(stacking)。堆栈法实际上隐含了一个假定，也就是所有台站对共模误差的空间响应是相同的。这个假定对共模误差高度空间相关的区域是适用的，但是一旦区域变大空间相关性变弱，台站对共模误差的空间响应不可能再相同，这时堆栈法的假定就不适用了。这就表明堆栈法只适用于小的区域。要想把区域滤波扩展到更大的空间范围，必须卸去台站对共模误差的空间响应相同的这一假定，允许不同的空间响应。

主分量分析法(principal component analysis, PCA)正是满足这一要求的数学方法。主分量分析也叫主成分分析或者经验正交函数(empirical orthogonal function, EOF)。它不需要预设的正交基底函数，而是根据一组相关的数据本身作正交分解，构造出正交特征向量。以这些正交特征向量作基底，对应的系数构成了主分量。按主分量贡献的能量从大到小排列，只需要前几个主分量就可以囊括原有数据组中绝大部分的能量。因此主分量分析的一个重要应用就是找出少量的主分量来表示原有数据组的基本特征，起到了降维和去噪的作用。

考虑 GNSS 台站网有 n 个台站，m 个观测历元。在绝大多数情况下，$m>n$。现在构造一个数组 $\boldsymbol{X}$，每个历元各个台站的坐标解为这个数组的一行，数组为$(m \times n)$的一个矩阵。数组的每一行代表一个历元的所有观测，每一列代表一个台站的所有观测。构造观测值协方差矩阵 $\boldsymbol{B}$，其元素为

$$b_{ij} = \frac{1}{m-1}\sum_{k=1}^{m} X(t_k, x_i)X(t_k, x_j) \tag{10.96}$$

实际 GNSS 观测数据通常对应满秩的协方差矩阵，即 $\boldsymbol{B}$ 为$(n \times n)$维对称正定矩阵，对其进行正交分解得

$$\boldsymbol{B} = \boldsymbol{V\Lambda V}^{\mathrm{T}} \tag{10.97}$$

其中，$\boldsymbol{V}$ 称为本征矢矩阵，它为$(n \times n)$维矩阵，它的列向量矢正交归一；$\boldsymbol{\Lambda}$ 为对角矩阵，对于满秩矩阵，它的 n 个对角元素都是非零值。由线性代数可知，任何一个秩为 n 的矩阵都可以用 n 个正交矢作为基底展开。选 $\boldsymbol{V}$ 的 n 个正交列矢量作为基底对数组 $\boldsymbol{X}$ (秩为 n)展开：

$$X(t_i, x_j) = \sum_{k=1}^{n} a_k(t_i)\nu_k(x_j) \tag{10.98}$$

式(10.98)中的展开系数 $a_k(t_i)$ 通过下式求出：

$$a_k(t_i) = \sum_{j=1}^{n} X(t_i, x_j)\nu_k(x_j) \tag{10.99}$$

式(10.98)和式(10.99)称为主分量分析，$a_k(t_i)$ 序列称为第 k 个主分量，$\boldsymbol{\nu}_k(x_j)$ 称为对应于第 k 个主分量的本征矢,也可解释为主分量的空间响应。

式(10.98)揭示了主分量分析可以把时空变化的数组 $\boldsymbol{X}(t, x)$ 分解为时间域的主分量序列 $a(t)$ 和空间域的本征矢 $\boldsymbol{\nu}(\boldsymbol{x})$ 的展开式。也就是说可以找到 n 种不同的台站组合形式,每一种组合的台站坐标都遵循同样的时间函数变化,但是有不同的空间响应分布。很自然地联想到共模误差正是这一种时间函数,它的空间响应接近均匀分布但是允许有所差别。由于我们用的是已经扣除所有已知信号后的残差序列,共模误差应该是残差序列中能量最大的模式,也就是第一个主分量。图 10.5 中的下图展示的是南加州 GNSS 永久台站网台站坐标垂直分量残差序列的第一个主分量,上图是标准化主分量,下图是空间响应。的确,空间响应很接近均匀分布但还是有一些差别。

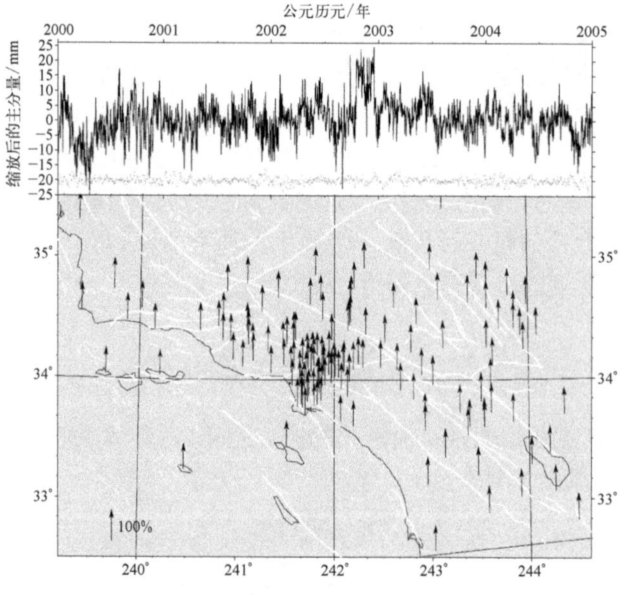

图 10.5　南加州 GNSS 网垂直分量解残差序列第一主分量及其空间响应(取自 Dong et al., 2006)

对大区域的台站网残差序列的主分量分析表明,第二和第三个主分量的空间响应函数虽然不是均匀分布,但是显示出一种带梯度的渐变分布。它们相当于对第一主分量的一种修正和补充。这是因为随着台站网区域的扩大,共模误差的空间相关性开始变弱,第一个主分量已无法完整地表达大区域共模误差的复杂时空变化,它只能把最主要的部分提取出来,剩余的部分就可能落入其他主分量中。图 10.6 展示了意大利和环地中海区域 GNSS 台站网的坐标垂直分量残差序列的前四个主分量。可以看出第一个主分量的空间分布比较接近均匀分布。第二个主分量的空间分布呈现出西南—东北方向带梯度的空间分布，由西南角的负修正过渡到东北角的正修正。第三个主分量的空间分布呈现出东南—西北方向带梯度的空间分布，由东南角的负修正过渡到西北角的正修正。而第四主分量则表现出一定的本地效应。故在该 GNSS 台站网中第二和第三个主分量也应该属于共模误差。

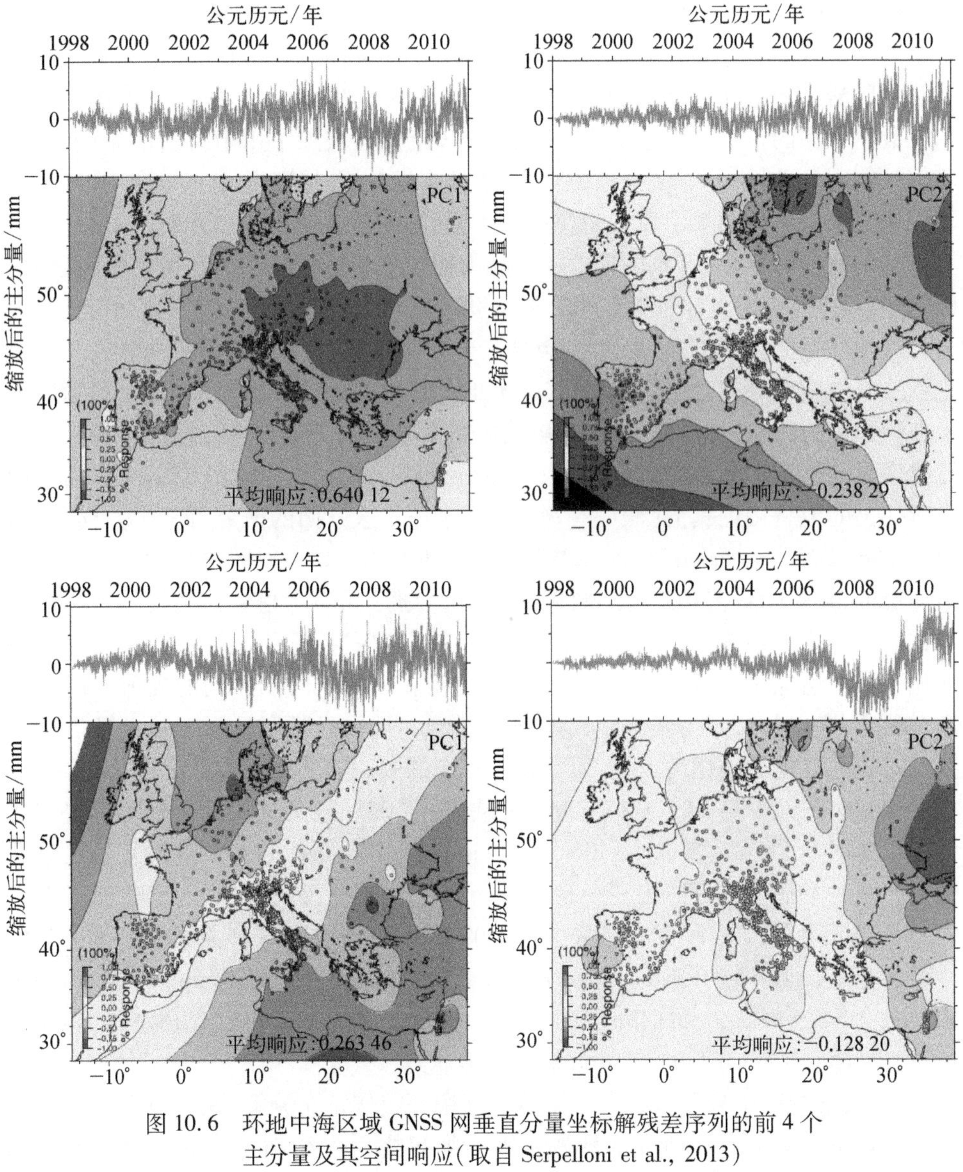

图 10.6 环地中海区域 GNSS 网垂直分量坐标解残差序列的前 4 个主分量及其空间响应(取自 Serpelloni et al., 2013)

主分量分析主导的区域滤波仅仅消除整个区域共同的时空相关的“共模”误差,它不能消除区域内小范围的时空相关的误差或信号。这种小范围的时空相关信号来自地方性的地下水位变化、地下岩浆活动、“寂静”地震或缓慢地震、断层的非地震错动事件如 ETS(episodic tremor and slip)、地壳蠕动等。为了取得更好的滤波效果和提取所有尺度的时空相关信号,科研人员提出了基于加权的空间相关函数的方法和用多尺度分批滤波的方法,取得了较好的效果。

分析比较表明,区域滤波显著地降低了残差序列的均方差,有效地消除了大部分残差序列中的有色噪音分量,成功地提取出隐藏在残差序列中原先无法分离的深部岩浆活动和地壳蠕动的微弱信息(Smith et al., 2004)。主分量分析作为一种基于数据本身的正交分解数学手段,在 GNSS 定位领域除了用于共模误差提取外,还用于速度场分析,季节项分析等,获得了越来越广泛的应用。

主分量分析的数学手段本身存在一些局限,主要表现在两个方面。

第一,台站的观测不允许有空缺。因为在主分量分析算法的眼里,任何观测值都是“真实”的信号,空缺的观测在它眼里就是从非零的观测突然变为零值的观测。这种强烈的“变化”能量很大,会给主分量带来虚假的成分。一种解决方案就是剔除有缺损观测的台站。这种方案很难应用在实际观测数据中,因为实际数据中观测数据缺失非常普遍。另一种解决方案是对空缺的地方进行插值修补。这里插值质量的好坏十分讲究,会直接影响主分量的结果。插值质量好坏的评估准则是所插出的值越接近真值(假如有观测值)越好。这方面的研究有三个方向(Dray and Josse, 2015;Severson et al., 2017)。第一种方案,如果时间序列的变化不是完全随机的,缺失的数据和附近的数据有一定的关联,可以考虑缺失数据的内插值与其数学期望的差别方差最小原则实行内插,补足缺失数据。这种方案对研究序列变化平缓的情况比较有效,如研究线性速度场和季节项时的序列的插值。但它不适合研究共模误差,因为残差序列呈现强烈的不规则高频和低频变化。第二种方案是对缺失数据不做任何内插,而是改进传统的 PCA 算法,能够对 $n \times n$ 对称矩阵中的独立矩阵元不足 $n(n+1)/2$ 时(有缺失)作统计意义上的最佳分解。这方面比较重要的是 EM 算法(expectation maximization)(Roweis, 1997),这种算法在数据缺失严重时本征值有可能出现负值。Shen 等(2014)从调整权的角度实现了无内插的 PCA 分解。第三种方案是采用迭代的方法进行内插,这种方案框架下衍生出许多算法,如 IPCA(Iterative PCA)(Imtiaz et al., 2004)、SVDImpute(Grung and Manne, 1998),PPCA - M(Ilin and Raiko, 2010)、BPCA(Bayesian PCA)(Bishop, 1999)、Kriged Kalman Filter(Liu et al., 2018)等。

第二,常规的主分量分析中对原始数据用等权作正交分解,如何引入反映观测质量的权重是一个尚在研究的课题。因为加权之后就相当于改变了原始数据大小,主分量分析算法就认它为“真实”的观测。KLE(Karhunen-Loeve expansion)算

法很接近 PCA 算法，所不同的是它用的是相关矩阵 C 而不是协方差矩阵 B 作正交分解。两者的关系为

$$c_{ij} = \frac{b_{ij}}{\sigma_i \sigma_j},\ \sigma_j = \sqrt{b_{jj}} = \sqrt{\frac{1}{m-1}\sum_{k=1}^{m}[X(t_k,\ x_j)]^2} \tag{10.100}$$

相关矩阵也可作正交分解，即

$$\boldsymbol{C} = \boldsymbol{W\Lambda}_{\mathrm{c}}\boldsymbol{W}^{\mathrm{T}} \tag{10.101}$$

同样的数组 $\boldsymbol{X}$ 也可以用相关矩阵的特征矩阵 $\boldsymbol{W}$ 的基底作正交分解，得

$$X(t_i,\ x_j) = \sum_{k=1}^{n}\beta_k(t_i)w_k(x_j) \tag{10.102}$$

其中，展开系数 $\beta_k(t_i)$ 通过下式求出：

$$\beta_k(t_i) = \sum_{j=1}^{n}X(t_i,\ x_j)w_k(x_j) \tag{10.103}$$

注意 KLE 和 PCA 形式上十分相似，相关矩阵相当于对原始数组乘以一个归一因子以后得到的新数组的协方差矩阵，KLE 相当于对这个新数组的 PCA。也可认为，相关矩阵相当于对协方差矩阵用解的方差加权，方差越大的解赋的权重越小。正是基于这样一种信念，方差大的解通常源自观测数少或者观测的信噪比小，因而方差大的解（即弥散度大）很可能受噪声的影响或者台站的地方性效应比较大。KLE 算法相当于压抑弥散度大的解或者提升弥散度小的解。研究分析表明当数据中的随机噪声强烈时 KLE 算法比 PCA 算法有更强的抗噪能力，但是噪音不强烈时 KLE 算法会造成估计的空间响应失真（Dong et al., 2006）。因此 KLE 算法常用于噪音强烈的环境，如图像处理中的模糊照片复原和模式识别，也用于空间大地测量的数据分析（Tiampo et al., 2004）。在 GNSS 共模误差分析中大多采用 PCA。还有其他的加权算法，比如用形式误差加权。有一点要提醒注意，如果权序列存在系统性的变化，这种变化会通过加权进入到协方差矩阵，可能会给主分量分析带来虚假的信息。比如权序列如果存在周年变化，可能会使协方差矩阵也出现周年变化，进而显示在主分量序列中。这方面的深入研究包括空间相关加权滤波（Tian and Shen, 2016），迭代加权法（Li and Shen, 2018）等。

还有一个问题，即 PCA 算法得到的特征向量虽然正交，但并不独立。当原始序列中存在几个独立的旗鼓相当的机制的贡献时，PCA 算法并不能把这几个机制的贡献分开。PCA 只是按能量大小来分解出特征向量和主分量，因此每个主分量都是这几个机制贡献的混合物。比如 GNSS 台站坐标系列中的周年项来自大气、海洋、积雪和土壤湿度等多种机制的贡献，用 PCA 作周年项分析时并不能把这几

种机制的贡献分离开。这种情况要考虑独立分量分析(independent component analysis, ICA)(Feng et al., 2017)。

10.7.3 独立分量分析(ICA)

独立分量分析源自 20 世纪 90 年代的盲信号分离(blind signal separation, BSS)问题。BSS 说的是信号接收器收到的是来自多个信号源的混合信号,信号源的信息和线性变换的关系均不知道,仅假定信号源为相互独立的非高斯信号,要从接收的混合信号中估计出信号源的基本结构。ICA 就是为解决 BSS 极具挑战的问题而发展起来的一种数字信号处理算法。问题的数学表述是这样的:接收机接收到来自 N 个未知信号源 S 发射出的混合信号,共得到 M 个观测值 $(M \geqslant N)\boldsymbol{X}$。

$$\boldsymbol{X}(t)=\boldsymbol{A}\boldsymbol{S}(t)+\boldsymbol{\varepsilon}(t) \tag{10.104}$$

其中,$\boldsymbol{A}$ 为 $M\times N$ 矩阵,称为混合矩阵;$\boldsymbol{\varepsilon}$ 为 M 个统计独立的高斯观测噪音。式(10.104)中 $\boldsymbol{A}$ 和 $\boldsymbol{S}$ 都是未知的,仅仅 $\boldsymbol{X}$ 是已知的,要求对于任意的时刻 t,由观测值 $\boldsymbol{X}(t)$ 估计出未知的信号源向量 $\boldsymbol{S}(t)$。

ICA 的基本思路是源于信息论中对信息不确定度的描述,定义信息熵(entropy):

$$H(\boldsymbol{X})=-\int_{-\infty}^{\infty}p(\boldsymbol{X})\ln p(\boldsymbol{X})\,\mathrm{d}\boldsymbol{X} \tag{10.105}$$

其中,$p(\boldsymbol{X})$ 为随机变量 $\boldsymbol{X}$ 的联合概率分布函数,H 为熵。H 的反向统计量即为对信息确定度的描述,称为负熵(negentropy):

$$J(\boldsymbol{X})=H_{\mathrm{G}}(\boldsymbol{X})-H(\boldsymbol{X})=-\int_{-\infty}^{\infty}p_{\mathrm{G}}(\boldsymbol{X})\ln p_{\mathrm{G}}(\boldsymbol{X})\,\mathrm{d}\boldsymbol{X}+\int_{-\infty}^{\infty}p(\boldsymbol{X})\ln p(\boldsymbol{X})\,\mathrm{d}\boldsymbol{X} \tag{10.106}$$

式(10.106)中 $p_{\mathrm{G}}(\boldsymbol{X})$ 为具有和 $p(\boldsymbol{X})$ 相同的协方差矩阵的高斯分布的联合概率分布函数。由于高斯分布的熵最大,$J(\boldsymbol{X})\geqslant 0$,在 $p(\boldsymbol{X})$ 也为高斯分布时 $J(\boldsymbol{X})=0$ 取得最小值,因此负熵也是度量随机变量非高斯性的一个统计量。在实际运算中,随机变量的非高斯性可以用变量的四阶矩峭度(kurtosis)来度量。峭度的定义为

$$\mathrm{kurt}(\boldsymbol{X})=E\{\boldsymbol{X}^4\}-3(E\{\boldsymbol{X}^2\})^2 \tag{10.107a}$$

其中,E 为数学期望算子。

峭度描述了随机变量概率密度分布峰值的陡峭度,当它的陡峭度大于高斯分布峰值的陡峭度时,峭度为正,反之则为负。注意峭度计算对野值十分敏感,时间

序列中的野值必须事先清除干净。负熵和峭度之间存在如下的近似关系：

$$J(X) \approx \frac{1}{12}(E\{X^3\})^2 + \frac{1}{48}[\mathrm{kurt}(X)]^2 \tag{10.107b}$$

但是用公式(10.107b)求解负熵受峭度计算的非鲁棒性影响导致不够稳定可靠。更普遍的负熵计算采用如下近似关系式(Hyvärinen and Oja, 2000)：

$$J(X) \approx \sum_{i=1}^{p} k_i [E\{G_i(X)\} - E\{G_i(\gamma)\}]^2 \tag{10.107c}$$

其中，k_i 为正常数；γ 为均值为零的单位方差高斯变量；X 为均值为零的单位方差随机变量；G_i 为非二次函数；E 为数学期望算符。通常取 $p=2$，有

$$G_1(u) = \tanh(a_1 u),\ G_2(u) = u\exp\left(-\frac{u^2}{2}\right),\ 1 \leqslant a_1 \leqslant 2 \tag{10.107d}$$

不难看出，式(10.107b)对应式(10.107c)中 $p = 1,\ G(X) = X^4$ 的特例。

ICA 算法尝试对观测信号作各种线性变换，则变换后的量的负熵最大者很有可能就是源信号。围绕这基本思路衍生出各种 ICA 算法，有兴趣的读者可参阅更深入的 ICA 文献。

基本 ICA 假定各信号源为零均值相互独立的随机过程，其中最多只允许有一个信号源的概率分布函数具有高斯分布，观测噪音 $\boldsymbol{\varepsilon}$ 相比源信号是小量暂且忽略，再假定观测数等于信号源数($M=N$)，混合矩阵为($N\times N$)可逆方阵。设计一个($N\times N$)解混矩阵 $\boldsymbol{B}$ 作用于观测矢 $\boldsymbol{X}$ 得到输出矢 $\boldsymbol{Y}$，得

$$\boldsymbol{Y}(t) = \boldsymbol{BX}(t) = \boldsymbol{BAS}(t) \tag{10.108a}$$

也就是尝试各种不同的权重对 $\boldsymbol{X}$ 作线性变换，使 $\boldsymbol{Y}$ 尽可能非高斯化，即

$$y_i = \sum_{k=1}^{N} b_{ik} x_k \tag{10.108b}$$

当 Y 的负熵达到最大时，可看作信号源向量的估计。可以证明，这样的分离模型存在源信号的尺度和排列顺序两种不确定性。

图 10.7 为流程图。

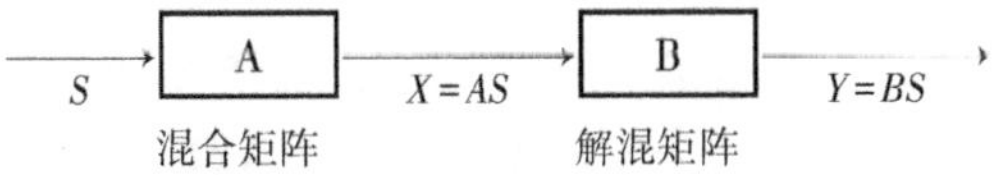

图 10.7 ICA 算法

不难看出，如果 $\boldsymbol{BA} = \boldsymbol{I}$（单位阵），则有 $\boldsymbol{Y}(t) = \boldsymbol{S}(t)$。通常把解混过程分成两步走，先对 $\boldsymbol{X}$ 作线性变换得到各分量正交归一的矢量 $\boldsymbol{Z}$，这一步叫白化(whitening)

或者球化(sphering),然后对 $\boldsymbol{Z}$ 作线性变换得到 $\boldsymbol{Y}$。图 10.8 为流程图。

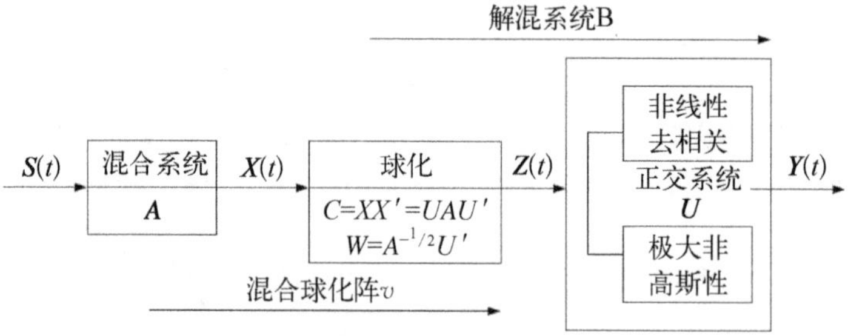

图 10.8　解混

实际处理数据时,使用 ICA 算法之前,往往要进行预处理。首先,实际数据中通常包含各种大大小小的独立事件,为了排除小事件对主要事件的干扰,通常先使用 PCA 分析,取前若干个主分量组成新序列进行数据的降维,或者利用滑动平均进行时间滤波处理等,这样生成的“观测”序列可认为只包含有限几个独立事件;其次,对各序列去均值使序列成为均值为零的随机序列,这一步称为中心化(centering),需要时可在最后把扣去的各均值作用同样的变换算子加回分离出的各独立分量中;然后,把中心化后的观测序列构成协方差矩阵作特征值分解得到正交的特征向量 $\boldsymbol{U}$ 和对应的特征值向量 $\boldsymbol{\Lambda}$ (图 10.8),用公式:

$$\boldsymbol{Z} = \boldsymbol{U}\boldsymbol{\Lambda}^{-1/2}\boldsymbol{U}^{\mathrm{T}}\boldsymbol{X} \tag{10.109a}$$

构成新的正交归一序列 $\boldsymbol{Z}$, 这一步称为白化或球化。对 $\boldsymbol{Z}$ 序列作线性变换得到分离的独立分量。

最后说明两点。

第一,独立性定义为两个随机变量的联合概率密度等于各自的概率密度的乘积:

$$p(x_1,\ x_2) = p(x_1)p(x_2) \tag{10.109b}$$

不相关性定义为两个随机变量乘积的数学期望等于各自的数学期望的乘积:

$$E\{x_1x_2\} = E\{x_1\}E\{x_2\} \tag{10.109c}$$

上述定义可以推广到多个变量。独立性是比不相关性更严格、更狭隘的定义。也就是说两个独立的随机变量一定不相关,但反之不然。

第二,大多数 ICA 文献用的是时间域的 ICA(tICA),它得到时间域相互独立的源信号但对空间响应没有约束。较少见到的还有空间域的 ICA(sICA),它得到空间域相互独立的空间分布但对时间域源信号没有约束(Colhoun, 2001)。tICA 在一定程度上牺牲了空间域的独立性，而 sICA 在一定程度上牺牲了时间域的独立性。时-空独立分量分析（stICA）则共同优化时间域和空间域的独立性，使分离出的分量最大限度满足时空域的独立性统计（Stone et al., 2002）。

10.7.4 奇异谱（SSA）和多通道奇异谱（MSSA）分析

目前对台站坐标解作时间序列分析时，采用常振幅和相位模型估计其季节项振幅和相位。实际的台站坐标季节项变化与气候变化同步，往往呈现调制的振幅和相位变化。在高精度定位的时间序列分析中，这种季节性变化的振幅调制现象需要考虑和拟合。调制振幅和相位的拟合有多种方案，比如多项式拟合，样条函数拟合，小波分析和主分量分析。对单个台站季节项调制，特别是不规则的调制，SSA 是一种有效的分析方法。

SSA 是一种不需要先验知识的直接由数据本身决定的时间域非参数分析方法。给定一个时间序列 $x(t)$, $t = 1, 2, \cdots, N$。用长度为 M 的时间窗滑动，可以构造一个 $N' \times M(N' = N - M + 1)$ 的轨迹矩阵 $\boldsymbol{D}$：

$$\boldsymbol{D} = \begin{pmatrix} x_1 & x_2 & \cdots & x_{M-1} & x_M \\ x_2 & x_3 & \cdots & x_M & x_{M+1} \\ \vdots & \vdots & \vdots & \vdots & \vdots \\ x_{N'-1} & x_{N'} & \cdots & x_{N-2} & x_{N-1} \\ x_{N'} & x_{N'+1} & \cdots & x_{N-1} & x_N \end{pmatrix} \tag{10.110}$$

这实际上是一个延迟时间序列矩阵，它有两种方式构成协方差矩阵。一种为

$$\boldsymbol{C} = \frac{1}{N'}\boldsymbol{D}^{\mathrm{T}}\boldsymbol{D} \tag{10.111}$$

另一种是延迟协方差矩阵（Vautard and Ghil, 1989）：

$$\boldsymbol{C} = \begin{pmatrix} c_0 & c_1 & \cdots & c_{M-2} & c_{M-1} \\ c_1 & c_0 & \cdots & c_{M-3} & c_{M-2} \\ \vdots & \vdots & \vdots & \vdots & \vdots \\ c_{M-2} & c_{M-3} & \cdots & c_0 & c_1 \\ c_{M-1} & c_{M-2} & \cdots & c_1 & c_0 \end{pmatrix} \tag{10.112}$$

其中，

$$c_j = \frac{1}{N - j}\sum_{i=1}^{N-j} x_i x_{i+j},\ 0 \leqslant j \leqslant M - 1 \tag{10.113}$$

本书中取式(10.112)定义。类似 PCA,对式(10.112)协方差矩阵作分解,可得本征值 λ_k 和本征矢 $\boldsymbol{E}^k$, $k = 1, 2, \cdots, M$。于是,第 k 个主分量序列的第 i 个值为

$$a_i^k = \sum_{j=1}^{M} x_{i+j} E_j^k \quad 0 \leqslant i \leqslant N - M \tag{10.114}$$

台站第 k 个分量的序列可以通过下面的公式产生:

$$x_i^k = \begin{cases} \dfrac{1}{i}\sum\limits_{j=1}^{i} a_{i-j}^k E_j^k, \ 1 \leqslant i \leqslant M - 1 \\ \dfrac{1}{M}\sum\limits_{j=1}^{M} a_{i-j}^k E_j^k, \ M \leqslant i \leqslant N - M + 1 \\ \dfrac{1}{N - i + 1}\sum\limits_{j=i-N+M}^{M} a_{i-j}^k E_j^k, \ N - M + 2 \leqslant i \leqslant N \end{cases} \tag{10.115}$$

对序列中出现的缺省如何内插可以参考有关文献,由于上述 SSA 分解中滑动窗的长度必须大于考察的周期项的周期,对季节项的提取通常取滑动窗长度为 3 年(Chen et al., 2013)。窗的长度过长也不合适,这时 SSA 有可能把我们想考察的季节项变化分布到几个主分量中。识别包含季节项的主分量(按能量大小排序)根据以下三条经验法则(Chen et al., 2013):① 两个紧挨的能量几乎相同的分量;② 它们的周期相同相位相差几乎 90°;③ 对应的本征矢几乎正交。

上述 SSA 是对单个台站序列的季节项作分析,它对该台站的周期性变化包括调制和高频变化拟合较好,但是有可能也拟合一些高频的地方效应。如果想提取区域性的公共季节性变化信息,可以把上述 SSA 扩展到多个相近台站序列的分析,即 MSSA。这时的轨迹矩阵为

$$D = \{\tilde{X}_1, \tilde{X}_2, \cdots, \tilde{X}_L\} \tag{10.116}$$

式(10.116)中的 $\tilde{X}_i$ 代表式(10.110)一个台站的轨迹矩阵,L 为台站数。用式(10.111)可以构成类似的延迟协方差矩阵,用同样的方法可以得到协方差矩阵的特征值,特征向量和主分量序列。这种方法称为多通道奇异谱分析(MSSA)(Gruszczynska et al.,2017)。它所得到的季节项代表一个区域台站共同的季节性变化。图 10.9 给出了瑞典二个 GNSS 台站分别用 SSA 和 MSSA 分离出的季节项变化。不难看出,两种方法都能分离出季节项的调制变化,MSSA 得到的结果相对比较平滑,把那些可能属于单个台站的高频变化平滑掉了。

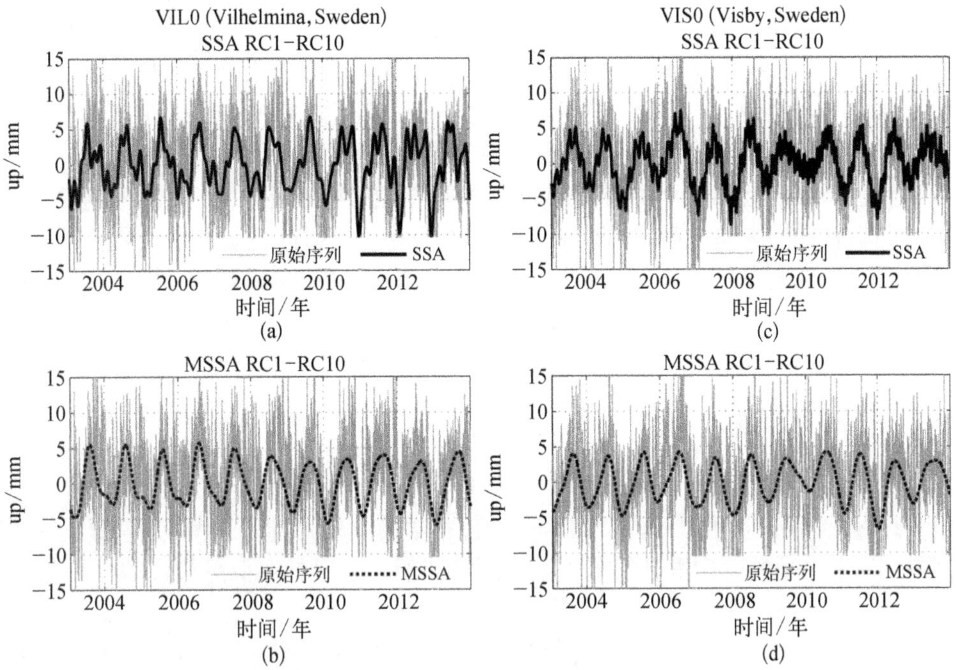

图 10.9 VIL0 和 VIS0 台站高程序列的季节项变化

(a)(b)是 SSA 前十个主分量拟合的结果,(c)(d)是 MSSA 前十个主分量拟合的结果。(取自 Gruszczynska et al., 2017)

10.8 噪声模型和噪声分析

目前 GNSS 分析软件无论是采用最小二乘算法还是采用卡尔曼滤波,基本上都假定观测噪音为白噪音,由此求出的解的形式误差实际上是对应白噪音模型的。研究表明实际的观测噪音并不是白噪音,而是白噪音和有色噪音的一种组合。研究真实的 GNSS 观测噪音或者解序列的噪声模型不仅能给出更合理的误差评估,而且有助于发现尚未认知的系统误差。直接考察观测量的噪音模型比较困难,因为原始观测值中包含了从卫星轨道和钟差、电离层、大气层直至接收机天线和地面运动和多路径干扰等众多信号,很难得到观测误差序列。多数学者转而考察 GNSS 台站坐标解序列,通过考察坐标序列的噪声模型来理解观测的噪声模型。

检测噪声类型通常在频率域进行。理论上白噪音的频谱是一个常数,有色噪音的频谱是带斜率的。如果一个随机序列的功率谱可以表示成如下形式:

$$P_x(f) = P_0\left(\frac{f}{f_0}\right)^{\kappa} \tag{10.117}$$

其中,P_0、f_0 为归一化常数;f 为频率;k 为谱指数。典型的谱指数对应的随机过程有: $k=0$ 对应白噪音,$k=-1$ 对应闪烁噪音,$k=-2$ 对应随机漫步。布朗运动就是随机漫步的一个实例,而太阳黑子变化属于闪烁噪音。如果一个随机序列是若干种不同谱指数随机过程的混合,它的谱指数将是一个实数。

有色噪音分析的一个主要目的是给出更合理的协方差估计,因此如何给出不同有色噪音的协方差矩阵的数学表达式就成为一个首要问题。通常把数据中的有色噪音表达成若干独立同分布(independent, identically distributed, IID)单位方差随机变量的线性组合。这里不加推导,直接给出结果。对一个有色噪音的时间序列,它的协方差矩阵的最大似然估计为

$$l(\hat{\boldsymbol{x}},\ \boldsymbol{C}) = \frac{1}{(2\pi)^{N/2}|\ \boldsymbol{C}\ |^{1/2}}\exp(-0.5\hat{\boldsymbol{x}}^{\mathrm{T}}\boldsymbol{C}^{-1}\hat{\boldsymbol{x}}) \tag{10.118}$$

其中,函数 l 代表似然估计; $\hat{\boldsymbol{x}}$ 为残差序列; $\boldsymbol{C}$ 为协方差矩阵;| |代表矩阵的行列式运算; N 为观测数。这里已经采用了高斯分布假定。通常取似然估计的自然对数:

$$\ln[l(\hat{\boldsymbol{x}},\ \boldsymbol{C})] = -\frac{1}{2}[\ln(|\ \boldsymbol{C}\ |) + \hat{\boldsymbol{x}}^{\mathrm{T}}\boldsymbol{C}^{-1}\hat{\boldsymbol{x}} + N\ln(2\pi)] \tag{10.119}$$

最大似然估计(MLE)就是求出式(10.119)最大的似然估计,求解这类最大似然估计通常采用线性规划中的单纯形法。然而直接采用单纯形法从多面凸集的顶点开始逐步逼近,计算耗时众多效率很低。例如对单站 10 年周日解 3 个分量用常规的双核 PC 计算机作有色噪音分析需要 2 h CPU 时间。为此科研人员开发了更简洁有效的算法。

$\boldsymbol{C}$ 是广义的,这里取简化形式,假定残差序列为 m 个不同的随机噪音的综合:

$$\boldsymbol{C} = \sum_{k=1}^{m}\sigma_k^2\boldsymbol{J}_\kappa \tag{10.120}$$

其中,σ_k 为第 k 个噪音分量的振幅; $\boldsymbol{J}_k$ 为它的协方差矩阵。先考察残差序列只包含一个随机噪音的情形,即

$$\boldsymbol{C} = \sigma^2\boldsymbol{J} \tag{10.121}$$

代入式(10.119),得

$$\ln[l(\hat{\boldsymbol{x}},\ \sigma)] = -\frac{1}{2}\left[2N\ln(\sigma) + \ln(|\ \boldsymbol{J}\ |) + \frac{\hat{\boldsymbol{x}}^{\mathrm{T}}\boldsymbol{J}^{-1}\hat{\boldsymbol{x}}}{\sigma^2} + N\ln(2\pi)\right] \tag{10.122}$$

对 σ 求导,给出对应最大似然的 σ 值:

$$\sigma = \sqrt{\frac{\hat{\boldsymbol{x}}^{\mathrm{T}} \boldsymbol{J}^{-1} \hat{\boldsymbol{x}}}{N}} \tag{10.123}$$

推广到二个随机噪声的情况,这时对 σ_1、σ_2 作变换,得

$$\begin{aligned} \sigma_1 &= r\cos\varphi \\ \sigma_2 &= r\sin\varphi \end{aligned} \tag{10.124}$$

构造单位协方差矩阵为

$$\boldsymbol{C}_{\text{unit}} = r^2[\cos^2(\varphi)\boldsymbol{J}_1 + \sin^2(\varphi)\boldsymbol{J}_2] \tag{10.125}$$

对于每一个 ϕ 值,可以对 r 求导得出对应最大似然的 r 值,然后得到最大似然值。这样,最大似然相当于 ϕ 的函数,从中得出对应于最大似然的 ϕ 值和 r 值。这种逼近算法可以类推到多维,计算量大大少于单纯形逼近算法。

另一种方法是解析法。对于谱指数为 k 的有色噪音功率谱为

$$P = \frac{D_\kappa b_k^2}{f_s^{\kappa/2+1}} f^\kappa \tag{10.126}$$

其中,f_s 为采样频率,b_k 为噪音的振幅,且有

$$D_\kappa = 2(2\pi)^\kappa (24 \times 60 \times 60 \times 365.25)^{\frac{\kappa}{2}} \tag{10.127}$$

不难看出,对于白噪音($k=0$)功率谱为常数。对于随机漫步($k=-2$)其协方差矩阵为

$$\boldsymbol{C}_{-2} = \begin{bmatrix} \Delta T_1 & \Delta T_1 & \cdots & \Delta T_1 \\ \Delta T_1 & \Delta T_2 & \cdots & \Delta T_2 \\ \vdots & \vdots & \cdots & \vdots \\ \Delta T_1 & \Delta T_2 & \cdots & \Delta T_n \end{bmatrix} \tag{10.128}$$

式(10.128)中 $\Delta T_i = | t_i - t_0 |$。可以看到其方差随着时间线性增长,反映了随机漫步过程的游走特性。对于一般的有色噪音有

$$\boldsymbol{C}_\kappa = \boldsymbol{T}\boldsymbol{T}^{\mathrm{T}},\ T = \begin{bmatrix} \psi_0 & 0 & \cdots & 0 \\ \psi_1 & \psi_0 & \cdots & 0 \\ \vdots & \vdots & \cdots & \vdots \\ \psi_n & \psi_{n-1} & \cdots & \psi_0 \end{bmatrix} \tag{10.129}$$

$$\psi_n = \frac{-\frac{\kappa}{2}\left(1-\frac{\kappa}{2}\right)\cdots\left(n-1-\frac{\kappa}{2}\right)}{n!} = \frac{\Gamma\left(n-\frac{\kappa}{2}\right)}{n!\ \Gamma\left(-\frac{\kappa}{2}\right)} \tag{10.130}$$

台站的运动速度是常用的一个估计量,尤其对全球和区域性的构造运动研究。考虑到有色噪音影响后,它的方差可用下面的近似公式计算:

$$\hat{\sigma}_v^2 \approx b_\kappa^2 \nu\ \Delta T^{\beta} n^{\gamma} \tag{10.131}$$

$$\beta = -\frac{\kappa}{2} - 2,\ \gamma \approx -3-\kappa,\ \nu = P(1)\kappa^N + P(2)\kappa^{N-1} + \cdots + P(N)\kappa + P(N+1) \tag{10.132}$$

$$P = [-0.0237,\ -0.3881,\ -2.6610,\ -9.8529,\ -21.0922,\ -25.1638,\ -11.4275,\ 10.7839,\ 20.3377,\ 11.9942] \tag{10.133}$$

当然,更直接的估计可以对残差序列作谱分析来度量功率谱曲线的斜率,这种方法更直观但是不如 MLE 方法那么严谨。

在实际运算中,Williams(2003)提出了另一种有效的快速估计算法。假定序列的 rms 可以表达为

$$rms = \sqrt{a^2 + cb_\kappa^2} = a\sqrt{1+cd^2},\ d = \frac{b_\kappa}{a} \tag{10.134}$$

则有

$$a = \frac{1}{\sqrt{cd^2+1}}\text{rms},\ b_\kappa = \frac{d}{\sqrt{cd^2+1}}\text{rms} \tag{10.135}$$

其中,a、b_k 分别表示白噪音和谱指数为 k 的有色噪音的谱振幅。首先计算整个序列的 rms,然后我们再计算序列相邻值之差序列的 rms,表示为

$$\sigma_{\Delta x},\ \Delta x = x_{i+1} - x_i,\ i = 1,\ 3,\ 5,\ \cdots \tag{10.136}$$

则 $\sigma_{\Delta x}$ 代表序列的高频噪音的度量,根据功率谱的定义可得

$$\sigma_{\Delta x}^2(\kappa) = b_\kappa^2 \Delta T^{-\frac{\kappa}{2}} \sum_{n=0}^{N} \psi_n^2(\kappa+2) \tag{10.137}$$

如果一个序列是白噪音和有色噪音的混合,则有

$$\sigma_{\Delta x}^{2}=a^{2}+b_{\kappa}^{2}\Delta T^{-\frac{\kappa}{2}}\sum_{n=0}^{N}\psi_{n}^{2}(\kappa+2) \tag{10.138}$$

式(10.132)和式(10.135)联合求解,可以求出 a、b_k,这里的 k 要预先设定。我们通常采用文献的结果,假定有色噪音为闪烁噪音($k=-1$)。然后用式(10.131)得到在有色噪音前提下的速度项的方差估计。

10.9　对高度相关参数和统计理论的新挑战

随着数据种类越来越多,分析模型越来越精细,精度要求越来越高,GNSS 高精度定位对数据处理提出了新的挑战。在高精度定位的发展过程中已经出现了一些现象和问题,传统的理论已不够用,亟须在原有理论基础上作新的发展。

当前高精度定位分析模型的估计参数越来越多,接近饱和,使得参数间高度相关的矛盾越来越突出。比如台站高度,大气延迟,大气延迟梯度,模糊度,卫星和接收机钟差,以及卫星光压模型,天线相位改正模型就高度相关。它们之间的关系可以表达为(忽略大气延迟梯度,单位:周)

$$\Delta\phi_{\mathrm{r}}^{\mathrm{s}}=\tau^{\mathrm{s}}-\tau_{\mathrm{r}}-h\cdot\sin\theta+N_{\mathrm{r}}^{\mathrm{s}}+\frac{Z_{\mathrm{r}}}{\sin\theta}+\mathrm{PCO}^{\mathrm{s}}\cdot\sqrt{1-0.0576\cdot\cos^{2}\theta}-\mathrm{PCO}_{\mathrm{r}}\cdot\sin\theta \tag{10.139}$$

其中,上标 s、下标 r 分别代表卫星和接收机;ϕ 为载波相位;h 为台站高;Z 为天顶距大气延迟;τ 为钟差;N 为模糊度;PCO 为天线相位中心偏差。不难看出,这些参数中 N 和 τ、h 和 $\mathrm{PCO_r}$ 完全相关,其他参数间高度相关。如果改动或增加某个模型,哪怕是小小的改动,其他参数估计就可能出现很大的变动。这就解释了为什么试验把相对天线相位中心偏差改正改为绝对相位中心偏差改正模型时,会出现台站高度变化 10 cm 这个“15 ppb dilemma”(Springer, 2000; Menge et al., 1998; Rotharcher et al., 1995)。Hatanaka(2001a)测定了包括接收机天线 PCO 和 PCV 在内的 phase map,他用此结果(厘米级)作改正后发现台站高程估计下掉了 12 cm。Hatanaka(2001b)还发现引入此改正后短基线长度产生趋势性偏移。Yoez et al.(1998)在 GNSS 分析中引入大气延迟水平梯度参数,Masoumi et al.(2017)指出如果大气梯度参数使用不当,会引起台站高度和大气延迟参数估计的误差。

虽然参数高度相关会产生意想不到的参数估计偏差这一后果早已被大家知道,我们还缺少一套完整的高度相关参数理论指导。一旦改变模型或者引入新的参数到底会使哪些参数估计发生改变,影响多大,有什么规律,我们事先还无法做出定量的判断。卫星光压模型参数的确定,大气参数的数目多少等都和其他参数相关有关,我们目前还只能通过尝试得到经验结果。

以往参数的引进或者改正模型的引进都可以通过传统的统计检验理论来判定。显著性检验的基本前提是小概率事件相当于“基本”不可能的,因此当一个参数模型不能成立的概率大于某个水平(称为显著水平)时,可以从统计角度判定这个参数模型不成立。对于空间大地测量中采用的观测量和估计参数的线性模型,常见的线性回归参数的显著性检验为 F 检验,t 检验和χ^2 检验。这里涉及了三种检验。如果变量 Y(相当于 GNSS 中的观测量)可以表为一套参数 X_i 的线性组合,它的统计检验可参照多元线性回归模型的统计理论。模型为

$$Y_i = \beta_0 + \beta_1 X_1 + \beta_2 X_2 + \cdots + \beta_p X_p + \varepsilon_i \quad i = 1,\ 2,\ \cdots,\ n \tag{10.140}$$

其中,β_i 为回归系数。可以证明:

$$\sum_{i=1}^{n}(Y_i - \bar{Y})^2 = \sum_{i=1}^{n}(Y_i - \hat{Y}_i)^2 + \sum_{i=1}^{n}(\hat{Y}_i - \bar{Y})^2 \tag{10.141}$$

其中,$\bar{Y} = \dfrac{1}{n}\sum_{i=1}^{n} Y_i$,$\hat{Y}_i = Y_i - \varepsilon_i$;$\sum_{i=1}^{n}(Y_i - \bar{Y})^2$ 称为总离差平方和(TSS),自由度为 $n-1$;$\sum_{i=1}^{n}(\hat{Y}_i - \bar{Y})^2$ 称为回归平方和(ESS);$\sum_{i=1}^{n}(Y_i - \hat{Y}_i)^2$ 称为剩余平方和(RSS),也叫残差平方和,自由度为 $n - p - 1$。

可以认为,ESS 代表模型对观测的解释程度,RSS 代表模型不能吻合观测的程度。

第一种显著性检验是检验整个线性回归模型(10.333)是否显著。假设检验为是否回归系数都为 0,即 $\beta_0 = \beta_1 = \beta_2 = \cdots = \beta_p = 0$ 是否显著。统计量为:$F = \dfrac{\mathrm{ESS}/p}{\mathrm{RSS}/(n - p - 1)}$,检验其是否符合$(p,\ n-p-1)$的 F 分布。对于给定的显著性水平 α,如果 $F > F_\alpha(p,\ n - p - 1)$,则拒绝这假设(该线性模型成立),反之则接收这假设(该线性模型不成立)。

即使线性模型成立并不代表每个回归系数都显著,第二种显著性检验是检验某个估计参数是否显著,是否有必要保留在模型中。假设为其回归系数 $\beta_k = 0$,统计量为 $t = \dfrac{\hat{\beta}_k}{\sqrt{c_{kk}\dfrac{\mathrm{RSS}}{n - p - 1}}}$,检验它是否符合自由度为$(n - p - 1)$的 t 分布。式中 c_{kk} 为回归系数协方差矩阵中第 k 个回归系数的方差。对于给定的显著性水平 α,如果 $|t| > t_{\alpha/2}(n - p - 1)$,则拒绝该假设,表示该估计参数显著。

第三种检验是模型优适度检验，检验回归模型对观测变量的吻合度。定义 $R^2 = \frac{\text{ESS}}{\text{TSS}} = 1 - \frac{\text{RSS}}{\text{TSS}}$, $0 \leqslant R^2 \leqslant 1$。$R^2$ 越接近 1，说明模型对数据的拟合程度越好。但这种统计量没有考虑参数增加对自由度的影响，更常用的是调整的统计量 $\bar{R}^2 = 1 - \frac{\text{RSS}/(n-p-1)}{\text{TSS}/(n-1)}$。线性回归模型中参数个数的选择除了考虑其显著性，还要考虑其优适性，常用赤池信息准则（Akaike information criterion, AIC）来衡量模型拟合的优良性，它的定义为（Akaike, 1974）

$$\text{AIC} = n\ln\frac{\text{RSS}}{n} + 2p \tag{10.142}$$

在一组可供选择的模型中，通常取 AIC 值最小的参数模型。只有当增加的参数能够减小 AIC 时才有效。后来的研究对 AIC 准则又作了改进，当样本数少的时候，增加了对参数个数的惩罚项（称为 bias-correction）（Cavanaugh, 1997），以防止参数过多的维数灾难。

$$\text{AICc} = \text{AIC} + \frac{2p(p+1)}{n-p-1} \tag{10.143}$$

这些经典的统计检验在以往的 GNSS 高精度定位的建模和数据分析中起了巨大的作用。但是在参数接近饱和而且高度相关的情况下显得不够用了。因为参数高度相关，引入新的参数或者加入新的改正并不能显著降低拟合残差，上述三项检验基本都是不显著的。但是加入新的改正会改变原有估计参数的估计分配。例如 Hatanaka（2001b）发现对载波相位观测施加 phase map 改正后，相位观测残差的均方差几乎没有改变，统计检验不显著，因为未作改正时这些 phase map 的量全部被其他估计参数吸收了。但是 5 个相距不超过 300 米的台站（使用不同型号的 GNSS 接收机）施加了 phase map 改正后，估计的大气延迟参数差异从 5cm 降低到 2cm，台站高度解的弥散度（一年的单日解）降低了 6.1%。从这些比较看，施加 phase map 改正对解的质量是有改进的。遗憾的是这些只是经验性的评估，尚未有相应的统计理论对高度相关参数情况下如何评估引进改正的显著性做出严谨的定量的表述。此外，前面已经提到广义约束下的自由度的定义和相应的统计检验理论也有待扩展。

综上所述，高精度 GNSS 定位的研究和应用对统计理论和高度相关参数理论提出了新的要求，如何进一步开拓现有的理论给每一个科研人员和正在学习的年轻人提出了新的挑战。

计算和思考

1. 观测模型有 n 个观测值，m 个估计参数和 p 个参数的先验值约束，其估计参数的先验约束的协方差矩阵为 $\boldsymbol{C}_C$，估计参数约束后的协方差矩阵为 $\boldsymbol{C}_{\hat{X}}$。请定义一种自洽的实数自由度的计算法则，使得 $\boldsymbol{C}_C = 0$ 时自由度为 $n - m + p$，$\boldsymbol{C}_C = \infty$ 时自由度为 $n - m$。

2. GNSS 数据分析中，经常遇到这样的对称正定矩阵：

$$
\begin{pmatrix}
\sum_{1}^{n} k_i & k_2 & k_3 & \cdots & k_n \\
k_2 & k_2 & 0 & 0 & 0 \\
k_3 & 0 & k_3 & 0 & 0 \\
\vdots & \vdots & \vdots & \vdots & \vdots \\
k_n & 0 & 0 & 0 & k_n
\end{pmatrix}
$$

请推导其逆矩阵。

参 考 文 献

白伟华. 2008. GNSS－R海洋遥感技术研究[D]. 北京：中国科学院研究生院(空间科学与应用研究中心).

边少锋，胡彦逢，纪兵. 2017. GNSS欺骗防护技术国内外研究现状及展望[J]. 中国科学(信息科学)，47(3)：275－287.

蔡昌盛，高井祥. 2007. GPS周跳探测及修复的小波变换法[J]. 武汉大学学报(信息科学版)，32(1)：39－42.

蔡苗苗. 2017. 基于共时钟GPS多天线系统的测姿算法研究及应用[D]. 上海：华东师范大学.

陈磊，卞建春，刘毅，等. 2017. 可业务化应用的L波段探空系统高空风改进算法[J]. 沙漠与绿洲气象，11(1)：22－27.

陈逸群，刘大杰. 2000. GPS接收机天线相位中心偏差的一种检定与计算方法[J]. 测绘通报，(12)：15－16.

成英燕，党亚民，秘金钟，等. 2017. CGCS2000框架维持方法分析[J]. 武汉大学学报(信息科学版)，42(4)：543－549.

丁敏杰，乔书波，张波，等. 2017. 全球以及区域电离层电子含量分布图的比较[J]. 地球物理学进展，32(2)：460－465.

丁晓光，苏利娜，张永奇，等. 2013. 利用GNSS高频数据分析研究大震同震响应[J]. 全球定位系统，38(5)：72－76.

丁晓利，黄丁发，殷建华，等. 2003. 新一代多天线GPS系统研制[J]. 测绘通报，(12)：13－15.

范龙，吴韩柱，务宇宽. 2011. 联合M－W组合和电离层残差组合的周跳探测与修复方法[J]. 海洋测绘，31(2)：13－16.

福鲁赞(Forouzan B A). 2011. TCP/IP协议族(第4版)[M]. 王海等译. 北京：清华大学出版社.

郭金运，徐泮林，曲国庆，2003. GPS接收机天线相位中心偏差的三维检定研究[J]. 武汉大学学报(信息科学版)，28(4)：448－451.

何海波，郭海荣，王爱兵，等. 2010. 长基线双频GPS动态测量中的周跳修复算法[J]. 测绘科学技术学报，27(6)：396－398.

何秀凤，丁晓利，陈永奇，等. 2000. 全球定位系统多天线数据采集控制器：CN1316653A[P].

何秀凤，王新洲. 2002. 基于GPS一机多天线的大坝形变监测系统[J]. 导航，(3)：30－35.

胡国辉，范胜林，胡恒章. 2001. 低成本GPS姿态和航向系统的设计[J]. 仪器仪表学报，22(1)：72－73.

胡小工，黄珹. 1999. CAPS(Coviance Analysis Program Developed at Shanghai Observatory)的原理、结构和使用[J]. 中国科学院上海天文台年刊，20：6－15.

华一飞. 2015. PCV 改正对北斗高精度基线解的影响研究[D]. 上海：华东师范大学.

黄丁发，陈永奇，丁晓利，等. 2001. GPS 高层建筑物常荷载振动测试的小波分析[J]. 振动与冲击，20(1)：12－15.

黄令勇，翟国君，欧阳永忠，等. 2015. 削弱电离层影响的三频 TurboEdit 周跳处理方法[J]. 测绘学报，44(8)：840－847.

黄其欢，何秀凤，李静年. 2005. 低成本 GPS 接收机定向系统研究[J]. 计算机测量与控制，13(12)：1406－1407.

乐新安，郭英华，曾桢，等. 2016. 近地空间环境的 GNSS 无线电掩星探测技术[J]. 地球物理学报，59(4)：1161－1188.

李顺山，庄天戈，李高平，等. 2001. 心电信号压缩评价指标的研究[J]. 上海交通大学学报，35(5)：706－709.

李晓波. 2013. GNSS 天线相位中心改正模型的建立[D]. 北京：中国地震局地震预测研究所.

李晓光，程鹏飞，成英燕，等. 2017. GNSS 数据质量分析[J]. 测绘通报，(3)：1－4.

李征航，张小红. 2009. 卫星导航定位新技术及高精度数据处理方法[M]. 武汉：武汉大学出版社.

刘根友，欧吉坤. 2003. GPS 单历元定向和测姿算法及其精度分析[J]. 武汉大学学报(信息科学版)，28(6)：732－735.

刘瑞华，张鹏，张磊. 2009. 基于单天线 GPS 的伪姿态测量算法研究[J]. 中国民航大学学报，27(6)：25－28.

卢勇夺，刘思晗，王朝阳，等. 2016. 基于我国沿海 GPS 站点数据提取天顶水汽含量的方法对比研究[J]. 海洋预报，33(2)：16－21.

马德强. 2014. GNSS 接收机天线相位中心误差改正方法研究[D]. 西安：长安大学.

牛小骥，班亚龙，张提升，等. 2016. GNSS/INS 深组合技术研究进展与展望[J]. 航空学报，37(10)：2895－2908.

强恩芳. 2009. 墨西哥富人的恐惧[J]. 人民文摘，(1)：49.

沈忱. 2014. 高频 GNSS 定位技术及其在地震反演中的应用研究[D]. 阜新：辽宁工程技术大学.

沈健. 2003. GPS 快速定向仪技术[D]. 长沙：国防科学技术大学.

宋淑丽，朱文耀，丁金才，等. 2004. 上海 GPS 综合应用网对可降水汽量的实时监测及其改进数值预报初始场的试验[J]. 地球物理学报，47(4)：631－638.

田力耘. 2014. GNSS－RTK 技术在超高层建筑物动态变形监测中的应用研究[D]. 天津：天津大学.

汪茂光. 1994. 几何绕射理论[M]. 西安：西安电子科技大学出版社.

王解先. 1997. GPS 精密定轨与定位[M]. 上海：同济大学出版社.

王晶. 2012. 基于 GPS 的载体姿态测量及整周模糊度算法研究[D]. 哈尔滨：哈尔滨工程大学.

王乾，李清，程农，等. 2014. 无侧滑角传感器的飞翼无人机抗侧风控制方法[J]. 清华大学学报(自然科学版),54(4):530－535.

王小亚,胡小工,蒋虎,等.2017.导航卫星精密定轨技术[M].北京:科学出版社.

王银华,胡小平.2001.GPS精密定向研究的实验[J].宇航学报,22(1):70－74.

王永泉.2008.长航时高动态条件下GPS/GLONASS三维姿态测量研究[D].上海:上海交通大学.

魏爽,李世超,张漫,等.2017.基于GNSS的农机自动导航路径搜索及转向控制[J].农业工程学报,33(s1):70－77.

吴才聪,陈秀万,杨凯欣,等.2004.卫星定位技术在精准农业中的应用[J].全球定位系统,29(3):35－41.

吴玉苗,李伟,王树东.2017.GNSS在变形监测中的应用研究[J].测绘与空间地理信息,40(9):91－93.

萧文龙,林松儒.2010.TCP/IP最佳入门(原书第6版)[M].北京:机械工业出版社.

谢钢.2009.GPS原理与接收机设计[M].北京:电子工业出版社.

谢希仁.2008.计算机网络(第五版)[M].北京:电子工业出版社.

熊春宝,田力耘,叶作安,等.2015.GNSS RTK技术下超高层结构的动态变形监测[J].测绘通报,(7):14－17.

徐桂荣,乐新安,张文刚,等.2016.COSMIC掩星资料反演青藏高原大气廓线与探空观测的对比分析[J].暴雨灾害,35(4):315－325.

徐克科,伍吉仓.2014.高频GNSS高楼结构振动动态监测试验[J].测绘科学,39(7):43－47.

徐韶光.2014.利用GNSS获取动态可降水量的理论与方法研究[D].成都:西南交通大学.

徐丝雨,唐彪.2017.基于北斗卫星导航系统的电子导盲犬的开发及应用[J].数字技术与应用,(2):92－93.

严卫,陆文觉,施健康,等.2011.法拉第旋转对空间被动微波遥感的影响及消除[J].物理学报,60(9),099401.

杨森森.2013.基于GPS/INS/激光雷达的无人车组合导航[D].上海:上海交通大学.

杨元喜.2006.自适应动态导航定位[M].北京:测绘出版社.

杨元喜.2009.2000中国大地坐标系[J].科学通报,54(16):2271－2276.

余加勇.2015.基于GNSS和RTS技术的桥梁结构健康监测[J].测绘学报,44(10):1177.

袁洪,万卫星.1998.基于三差解检测与修复GPS载波相位周跳新方法[J].测绘学报,27(3):189－194.

曾庆化,刘建业,孟骞.2014.北斗单天线姿态确定技术研究[C].南京:中国卫星导航学术年会.

张成军,许其凤,李作虎.2009.对伪距/相位组合量探测与修复周跳算法的改进[J].测绘学报,38(5):30－35.

张捍卫,铁琼仙,杨磊.2006.GPS中性大气折射延迟的研究[J].大地测量与地球动力学,26(4):1－4.

张提升.2013.GNSS/INS标量深组合跟踪技术与原型系统验证[D].武汉:武汉大学.

张小超. 2004. 面向精准农业的 GPS 信号处理与定位方法研究[D]. 北京：中国农业大学.

张小红，李征航，蔡昌盛. 2001. 用双频 GPS 观测值建立小区域电离层延迟模型研究[J]. 武汉大学学报(信息科学版)，26(2)：140－143.

张勇虎，周力，郑彬，等. 2006. 一种新的微波暗室天线相位中心标定方法[C]//2005' 全国微波毫米波会议论文集(第二册). 深圳：2005' 全国微波毫米波会议.

赵耀，袁保宗. 2000. 数据压缩讲座 第 1 讲 数据压缩的概念及现状[J]. 中国新通讯，(8)：48－51.

Akaike H. 1974. A new look at the statistical model identification[J]. IEEE Transactions on Automatic Control, 19(6)：716－723.

Akrour B, Santerre R, Geiger A. 2005. Calibrating antenna phase centers：A tale of two methods [J]. GPS World, 16(2)：49－53.

Alexer S P, Tsuda T, Kawatani Y, et al. 2008. Global distribution of atmospheric waves in the equatorial upper troposphere and lower stratosphere：COSMIC observations of wave mean flow interactions[J]. Journal of Geophysical Research：Atmospheres, 113(D24115).

Altamimi Z, Boucher C. 2002. The ITRS and ETRS89 Relationship：New Results from ITRF2000 [C]. Dubrovnik：Proceedings of the EUREF Symposium.

Altamimi Z, Collilieux X, Legrand J, et al. 2007. ITRF2005：A new release of the International Terrestrial Reference Frame based on time series of station positions and earth orientation parameters 2007[J]. Journal of Geophysical Research：Atmospheres, 112(B09401).

Altamimi Z, Rebischung P, Métivier L, et al. 2016. ITRF2014：A new release of the International Terrestrial Reference Frame modeling nonlinear station motions [J]. Journal of Geophysical Research：Solid Earth, 121：6109－6131.

Altamimi Z, Sillard P, Boucher C. 2002. ITRF2000：A new release of the International Terrestrial Reference Frame for earth science application [J]. Journal of Geophysical Research：Atmospheres, 107(B10), 2214.

Angermann, D, Blossfeld M, Seitz M. 2013. Why do we need epoch reference frames? [C]. San Francisco：AGU Fall Meeting.

Ao C O, Mannucci A J, Kursinski E R. 2012. Improving GPS radio occultation stratospheric refractivity retrievals for climate benchmarking[J]. Geophysical Research Letters. 2012, 39(12)：229－240.

Auber J C, Bibaut A, Rigal J M. 1994. Characterization of multipath on land and sea at GPS frequencies[C]. Paris：Proceedings Institute of Navigation GPS'94 Conference：Part 2.

Bar-Sever Y E, Kroger P M, Borjesson J A. 1998. Estimating horizontal gradients of tropospheric path delay with a single GPS receiver[J]. Journal of Geophysical Research：Solid Earth, 103(B3)：5019－5035.

Bar-Sever Y E, Kroger P M, Borjesson J A. 1998. Estimating horizontal gradients of tropospheric path delay with a single GPS receiver[J]. Journal of Geophysical Research：Solid Earth, 103(B3)：5019－5035.

Bevis M, Businger S, Thomas A, et al. 1992. GPS Meteorology: Remote sensing of atmospheric water vapor using the global positioning system[J]. Journal of Geophysical Research Atmospheres, 97(14), 15787-15801.

Beyerle G. 2009. Carrier phase wind-up in GPS reflectometry[J]. GPS Solutions. 13(3): 191.

Bierman G J. 1976. Measurement updating using the U-D factorization[J]. Automatica, 12(4): 375-382.

Bierman G J. 1977. Factorization methods for diecrete sequential estimation[M]. Manhattan: Academic Press.

Bilich A, Larson K M. 2007. Mapping the GPS multipath environment using the signal-to-noise ratio (SNR)[J]. Radio Science, 43(2): 3442-3446.

Bilich A, Larson K M, Penina A. 2008. Modeling GPS phase multipath with SNR: Case study from the Salar de Uyuni, Boliva[J]. Journal of Geophysical Research, 113(B04401).

Bilich A, Mader J L. 2010. GNSS absolute antenna calibration at the National Geodetic Survey[C]. Portland: 23rd International Technical Meeting of the Satellite Division of the Institute of Navigation.

Bishop C M. 1999. Variational principal components[C]. Edinburgh: the 9th International Conference on Artificial Neural Networks.

Blewitt G. 1989. Carrier phase ambiguity resolution for the global positioning system applied to geodetic baselines up to 2000km[J]. Journal of Geophysical Research Solid Earth, 94(B8): 10187-10203.

Blewitt G. 1990. An automatic editing algorithm for GPS data[J]. Geophysical Research Letters, 17(3): 199-202.

Blewitt G, Kreemer C, Hammond W C, et al. 2013. Terrestrial reference frame NA12 for crustal deformation studies in North America Geoffrey[J]. Journal of Geodynamics, 72(12), 11-24.

Bloßfeld M, Seitz M, Angermann D. 2015. Epoch reference frames as short-term realizations of the ITRS[M]. Berlin: Springer.

Bock H, Beutler G, Hugentobler U. 2001. Kinematic orbit determination for low earth orbiters (LEOs)[M].//Vistas for Geodesy in the New Millennium. Berlin: Springer.

Born M, Wolf E. 1980. Principals of Optics(6th ed)[M]. Tarrytown: Pergamon.

Brunner F K, Hartinger H. 1998. Signal distortion in high preci-sion GPS surveys[M]. Berlin: Springer.

Brunner F K, Hartinger H, Troyer L. 1999. GPS signal diffraction modelling: the stochastic SIGMA-δ model[J], Journal of Geodesy, 73(5): 259-267.

Bura M, Kenyon S, Kouba J, et al. 2004. A global vertical reference frame based on four regional vertical datums[J], Studia Geophysica Et Geodaetica, 48(3): 493-502.

Byun S H, Hajj G A, Yong R E. 2002. Development and application of GPS signal multipath simulator[J]. Radio Science, 37(6), 1-23.

Cai M, Chen W, Dong D, et al. 2016. Ground-based phase wind-up and its application in yaw angle determination[J]. Journal of Geodesy, 90(8): 757 - 772.

Cavanaugh J E. 1997. Unifying the derivations for the Akaike and corrected Akaike information criteria[J]. Statistics and Probability Letters, 33(2): 201 - 208.

Celebi M, Sanli A. 2002. Earthquake spectra — GPS in pioneering dynamic monitoring of long-period structures[J]. Earthquake Spectra, 18(1): 47 - 61.

Chen G, Zhao Q, Wei N , et al. 2018. Effect of Helmert transformation parameters and weight matrix on seasonal signals in GNSS coordinate time series [J]. Sensors, 18, 2127, doi: 10.3390/s18072127.

Chen J, Zhang Y, Wang J, et al. 2015. A simplified and unified model of multi - GNSS point positioning[J]. Advances in Space Research, 32(3): 337 - 348.

Chen Q, Dam T V, Sneeuw N, et al. 2013. Singular spectrum analysis for modelling seasonal signals from GPS time series. Journal of Geodynamics, 72(12), 25 - 35.

Chen W, Li X. 2014. Success rate improvement of single epoch integer least-square estimator for the GNSS attitude/short baseline application with common clock scheme [J]. Acta Geodaetica Et Geophysica, 49(3): 295 - 312.

Chen W, Qin H, Zhang Y, et al. 2012. Accuracy assessment of single and double difference models for the single epoch GPS compass[J]. Advance in Space Research, 49(4): 725 - 738.

Chen W, Yu C, Cai M, et al. 2017a. Single-antenna attitude determination using GNSS for low-dynamic carrier[M].//China Satellite Navigation Conference (CSNC) 2017 Proceedings: Volume I. Berlin: Springer.

Chen W, Yu C, Dong D, et al. 2017b. Formal uncertainty and dispersion of single and double difference models for GNSS-based attitude determination[J]. Sensors, 17(2): 408.

Cho A, Kim J, Lee S, et al. 2007. Fully automatic taxiing, takeoff and landing of a UAV using a single-antenna GPS receiver only[C]. Seoul: International Conference on Control, Automation and Systems, IEEE: 4719 - 4724.

Clark M P. 2003. Data Networks IP and the Internet, 1st ed. [M]. West Sussex: John Wiley & Sons Ltd.

Colhoun V D, Adali T, Pearlson G D, et al. 2001. Spatial and temporal independent component analysis of functional MRI data containing a pair of task related waveforms[J]. Human Brain Mapping, 13(1): 43 - 53.

Collilieux X, Altamimi Z, Ray J, et al. 2009. Effect of the satellite laser ranging network distribution on geocenter motion estimation[J]. Journal of Geophysical Research: Solid Earth, 114(4), doi: 10.1029/2008JB005727.

Collilieux X, Woppelmann G. 2011. Global sea-level rise and its relation to the terrestrial reference frame[J]. Journal of Geodesy, 85(1): 9 - 22.

Counselman C C, Gourevitch S A. 1981. Miniature interferometer terminals for earth surveying: ambiguity and multipath with global positioning system[J]. IEEE Transactions on Geoscience and Remote Sensing, GE - 19(4): 244 - 252.

Davis J L, Herring T A, Shapiro I I, et al. 1985. Geodesy by radio interferometry: effects of atmospheric modeling errors on estimates of baseline length[J]. Radio Science, 20(6): 1593-1607.

Ding X L, Huang D F, Yin J H, et al. 2003. Development and field testing of a multi-antenna GPS system for deformation monitoring[J]. Wuhan University Journal of Natural Sciences, 8(2): 671-676.

Dong D, Chen W, Cai M, et al. 2016a. Multi-antenna Synchronized GNSS Receiver and its Advantages in High-precision Positioning Applications[J]. Frontier of Earth Sciences, 10(4): 1-12.

Dong D, Dickey J O, Chao Y, et al. 1997. Geocenter variations caused by atmosphere, ocean and surface ground water[J]. Geophysical Research Letters, 24(15): 1867-1870.

Dong D, Fang P, Bock Y, et al. 2002. Anatomy of apparent seasonal variations from GPS-derived site position time series[J]. Journal of Geophysical Research: Solid Earth, 107(B4): 9-16.

Dong D, Fang P, Bock Y, et al. 2006. Spatio-temporal filtering using principal component analysis and Karhunen-Loeve expansion approaches for regional GPS network analysis[J]. Journal of Geophysical Research Atmospheres, 111(B3): 1581-1600.

Dong D, Herring T A, King R W. 1998. Estimating Regional deformation from a combination of space and terrestrial geodetic data[J], Journal of Geodesy, 72(4): 200-214.

Dong D, Qu W, Fang P, et al. 2014. Non-linearity of geocentre motion and its impact on the origin of the terrestrial reference frame[J]. Geophysical Journal International,, 198(2): 1071-1080.

Dong D, Wang M, Chen W, et al. 2016b. Mitigation of multipath effect in GNSS short baseline positioning by the multipath hemispherical map[J]. Journal of Geodesy, 90(3): 255-262.

Dong D, Yunck T, Heflin M. 2003. Origin of the international terrestrial reference frame[J]. Journal of Geophysical Research, 108(B4), doi: 10.1029/2002JB002035.

Dow J M, Neilan R E, Gendt G. 2005. The International GPS Service (IGS): Celebrating the 10th anniversary and looking to the next decade[J]. Advances in Space Research, 36(3): 320-326.

Dray S, Josse J. 2015. Principal component analysis with missing values: A comparative survey of methods[J]. Plant Ecology, 216(5): 657-667.

Drewes H. 2017. Frequent epoch reference frames instead of instant station positions and constant velocities[C]. Mendoza: SIRGAS Symposium.

Estey L H, Meertens C M. 1999. TEQC: the multi-purpose toolkit for GPS/GLONASS data[J]. GPS Solutions, 3(1): 42-49.

Fan K K, Ding X L. 2006. Estimation of GPS carrier phase multipath signals based on site environment[J]. Journal of Global Positioning Systems, 5(1): 22-28.

Feng M, Yang Y, Zeng A, et al. 2017. Spatiotemporal filtering for regional GPS network in China using independent component analysis[J]. Journal of Geodesy, 91(4): 419-440.

Frei E. 1990. Rapid static positioning based on the fast ambiguity resolution approach "FARA": theory and first results[J]. Manuscripta Geodaetica, 15(6): 325-356.

Fricke W, Schwan, H, Lederle, T. 1988. Fifth fundamental catalogue (FK5). Part 1: The basic fundamental stars[J]. Veroeffentlichungen des Astronomischen Rechen-Instituts Heidelberg, 32:

1 - 106.

Gelb A. 1974. Applied optimal estimation[M]. Boston: MIT Press.

Ge M, Gendt G. 2005. Estimation and validation of IGS absolute antenna phase center variations [C]. Bern: Proceedings of 2004 IGS Workshop and Symposium.

Ge M, Gendt G, Dick G, et al. 2005. Impact of GPS satellite antenna offsets on scale changes in global network solutions[J]. Geophysical Research Letters, 32(6): L06310.

Ge M, Gendt G, Dick G, et al. 2006. A new data processing strategy for huge GNSS global networks[J]. Journal of Geodesy, 80(4): 199 - 203.

Ge M, Gendt G, Rothacher M, et al. 2008. Resolution of GPS carrier-phase ambiguities in Precise Point Positioning (PPP) with daily observations[J]. Journal of Geodesy, 82(7): 389 - 399.

Goldberg D, Bock Y, Geng J, et al. 2015. The role of real-time GNSS in Tsunami early warning and hazard mitigation[C]. San Francisco: AGU Fall Meeting.

Gong X Y, Xiong H U, Xiao-Cheng W U. 2008. Comparison between mountain-based GPS occultation observations and results from automatic weather station[J]. Progress in Geophysics, 23 (5): 1480 - 1486.

Graas F V, Braasch M. 1991. GPS interferometric attitude and heading determination: Initial flight test results[J]. Navigation, 38(4): 297 - 316.

Greenspan R L, Ng A Y, Przyjemski J M, et al. 1982. Accuracy of relative positioning by interferometry with reconstructed carrier GPS: experimental results [C]. Las Cruces: Geodetic Symposium on Satellite Doppler Positioning, 3rd Geodetic Symposium on Satellite Doppler Positioning: 1177.

Gross R, Beutler G, Plag H P. 2009. Integrated scientific and societal user requirements and functional specifications for the GGOS[M]. Berlin: Springer.

Grung B, Manne R. 1998. Missing values in principal component analysis[J]. Chemometrics and Intelligent Laboratory Systems, 42(1): 125 - 139.

Gruszczynska M, Klos A, Rosat S, et al. 2017. Deriving common seasonal signals in GPS position time series: By using multichannel singular spectrum analysis[J]. Acta Geodynamica Et Geomaterialia, 14(3): 267 - 278.

Guo P, Kuo Y H, Sokolovskiy S V, et al. 2011. Estimating atmospheric boundary layer depth Using COSMIC radio occultation data[J]. Journal of the Atmospheric Sciences, 68(8): 1703 - 1713.

Gurtner W, Estey L. 2006. RINEX The Receiver Independent Exchange Format Version 3. 00 [E]. ftp: //igscb. jpl. nasa. gov/igscb/data/format/rinex300. pdf.

Hajj G A, Zuffada C. 2003. Theoretical description of a bistatic system for ocean altimetry using the GPS signal[J]. Radio Science, 38(5), 1089, doi: 10. 1029/2002RS002787.

Hatanaka Y. 2008. A compression format and tools for GNSS observation data[J]. Bulletin of the Geographical Survey Institute, 55: 21 - 30.

Hatanaka Y, Sawada M, Horita A, et al. 2001a. Calibration of antenna-radome and monument-multipath effect of GEONET - Part 1: Measurement of phase characteristics[J]. Earth Planets Space,

53(1): 13-21.

Hatanaka Y, Sawada M, Horita A, et al. 2001b. Calibration of antenna-radome and monument-multipath effect of GEONET-Part 2: Evaluation of the phase map by GEONET data[J]. Earth Planets Space, 53(1): 23-30.

Hatch R R. 1990. Instantaneous ambiguity resolution[C]. Banff: IAG Symposium No. 107, Kinematic Systems in Geodesy, Surveying and Remote Sensing.

Herring T A, Craymer M, Sella G, et al. 2008. SNARF 2.0: A regional reference frame for North America[C]. Fort Lauderdale: AGU Spring Meeting.

Humphreys T E, Ledvina B M, Psiaki M L, et al. 2008. Assessing the spoofing threat: Development of a portable GPS civilian spoofer[C]. Savannah: In Proceedings of the ION GNSS International Technical Meeting of the Satellite Division.

Hyvärinen A, Oja E. 2000, Independent Component Analysis: Algorithms and Applications[J], Neural Networks, 13(4-5): 411-430.

Ilin A, Raiko T. 2010. Practical approaches to principal component analysis in the presence of missing values[J]. Journal of Machine Learning Research, 11(1): 1957-2000.

Imtiaz S A, Shah S L, Narasimhan S. 2004. Missing data treatment using iterative PCA and data reconciliation[C]. Cambridge: 7th IFAC Symposium on Dynamics and Control of Process Systems.

Jonge P P D, Tiberius C. 1996. Computational aspects of the LAMBDA method for GPS ambiguity resolution[J]. Proceedings of International Technical Meeting of the Satellite Division of the Institute of Navigation, 44(3): 373-400.

Joseph K M, Deem P S. 1983. Precision orientation: A new GPS application[C]. San Diego: International Telemetering Conference.

Kalman R E. 1960. A new approach to linear filtering and prediction problems[J]. Journal of Basic Engineering, 82(1): 35-45.

Kalman R E, Busy R S. 1961. New results in linear filtering and prediction theory[J]. Journal of Basic Engineering, 83(1): 95-108.

Karn P, Partridge C. 1987. Improving round-trip time estimates in reliable transport protocols [C]. ACM Workshop on Frontiers in Computer Communications Technology.

Kedar S, Hajj G A, Wilson B D, et al. 2003. The effect of the second order GPS ionospheric correction on receiver positions[J]. Geophysical Research Letters, 30(16): 18-29.

Keller J. 1962. Geometrical thory of diffraction[J]. Journal of the Optical Society of America, 52 (2): 116-130.

Kijewski T, Kareem A. 2002. On the presence of end effects and their melioration in wavelet-based analysis[J]. Journal of Sound and Vibration, 256(5): 980-988.

Klobuchar J A. 1987. Ionospheric time-delay algorithm for single-frequency GPS users[J]. IEEE Transactions on Aerospace and Electronic Systems, AES-23(3): 325-331.

Koenig D. 2018. A terrestrial reference frame realised on the observation level using a GPS-LEO satellite constellation[J]. Journal of Geodesy: 1-14.

Kornfeld R P, John H R, Deyst J J. 1998. Single-antenna GPS-based aircraft attitude determination[J]. Navigation, 45(1): 51-60.

Kovalevsky J, Mueller I I, Kolaczek B. 1989. Reference frames in astronomy and geophysics [M]. Dordrecht: Kluwer Academic Publisher.

Kruczynski L R, Li P C, Evans A G, et al. 1988. Using GPS to determine vehicle attitude[C]. Institute of Navigation Satellite Division, 2nd International Technical Meeting.

Kursinski E R. 1997. The GPS radio occultation concept: theoretical performance and initial results[D]. Pasadena: California Institute of Technology.

Kursinski E R, Hajj G A, Schofield J T, et al. 1997. Observing Earth's atmosphere with radio occultation measurements using the Global Positioning System[J]. Journal of Geophysical Research Atmospheres, 102(D19): 23429-23465.

Larson K M, Braun J, Small E E, et al. 2010. GPS multipath and its relation to near-surface soil moisture content[J]. IEEE Journal of Selected Topics in Applied Earth Observations and Remote Sensing, 3(1): 91-99.

Larson K M, Gutmann E D, Zavorotny V U, et al. 2009. Can we measure snow depth with GPS receivers? [J]. Geophysical Research Letters, 36(17): L17502.

Larson K M, Lofgren J S, Haas R. 2013. Coastal sea level measurements using a single geodetic GPS receiver[J]. Advances in Space Research, 51(8): 1301-1310.

Larson K M, Small E E, Gutmann E, et al. 2008. Using GPS multipath to measure soil moisture fluctuations: initial results[J]. GPS Solutions, 12(3): 173-177.

Lee J H, Kwon K C, An D, et al. 2015. GPS spoofing detection using accelerometers and performance analysis with probability of detection[J]. International Journal Control Automation and System, 13(4): 951-959.

Leick A, Rapoport L, Tatarnikov D. 2015. GPS satellite surveying, 4th edition[M]. New Jersey: Wiley.

Liang H, Work D B, Gao G X. 2014. GPS signal authentication from cooperative peers[J]. IEEE Transactions on Intelligent Transportation Systems, 16(4): 1794-1805.

Lian L, Wang J X, Huang C L, et al. 2018. Weekly inter-technique combination of SLR, VLBI, GPS and DORIS at the solution level[J]. Research in Astronomy and Astrophysics, 18(10): 119.

Liu N, Dai W, Santerre R, et al. 2018. A MATLAB-based Kriged Kalman filter software for interpolating missing data in GNSS coordinate time series[J]. GPS Solutions, 22(1): 25.

Li W, Shen Y Z, 2018. The consideration of formal errors in spatiotemporal filtering using principal component analysis for regional GNSS position time series[J]. Remote Sensing, 10(4): 534.

Li Y, Zhang K, Roberts C, et al. 2004. On-the-fly GPS based attitude determination using single-and double-differenced carrier phase measurements[J]. GPS Solution, 8(2): 93-102.

Lowe S T, Kroger P, Franklin G, et al. 2002. A delay/doppler-mapping receiver system for GPS-reflection remote sensing[J]. IEEE Transactions on Geoscience and Remote Sensing, 40(5):

1150 – 1163.

Magiera J, Katulski R. 2015. Detection and mitigation of GPS spoofing based on antenna array processing[J]. Journal of Applied Research and Technology, 13(1): 45 – 57.

Martín -Neira M. 1993. A passive reflectometry and interferometry system (PARIS): Application to ocean altimetry[J]. ESA Journal, 17(4): 331 – 355.

Masoumi S, McClusky S, Koulali A, et al. 2017. A directional model of tropospheric horizontal gradients in Global Positioning System and its application for particular weather scenarios[J]. Journal of Geophysical Research Atmosphere, 122(8): 4401 – 4425.

Menge F, Seeber G, Völksen C, et al. 1998. Results of absolute field calibration of GPS antenna PCV[C]. Nashville: Proceedings of International Technical Meeting of the Satellite Division of the Institute of Navigation.

Márquez-Azúa B, DeMets C. 2003. Crustal velocity field of Mexico from continuous GPS measurements, 1993 to June 2001: Implications for the neotectonics of Mexico[J]. Journal of Geophysical Research Solid Earth, 108(B9): 2450.

Muellerschoen R J, Bertiger W I, Lough M, et al. 2000. An internet-based global differential GPS system, initial results[C]. Anaheim: Proceedings of the Institute of Navigation National Technical Meeting.

Nickitopoulou A, Protopsalti K, Stiros S. 2006. Monitoring dynamic and quasi-static deformations of large flexible engineering structures with GPS: Accuracy, limitations and promises[J]. Engineering Structures, 28(10): 1471 – 1482.

Niell A E. 1996. Global mapping functions for the atmosphere delay at radio wavelengths[J]. Journal of Geophysical Research, 101(B2): 3227 – 3246.

Nikolaidis R. 2002. Observation of geodetic and seismic deformation with the Global Positioning System[D]. San Diego: University of California.

Ogaja C, Li X, Rizos C. 2007. Advances in structural monitoring with Global Positioning System technology[J]. Journal of Applied Geodesy, 1(3): 171 – 179.

Papas C H. 1965. Theory of Electromagnetic wave propagation[M]. New York: McGraw-Hill.

Petit G, Luzum B, Al E. 2010. IERS Conventions (2010)[J]. IERS Technical Note, 36: 1 – 95.

Philipser, Schmidt G T. 1996. GPS/INS intergration[C]. Proceeding of System Implications and Innovative Applocations of Satellite Navigation.

Postel J. 1980. User datagram protocol, RFC 768[DB/OL]. https: //tools/itef. org/html/rfc768.

Psiaki M L, O'Hanlon B W, Bhatti J, et al. 2013. GPS spoofing detection via dual-receiver correlation of military signals[J]. IEEE Transactions on Aerospace and Electronic Systems, 49(4): 2250 – 2267.

Rodriguez-Alvarez N, Boschlluis X, Camps A, et al. 2009. Soil moisture retrieval using GNSS – R techniques: Experimental results over a bare soil field[J]. IEEE Transactions on Geoscience and

Remote Sensing, 47(11): 3616－3624.

Rodriguez-Alvarez N, Camps A, Vall-Llossera M, et al. 2010. Land geophysical parameters retrieval using the interference pattern GNSS－R technique[J]. IEEE Transactions on Geoscience and Remote Sensing, 49(1): 71－84.

Rothacher M. 2001. Comparison of absolute and relative antenna phase center variations[J]. GPS Solutions, 4(4): 55－60.

Rothacher M, Schaer S, Mervart L, et al. 1995. Determination of antenna phase center variations using GPS data[C]. Potsdam: IGS Workshop Proceedings on Special Topics and New Directions.

Roweis S. 1997. EM algorithms for PCA and SPCA[C]// Boston: MIT Press, International Conference on Neural Information Processing Systems: 626－632.

Ruffini G, Soulat F, Caparrini M, et al. 2003. The GNSS－R eddy experiment I: Altimetry from low altitude aircraft[J]. Physics.

Saastamoinen J. 1972. Atmospheric correction for the troposphere and stratosphere in radio ranging satellites[J]. Use of Artificial Satellites for Geodesy, 15(6): 247－251.

Sage A P, Husa G W. 1969. Adaptive filtering with unknown prior statistics[C]. Washington: Proceeding of Joint Automatic Control Conference.

Santerre R, Geiger A. 1998. Geometrical interpretation of GPS positioning with single, double and triple difference carrier phase observations[C]. Eisenstadt: Symposium on Geodesy for Geotechnical and Structural Engineering.

Sanz S J, Juan Z J M, Hernández P M. 2010. GNSS data processing volume I: Fundamentals and algorithms[C]. Aalborg: 4th ESA GNSS Summer School.

Sanz S J, Juan Z J M, Hernández P M, et al. 2013. Definition of an SBAS ionospheric activity indicator and its assessment over Europe and Africa during the last solar cycle[C]. Bath: International Beacon Satellite Symposium.

Scherllin-Pirscher B, Deser C, Ho S P, et al. 2012. The vertical and spatial structure of ENSO in the upper troposphere and lower stratosphere from GPS radio occultation measurements[J]. Geophysical Research Letters, 39(20), L20801, doi: 10.1029/2012GL053071.

Schmid R, Mader G, Herring T. 2005. From relative to absolute antenna phase center corrections [C]. Bern: IGS Workshop and Symposium.

Schmid R, Rothacher M. 2003. Estimation of elevation-dependent satellite antenna phase center variations of GPS satellites[J]. Journal of Geodesy, 77(7－8): 440－446.

Schmid R, Steigenberger P, Gendt G, et al. 2007. Generation of a consistent absolute phase center correction model for GPS receiver and satellite antennas[J]. Journal of Geodesy, 81(12): 781－798.

Seidelmann P K. 1982. 1980 IAU nutation: The final report of the IAU working group on nutation [J]. Celestial Mechanics, 27(1): 79－106.

Serpelloni E, Faccenna C, Spada G, et al. 2013. Vertical GPS ground motion rates in the Euro-Mediterranean region: new evidence of velocity gradients at different spatial scales along the Nubia-

Eurasia plate boundary[J]. Journal of Geophysical Research: Solid Earth, 118(11): 6003 - 6024.

Severson K, Molaro M, Braatz R. 2017. Principal component analysis of process datasets with missing values[J]. Processes, 5(3): 38.

Shen Y, Li W, Xu G, et al. 2014. Spatiotemporal filtering of regional GNSS network's position time series with missing data using principal component analysis[J]. Journal of Geodesy, 88(1): 1 - 12.

Small E E, Larson K M, Braun J J. 2010. Sensing vegetation growth with reflected GPS signals [J]. Geophysical Resarch Letter, 37(12): 245 - 269.

Smith K D, von Seggern D, Blewitt G, et al. 2004. Evidence for deep magma injection beneath Lake Tahoe, Nevada-California[J]. Science, 305(5688): 1277 - 1280.

Sokolovskiy S, Rocken C, Schreiner W, et al. 2010. On the uncertainty of radio occultation inversions in the lower troposphere [J]. Journal of Geophysical Research: Atmospheres, 115, D22111.

Spinney V W. 1976. Applications of global positioning system as an attitude reference for near earth users[C]. Warminster: ION National Aerospace Meeting, Naval Air Development Center.

Springer T A. 2000. Common interests of the IGS and the IVS[C]. Kotzting: IVS 2000 General Meeting.

Steigenberger P, Rothacher M, Schmid R, et al. 2009. Effects of different antenna phase center models on GPS - derived reference frames[C].//Geodetic Reference Frames, IAG Symposia. Berlin: Springer.

Stone J V, Porrill J, Porter N R, et al., 2002. Spatiotemporal independent component analysis of event-related fMRI data using skewed probability density functions [J]. NeuroImage, 15 (2): 407 - 421.

Tetewsky A K, Mullen F E. 1997. Carrier phase wrap-up induced by rotating GPS antennas[J]. GPS World, 8(2): 51 - 57.

Teunissen P J G. 1993. Least squares estimationof the integer GPS ambiguities[C]. Beijing: Invited lecture, section IV theory and methodology, IAG General Meeting.

Teunissen P J G. 1994. A new method for fast carrier phase ambiguity estimation[C]. Las Vegas: IEEE Position Location and Navigation Symposium.

Teunissen P J G. 1995. The least-squares ambiguity decorrelation adjustment: A method for fast GPS integer ambiguity estimation[J]. Journal of Geodesy, 70(1 - 2): 65 - 82.

Teunissen P J G. 1997. GPS double difference statistics: With and without using satellite geometry[J]. Journal of Geodesy, 71(13): 137 - 148.

Teunissen P J G, Jonge P J D, Tiberius C C J M. 1997. The least-squares ambiguity decorrelation adjustment: Its performance on short GPS baselines and short observation spans[J]. Journal of Geodesy, 71(10): 589 - 602.

Tiampo K F, Rundle J B, Klein W, et al. 2004. Using eigenpattern analysis to constrain seasonal signals in southern California[J]. Pure and Applied Geophysics, 161(9 - 10): 1991 - 2003.

Tian Y, Shen Z. 2016. Extracting the regional common-mode component of GPS station position time series from dense continuous network[J]. Journal of Geophysical Research: Solid Earth, 121.

Tongleamnak S, Nagai M. 2017. Simulation of GNSS availability in urban environments using a panoramic image dataset[J]. International Journal of Navigation and Observation, (2): 1-12.

Tregoning P, van Dam T. 2005. Effects of atmospheric pressure loading and seven-parameter transformations on estimates of geocenter motion and station heights from space geodetic observations [J]. Journal of Geophysical Research: Solid Earth, 110, B03408, doi: 10.1029/2004JB003334.

Tscherning C C. 1992. The geodetist's handbook[J]. Journal of Geodesy, 66.

US National Geospatial Intelligence Agency. 2003. Addendum to NIMA TR 8350.2: Implementation of the world geodetic system 1984 (WGS 84) reference frame G1150[Z].

Vautard R, Ghil M. 1989. Singular spectrum analysis in nonlinear dynamics, with applications to paleoclimatic time series[J]. Physica D: Nonlinear Phenomena, 35(3): 395-424.

Wang C, Walker R A, Feng Y. 2007. Performance evaluation of single antenna GPS attitude algorithms with the aid of future GNSS constellations [C]. Fort Worth: Proceedings of the 20th International Technical Meeting of the Satellite Division of The Institute of Navigation (ION GNSS 2007).

Wang F, Li H, Lu M. 2017. GNSS spoofing detection and mitigation based on maximum likelihood estimation[J]. Sensors, 17(7), 1532, doi: 10.3390/S17071532.

Wanninger L. 2011. Carrier-phase inter-frequency biases of GLONASS receivers[J]. Journal of Geodesy, 86(2), 139-148.

Wesson K, Rothlisberger M, Humphreys T. 2012. Practical cryptographic civil GPS signal authentication[J]. Navigation, 59(3): 177-193.

Williams S D P. 2003. The effect of coloured noise on the uncertainties of rates estimated from geodetic time series[J]. Journal of Geodesy, 76(9-10): 483-494.

Wu J T, Wu S C, Hajj G A, et al. 1993. Effects of antenna orientation on GPS carrier phase [J]. Manuscr Geod., 18(2): 91-98.

Wu X, Abbondanza C, Altamimi Z, et al. 2015. KALREF - A Kalman filter and time series approach to the International Terrestrial Reference Frame realization [J]. Journal of Geophysical Research: Solid Earth, 120(5): 3775-3802.

Wübbena G. 2001. On the modelling of GNSS observations for high-precision position determination [C]. Hannover: Wissenschaftliche Arbeiten Fachrichtung Vermessungswesen an der Universität Hannover.

Wübbena G, Schmitz M, Boettcher G, et al. 2006. Absolute GNSS antenna calibration with a robot: repeatability of phase variations, calibration of GLONASS and determination of carrier-to-noise pattern[C]. Darmstadt: Proceedings of the IGS workshop, Perspectives and Visions for 2010 and beyond, ESOC.

Xu G, Xu Y. 2016. GPS Theory, Algorithms and Applications, Third edition[M]. Berlin: Springer.

Xu P, Cannon E, Lachapelle G. 1995. Mixed integer programing for the resolution of GPS carrier phase ambiguities[C]. Boulder: IUGG95 Assembly.

Zeimetz P, Kuhlmann H. 2011. Validation of the laboratory calibration of geodetic antennas based on GPS measurements[J]. FIG Article of the Month, February.

Zhu S Y, Massmann F H, YuY, et al. 2003. Satellite antenna phase center offsets and scale errors in CPS solutions[J]. Journal of Geodesy, 76(11-12): 668-672.